2판

사회과학 연구를 위한

통계분석의 개념과 실제

SPSS & AMOS 29.0 ver.

박준성 · 소용준 공저

Theory and Practice of
Statistical Analysis for
Social Science Research (2nd ed.)
SPSS & AMOS 29.0 ver.

학지사

2판 머리말

『통계분석의 개념과 실제』 초판을 2017년 8월에 출간한 지 벌써 7년이 지났다. 그 동안 이 책을 교재로 삼아 많은 대학과 대학원뿐만 아니라 여러 기관에서 학생들을 지도해 왔다. 이 여정 가운데 이 책을 처음 출간했을 때 보지 못한 것을 여러 군데 보게 되었다. 지나치게 복잡해서 이해하기 어려운 부분, 글이 분명치 못해 헷갈리는 부분, 필요한 만큼 충분히 설명하지 못한 부분 등이 있다는 것에 대해 학생들을 가르치면서 알게 되었다.

초판의 여러 부분을 수정해서 좀 더 나은 교재로 만들고 싶다는 마음이 가득하였고, 드디어 마무리를 한 지금 생각해 보면, 개정판이 초판보다 훨씬 직관적으로 개선되었지만, 생각한 만큼 개선을 다 했는지 지금도 조심스럽다. 그럼에도 한편으로는 초판보다 좀 더 나아졌다는 확신과 기대가 있는 것 또한 사실이다. 또한 이러한 기대가 책을 출간하면서 자부심으로 여겨지는 것도 사실이다.

이 책의 구성을 간략히 소개하자면 다음과 같다. 우선 크게 네 가지 파트로 나누어 구성되어 있다. 첫 번째 영역에서는 통계와 과학적 연구, 통계의 기초, 중심경향값과 분산도, 정규분포와 확률, 가설검증과 유의수준, 신뢰도와 타당도와 같은 통계의 기초개념들을 원론적으로 다루고자 노력하였다. 두 번째 영역에서는 빈도분석과 다중응답분석, χ^2 검증, t-검증, 일원분산분석, 이원분산분석, 공분산분석, 반복측정, 혼합설계 분산분석과 같은 차이검증 분야를 배울 수 있도록 구성하였다. 세 번째 영역에서는 상관분석, 회귀분석, 회귀분석에서의 매개효과, 회귀분석에서의 조절효과, PROCESS Macro를 활용한 회귀분석 분야를 배울 수 있도록 구성하였고, 마지막 네 번째 영역에서는 탐색적 요인분석, 확인적 요인분석, 경로분석, 구조방정식을 배울 수 있도록 구성하였다. 마지막으로 부록에서는 SPSS 통계 프로그램의 기초 활용법을 배울 수 있도록 구성하였고, 각 챕터에 있는 연습문제의 답을 정리하여 제시하였다. 이를 위해서 책에서는 SPSS 29.0 ver과 AMOS 29.0 ver을 활용하여 분석하는 과정과 그 결과를 소개하였다.

이번 개정에서는 모든 장(chapter)에 걸쳐 복잡하거나 헷갈리는 내용, 특히 복잡한 표기 방법 등을 대폭 수정하여 이해하기 쉽게 재구성하거나 통계 및 연구방법론에서 대체가능한 다른 내용으로 대체했다. 사회과학 분야에서 통계를 활용할 때 잘 활용할 수 있게끔 통계에 대한 원론적 이해나 SPSS 29.0 및 AMOS 29.0 프로그램을 이해하고 활용하는 데 도움이 되는 수준에 맞춰 직관적으로 소개하고자 했다. 그리고 경험적으로 통계분석을 통한 결과에 대해 보고하는 경로와 그 결과에 대한 표나 그림, 그리고 문구 등을 적절히 정리하여 소개하고자 했다. 또한 불필요한 문구나 그림이나 그래프도 재정리했다. 독자가 통계분석을 하면서 압박감을 받게 될 때, 느끼는 압박감과 답답함을 덜어 줄 수 있도록 단계별로 통계분석을 하고 결과에 대해 보고할 수 있도록 적절하게 직관적으로 책을 구성하였다.

당연하게도, 이번 작업에서 장마다 특별히 신경 쓴 부분은 가설검증에 대한 부분을 변경하여 좀 더 직관적으로 표기하였고, 결과 보고 또한 쉽게 이해하고 활용할 수 있도록 준비하였다. 또한 '통계TIP'을 기존보다 추가하여 통계분석을 쉽게 이해할 수 있도록 하였다. 이번 개정에서 특히 신경을 많이 쓴 장은 제11장, 제14장, 제20장이다. 제11장과 제14장은 분산분석으로 상호작용에 대한 효과 검증에서 기존 버전과 달리 SPSS Syntax에서 명령문을 입력하지 않고, 분석 프로그램에서 분석할 수 있게 아이콘이 생성되어 있어 이를 활용할 수 있도록 소개하였다. 제20장 탐색적 요인분석에서는 분석방법을 최대우도법을 활용한 분석을 소개하였다. 2판에서는 1판의 통계분석에 머무르지 않고, 회귀분석에서 PROCESS Macro를 활용한 회귀분석에서의 이중매개효과, 조절된 매개효과 분석을 추가하였다. 이뿐만 아니라 AMOS를 활용한 확인적 요인분석, 경로분석, 구조방정식 분석을 추가하였다.

전부터 통계에 대한 원론적 이해와 SPSS/AMOS를 활용한 책을 내고자 준비하였는데, 이 결실을 맺게 되어 2판을 내놓게 되었다. 이 책을 내는 데 많은 도움을 주신 학지사의 김진환 사장님, 송무성 차장님, 편집부 임직원께 감사의 말씀을 드린다. 이 책을 집필하며 함께 고생한 중앙대학교 민귀림 선생, 강동주 학생, 김서연 학생에게도 고마운 마음을 전한다.

마지막으로 이 책을 낼 수 있게 지금까지 키워 주시고 가르쳐 주신 저자들의 부모님께 진심으로 감사의 말씀을 드리고 사랑하는 아내와 가족 모두에게 또한 감사의 말씀을 드린다. 아울러 큰 가르침을 주신 여러 교수님과 선·후배들에게도 감사의 말씀을 드린다.

이 한 권의 책이 사회과학 분야의 통계분석과 연구방법론의 오랜 역사와 방대한 자료를 충분히 담고 있는 것은 아니지만 아무쪼록 이 책을 통해 좀 더 사회과학 분야의 학문을 배우고 활용하는 데 도움이 되기를 기원한다. 이번 개정 작업을 통해서 초판에 비해 새로운 느낌을 주고자 노력하였고, 통계에 대한 원론, SPSS, AMOS 분석 그리고 그 결과에 대한 값에 오류가 없도록 최선을 다해 노력하였다. 그러나 초판과 마찬가지로 앞으로 고치고 바로잡아야 할 점이 많을 것이다. 이 책을 집필하며 최대한 오류를 줄이고 독자들에게 도움이 되는 책을 만들고자 노력하였지만, 부족한 부분이 남아 있기에 앞으로 더 좋은 책으로 수정·보완할 것을 약속하는 바이다. 마지막으로 보고서 작성에서 글의 표현 및 표와 그림의 표기 기준은 'APA'와 '한국심리학회'의 학술논문 표기법에 의거하여 작성하였음을 알려드린다.

2024년 8월

박준성, 소용준

1판 머리말

통계는 사회과학 전 분야에서 매우 중요한 학문이다. 그럼에도 불구하고 많은 사람들은 통계에 대해 막연한 불안과 두려움이 있다. 저자들 역시 이 분야를 공부하면서 통계의 익숙하지 않았던 어려운 용어와 개념 및 수식으로 인해 고생했던 적이 있었다. 학업을 마치고 통계에 관한 강의를 하면서 이 분야의 어려운 용어와 개념 및 통계 수식을 좀 더 쉽게 학습하기 위한 방법에 대해서 많은 고민을 하며 통계의 기본적인 이해와 SPSS(Statistical Package for Social Science)를 처음 접하는 대학생, 대학원생뿐만 아니라 독자 그 누구라도 스스로 학습이 가능하도록 이 책을 구성하여 출간하였다.

통계는 사회과학 전 분야에서 매우 중요한 학문이다. 그럼에도 불구하고 많은 사람들은 통계에 대해 막연한 불안과 두려움이 있다. 저자들 역시 이 분야를 공부하면서 통계의 익숙하지 않았던 어려운 용어와 개념 및 수식으로 인해 고생했던 적이 있었다. 학업을 마치고 통계에 관한 강의를 하면서 이 분야의 어려운 용어와 개념 및 통계 수식을 좀 더 쉽게 학습하기 위한 방법에 대해서 많은 고민을 하며 통계를 처음 접하는 대학생, 대학원생뿐만 아니라 독자 그 누구라도 불안과 두려움 없이 통계에 대해 스스로 학습할 수 있도록 통계의 기본적인 이해와 SPSS(Statistical Package for Social Science) 프로그램 활용법을 이 책에서 소개하고자 하였다.

이 책의 구성을 간략히 소개하자면 다음과 같다. 우선 크게 4부로 나누어 구성되어 있다. 제1부에서는 통계와 과학적 연구, 통계의 기초, 중심경향값과 분산도, 정규분포와 확률, 가설검증과 유의수준, 신뢰도와 타당도 같은 통계의 기초개념들을 원론적으로 다루고자 노력하였다. 제2부에서는 빈도분석과 다중응답분석, χ^2 검증, t-검증, 일원분산분석, 이원분산분석, 상관분석, 회귀분석과 같은 통계분석에서 다루는 기초통계분야를 배울 수 있도록 하였고 제3부에서는 공분산분석, 반복측정,

혼합설계 분산분석, 회귀분석에서의 매개효과, 회귀분석에서의 조절효과, 요인분석과 같은 응용통계분야를 배울 수 있도록 구성하였다. 마지막으로 부록에서는 SPSS 통계 프로그램의 기초 활용법을 배울 수 있도록 구성하였고 각 챕터에 있는 연습문제의 답을 정리하여 제시하였다. 이를 위해서 책에서는 SPSS 23.0 ver을 활용하여 분석하는 과정과 그 결과를 소개하였다.

다음으로 이 책의 특징을 정리하면 다음과 같다. 첫째, 각 챕터에서는 통계적 논리를 소개하기 위해 통계적 수식을 소개하였다. 통계 수식을 통한 이해가 어렵다하더라도 통계적 논리를 통한 이해는 중요하기 때문이다. 둘째, 연구를 진행하고자 할 때 연구목적과 연구가설을 논리적으로 소개하기 위해서 각 챕터에서는 연구목적과 연구가설을 체계적으로 소개하고자 하였다. 셋째, 통계와 관련하여 각 챕터에서는 SPSS 프로그램의 통계분석 과정을 절차에 입각하여 체계적으로 소개하고자 하였다. 그리하여 이 책을 통해서 처음 통계를 접하는 독자 그 누구라도 충분히 쉽게 따라할 수 있도록 하였다. 넷째, 각 챕터에서는 분석한 결과를 어떻게 활용해야 하는지에 대해서 결과 해석과 보고서를 작성할 수 있도록 그 예를 제시하여 처음 접하는 독자 그 누구라도 연구 결과에 대한 해석 및 보고서 작성을 쉽게 따라 할 수 있도록 구성하였다. 다섯째, 보고서 작성에서 글의 표현 및 표와 그림의 표기 기준은『APA』와『한국심리학회』의 학술논문 표기법에 의거하여 작성하였다. 여섯째, 부록에서는 SPSS를 활용할 수 있도록 기초적인 SPSS 프로그램 수행에 대해서 소개하여 SPSS 프로그램을 쉽게 잘 따라할 수 있도록 구성하여 처음 통계를 접하는 독자 그 누구라도 충분히 따라할 수 있도록 하였다. 마지막으로 각 챕터에 제시되어 있는 연습문제의 풀이를 수록하여 통계에 대한 반복학습을 하도록 구성하였다.

전부터 통계 및 연구방법과 관련한 책을 내고자 준비하고 노력하였고 그 결실을 이제 이 책을 통해 내놓게 되었다. 이 책을 내는 데 많은 도움을 주신 학지사의 김진환 사장님, 유명원 부장님, 편집실 강대건 대리님에게 감사의 말씀을 드린다. 이 책을 집필하며 함께 고생한 안지연 선생, 차진욱 선생과 원고 교정에 참여한 곽현지 학생, 김슬기 학생에게도 고마운 마음을 전한다.

마지막으로 이 책을 낼 수 있게 지금까지 키워 주시고 가르쳐 주신 저자들의 부모님께 진심으로 감사의 말씀을 드리고 사랑하는 아내와 가족 모두에게 또한 감사의 말씀을 드린다. 아울러 큰 가르침을 주신 여러 교수님과 선·후배들에게도 감사의 말씀을 드린다.

이 한 권의 책이 사회과학 분야의 통계분석과 연구방법론의 오랜 역사와 방대한 자료를 충분히 담고 있는 것은 아니지만 아무쪼록 이 책을 통해 좀 더 사회과학 분야의 학문을 배우고 활용하는 데 도움이 되기를 기원한다. 이 책을 집필하며 최대한 오류를 줄이고 독자들에게 도움이 되는 책을 만들고자 노력하였지만 부족한 부분이 남아 있기 때문에 앞으로 더 좋은 책으로 수정 · 보완할 것을 약속하는 바이다.

2017년 8월

박준성, 소용준

전체 차례

세부 차례

제1장

통계와 과학적 연구

1. 과학적 연구
2. 양적 연구
3. 질적 연구

통계에 대한 이해를 높이기 위해서는 과학(science)을 이해해야 하고 연구(study)에 대한 이해가 있어야 한다. 즉, 과학이란 객관성을 지닌 개념이고 연구는 객관적인 절차에 입각하여 검증하는 과정으로 과학적 연구는 객관적인 절차에 입각해서 그 개념을 검증하는 과정이라고 할 수 있다. 이러한 과정에서 통계는 과학적 연구를 진행하는 데 필수적이다.

1. 과학적 연구

1) 과학의 필요성과 목적

- 원인과 결과 및 진위판단을 통해 행위 및 현상을 이해, 예측, 통제, 설명하고자 한다.
- 설명에 대한 합리성과 체계성을 갖추기 위해서 '왜?'라는 질문에 합리적이고 객관적인 답을 할 수 있어야 한다.
- 연구의 목적은 개인, 집단, 그리고 그 이상의 수준에서 실제로 적용되어야 한다.

2) 과학의 목표

- 과학의 기본적인 목표는 이론(theory)의 설정에 있다.
- 사회과학에서는 과거-현재-미래에 대한 행위 및 현상을 예측하고 통제하고자 설명하는 것이 이론이다.
- 이론은 상식 수준이 아니라 체계적인 근거가 있어야 한다.
- 과거와 현재를 아우르는 근거가 필요하다. 오래된 과거 또는 너무 최신의 자료만을 쓰는 것은 좋지 않다. 한 예로 인간의 기본 감각에는 다섯 가지 감각, 즉 시각, 청각, 후각, 미각, 촉각이 있다. 최근에는 여섯 번째 감각—통감각—을 소개하는 경우가 있는데 통감각을 기본 감각으로 받아들이기에는 너무 급진적이기도 하다.

(1) 이론이란?

- 이론(theory)이란 현상을 설명하고 예측하기 위한 목적으로 변수 간의 관계를 구체적으로 진술함으로써 현상에 대한 체계적인 견해를 제시하는 일련의 상호관련된 구성개념과 정의 그리고 명제이다.
- 원인과 결과에 대해 연구하기 때문에 변수는 최소 두 개 이상이어야 한다.

(2) 이론의 세 가지 특징

- 첫째, 이론은 한정되고 상호관련된 구성개념(construct)으로 이루어진 일련의 명제이다. 즉, '○○는(은) ○○이다.'라고 서술한다.
- 둘째, 이론은 여러 변수 간의 상호관련성을 명백히 하고 그 변수들에 의해 기술된 현상에 대한 체계적인 관점을 제시해야 한다.
- 셋째, 이론은 현상을 설명한다. 예로, 분노가 공격행동을 일으킨다는 명제에서는 분노와 공격행동 각각에 대해 설명하고 분노와 공격행동 관계에 대해 설명해야 한다.

(3) 이론의 과학적 검증단계

① 1단계: 행위 또는 현상의 존재 인식하기

왜 연구를 하는가? 첫째, 인간 행위 및 현상에 대한 주제, 즉 집단 및 사회에서 개인에게 발생하는 현상을 찾아야 한다.

둘째, 기존에 있던 연구를 계속해서 발전된 방향으로 새롭게 만들어야 한다.

② 2단계: 이론의 구성개념(construct) 확인하기

예로, Big 5 성격 이론의 구성개념에는 개방성, 외향성, 성실성, 친화성, 신경증이 있다.

③ 3단계: 조작적 정의(operational definition) 기술하기

조작적 정의는 서술적인 정의를 구체화시켜 측정 가능하도록 단위를 부여하여 정의하는 것이다. 조작적 정의는 간단명료하며 구체적으로 정확하게 한정짓는다.

④ 4단계: 변수(variable) 구성하기

개념들을 측정할 수 있게 만든다.

⑤ 5단계: 가설(hypothesis) 설정하기 → 변수의 관계성에 대한 진술

미래형 또는 가정형으로 '~할 것이다.'와 같은 가상적인 진술문을 만든다.

⑥ 6단계: 측정(measurement)하기

측정하기 위해서 사용가능한 척도(scale)를 활용한다.

통계 TIP 세 가지 측정 방법

- 생리적 측정: 생리적인 변화(뇌, 신경전달물질 등)를 측정하는 방법이다. 예, 뇌파 측정
- 자기보고식 측정: 자신의 생각, 느낌 등의 정도를 스스로 보고하는 측정 방법이다. 예, 설문지 작성
- 행동 측정: 행동 관찰을 통해서 행동의 변화를 측정하는 방법이다. 예, 1시간 동안 보이는 문제행동의 빈도

⑦ 7단계: 분석(analysis)하기

통계분석을 실시한다.

⑧ 8단계: 해석 후 이론 정립하기

인간 행위와 현상에 적용할 수 있게 결과에 대한 해석을 통해 이론을 정립한다.

(4) 일반화

누구에게나 적용할 수 있을까? 예로, 긴장에 대해 연구할 때에는 이완의 정도를 통제하는 것도 중요하다. 알코올과 반응속도에 대해 연구할 때에는 주량이나 피곤한 정도 등을 통제해야만 일반화할 수 있다.

① 통제(control)는 연구 결과의 일반화(generalization), 즉 현실적 적용이라는 과학적 측면과 관련이 있다.

② 이론은 여러 검증 절차를 거치고 반복적인 적용을 통해 최선의 이론을 찾아내는 순환적인 과정을 포함한다. 이러한 과정을 거쳐 이론은 현상들에 대한 명확한 관계성을 규정하고 일반화라는 현실 적용을 인정받는다.

③ 대부분의 연구는 제한된 상황에서의 실험실 연구, 특정 변수들 간의 관계성 등을 연구하기 때문에 이로 얻어진 이론은 제약이 있기 마련이지만 궁극적으로 그 결과에 대한 일반화에 관심을 가져야 한다.

④ 과잉일반화(overgeneralization)는 조심해야 한다. 과잉일반화란 관찰된 결과의 범

위를 넘어서 결론을 도출하는 것이기에 이점에 유념하여 현재 결과에 대해서만 논의해야 한다. 그렇지 않으면 타당도와 신뢰도를 잃을 수 있다.

3) 조작적 정의

(1) 조작적 정의의 개념

① 조작적 정의(operational definition)는 구성개념을 '조작적'으로 진술함으로써 변수의 의미를 부여하는 것이다. 즉, 이론적 구성개념을 측정 가능한 상태가 되도록 조작하는 것이다.

② 조작적 정의란 변수를 측정하거나 조작할 때 연구자의 활동을 구체적으로 명시한 것이다. 연구자는 조작적 정의를 내린 구성개념을 측정한다.

③ 즉, 연구에서 조작적 정의를 통해서 연구자가 연구하고자 하는 개념을 한정지어 설명하는 것이다.

④ 이론적 개념들은 그 이론과 관련된 연구를 진행하기 전에 반드시 조작적 정의를 갖추고 있어야 한다.

⑤ 만약 개념을 조작적으로 정의할 수 없다면 연구자는 어떤 변수를 측정해야 할지 알 수가 없기 때문에 과학적 객관성을 획득하기 어렵다. 조작적 정의가 제대로 정의되지 않는다면 이 연구는 다른 연구자들과 공유하기도 어렵다.

⑥ 연구주제는 추상적 상태의 진술(즉, 구성개념 형식의 진술)이므로 연구문제나 연구가설을 만들기 위해서는 조작적 정의가 필요하다.

(2) 구성개념(construct)

① 개념과 구성개념

- 개념(concept)과 구성개념(construct)은 유사한 의미를 지니지만 분명한 차이가 있다.
- 개념(concept)이란 구체적 현상을 나타내는 추상적 용어이다.
- 구성개념(construct)은 이론적 도식을 만들기 위해 사용된 개념이다. 하나의 개념을 일련의 이론으로 구성하기 위해서는 이론적 구성개념화(conceptualization)가 필요하다.

- 이론적 개념화를 통해 형성된 개념이 구성개념이다.

② 구성개념의 특징

- 이론적 구성개념은 하위의 구성개념을 지닐 수 있다. 예로, 지능은 일반지능과 특수지능이라는 하위의 구성개념을 지닌다.
- 구성개념은 다른 구성개념과 관계성이 있다.
- 과학적 연구에서는 하나의 개념을 검증하는 것이 아니라 이론적 구성개념을 검증하는 것이다. 예, 성격에서 Big 5를 보면, 외향성, 개방성, 우호성, 성실성, 신경증으로 구성되어 소개하고 있다.
- 따라서 연구과정에서 구체적으로 측정 가능한 상태가 되도록 조작적 정의하는 대상은 개념이 아니라 구성개념이어야 한다.
- 연구과정에서 연구자가 필요한 구성개념을 측정하는 것이므로 구성개념은 연구마다 어느 정도 다를 수 있다.

4) 과학과 상식의 구분

- 과학과 상식을 구분할 수 있어야 한다. 왜냐하면 어떤 부분에서 과학은 상식과 유사한 속성을 가지고 있기 때문이다.
- 과학적 연구에 매진하는 연구자라 할지라도 인간이기에 그 과정에 실수를 범할 수 있고 이러한 실수는 한순간에 과학적 토대를 무너뜨리고 만다.
- 과학과 상식의 차이를 밝힘으로써 이러한 실수를 피해갈 수 있을 것이다.
- 과학은 정확한 근거를 바탕으로 하여 잘못된 상식을 바꿀 수 있어야 한다.

상식(common sense) = 이론(theory)

상식(common sense) ≠ 이론(theory)

상식이 언제나 올바른 것은 아니다. 상식이 잘못된 경우,
연구가 새로운 사실을 발견하여 새로운 상식을 유도할 수 있다.

[그림 1-1] 이론과 상식의 관계

• 그렇기에 연구는 기존에 존재하는 상식 또는 사실들을 입증해야 한다. 그리고 기존의 사실이나 인정받고 있는 이론들을 반박하기도 한다.

(1) 과학과 상식

① 과학과 상식의 차이

- 과학과 상식은 유사해 보일 수 있다. 그러나 다르다는 사실을 기억해야 한다.
- 과학은 그 이론으로 행위 및 현상을 설명하고 이해할 수 있고, 예측하고 통제한다.
- 상식 또한 어느 정도는 행위 및 현상을 설명하는 데 유용하기 때문이다.
- 그러나 상식의 유일한 판단기준은 새로운 관념을 기존의 관념과 비교하는 것이다.
- 이러한 관점에서는 상식을 체계적으로 통제하여 확대시킨 것이 과학이라고 할 수 있다.
- 그렇기 때문에 사람들이 상식을 너무 확대시켜 현실에 적용시킴으로써 매우 왜곡된 형태의 결과를 가져올 수 있다.

② 상식과 과학적 연구의 예

- 동기(motivation)에 관한 과거의 상식이 매우 잘못되었음은 과학적 연구를 통해 밝혀지고 있다. 즉, 보상(reward)이 처벌(punishment)보다는 학습을 촉진시키는 데 효과적이며 처벌은 오히려 학습능력을 저하시킨다는 연구 결과가 사실로 받아들여지고 있다.
- 이렇듯 과학은 상식과 분명하게 구별되어야 한다.

5) 과학에서의 오류

- 관찰 가능한 사실은 객관적이지만 그 가운데 오류를 범할 수 있다.
- 관찰은 직접적인 절차에 의해 공적으로 시험될 수 있다는 의미에서 객관적이고, 과학과 기술의 진보에 의해 가능하게 될 새로운 종류의 시험에 의해 폐기될 수 있다는 의미에서 오류가 있을 수 있다.

• 연구는 가치중립적이어야 한다. 기준을 알 수 없기 때문에 '더' '매우'와 같은 단어를 쓰면 안 된다.
• 표준어를 사용해야 한다. 구어체보다 문어체를 사용해야 한다.

2. 양적 연구

1) 연역적 접근법

• 연역적 방법은 일반적인 대전제에서 출발하여 가설의 연결과정을 진술함으로써 개별 현상에 대한 이론적 결론을 도출한다.
• 이와 같은 방식은 전형적인 삼단논법과 같은 논리 전개 방식으로 진행하여 경험적 사실과 일치하는 과학적 법칙을 발견하는 것이다.

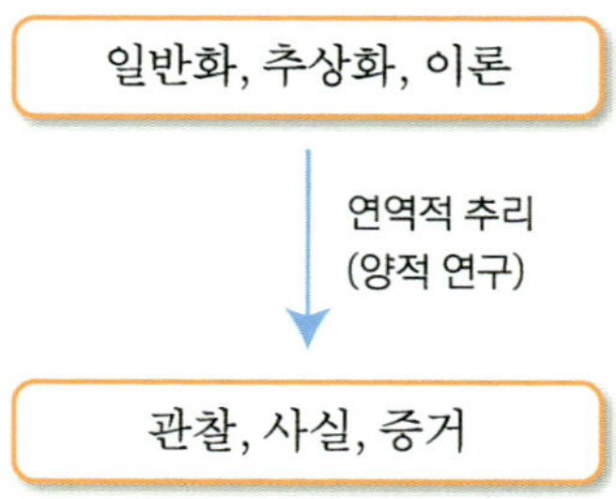

[그림 1-2] 연역적 방법에서의 추론 과정

(1) 연역적 접근법의 전형적인 예

① '소크라테스(Socrates)의 죽음'에 관한 삼단논법

A: '모든 사람은 죽는다.' (일반법칙)
B: '소크라테스는 사람이다.' (선행조건)
C: '그러므로 소크라테스는 죽는다.' (설명될 현상)

② 소크라테스의 죽음을 설명하기 위해 A와 B의 두 개의 전제(일반법칙과 선행조

건)를 통해 C라는 결론을 얻고 이를 사실로 인정하는 방법이 연역법이다.

③ 이 예에서 전제는 일반법칙이지만 이론이나 연구자에 의해 설정된 가설이 일반법칙이 될 수도 있다. 이 일반법칙은 전체의 논리 진행에 있어서 매우 중요한 의미를 가지고 있다.

④ 이러한 과정을 통해서 경험적 검증을 함으로써 결론의 진위여부를 판가름하게 된다.

2) 기술통계와 추리통계

- 통계는 얻어진 자료를 요약하고 설명하는 것이다.
- 통계적 목적은 첫째, 얻어진 자료를 단순히 설명하고 묘사하려는 목적이고 둘째, 얻어진 자료의 결과를 일반화(generalization)하는 것이 목적이다.
- 연구의 목적상 이들 중 하나 또는 둘을 선택할 수 있다. 어느 목적이 더 중요하다고는 할 수 없다.

(1) 기술통계

- 기술통계(descriptive statistics)란 관찰한 자료를 쉽고 편리하게 서술하는 통계이다. 분석결과를 그 대상 이외의 다른 대상에 적용하지 않고 해석의 의미를 국한시킨다.

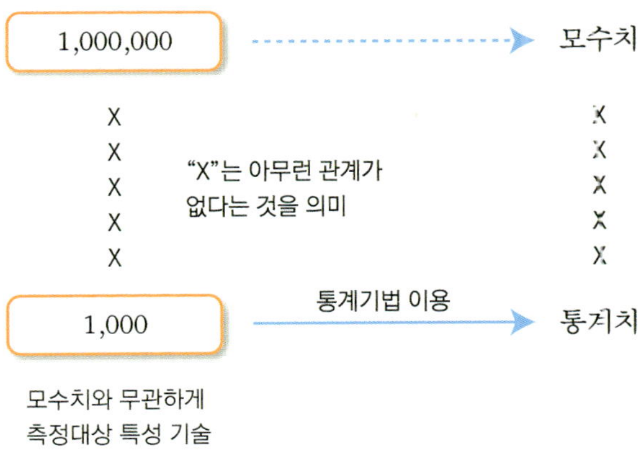

[그림 1-3] 기술통계

(2) 추리통계

- 추리(론)통계(inferential statistics)란 수집된 자료를 통해 그 자료가 추출된 모집단의 현상이나 특징을 추정, 예언, 일반화하려는 통계이다. 추리통계를 위해서는 자료수집에 신중을 기해야 한다.

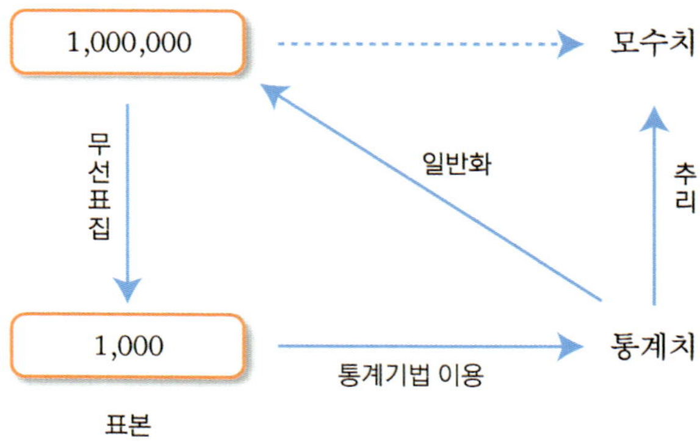

[그림 1-4] 추리통계

3. 질적 연구

- 양적 연구에서는 수량화가 중요하고 질적 연구에서는 내용이 중요하다. 연구를 할 때에는 수량화뿐만 아니라 내용도 중요하다.
- 연구에서는 만족도의 수치뿐만 아니라 왜 그런 결과가 나왔는지에 대해서도 살펴봐야 한다.

1) 귀납적 접근법

- 최초의 연구를 시작할 때에는 연역적 방법이 아닌 귀납적 방법을 사용한다.
- 귀납적 접근법은 연역적 접근법의 순서를 되짚어 올라가는 방법이라고 할 수 있다. 앞의 '소크라테스의 죽음'을 귀납법으로 설명한다면 먼저 소크라테스의 죽음을 관찰하고 그다음 자신이 관찰한 많은 사람들도 죽는다는 것을 알게 된다. 이를

토대로 연구자는 '모든 사람이 죽는다.'는 잠정적인 결론을 내리게 된다.

> A: 소크라테스는 죽었다.
> B: 내 주변의 사람들도 죽었다.
> C: 결국 모든 사람이 죽는다.

- 이처럼 귀납적 방법은 특정 현상에 대한 관찰로부터 출발하여 일반화된 결론을 도출해 가는 추리 방식이다.

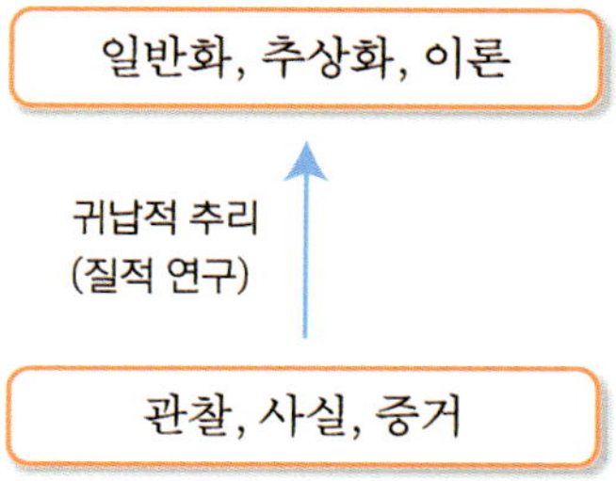

[그림 1-5] 귀납적 방법에서의 추론 과정

(1) 귀납적 접근법의 전형적인 예

① '다윈의 진화론'을 통해서 알 수 있다. 다윈(Darwin)은 여러 곳을 여행하면서 화석들을 관찰하고 그 지역의 동물들을 관찰한 결과 한 가지 통찰을 얻게 되는데 그것은 '모든 생물은 진화한다.'는 것이었다.

② 이와 같이 연구자가 기존의 여러 사실을 관찰하고 자료를 수집하고 종합하여 일련의 공통성을 발견함으로써 이를 객관적인 수준에서 평가할 때 귀납적 결론에 도달하게 된다.

③ 그러므로 귀납적 접근법에서는 객관적인 수준에서 연구를 진행하기 위해 현상을 분석하고 수집하는 절차들이 수량적이어야 하며 또한 이를 분석하기 위해 통계적 분석이 필요하다.

2) 다섯 가지 질적 연구

(1) 근거이론

- 근거이론(ground theory research)은 특정 상황에 관련된 어떤 이론, 어떤 현상에 대한 추상적 · 분석적 구조를 생성하거나 발견하고자 한다.
- 쉽게 말해서 근거이론은 시간적으로 회고하며 연구한다. 시간적인 과정을 통해 인과관계를 찾아가는 연구이다. 이주민들을 연구할 때 이주민들을 대상으로 과거에 왜 이주하게 되었는지 등에 대해 질문하는 연구방법이다.

(2) 내러티브 연구

- 내러티브 연구(narrative research)는 삶에 대해 표현된 이야기들을 분석하고 이해하기 위한 방법이다.
- 한두 사람을 연구하고 그들의 이야기를 수집하여 자료를 모으며 개별적인 경험들을 보고하는 등 이러한 경험들의 의미를 연대기적으로 나열(예, 생애주기별)하는 것으로 구성하고 있다. 쉽게 이야기한다면 전기를 소개하는 것이기도 하다.

(3) 문화기술지 연구

- 문화기술지 연구(ethnographic research)는 문화적 또는 사회적 집단이나 체계에 대해 기술하고 해석하고자 해당 집단의 관찰 가능한 행동, 관습 그리고 생활 방식의 패턴을 검토하는 연구방법이다.
- 문화기술지 연구는 그 문화에 직접 참여하고 관찰해야 하는 어려움이 있다. 인류학적 연구에서 원시부족 사회를 연구할 때에 이 연구방법을 사용한다. 이 연구방법에서는 얼마나 그 문화에 녹아 들어갔는지가 중요하다.

(4) 사례연구

- 사례연구(case study research)는 맥락 속에서 여러 정보를 포함하는 세부적이고 심층적인 자료수집을 통해 시간의 경과에 따라 사례를 탐색하는 연구방법이다.
- 이 연구는 구체적이고 한정된 특정 사례에 대해 연구한다.

(5) 현상학적 연구

- 현상학적 연구(phenomenological research)는 현상에 대한 여러 개인의 경험의 의미를 기술하고자 경험에서의 의식 구조를 탐색하는 연구방법이다.
- 많은 질적 연구가 선택하는 방법으로 왜 그런 행동을 하는지 파악하고자 할 때 사용한다.

통계 TIP 연역법 대 귀납법의 관계

- 상호보완적 관계

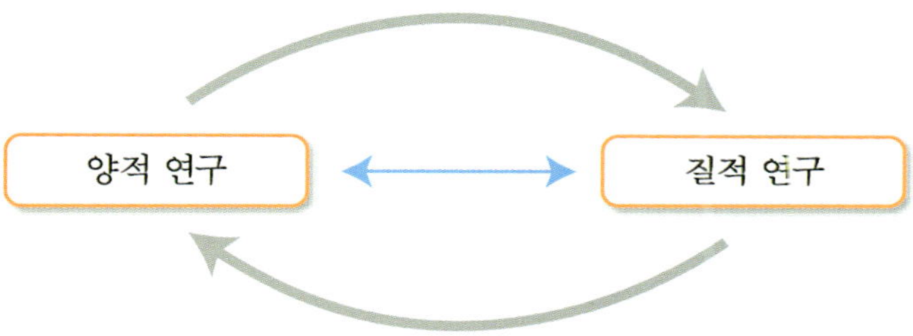

- 연역적 접근법과 귀납적 접근법은 서로 대립적인 관계에 있는 것이 아니라 상호보완적인 관계에 있다. 즉, 어떤 연구자가 관찰을 통해 현상에 대한 정보를 수집하고 통합함으로써 한 가지 잠정적인 결론을 얻었을 때(귀납법) 그 연구자는 자신의 잠정적 결론에 대한 또 다른 경험적 검증을 거쳐 그 결론의 진위여부를 판단(연역법)할 수 있다.
- 양적 연구의 강도와 질적 연구의 내용이 합쳐지면 시너지 효과를 일으킨다. 질적 연구와 양적 연구 중 어느 것이 중요하다고 말할 수 없다.

	양적 연구(연역법적 접근)	질적 연구(귀납법적 접근)
일반특성	• 인위적, 통제적 • 가설연역적 • 외부자적 시각 • 신뢰성 있는 반복가능성 • 정태적 현상, 결과에 주목 • 실증주의적 입장	• 자연주의적, 비통제적 • 발견지향적, 탐색적, 서술적, 귀납적 • 내부자적 시각 • 타당성 있는, 깊이 있는 자료 • 동태적 현상, 과정에 주목 • 해석주의적 입장
자료수집방법	• 통계적, 실험실 실험	• 관찰, 현지조사, 대화기록
자료분석방법	• 통계적 분석, 양적 분석	• 내용 분석, 질적 과정분석
대표적 접근	• 실험연구, 조사연구 등	• 근거이론, 사례연구, 현상학연구 등

제2장

통계의 기초

1. 변수
2. 측정과 척도
3. 모집단, 표본, 표집
4. 모수치와 추정치

통계는 과학적 연구를 진행하는 데 필수적이다. 통계의 시작은 조작적 정의를 통해 구성개념을 측정 가능한 상태인 변수로 설정하는 것이다. 측정은 일정한 규칙에 따라 대상과 행위에 숫자를 부여하는 과정이며 다양한 측정수준이 존재한다. 이를 척도라고 한다. 연구자가 관심을 갖고 있는 주제에 대해 모집단 전체에 대해서 측정하는 것은 현실적으로 불가능하여 표집 과정을 통해 표본을 만들어 모수치와 추정치 간의 관계를 밝히는 것이 통계의 과정이라고 할 수 있다.

1. 변수

1) 변수의 정의

- 변수(variable)는 현상을 설명하는 구성개념(construct)이 조작적 정의를 통해 측정 가능한 상태로 된 것을 말한다.
- 변수(變數)를 변인이라고도 표현한다.
- 변수는 하나 이상의 수준(어느 정도)이나 값을 가진 측정 가능한 실체(entity)로 정의한다.
- 변수는 변화하는 특성을 가지고 있다. 즉, 현상에 대한 구성개념을 조작적으로 정의함에 따라 하나의 측정 가능한 실체가 된다.
- 변수는 연속변수와 불연속변수로 구분할 수 있다.
- 연속변수는 수준으로 제시한다. 예로, 얼마나 당신은 ~~ 동의합니까?
- 불연속변수는 범주로 구분한다.
- 변수의 수준 또는 범주를 속성(attribute)이라 한다.
- 변수와 그에 따른 속성의 예
  ① 성별은 변수이고 남성, 여성은 속성이다.
  ② 세대는 변수이고 영아기, 유아기, 아동기, 청소년기, 성인초기, 중년기, 노년기는 속성이다.

③ 지역은 변수이고 서울, 경기, 강원 등은 속성이다.
④ Big 5 성격은 변수이고 외향성, 개방성, 친화성, 성실성, 신경증은 속성이다.
⑤ 변수의 속성은 연구자가 조작적으로 범주화할 수 있다.
⑥ 변수는 연구자의 연구목적에 따라 충청도라는 범주(속성)를 충청도라는 한 가지 범주로 구분할 수도 있고 충청북도, 그리고 충청남도로 나눌 수도 있다.

- 과학적 연구에서 가설(hypothesis), 즉 '가상적인 잠정적 진술'이란 변수의 관계성을 진술한 것이므로 변수는 가설을 진술하기 위한 기초개념이다.
- 연구 논문에서는 변수를 소개하며 각각의 조작적 정의와 측정 방법을 설명한다. 예로, '중학교 2학년 학생의 공부시간이 늘면 시험불안이 줄어들 것이다.'라는 연구가설을 세웠다면, 공부시간과 시험불안에 대한 조작적 정의가 필요하다.
- 따라서 공부시간은 '방과 후 일정시간 동안 공부한 양'으로, 시험불안은 '시험 때 얼마나 불안함을 느끼는지에 대한 자기보고식 측정치'로 조작적 정의하여 제시하고 측정한다.
- 이처럼 조작적 정의에 대한 설명으로 이해가 가능해진다.

2) 독립변수

(1) 인과관계의 설명

- 독립변수(independent variable)와 종속변수(dependent variable)는 변수 간의 관계를 인과적으로 설명하기 위해서 연구자에 의해 설정된 변수이다.
- 독립변수는 하나의 원인(cause)이 되는 변수이고 종속변수는 결과(effect)가 되는 변수이다.
- 즉, 인과관계란 주된 원인으로 인해서 변화되는 결과이다.
- 과학적 연구를 위해서는 명확한 인과관계가 있어야 한다. 인과관계를 명확하게 밝힐 수 없다면 과학적 연구라고 말할 수 없다.
- 현실에서는 일어난 결과를 통해 원인을 추적한다면 연구에서는 그 원인으로 결과를 예측할 수 있어야 한다.

원인 → 결과
↑
분명한 근거

[그림 2-1] 과학적 연구에서의 인과관계

(2) 가설의 진술

- 독립변수와 종속변수를 가설로 진술할 때 독립변수는 선행조건(원인)이 되고 종속변수는 결과 조건이 된다.

(3) 독립변수의 설명

- 독립변수란 종속변수의 필연적인 선행조건으로서 종속변수에 영향을 미치는 원인이 된다.
- 이러한 정의는 실험연구와 조사연구에서 약간의 차이가 있다. 일반적으로 연구목적에 따라서 '○○에 따른 ○○의 차이' 또는 '○○이(가) ○○에 미치는 영향 또는 효과' 등으로 표현한다.

① 실험연구에서의 독립변수: 연구자의 능동적 개입과 처치

- 실험연구에서 독립변수란 연구자에 의해 조작된 변수를 말한다.
- 이때 '조작'이란 독립변수의 본질을 왜곡한다는 의미가 아니라 연구자가 능동적으로 개입을 하여 종속변수에 미치는 영향을 검증한다는 것이다.
- 또한 실험연구에서 독립변수란 처치(treatment)를 가할 수 있는 변수를 말한다. 연구자는 독립변수의 처치 시기나 방법을 조작적으로 수행할 수 있어야 한다. 처치의 예로 신약의 효과를 알아보기 위해 신약을 투여하는 것을 들 수 있다.
- 따라서 실험연구에서는 능동적으로 조작이 가능한 변수만을 독립변수로 삼는다.
- 즉, 성별, 지역, 사회계층과 같은 속성변수는 특성상 처치(연구자의 개입과 무관)하기 어렵기 때문에 실험연구에서는 독립변수로 사용하지 않는다.

② 조사연구에서의 독립변수: 논리적인 선행조건

- 조사연구에서 독립변수란 연구자의 능동적 개입이 아닌 논리적인 선행조건의 개념이다.
- 예로, 성별, 세대, 지역, 계층 등의 변수는 어떠한 심리조 변수에 대한 선행조건으로 개념화하고 이를 독립변수로 사용할 수 있다.
- 독립변수라는 개념은 실험연구로부터 출발한 것이므로 성별이나 지역변수 등은 조사연구에서 독립변수로 사용된다는 것을 염두에 두어야 한다.
- 조사연구에서는 주로 속성변수를 독립변수로 사용하지만 능동적으로 조작 가능한 변수를 사용하기도 한다.
- 조사연구에서 독립변수와 종속변수를 동시에 측정한다 하더라도 논리적인 과정이 설명 가능하다면 인과관계가 성립된다고 할 수 있다.

통계 TIP **독립변수와 종속변수 명칭, 실험연구와 조사연구 구분**

실험연구
독립변수(independent variable)−종속변수(dependent variable)

조사연구
예측변수(predictor variable)−준거변수(criterion variable)

3) 종속변수

(1) 종속변수의 기초개념

- 종속변수는 독립변수에 의해 예측되는 변수이다.
- 종속변수는 독립변수에 의해 추정되는 결과로서 연구문제의 잠정적 해답이다.
- 독립변수를 X라 하고 종속변수를 Y라 할 때 Y는 X가 변화함에 따라 함께 변한다 ($Y=aX+b$).
- 종속변수는 독립변수의 변화에 대한 추정된 결과로서 그 변화가 관찰되는 것이다. 예로, 조사연구에서 스트레스(독립변수)에 의해 변화될 수 있다.
- 즉, 스트레스는 행복에 영향을 미쳤다고 결론 내리게 된다.

4) 연속변수와 불연속변수

• 변수의 측정 방식에 따라 연속변수(continuous variable)와 불연속변수(discrete variable)로 분류할 수 있다.

(1) 연속변수

• 연속변수는 한 값과 이웃하는 바로 옆의 값 사이에 무수히 많은 값이 존재할 수 있다.
• 연속변수는 등간척도(interval scale) 또는 비율척도(ratio scale)로 측정되는 변수이다.

통계 TIP 연속변수의 범위

1과 2 사이의 무수히 존재하는 값
1.0, 1.1, 1.2, …… 1.8, 1.9, 2.0
이 안에는 연속성이 존재한다.

(2) 불연속변수

• 불연속변수는 연속변수와 달리 어느 값과 이웃하는 값 사이에 다른 어떤 숫자도 대응될 수 없는 것을 말한다. 단지 숫자로 표기하기 위해서 수를 부여하여 표기할 뿐이다.
• 불연속변수는 특정 대상을 분류하는 의미로 사용되며 명명척도(nominal scale) 또는 서열척도(ordinal scale)로 측정되는 변수이다.
• 불연속변수는 분류의 속성을 가지므로 한정된 의미를 갖는다.
• 연속변수와 불연속변수를 나누는 기준은 변수에 부여되는 수치가 유한한지 아니면 무한한지에 따라 나눈다.

5) 기타 변수개념

(1) 외생변수 대 통제변수

- 외생변수(extraneous variable)는 독립변수 이외에 종속변수에 영향을 미치는 변수를 말한다. 가외변수라고도 한다.
- 통제변수(control variable)는 외생변수 중에 실험상에서 적절하게 통제된 변수를 말한다.

(2) 관찰변수 대 잠재변수

- 관찰변수(observed variable)는 조작적 정의에 따라 관찰 가능하고 측정 가능한 실체가 있는 변수를 말한다.
- 잠재변수(latent variable)는 가설적 구조를 가진 이론적 구성개념(construct)을 지칭하는 변수를 말한다.

2. 측정과 척도

1) 측정의 정의

- 측정(measurement)이란 일반적으로 '일정한 규칙에 따라 대상과 행위에 숫자를 부여하는 과정'으로 정의된다.
- 측정은 특정 대상에 수치를 부여하는 과정이므로 양적인 의미를 지니며 일정한 규칙에 근거하므로 특정 개념에 부여된 수치를 이론적으로 해석할 수 있게 된다.
- 측정은 다양한 방식으로 이루어지는데 이를 측정의 수준(levels of measurement) 또는 측정의 유형(types of measurement)이라 한다.
- 척도의 수준에 따라 동일한 개념이 다양하게 측정될 수 있으며 양적인 분석을 수행하는 통계적 방법도 달라진다.

2) 측정의 수준

(1) 측정수준의 중요성

- 측정의 수준(levels of measurement)은 측정대상의 속성을 측정하는 방식을 말한다.
- 측정의 방식은 척도(scale)의 의미를 갖기 때문에 측정척도(measurement scale)라고도 한다.
- 측정의 수준에는 명명척도(nominal scale), 서열척도(ordinal scale), 등간척도(interval scale), 비율척도(ratio scale)가 있다.
- 측정의 수준에 따라 통계방법이 결정된다.
- 명명척도와 서열척도로 측정한 변수는 비모수통계(nonparametric statistics)를 적용하고, 등간척도와 비율척도로 측정한 변수는 모수통계(parametric statistics)를 적용한다.

통계 TIP 모수통계와 비모수통계

모수통계(parametric statistics)
모집단이 정규분포를 이루며 변량을 가지고 있는 자료가 등간격인 형태에서 표본을 추출하여 추론하는 통계이다.

비모수통계(nonparametric statistics)
모집단의 분포형태에 관한 전제를 필요로 하지 않는 범주적 표본자료를 분석하는 통계이다.

3) 측정수준의 분류

(1) 명명척도

- 명명척도(nominal scale)는 측정대상의 특성의 존재 여부 또는 분류나 확인을 목적으로 수치를 부여하는 척도이다.
- 명명척도는 범주형 척도라고도 한다.
- 명명척도는 가감승제 연산을 사용할 수 없다.

- 부여된 수치의 의미가 분류의 의미만을 가지기 때문에 측정대상에 대한 최소한의 정보만 나타낸다.
- 원그래프나 막대그래프는 사용 가능하지만, 연속적인 변수가 아니기 때문에 선그래프나 히스토그램은 사용하기 어렵다.
- 명명척도의 예로는 찬성과 반대, 성별, 지역, 직업직군 분류 등이 있다.

(2) 서열척도

- 서열척도(ordinal scale)는 측정대상의 분류뿐만 아니라 측정대상을 크기에 따라 순서적으로 배열할 수 있는 척도이다.
- 측정대상의 상대적 크기(강도)를 말할 수 있다.
- 서열척도는 명명척도보다 측정대상에 대해 더 많은 정보를 제공한다.
- 정확한 의미로는 대부분의 조사에서 사용되는 측정대상(사회계층, 선호도나 태도 등)은 서열척도로 구성되어 있다.
- 서열척도의 예로는 학력, 학업석차, 결승점에 도달한 경주마의 순위, 사회계층(상층, 중층, 하층), 호텔의 등급평가, 경진대회에서의 평가순위 등이 있다.

(3) 등간척도

- 등간척도(interval scale)는 명명척도와 서열척도의 특성을 모두 갖고 있으면서 '크기의 정도'를 말할 수 있는 척도이다.
- 등간척도에서는 가감의 연산이 가능하다.
- 등간척도는 절대영점을 갖지 않는 임의의 0점이 있고, 임의적 간격이 있는 척도이기 때문에 비율적 의미를 갖지 않는다.
- 임의적이라는 의미는 '약속된' '의미를 부연한'이라는 의미이다.
- 명명척도와 서열척도가 질적 척도인 것과 달리 등간척도는 양적인 척도이다.
- 등간척도의 예로는 섭씨온도와 화씨온도, IQ점수, 서기년도, 물가지수, 주가지수, 인간의 심리적인 부분 등이 있다.
- 즉, 존재하는 가운데서 임의의 0점이 있다.

(4) 비율척도

- 비율척도(ratio scale)는 등간척도의 모든 정보를 제공하면서 절대영점을 가진다.
- 절대영점이란 0의 수치가 절대적 의미를 갖는 것을 말한다. nothing의 개념이다.
- 절대영점을 가지고 있기 때문에 가감승제의 모든 연산이 가능하다.
- 비율척도의 예로는 길이, 무게, 월 소득, 연령, 100분의 1초 단위의 시간, TV 시청률, 휘발유 1리터당 주행거리, 행동 관찰 등이 있다.

통계 TIP 막대그래프와 히스토그램은 언제 사용하는가?

- 막대그래프: 불연속적 값이므로, 빈도에 대해 막대그래프를 통해서 그 값을 제시할 수 있다.
- 히스토그램: 연속선상에서의 측정에 대한 그래프이므로, 등간척도, 비율척도에 값은 히스토그램으로 제시할 수 있다.

3. 모집단, 표본, 표집

1) 모집단

- 모집단(population)이란 추론하여 규명하고자 하는 집단의 총체를 말한다.
- 모집단은 관념적인 수준의 집단이기 때문에 표집에 앞서 정확하게 모집단을 규정하는 것이 필요하다.

통계 TIP 전수조사란?

전수조사란 모집단을 구성하는 모든 사람을 대상으로 하는 조사이다. 모집단 전체를 대상으로 조사하므로 모집단에 존재하는 다양하고 구체적인 특성을 파악할 수 있다. 예로, 우리나라 인구를 전수조사하면 '올해 결혼한 사람의 비율이 어떠한지' '올해 태어난 아이의 수가 몇 명인지' 등의 정보를 모두 알 수 있다. 전수조사는 모집단의 지역별 인구분포나 연령별, 세대별 분포 등 목적에 따라 다양한 분류표를 작성할 수 있고 표본조사의 결과와 비교하여 표본조사의 신뢰성과 정확성을 평가할 수도 있다.

2) 표본

- 표본(sample)이란 모집단을 대표하는 특성을 지닌 요소(element)들의 집합을 말한다.
- 표본은 일정한 표본 추출 방법에 의해 추출된 모집단의 부분집합이라 할 수 있다.

3) 표집

- 표집(sampling)이란 모집단에서 표본을 추출하는 과정을 말한다.
- 표본 추출 과정을 표집(sampling)이라 하며 확률표집(probability sampling)과 비확률표집(nonprobability sampling)으로 구분한다.

통계 TIP 표본조사란?

- 표본조사(sample survey)는 표본을 대상으로 수행되는 조사를 말한다. 대부분의 조사는 표본조사를 기본으로 하고 있으며 표본조사의 결과는 모집단의 특성으로 일반화된다. 표본조사에서 표본의 통계치를 통해 모집단을 추론하기 때문에 오차(error)가 발생한다. 이와 같은 오차를 최소화하기 위해 조사자들은 정교한 표본 추출 방법을 사용한다.
- 표본조사에서의 유의점에는 첫째, 최소한의 비용과 시간을 투자하여 보다 정확하게 모집단의 특성을 밝히는 절약의 원리를 전제하고 있다. 최소의 표본을 통해 모집단의 특성을 정확히 기술할 수 있다면 가장 효율적인 표본조사가 달성된 것이라 할 수 있다. 둘째, 표집이론에서는 표본 수에 따라 발생할 수 있는 오차의 범위(허용오차)가 있으므로 적정 수의 표본을 추출해야 한다.

(※ 제4장 참조)

4. 모수치와 추정치

1) 모수치

- 모수치(parameter)란 모집단의 특성치(numerical characteristic)로 모집단의 구성원

들이 소유하고 있는 변수들의 특성이다.

2) 추정치

(1) 추정치

- 추정치(estimate)란 모집단의 모수치를 추정하기 위하여 모집단에서 추출한 표본의 속성을 말한다.
- 이를 통계치(statistic) 또는 통계량이라고 한다.

(2) 통계치

- 통계치(statistic)는 표본의 특성치를 구한 값이다.
- 통계치는 표본의 구성원들이 소유하고 있는 변수들의 특성을 요약한 것이다.
- 표본조사를 통해 모집단의 특성을 밝힌다는 것은 표본 통계치를 통해 모수치를 추정한다는 의미이다.

통계 TIP **평균에 대한 표현**

표본에서 평균소득과 연령분포는 통계치로 모수치를 추정하는 데 사용한다.

모수치의 평균은 μ (뮤) 표준편차 σ (시그마)
통계치의 평균은 $\overline{X}$ (X바) 표준편차 s (에스)

라고 읽는다.

제3장

중심경향값과 분산도

1. 중심경향
2. 평균
3. 중위수
4. 최빈값
5. 중심경향값에 따른 분포의 형태: 정적 편포, 부적 편포, 왜도
6. 분산도 개념
7. 분산도 종류
8. 분산도에 따른 분포 형태: 첨도

통계에서 중요한 것 중 하나가 분포의 모양을 파악하는 것이다. 분포의 모양은 중심경향값과 분산도를 통해서 파악할 수 있다. 중심경향값의 종류에는 평균, 중위수, 최빈값이 있고, 중심경향값들의 특성을 통해 편포의 형태를 알 수 있다. 분산도의 종류에는 대표적으로 분산과 표준편차가 있고, 분산도를 통해 분포의 흩어진 정도를 알 수 있다.

1. 중심경향

중심경향(central tendency; 집중경향)은 모집단 또는 표본으로부터 얻어진 자료를 도표화하면 그 자료들이 어떤 특정한 값으로 몰리는 현상이다.

1) 중심경향값

- 중심경향값(measure of central tendency)은 자료를 대표하는 값이다.
- 집중경향값이라고도 한다.
- 가로축의 양쪽으로부터 어느 한 점을 중심으로 모이는 경향이다.

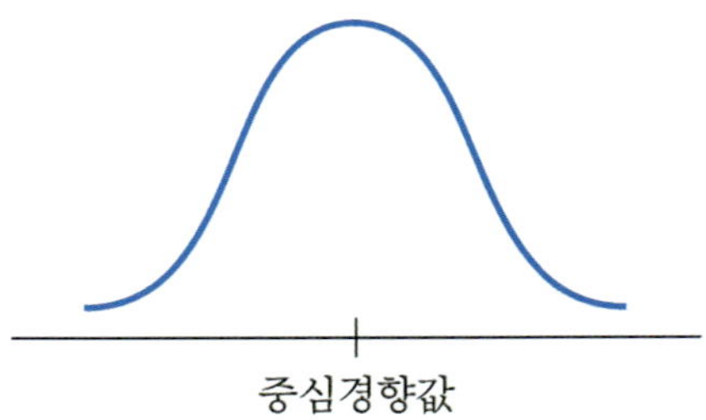

[그림 3-1] 분포에서의 중심경향값

- 흩어진 수들이 몰리는 어느 한 점은 그 수많은 점수를 대표한다.
- 중심경향값의 종류로는 평균, 중위수, 최빈값이 있다.

2. 평균

- 평균(mean)은 중심경향값에서 가장 많이 쓰이는 값이다.
- 전체 사례 수의 값을 더한 다음에 총 사례 수로 나눈 값이다.
- 평균은 산술평균으로 모집단의 평균은 μ(뮤), 표본의 평균은 M, $\overline{X}$ 또는 $\overline{Y}$로 표기한다.

통계 TIP X = 독립변수, Y = 종속변수로 표기하는 이유

1차 함수 공식 $Y = aX + b$에 의해서 설명할 수 있다.
X가 증가하면 Y도 증가한다는 정적 1차 함수는 그래프를 통해서도 이해할 수 있다.

평균 계산 공식

$$M = \frac{1}{n}(X_1 + X_2 + X_3 + \ \cdots \ + X_n) = \frac{\sum X_i}{n}$$

n: 표본의 사례 수

Ex) 통계 강의를 수강하는 5명의 학생의 연령이 21, 22, 23, 24, 25세라면 평균값은 115/5로 23세이다.

원자료	평균값
21, 22, 23, 24, 25	23
21, 22, 23, 24, 30	24
19, 22, 23, 30, 32	25.2

원자료의 변화에 따라 평균값도 달라진다.

- 평균은 자료의 변화에 따라 민감하게 반응한다.
- 원자료(raw data)를 가지고 있으면 평균의 계산은 간단하다.
- 원자료가 없을 때 묶음도수표에 의한 정보만으로 평균을 계산하기도 한다(그러나 원자료 없이 묶음도수표의 정보에 의존해서 계산하는 것은 바람직하지 않다).

3. 중위수

- 중위수(median)는 가장 작은 수부터 가장 큰 수까지 크기에 의하여 배열하였을 때 중앙에 위치하는 사례의 값이다.
- $\widehat{M}$, M_e, 혹은 M_d로 표기한다.

중위수 계산 공식

$$\widehat{M} = \frac{X_{n/2} + X_{(n/2+1)}}{2}$$

n: 표본의 사례 수

$X_{(n/2)}$: 표본의 사례 수의 1/2에 해당되는 사례의 점수

$X_{(n/2+1)}$: 표본의 사례 수의 1/2보다 1이 많은 사례의 점수

- 사례 수가 홀수이면 크기의 순서에 의하여 배열한 후 중앙에 위치한 사례의 수치가 중위수이다.
- 사례 수가 짝수일 경우에는 크기의 순서에 의하여 배열한 후 가운데 값인 두 값을 더한 후 나누기 2를 하여 중위수를 찾는다.

Ex) 사례 수가 홀수인 경우

- 21, 22, 23, 24, 25세, 이들 가운데 세 번째 학생의 연령인 23세가 이들의 중위수가 된다.

Ex) 사례 수가 짝수인 경우

- 21, 22, 23, 24, 25, 26세, 이들 가운데 중위수는 23.5세이다.

  (23 + 24)/2 = 23.5

원자료	중위수
21, 22, 23, 24, 25	
21, 22, 23, 24, 30	23
19, 22, 23, 30, 32	

※ 원자료가 변화해도 중위수는 변하지 않는다.

- 백분위수의 개념과 비교하면 제50백분위 점수이다.

통계 TIP 백분위수와 사분위수의 이해

- 백분위수(percentile, percentile rank)
  얻어진 자료를 크기의 순서로 늘어놓아 100등분하는 값
- 사분위수(quartile)
  수집된 자료를 크기순으로 배열하여 4등분한 값
  제1사분위수－제25백분위수
  제2사분위수－제50백분위수
  제3사분위수－제75백분위수
  제4사분위수－제100백분위수

4. 최빈값

- 최빈값(mode)은 분포에서 가장 많은 도수를 갖는 점수이다.
- M_o로 표기한다.
- 가장 많은 도수를 나타내는 점수가 최빈값이므로 가장 많은 도수 그 자체가 최빈값은 아니다.
- 사례 수가 적거나 모든 사례가 각기 다양한 값을 가질 때 최빈값이 존재하지 않을 수도 있다.
- 최빈값이 없음, 즉 존재하지 않는다고 해서 최빈값이 0은 아니다.
- 원점수의 변화가 최다 도수의 변화에 영향을 주지 않는 한 최빈값은 변하지 않는다.

Ex) 15명의 학생에게 통계 중간고사 10문항을 풀게 하였다. 맞은 문항 수는 다음과 같다.

8, 7, 9, 4, 8, 10, 9, 9, 3, 5, 4, 9, 10, 3, 6

순서대로 배열 → 3, 3, 4, 4, 5, 6, 7, 8, 8, 9, 9, 9, 9, 10, 10

→ 최빈값은 가장 많은 4명의 점수인 9이다.

원자료	최빈값
1, 2, 3, 4, 5, 6	없음
1, 2, 3, 3, 4, 5	3
1, 2, 3, 3, 4, 4	3과 4

• 최빈값이 여러 개 존재할 수도 있다.
• 최빈값이 여러 개 존재한다면 분포는 이봉분포 또는 다봉분포의 그래프로 표현될 것이다.

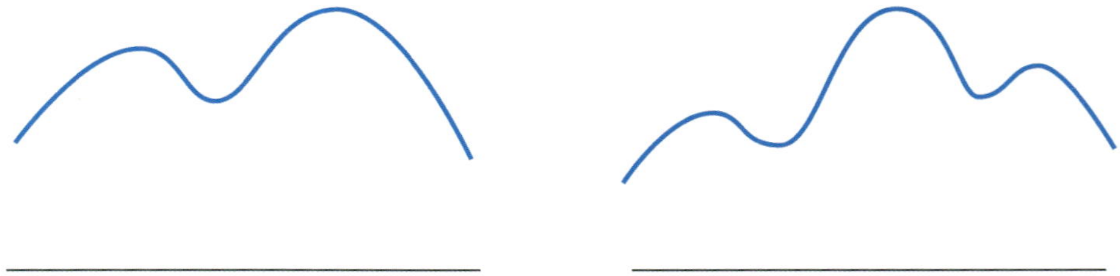

(a) 이봉분포 (b) 다봉분포

[그림 3-2] 이봉분포와 다봉분포

• 최빈값은 분포의 중심경향값을 표현하는데 자주 쓰이지 않는다.
• 도수가 가장 많은 수의 값을 쉽게 알기 위하여 사용한다.
• 최빈값은 어떤 특수한 목적 또는 자료를 쉽게 파악하기 위하여 사용한다.

Ex) 의류회사는 의류를 제작할 때 여러 사이즈 중 더 많이 판매되는 사이즈를 고려하여 사이즈별로 제작 개수를 달리하는 것이 현명한 방법이다.

5. 중심경향값에 따른 분포의 형태: 정적 편포, 부적 편포, 왜도

1) 정규분포

• 정규분포(normal distribution)는 평균, 중위수 그리고 최빈값이 일치하며 좌우대칭 형태의 분포이다.
• 특징으로는 세 종류의 중심경향값이 같고 좌우대칭이며 점근적이다.

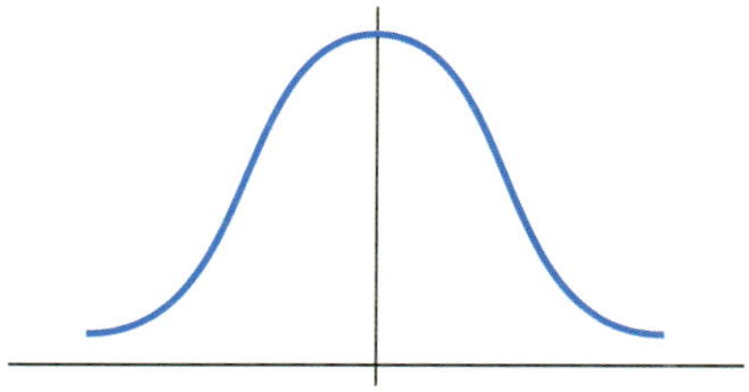

$$M = \widehat{M} = M_o$$

[그림 3-3] 정규분포와 중심경향값

평균 (M): 모든 사례 값의 합을 총 사례 수로 나눈 값
중위수($\widehat{M}$): 가장 작은 수부터 가장 큰 수까지 배열할 때 중앙에 위치한 값
최빈값(M_o): 도수가 가장 많은 수의 값

- 많은 모집단의 분포가 항상 정규분포를 나타내지는 않는다.
- 모집단의 특성상 한 점을 중심으로 좌우대칭이 되지 않는 분포도 있다.
- 세 종류의 중심경향값이 한 점에 일치할 수도 있고 이와 달리 다른 위치에 각기 놓일 수도 있다.

2) 편포

- 편포(skewed distribution)는 한 쪽으로 치우친 분포이다.
- 부적(negatively) 편포: 평균, 중위수, 최빈값 순서
- 정적(positively) 편포: 최빈값, 중위수, 평균 순서

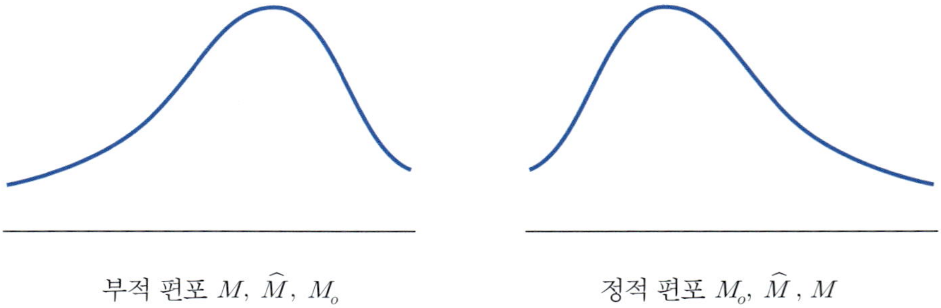

[그림 3-4] 부적 편포와 정적 편포에서 중심경향값의 위치

3) 왜도

- 왜도(skewness)는 분포의 대칭 정도를 말한다.
- 분포가 기울어진 방향과 정도를 나타낸다.
- 왜도가 0이면 좌우대칭인 정규분포곡선이다.
- 음수(−)이면 부적 편포이고 양수(+)이면 정적 편포이다.

6. 분산도 개념

1) 분산도

- 분산도(variation)는 흩어진 정도를 말한다.
- 중심경향값이 같더라도 흩어진 정도가 다를 수 있다.
- 즉, 중심경향값이 같더라도 집단의 성질이 다름을 말한다.
- 분산의 범위는 넓은 범위의 분산과 좁은 범위의 분산이 있을 수 있다.

Ex) 평균이 똑같다고 집단의 경향이 같다고 할 수 있는가?

원자료	평균값
21, 22, 23, 24, 25	23
20, 22, 23, 24, 26	23
22, 22, 23, 24, 24	23

⇒ 이에 대한 답은 '아니다.'이다.

- 값의 다양성과 그 원인을 분석하는 것이 중요하다.
- 분산의 정도를 파악하기 위하여 범위, 사분위편차, 분산, 표준편차를 계산한다.

7. 분산도 종류

1) 범위

- 범위(range)는 분포의 흩어진 정도를 가장 간단히 알아보는 방법이다.
  ① 최고값과 최저값을 가지고 파악할 수 있다.
  ② 연속성을 위한 교정을 고려한다.
  ③ 최고값 상한계에서 최저값 하한계를 뺀 값이다(계산방법 1 참고).

$$R = (H + u/2) - (L - u/2)$$

$$= (H - L) + u$$

H: 최고값
L: 최저값
u: 측정단위

Ex) 통계 수업을 듣고 있는 학생 10명의 통계 문제 10문항에 대한 결과를 다음에 제시하였다.

3, 4, 5, 5, 6, 6, 7, 8, 9, 10

계산방법 1.

- 최고점 10점 → 정확한계 9.5 ~ 10.5
- 최저점 3점 → 정확한계 2.5 ~ 3.5
- 점수의 범위 → 10.5 − 2.5 = 8

⇒ 점수 범위는 8점

※ 정확한계는 하한계와 상한계로 구분된다.

계산방법 2.

- (최고점 10점 − 최저점 3점) + 1 = 8

⇒ 점수 범위는 8점

계산방법 1.과 계산방법 2.의 과정은 다르지만 같은 범위의 값을 제시한다.

- 범위를 구할 때 경우에 따라서 연속성을 위한 교정을 하지 않고 최고값에서 최저값을 빼기도 한다(계산방법 2 참고).
- 범위를 가지는 두 분포 중 어떤 분포가 보다 넓게 흩어져 있는가에 대한 비교가 가능하다.
- 장점: 분산도를 간단히 파악 가능하다.
- 단점: 분산도를 측정하기 위한 정밀성이 없다.
- 최고값과 최저값에 의해서 범위가 결정된다.
- 최고값과 최저값 사이에 존재하는 값들의 변화에 영향을 받지 않고 그 사이에 존재하는 많은 값을 고려하지 않는다.

집단 A = {1, 2, 3, 5, 8}
집단 B = {1, 2, 3, 4, 5, 6, 7, 8}
범위는 8로 같지만 사례 수가 다르기 때문에 범위만으로는 비교하기 힘들다.

2) 사분위편차

- 사분위편차(quartile deviation)는 자료의 중위수를 중심으로 하여 나타낸 분산도를 말한다.
- 사분위편차에서는 중위수를 Q_2라고도 한다.
- 이는 분산도의 정도를 분포의 중앙에 위치한 중위수의 좌우로부터 동일한 백분율을 가진 두 점 간의 거리에 의하여 분석한 결과이다.
- 사분위 간 범위가 길면 보다 흩어진 분포이다.
- 사분위 간 범위가 짧으면 밀집된 분포이다.

사분위편차

$$Q_2 = \frac{Q_3 - Q_1}{2}$$

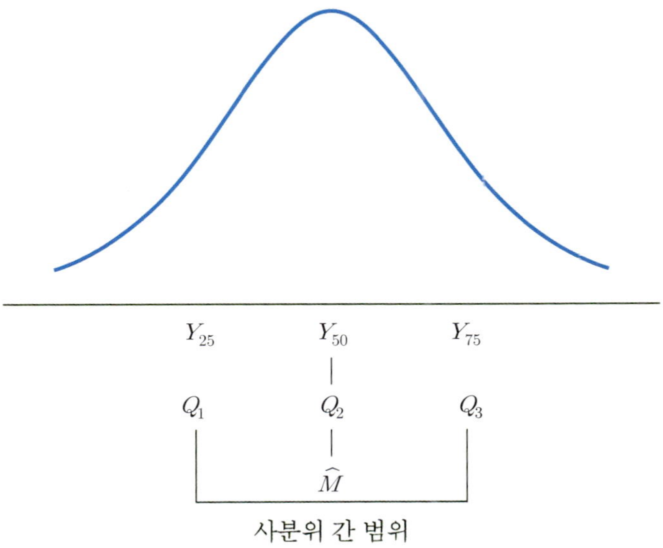

[그림 3-5] 사분위편차

- 사분위편차와 사분위수에 따라 분포의 형태가 정규분포인지 부적 편포 또는 정적 편포인지를 파악 가능하다.
- 정규분포일 때 제2사분위수는 중위수를 중심으로 제1사분위수와 제3사분위수의 거리가 같다.
- 수식으로 좌우대칭 분포를 이루기 위하여 $|Q_1 - Q_2| = |Q_3 - Q_2|$ 성립되어야 한다.

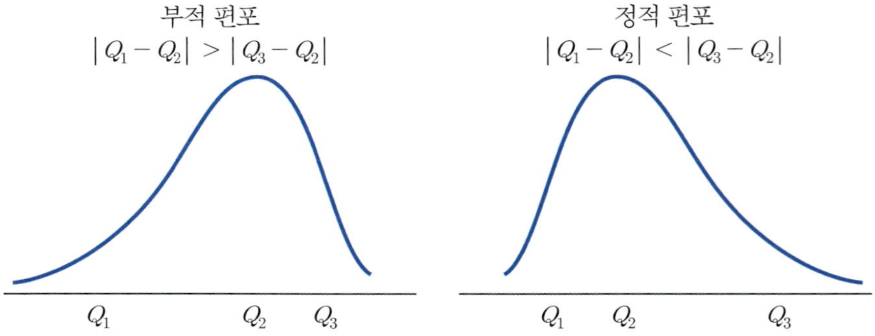

[그림 3-6] 부적 편포와 정적 편포에서의 사분위편차

- 사분위편차는 범위와 달리 범위 내에 있는 많은 값을 고려하기 때문에 분산도를 측정하는 데 범위보다 정밀하다.
- 그러나 전체 사례 수를 고려하지 않아 많이 사용되지는 않는다.

3) 분산

- 모든 자료를 각각 고려하여 분포의 흩어진 정도를 나타내는 것이 분산과 표준편차이다.

(1) 편차

- 편차(deviation)는 각 점수가 평균에서 떨어진 정도를 말한다.
- 편차의 절댓값이 크면 그 값은 평균에서 멀리 떨어져 있음을 말한다.
- 편차가 0이면 그 값은 평균과 같다.

편차를 구하는 공식

$$d_i = X_i - \overline{X}$$

d_i: i번째 편차
X_i: i번째 X값
$\overline{X}$: X의 평균

$$\overline{d_i} = \frac{\sum d_i}{N} = \frac{\sum (X_i - \overline{X})}{N} = 0$$

• 계산상 모든 편차의 합은 항상 0이 된다.
• 그러나 편차의 합이 0이 되어서는 안 된다.
• 왜냐하면 흩어진 정도가 다르기 때문이다.
• 이로 인해서 편차는 계산상의 한계가 있다.

Ex) 10점 만점의 능력검사에서 모집단 5명 학생의 점수가 각기 2, 3, 5, 5, 10이고, 평균 점수는 5점일 때

	X_i	$d_i = (X_i - \overline{X})$
A	2	−3
B	3	−2
C	5	0
D	5	0
E	10	5

평균=5, 편차의 합=0이 된다.

(2) 분산

• 분산(variance)은 편차를 제곱하여 그 합을 총 사례 수로 나눈 값을 말한다.
• 각 값으로부터 평균을 뺀 편차를 제곱한 후, 그 수를 모두 더하여 총 사례 수로 나눈 값을 분산이라 한다.
• 모집단일 때 σ_X^2, 표본일 때 s_X^2로 표기한다.
• 분산은 변량이라고도 한다.

분산을 계산하는 공식

모집단일 때 $$\sigma_X^2 = \frac{\sum(X_i - \overline{X})^2}{N}$$

표본일 때 $$s_X^2 = \frac{\sum(X_i - \overline{X})^2}{n}$$

• 편차부분을 제곱하기 때문에 양수 값인 편차와 음수 값인 편차가 상쇄되지 않으므로 편차의 합은 0이 되지 않는다.

Ex) 10점 만점의 능력검사에서 5명 학생(표본)의 점수가 각기 2, 3, 5, 5, 10이고, 평균 점수는 5점일 때

	X_i	$(X_i - M)$	$(X_i - M)^2$
A	2	−3	9
B	3	−2	4
C	5	0	0
D	5	0	0
E	10	5	25

$$M = \frac{\sum X_i}{n} = \frac{25}{5} = 5$$

$$\sum(X_i - M)^2 = 38$$

$$\sigma_X^2 = \frac{(\sum X_i - M)^2}{n} = \frac{38}{5} = 7.6$$

평균=5, 분산=7.6이 된다.

(3) 표준편차

- 표준편차(standard deviation)는 분산에 제곱근($\sqrt{\ }$)을 취한 값을 말한다.
- 그래야 편차의 합이 0이 되지 않도록 제곱하여 더한 문제를 해결할 수 있다.
- 표준편차는 편차들의 평균이다.
- 모수치에서는 σ, 통계치에서는 s_X로 표기한다.
- 이때 분산의 제곱근이므로 $\sqrt{7.6}$ 이 된다.
- 표준편차가 크다면 이는 분포가 넓게 흩어져 있음을 말한다.
- 이때 분산이 7.6이고 표준편차는 $\sqrt{7.6}$ 이므로 2.76이 되어야 한다.
- 그러나 SPSS 프로그램에서는 3.08221의 값이 제시되었다.

기술통계량

	n	최솟값	최댓값	평균	표준편차	분산
능력점수	5	2.00	10.00	5.0000	3.08221	9.500

- 이는 SPSS 프로그램에서 추리통계를 가정하여 분석하기 때문이다.
- 추리통계 시 표본을 통해 계산하고, 자유도를 적용하여 사례 수인 n으로 나누지

않고 $(n-1)$로 나눈다.

- 추리통계 시에는 불편파 추정을 고려하기 때문이며 이에 대해서는 제4장에서 상세히 다룬다.

$$M = \frac{\sum X_i}{n} = \frac{25}{5} = 5$$

$$\sum(X_i - M)^2 = 38$$

$$\sigma_X^2 = \frac{(\sum X_i - M)^2}{n-1} = \frac{38}{4} = 9.5$$

평균=5, 분산=9.5가 된다.
표준편차는 $\sqrt{9.5}$가 된다.
즉, 표준편차는 3.08221이 된다.

통계 TIP 자유도(degree of freedom)

자유도를 계산하는 공식

$$df = (n-1)$$

모집단에서 어떤 수의 표본을 꺼내어 이것을 어떤 조작으로 정의할 때 그 즈작 때문에 제약 받는 조건을 없애고 임의로 모집단에서 선출될 수 있다고 생각되는 수를 말한다. 자유도는 df라고 표기한다. 통계적 절차에 의거하여 표준편차를 계산할 때, 표븐의 사례 수에서 하나를 빼고, 즉 $(n-1)$로 나누어 계산한다.
쉽게 말해 한 표본을 제외해도 그 집단의 성질은 변하지 않는다는 것을 전제로 한 값이다.

8. 분산도에 따른 분포 형태: 첨도

- 중심경향값이 동일하다 하여도 분포의 형태는 분산도에 따라 다양하다.
- 분산도를 나타내는 범위에 의한 분포 형태를 보더라도 범의가 크면 분포가 넓은 지역에 흩어져 있음을 알 수 있다.

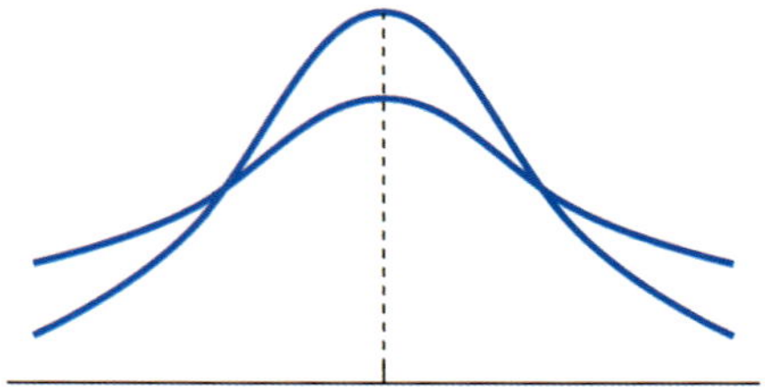

[그림 3-7] 중심경향값이 같고 분산이 다른 분포

- 표준편차가 크면 분포가 흩어져 있으므로 그 분포를 구성하는 요소들은 이질적이라고 말할 수 있다.
- 표준편차가 작으면 그 분포를 구성하는 요소들은 동질적이라고 말할 수 있다.

1) 첨도

- 첨도(kurtosis)는 분포의 봉이 얼마나 뾰족한지를 말한다.
- 표준편차가 크면 이질적이고 봉의 높이가 낮다.
- 표준편차가 작으면 동질적이고 분포의 봉이 높다.
- 정규분포의 첨도는 0이다.
- 첨도가 0보다 크면 정규분포보다 더 뾰족한 급첨(leptokurtic)이다.
- 첨도가 0보다 작으면 분포의 높이가 정규분포보다 낮은 평평한 평성(platykurtic)이다.

통계 TIP 정규성 그리고 왜도와 첨도

- 정규성에서 왜도에 대한 이해: 데이터 분포의 좌우대칭 정도를 표현하는 척도이다. 만약 정규분포라면 평균값, 중위수, 최빈값이 일치하기 때문에 0이 된다. 보통 0보다 ±3 정도를 벗어난다면 정규성을 가지지 않는다고 판단한다.
- 정규성에서 첨도에 대한 이해: 만약 정규분포라면 평균값, 중위수, 최빈값이 일치하기 때문에 0이 된다. 보통 0보다 ±8 정도를 벗어난다면 정규성을 가지지 않는다고 판단한다[3-1].

3-1) Kline, R. B. (2023). *Principle and practice of structural equation modeling*. Guilford publications.

제4장

정규분포와 확률

1. 정규분포와 표준정규분포
2. 확률
3. 평균값들의 표집분포
4. 편파 추정, 불편파 추정

통계분석은 기술통계와 추리통계로 나눌 수 있다. 앞의 장에서 본 중심경향값, 분산도 등은 기술통계 영역이다. 기술통계는 분포의 형태와 특징을 기술하는 것이 목적이다. 이와 달리 추리통계에서는 모집단과 표본집단의 관계, 통계적 가설검증(statistical hypothesis testing) 또는 유의도 검증(significance testing) 절차를 거쳐서 연구의 대상인 모집단 특성을 추론하는 것이 목표이다.

정상곡선으로 이루어지는 정규분포는 실제 변수들의 분포 형태에 대해 설명할 수 있도록 해 주고 많은 표본분포의 통계치를 계산할 수 있도록 해 준다. 또한 확률 법칙을 통해 모집단의 특성을 추론할 수 있도록 해 준다.

1. 정규분포와 표준정규분포

1) 정규분포

- [그림 4-1]과 같이 정규분포(normal distribution)는 모든 확률분포 중 가장 기본적인 분포이다.

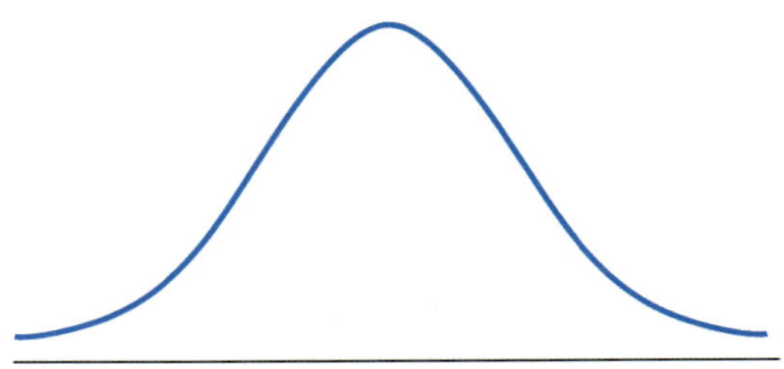

[그림 4-1] 정규분포(normal distribution)

- 정규분포의 특징은 다음과 같다.
  ① 단봉형태이다.
  ② 중앙에 가장 큰 빈도를 갖는다(평균=중위수=최빈값).

③ 평균을 중심으로 좌우대칭인 종 모양이다.
④ 평균에서 멀어질수록 빈도는 점점 줄어든다.
⑤ 곡선의 양 끝이 수평축을 향해 다가가지만 결코 축에 닿지 않는다. 이를 점근적(asymptotic)이라고 표현한다.

• [그림 4-2]와 같이 정규분포는 각 부분에 포함되는 면적 비율이 정해져 있다. 예로, 평균에서 평균 이상의 1 표준편차까지의 부분 총면적은 34.13%이다.

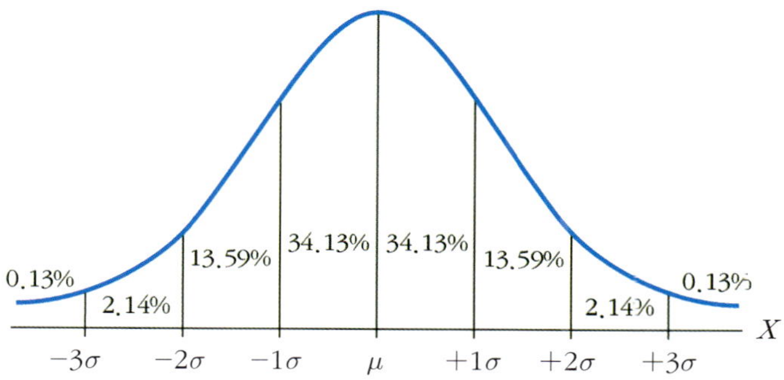

[그림 4-2] 정규분포의 면적 비율

• 정규분포의 구간별로 면적 비율을 정확하게 기록하여 정리한 것이 정규분포곡선 수표이다. 정규분포곡선 수표에는 모든 가능성 있는 구간에 대한 면적과 비율이 기록되어 있다.
• 정규분포곡선 수표를 이용하면 발생 확률을 계산할 수 있다. 서로 다른 고집단에서 추출한 표본집단의 특성을 비교할 때 정규분포곡선의 면적 비율을 이용할 수 있다.

2) 표준정규분포

• [그림 4-3]과 같이 표준정규분포(standard normal distribution)는 정규분포 중 평균이 0이고 표준편차가 1인 분포이다.
• 표준정규분포는 Z 분포라고도 한다.

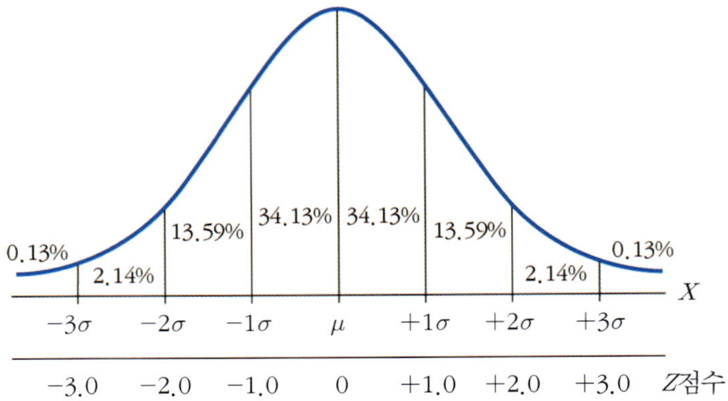

[그림 4-3] 정규분포와 표준정규분포(Z 분포)의 관계

- 어떤 분포를 그 분포의 평균으로 빼고 표준편차로 나누어 주면, 즉 표준화시키면 평균이 0이고 표준편차가 1인 표준정규분포의 특성을 갖게 된다.
- 표본분포의 값들을 표준정규분포의 값(Z 점수)들로 변환하는 공식은 다음과 같다.

$$Z = \frac{X - M}{s}$$

X : 관찰값
M : 표본의 평균
s : 표본의 표준편차

- 모든 점수를 Z 점수로 변환하여 표준정규분포로 변환하면 평균 0, 표준편차 1인 분포의 특성을 갖게 되어 다른 분포의 값들을 비교하는 데 사용할 수 있다. 즉, 각 분포 내의 상대적인 위치를 알 수 있게 된다.
- 표준편차를 중심으로 많이 사용하는 점수 범위와 그에 따른 확률 및 비율을 정리하면 다음과 같다.
  ① 평균을 중심으로 표준편차 ±1 사이의 확률은 .6826으로 전체 점수 범위 중에서 68.26%가 이에 해당된다.
  ② 평균을 중심으로 표준편차 ±2 사이의 확률은 .9544로 전체 점수 범위 중에서 95.44%가 이에 해당된다.
  ③ 평균을 중심으로 표준편차 ±3 사이의 확률은 .9974로 전체 점수 범위 중에서

99.74%가 이에 해당된다.

- Z 점수는 다음과 같은 불편한 점도 있다.
  ① Z 점수는 양의 값과 음의 값을 모두 다루어야 한다.
  ② Z 점수는 소수 둘째 자리까지는 다루어야 한다.
  ③ Z 점수는 0점과 같은 점수를 다루어야 하므로 의사소통 시 문제가 있을 수 있다.
- 이와 같은 Z 점수의 불편한 점을 피하기 위해 사용하는 여러 표본점수가 있으며 T 점수가 가장 대표적이다.
- 표본분포의 값들을 T 점수로 변환하면 평균값은 50, 표준편차는 10인 분포 속의 값으로 변환된다.
- T 점수는 Z 점수로부터 계산할 수 있다.

$$T = 50 + 10 \times Z$$

2. 확률

- 표본의 값을 분석하여 현상의 원인을 밝히거나 이론을 검증할 때는 우연에 의한 요인들이 개입할 수 있다는 점을 염두에 두어야 한다.
- 우연에 의해 발생하는 '오차(error)'를 고려하여 결론을 이끌어낼 수 있도록 도와주는 기법이나 이론을 통계적 추론(statistical inference)이라고 한다.
- 표본의 값을 분석하여 나오는 결론이 실제 현상을 반영한 결과인지 우연에 의한 효과인지에 대한 대답을 제공해 주는 것이 통계적 추론 기법이며 확률 원리가 적용된다.

1) 확률의 정의

- 추리통계학의 목표는 부분적인 표본 정보를 이용하여 모집단에 대한 일반적인 결론을 추론하는 것이다.
- 표본을 대상으로 연구하여 모집단에 대한 연구문제에 답하는 것이다.

- 추리통계학의 핵심은 표본과 모집단 사이의 관계를 정확하게 정의하는 것이다.
- 통계조사에서 조사대상의 일부만을 관측하고도 조사대상 전체에 대한 결론을 이끌어낼 수 있는 논리적 근거가 되는 것이 확률(probability)이다.
- 확률은 서로 다른 여러 결과가 나올 수 있는 상황에서 어떤 특정결과를 분수나 비율로 나타내는 것이다.
- 나올 수 있는 경우를 A, B, C 등으로 표시할 때 A에 대한 확률은 다음과 같이 표시할 수 있다.

$$\text{A의 확률} = \frac{\text{A로 분류되는 결과의 수}}{\text{나올 수 있는 가능한 결과의 총 수}}$$

- 확률은 또한 비율(proportion)이라고도 한다.
- 확률은 간단한 기호 P로 표시한다.
- 나올 수 있는 가능한 확률값은 0에서 1 사이의 범위이다.
- 정의에 맞도록 0에서 1 사이의 범위로 확률값이 나올 수 있으려면 무선표집 과정을 거쳐야 한다.

통계 TIP 무선표집의 요건

무선표집(random sampling)은 다음과 같은 두 가지 요건을 충족하여야 한다. 첫째, 모집단의 각 사례 수는 똑같이 선택될 기회를 가져야 한다. 둘째, 한 가지 이상의 사례가 선택된 후에도 어떠한 선택 확률도 변해서는 안 된다. 따라서 복원 표본 추출법을 적용해야 한다.

3. 평균값들의 표집분포

1) 평균값들의 표집분포의 정의

- 연구자가 관심을 가지고 있는 모집단으로부터 표본을 표집할 때는 무선적으로 추출한 것이라고 가정한다.
- 이를 무선표집 모델(random sampling model)이라고 한다.
- 무선적으로 추출한 표본의 통계값으로 모집단의 모수치를 추정하며 이때 우연성이 어떻게 영향을 미치고 있는지 확률에 관한 지식에 기초하여 해석하게 된다.
- 무선표본이란 일정 크기의 모든 가능한 표본을 모집단으로부터 선택될 확률이 동일한 조건에서 추출한 표본이다.
- 이러한 과정을 단순 무선표집(simple random sampling)이라고 한다.
- 단순 무선표집을 가상적으로 반복하여 첫 번째 표본의 평균값을 구하고, 두 번째 표본의 평균값을 구하고, 세 번째 표본의 평균값을 구하는 과정을 계속 반복하여 가능한 모든 표본의 평균값으로 분포를 만들면 평균값들의 표집분포(sampling distribution of means)를 얻을 수 있다.
- 즉, 평균값들의 표집분포는 모집단으로부터 추출할 수 있는 크기가 n인 모든 가능한 표본의 평균값에 대한 빈도분포이다.
- [그림 4-4]와 같이 평균값들의 표집분포는 표본평균분포라고도 한다.

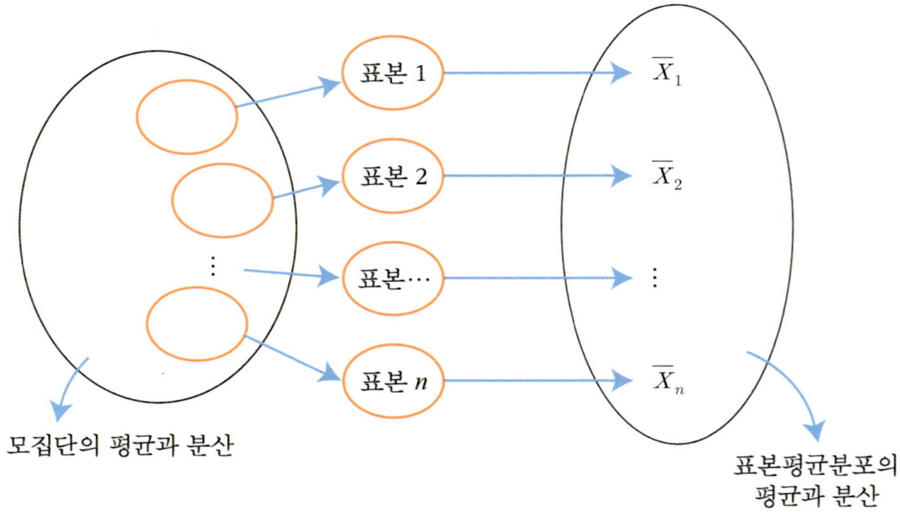

[그림 4-4] 모집단과 표본평균분포의 관계

2) 평균값들의 표집분포의 특성

- 평균값들의 표집분포는 모집단의 평균값 근처에 표본평균값들이 모여 있고, 양쪽 극단으로 갈수록 점점 줄어드는 정상곡선을 따른다.
- 사례를 통해 평균값들의 표집분포의 특성을 알 수 있다.
- 예로, 0과 4만 들어 있는 주머니가 있다고 가정하자. 주머니 안에서 두 번 뽑을 때의 평균과 그 빈도수, 세 번 뽑을 때의 평균과 그 빈도수, 네 번 뽑을 때의 평균과 그 빈도수를 빈도도표와 히스토그램으로 나타내면 다음과 같다.

n =2인 점수들의 가능성 있는 모든 표본과 표본평균분포

표본	점수		표본평균
	첫째	둘째	M
1	0	0	0
2	0	4	2
3	4	0	2
4	4	4	4

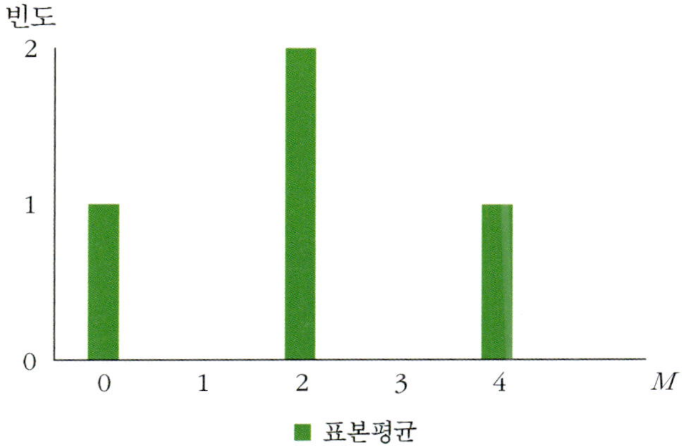

[그림 4-5] n = 2인 경우의 평균들의 빈도 그래프

n=3인 점수들의 가능성 있는 모든 표본과 표본평균분포

표본	점수			표본평균
	첫째	둘째	셋째	M
1	0	0	0	0.000
2	0	0	4	1.333
3	0	4	0	1.333
4	4	0	0	1.333
5	4	4	0	2.666
6	4	0	4	2.666
7	0	4	4	2.666
8	4	4	4	4.000

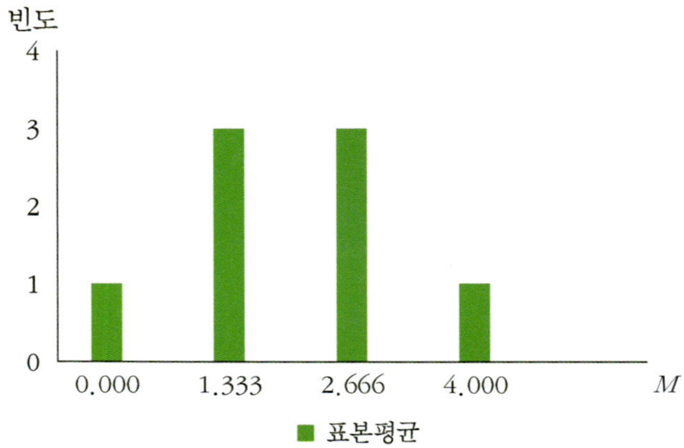

[그림 4-6] $n = 3$인 경우의 평균들의 빈도 그래프

$n=4$인 점수들의 가능성 있는 모든 표본과 표본평균분포

표본	점수				표본평균
	첫째	둘째	셋째	넷째	M
1	0	0	0	0	0
2	0	0	0	4	1
3	0	0	4	0	1
4	0	0	4	4	2
5	0	4	0	0	1
6	0	4	0	4	2
7	0	4	4	0	2
8	0	4	4	4	3
9	4	0	0	0	1
10	4	0	0	4	2
11	4	0	4	0	2
12	4	0	4	4	3
13	4	4	0	0	2
14	4	4	0	4	3
15	4	4	4	0	3
16	4	4	4	4	4

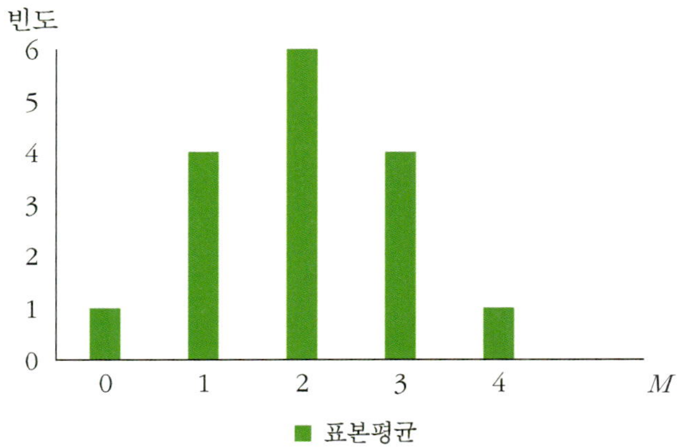

[그림 4-7] $n=4$인 경우의 평균들의 빈도 그래프

- [그림 4-5], [그림 4-6], [그림 4-7]을 보면 n의 수가 증가할수록 정규분포에 가까워지는 것을 볼 수 있다.
- 평균값들의 표집분포의 특성은 다음과 같다.
  ① 평균값들의 표집분포의 평균값은 모집단의 평균값과 같다. 평균값들의 표집분포의 평균값을 나타내는 기호는 μ_M이다.
  ② 평균값들의 표집분포의 표준편차는 모집단의 표준편차와 같다. 이 때 평균값의 표집분포의 표준편차는 평균값의 표준오차(standard error of the mean)라고 한다. 평균값들의 표집분포의 표준편차를 나타내는 기호는 σ_M이다.

③ 모집단이 정규분포이면 그 모집단에서 추출한 평균값들의 표집분포 역시 정규분포이다. 만약 모집단이 정규분포가 아니어도 중심극한정리(central limit theorem)에 따라 평균값들의 표집분포는 정규분포 형태에 가까워진다.

3) 중심극한정리

- 중심극한정리(central limit theorem)는 모집단의 분포와는 상관없이 표본의 크기가 증가하면서 평균값들의 표집분포의 형태가 정규분포 형태에 가까워지는 것을 말한다.

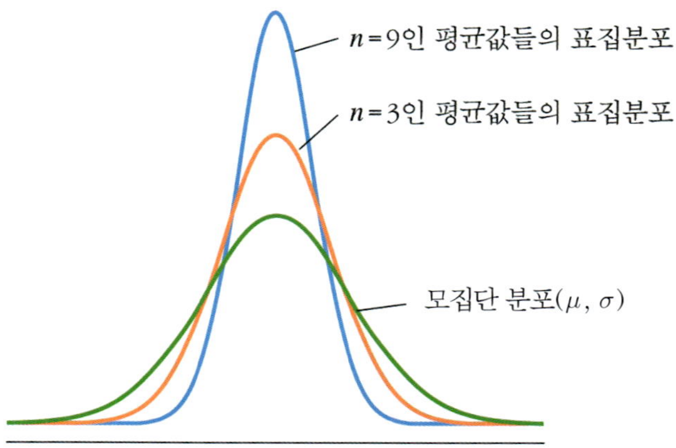

[그림 4-8] 모집단, $n=3$, $n=9$인 경우의 평균값들의 표집분포

- [그림 4-8]과 같이 중심극한정리는 확률변수가 본래 어떤 분포를 따르는지 모를 때에도 표본크기 n이 어느 정도 크다면 표본평균에 대한 검증을 할 때 정규분포를 이용할 수 있도록 해 준다.
- 이때 n은 보통 25개에서 30개이면 충분하다.
- 즉, 중심극한정리를 이용하면 분포에 대한 가정 없이 정규분포를 이용할 수 있다.
- 사회과학에서 관심을 갖는 대부분의 변수의 분포는 정확하게 정규분포를 따른다고 단정할 수는 없지만 중심극한정리에 의하여 그 평균에 대한 분포는 정규분포를 가정할 수 있다.
- 평균값들에 대한 표집분포는 특정 표본평균값이 얼마나 쉽게 일어날 수 있는 일

인지 아니면 일어날 가능성이 매우 낮은 일인지 알 수 있게 해 준다.

- 평균이 100이고, 표준편차가 2인 평균값들에 대한 표집분포에서 표본평균값이 101인 경우는 상대적으로 쉽게 일어날 수 있는 반면, 표본평균값이 106인 경우는 상대적으로 나타날 가능성이 매우 낮다.
- 통계적 추론에서는 '쉽게 일어날 수 있는'이나 '나타날 가능성이 매우 낮은'이라는 표현보다 더 정확한 표현이 요구된다. 즉, 구체적인 확률이 필요하다.

4. 편파 추정, 불편파 추정

1) 편파 추정

- 연구자는 일반적으로 모집단을 대상으로 변수를 측정하기 어렵기 때문에 표본을 선정하여 연구를 진행한다.
- 연구자가 연구에서 변수 측정 시 모집단을 대표하는 표본을 선택하고, 표집에 오차를 최소화해야 한다.
- 왜냐하면 표본을 통해 얻은 통계량(추정량)으로 모집단의 모수를 추정해야 하기 때문이다.
- 이때 표본은 모집단을 대표하지만 모집단과 일치하지 않기 때문에 측정된 통계량으로 모수치를 추정할 때 편파(biased, 편향)가 일어날 수밖에 없다. 이를 편파 통계량(biased statistic)이라고 한다.
- 모든 표본의 분산은 항상 모집단의 분산보다 과소 또는 과대 추정된 값으로 얻어지게 된다.
- [그림 4-9]에서 모집단의 분산과 표본의 분산의 관계를 직관적으로 확인할 수 있으며 언제나 표본의 분산이 과소 추정한다는 것을 알 수 있다.

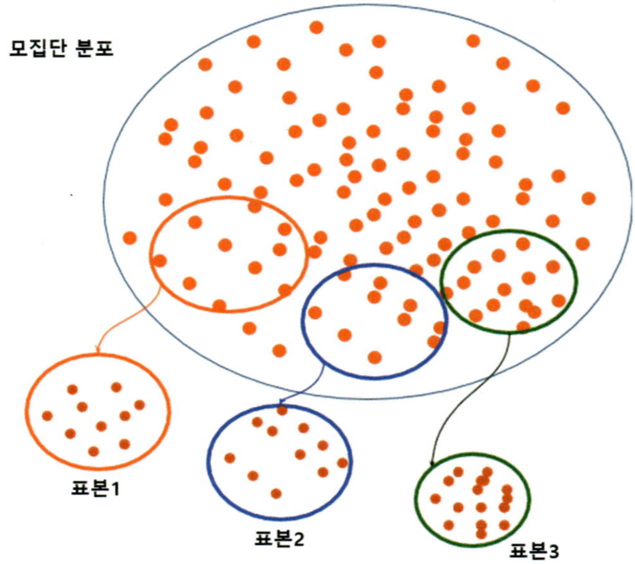

[그림 4-9] 모집단 분포의 분산과 표본들의 분산 비교

2) 불편파 추정

- 항상 표본은 모집단을 편파 추정하므로 조정이 가능하다.
- 모집단의 분산을 추정하기 위해 표본의 분산을 계산할 때 분산 계산 공식의 분모에 n 대신 $n-1$(자유도)을 사용해야 한다.
- 이는 편파 추정을 조정하기 위한 것으로, 이를 불편파(unbiased) 추정이라고 한다.
- 표본자료의 분산으로 모집단의 분산을 추정하고자 한다면 불편파 추정을 하는 것이 보다 정확하다.

제5장

가설검증과 유의수준

1. 가설검증
2. 유의수준
3. 통계적 오류

추리통계에서 가설검증은 표본자료의 통계치가 모집단의 모수치와 어느 정도 일치하는지를 보는 통계적 결정 과정이다. 연구자가 세운 가설은 잠정적인 진술이기 때문에 영가설과 대립가설의 관계를 통해 통계적 검증을 하게 된다. 이때 통계적 결정 과정이 옳고 그른지를 판단하는 기준이 필요하며 이 기준이 유의수준이다. 이러한 결정 과정은 확률 이론에 근거하고 있기 때문에 통계적 오류가 발생할 수 있다는 것을 염두에 두어야 한다.

1. 가설검증

1) 가설검증의 원리

- 연구자가 모집단의 모든 사례를 전부 관찰 또는 연구하는 것은 불가능하며 비실용적이다. 따라서 표본으로부터 자료를 수집한다.
- 가설검증이란 표본자료의 통계치를 이용하여 모집단의 모수치에 어느 정도 일치하는지를 보는 통계적 결정 과정이다.
- 통계적 결정 과정에서는 표준정규분포의 성질을 이용하여 진위를 결정한다.
- 무선표집을 통하여 표집을 계속하면 모집단의 평균값을 중심으로 분포하는 평균값들의 표집분포가 이루어진다.
- 이 표집분포를 바탕으로 하여 어떤 측정치가 그 분포에서 일어날 수 있는 확률을 계산할 수 있다.
- 어떤 측정치가 기준 이하의 확률을 보인다면 이 측정치가 이 분포에 속한다기보다는 우연성에 의한 것이며 다른 분포에 속한다고 보는 것이 더 합리적이다.

2) 가설검증 절차

- 가설검증 절차는 보통 4단계로 이루어진다.

① 가설을 세운다.

② 가설의 진위를 판단할 수 있는 기준점을 정한다.

③ 표본자료를 수집한다.

④ 영가설의 진위를 판단한다.

- 영가설의 진위판단은 실제 진위를 결정하는 과정이다.
- 진위판단의 예는 다음과 같다.
- 첫 번째 예로 [그림 5-1]과 같이 동전 던지기 놀이의 진위판단 과정을 표현할 수 있다.

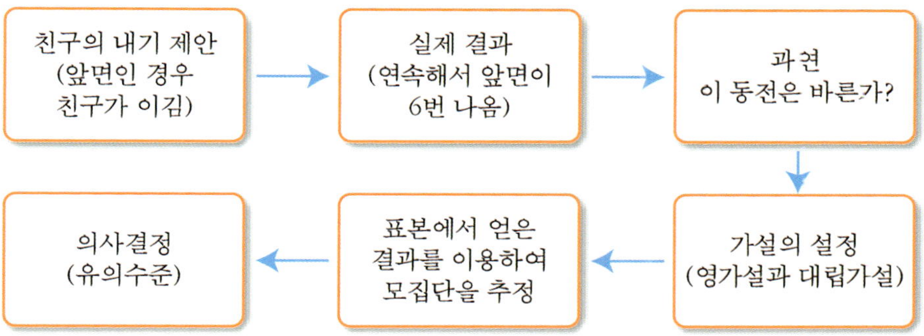

[그림 5-1] 동전 던지기의 진위판단 과정

- [그림 5-2]와 같이 동전 던지기 놀이의 의사결정 과정을 표현할 수 있다.

의사결정 \ 진위	동전이 바르다.	동전이 바르지 않다.
놀이를 계속 (영가설 수용)	정확한 판단	돈을 계속 잃는다.
놀이를 중단 (영가설 기각)	부당하게 친구를 비난	정확한 판단

[그림 5-2] 동전 던지기의 진위판단 과정

• 두 번째 예로 [그림 5-3]과 같이 행복 증진 프로그램의 효과에 대한 연구에서 프로그램의 효과가 있는지의 여부를 연구할 때 두 가지의 사실이 있으며 그에 대한 의사결정을 할 수 있다.

의사결정 \ 진위	행복 증진 프로그램 효과 없음	행복 증진 프로그램 효과 있음
행복 증진 프로그램의 효과가 없다고 결정	정확한 판단	부정확한 판단
행복 증진 프로그램의 효과가 있다고 결정	부정확한 판단	정확한 판단

[그림 5-3] 행복 증진 프로그램 효과의 진위판단 과정

3) 가설설정

• 가설은 실제에 대한 예측 또는 추측이고 밝혀지지 않은 사실의 잠정적인 진술이다. 즉, 가설은 연구를 유도하는 잠정적인 진술문이다.

• 가설은 영가설(null hypothesis)과 대립가설(alternative hypothesis)로 나누어진다.

> • 영가설(H_0)
> 모수치가 어떤 일정한 값이거나 또는 두 집단 사이에 효과가 없다(또는 차이가 없다)고 진술하는 가설이다.
> • 대립가설(H_1)
> 영가설에 대한 대립 진술문을 말한다. 즉, 영가설이 참이 아니며 모수치가 어떤 일정한 값이 아니거나 두 집단의 모수치 사이에 차이가 있다고 진술하는 가설이다.

• 통계적 검증은 항상 '영가설이 맞다.'는 전제하에서 출발한다.

통계 TIP 가설검증의 원칙

1. 가설검증은 효과가 없다(또는 차이가 없다)고 영가설을 설정하는 것에서부터 출발한다. 예로, 형사 재판에서도 피고가 범죄를 저지르지 않았다는 가정에서 출발하는 것을 알 수 있다(무죄 추정의 원칙).
2. 연구자는 처치가 실제로 효과가 있다는 것을 보이기 위해 증거를 수집하고, 연구자는 영가설을 반박하고자 한다.
3. 충분한 근거가 있다면, 연구자는 영가설을 기각하고 효과가 있다(또는 차이가 있다)고 결론 내린다.
4. 근거를 충분히 찾지 못한다면, 연구자는 영가설 기각에 실패할 것이다. 이때 연구자는 효과가 있다고 단정할 만큼 충분한 증거가 없다고 결론 내린다

- 영가설은 연구자가 잠정적으로 결론을 내린 가설(대립가설 또는 연구가설)이 틀리다는 가설이다.
- 통계적 결정 과정을 통해서 영가설을 기각한다면 연구자는 '대립가설이 맞다.'는 결론을 내릴 수 있다.
- 이와 같이 간접적인 증명을 하는 이유는 차이가 없는데도 있는 것으로 판단을 내리는 오류를 방지하기 위함이다.
- 따라서 영가설은 심각한 오류일 가능성을 진술한 가설이라고도 할 수 있다.
- 이때 어떤 것을 기준으로 하여 영가설을 기각하거나 수용하게 되는지가 중요하다.
- 표본에서 측정한 값을 통해 영가설을 기각 또는 수용할지 판단하는 데 필요한 기준을 유의수준(significance level)이라고 한다.
- 유의수준은 연구시작 전에 설정하여야 한다.

2. 유의수준

1) 유의수준

- 유의수준(significance level, α)은 모집단에서 무수히 많은 표본을 얻어 영가설이 참인지 검증할 때 그 통계치의 신뢰구간이 영가설을 포함하지 않을 확률을 말한다.

- [그림 5-4]와 같이 유의수준은 보통 5% 또는 1%로 설정한다.
- 유의수준 $\alpha = 5\%$는 통계치의 신뢰구간이 영가설을 포함하지 않을 확률이 5%라는 의미이다.
- $\alpha = 5\%$는 95% 신뢰구간$(1-\alpha)$과 같은 의미이다.
- 95% 신뢰구간$(1-\alpha)$은 모평균에 대한 신뢰구간을 구간추정할 때 모평균을 포함할 확률이 95%라는 의미이다.

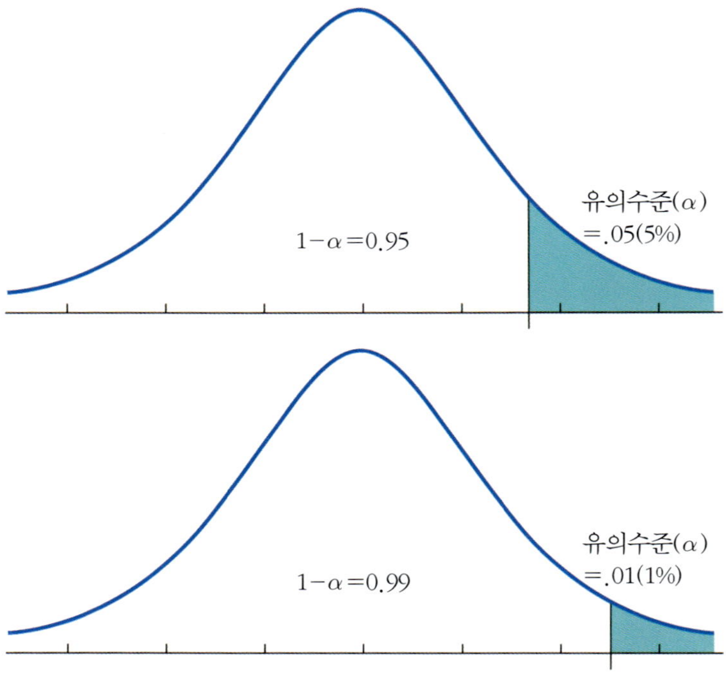

[그림 5-4] 유의수준 α와 신뢰구간 $1-\alpha$의 관계

- 자료에서 얻은 확률값인 유의확률 값(p-value: p 값)과 α(유의수준)를 비교하여 유의확률 값(p)이 α보다 더 작은 경우 영가설을 기각한다.
- 유의확률(significance probability)은 영가설이 참일 때 관측값으로부터 얻은 통계값이 영가설을 기각할 확률이다.
- 통계의 불확실성을 감안하여 영가설이 참인데 참이 아니라고 기각할 확률을 α는 될 수 있다고 미리 정해 놓는다.
- 즉, α는 영가설이 참인데도 영가설을 기각하는 확률인 제1종 오류 확률을 의미하

기도 한다.

- 예로, p 값이 .02로 나왔다면 이는 2%의 확률로 일어나는 사건으로 영가설이 참이라고 말하기에 힘든 확률이다. 미리 기준을 정해서 제1종 오류 확률을 .05로 설정했다면 .02라는 p 값은 $\alpha=.05$보다 작으므로 5% 유의수준에서는 영가설을 기각하게 된다.
- [그림 5-5]와 같이 영가설을 기각하고 대립가설을 수용하는 검증 통계값의 영역을 기각역(또는 임계영역)이라고 한다.
- 기각역이 시작되는 값을 기각값(critical value: 임계값)이라고 한다.

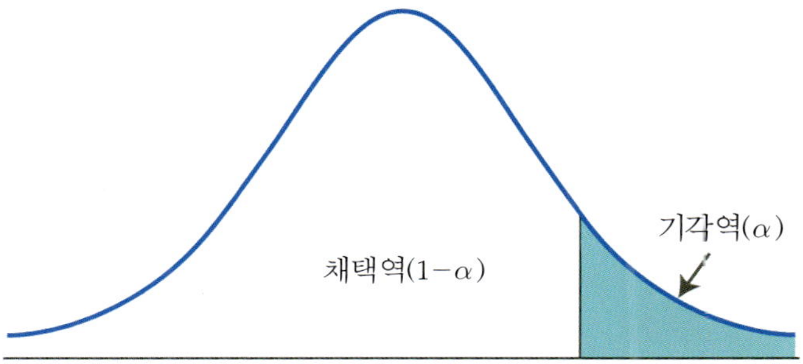

[그림 5-5] 기각역과 채택역

- α는 기각역의 경계인 기각값을 정하는 데 도움을 준다.
- 예로, α를 .05에서 .01로 낮추면 제1종 오류를 범할 위험이 감소한다. 동시에 기각값이 바뀌어 기각역이 변한다.
- $\alpha=.05$일 때 표준정규분포 $Z=\pm 1.96$의 범위이다.
  $\alpha=.01$일 때 표준정규분포 $Z=\pm 2.58$의 범위이다.
  $\alpha=.001$일 때 표준정규분포 $Z=\pm 3.30$의 범위이다.

통계 TIP 사회과학에서의 유의수준

1920년대 R. A. Fisher가 알파수준 .05를 제안하였으며, 사회과학 연구에서는 'Fisher의 전통'에 따라 보통 세 개의 유의수준을 사용하고 있다. 세 개의 유의수준은 $\alpha=.05$, $\alpha=.01$, $\alpha=.001$이다.
그러나 유의수준 α와 p 값을 비교하여 진위를 판단하는 과정에는 제한점과 영향을 미치는 요인들이 있다. 효과의 크기, 검증력(power), 신뢰구간 등을 고려하여 진위결과를 제시하는 것을 권하고 있다.
최근에는 .05, .01, .001이 아닌 더 엄격하게 알파수준을 설정해야 한다는 주장도 있다.

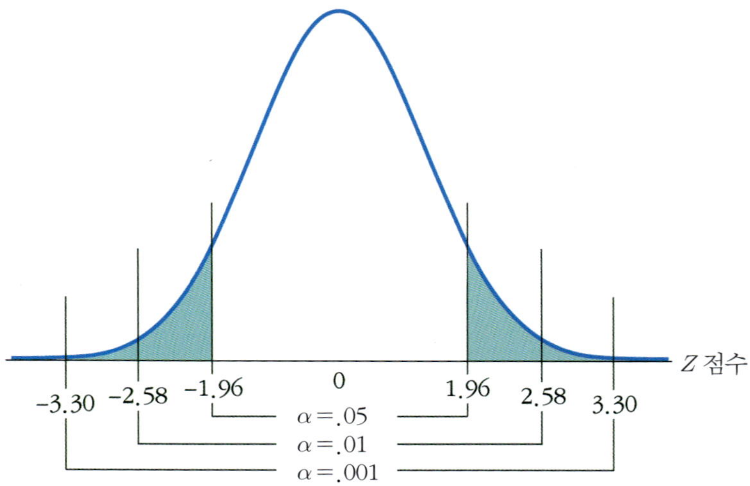

[그림 5-6] $\alpha=.05(5\%)$, $\alpha=.01(1\%)$, $\alpha=.001(0.1\%)$ 영역과 Z 점수

- [그림 5-6]은 표준정규분포값인 Z 값으로 기각역과 기각값을 보여 주고 있다.
- 보통 α를 낮추면 기각역이 모집단 평균에서 더 멀어지며 그 영역에 위치한 점수를 얻을 기회가 점차 더 어려워지게 된다.
- 사회과학에서 유의수준의 값은 Fisher[5-1)]의 전통에 따라서 1%(.01) 또는 5%(.05)로 설정한다.
- $p=.05$, $p=.01$ 또는 $\alpha=.05$, $\alpha=.01$로 나타내기도 한다.

5-1) Fisher, R. A. (1925). *Statistical methods for research workers*. Genesis Publishing Pvt Ltd.

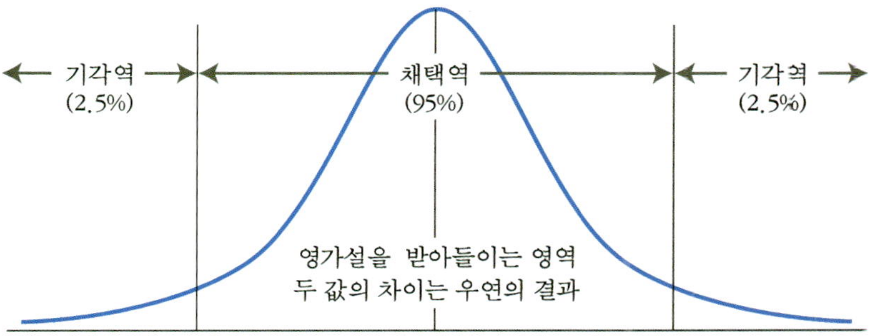

[그림 5-7] 유의수준 $\alpha=.05$일 때 기각역과 채택역의 비율

- [그림 5-7]에서는 $\alpha=.05$일 때 기각역과 채택역의 비율을 볼 수 있다.

2) 검증방법과 유의수준

- 검증하는 방법은 영가설을 기술하는 방식에 따라 양방 검증(two-tailed test)과 단방 검증(one-tailed test)으로 나눌 수 있다.
- 영가설을 '표본의 평균값이 특정 점수와 같다.' 또는 '두 표본의 평균값은 같다.'와 같이 작성한 경우에는 양방 검증을 한다.
- 영가설을 '표본의 평균값이 특정 점수 이상이다(또는 이하이다).' 또는 'A표본의 평균값은 B표본의 평균값보다 크다(또는 작다).'와 같이 작성한 경우에는 단방 검증을 한다.
- 예로, 행복 증진 프로그램의 효과가 있는지 알아보기 위하여 프로그램에 참여한 사람들의 행복 평균 점수가 프로그램에 참여하지 않은 사람들의 행복 평균 점수 50점과 다른지에 대한 영가설과 대립가설은 다음과 같이 설정할 수 있다.

$$H_0: \mu = 50$$
$$H_1: \mu \neq 50$$

- 이와 같은 경우에 프로그램에 참여한 사람들의 행복 점수가 50점보다 매우 낮거나 매우 높으면 영가설을 기각하게 된다. 즉, 기각역이 분포의 양쪽에 존재하게

되어 양방 검증이라고 한다.

- [그림 5-8]은 표준정규분포에서 $\alpha = .05$일 때 양방 검증의 기각역과 Z 값을 보여 주고 있다.

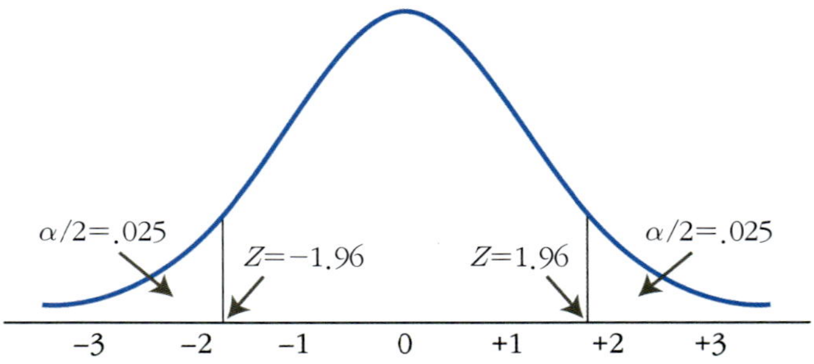

[그림 5-8] 표준정규분포에서 $\alpha = .05$일 때 양방 검증의 기각역과 Z 값

- 반면에 행복 증진 프로그램이 사람들의 행복 점수를 향상시킨다고 주장하고 싶을 때는 행복 점수가 50점을 초과하는지를 검증하기 위한 영가설과 대립가설을 다음과 같이 설정할 수 있다.

$$H_0: \mu \leq 50$$
$$H_1: \mu > 50$$

- 앞의 영가설과 대립가설에서 볼 수 있는 것처럼 부등호가 포함되는 경우에는 부등가설이라고 하며 분포의 한쪽 방향에 기각역이 존재하게 되어 단방 검증을 한다.
- [그림 5-9]는 표준정규분포에서 $\alpha = .05$일 때 단방 검증의 기각역과 Z 값을 보여 주고 있다.

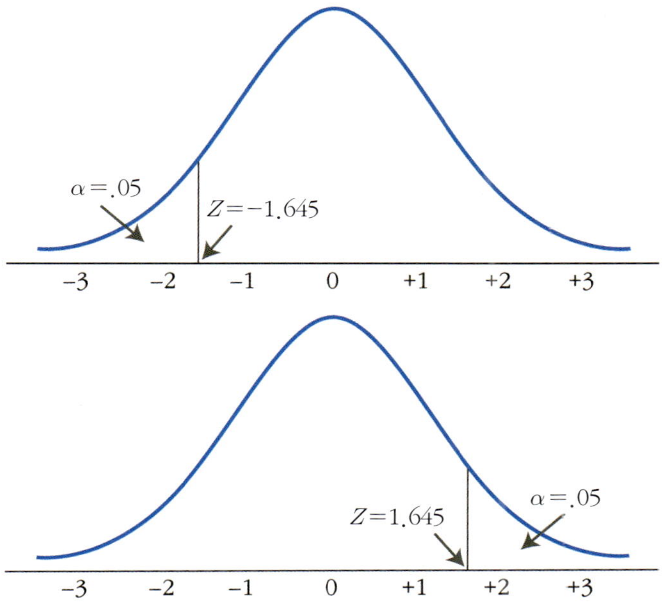

[그림 5-9] 표준정규분포에서 $\alpha = .05$일 때 단방 검증의 기각역과 Z 값

- [그림 5-8]과 [그림 5-9]에서 볼 수 있는 것처럼 양방 검증에서는 유의수준이 양쪽으로 분할되어 $\alpha/2$에 해당하는 Z 값을 표준정규분포에서 찾아야 하고, 단방 검증에서는 유의수준이 한쪽에만 있기 때문에 α에 해당하는 Z 값이 기각값이 된다.
- 유의수준에 따른 양방 · 단방 검증의 기각값을 정리하면 다음과 같다.

검증방법 \ α	.10	.05	.01
양방 검증	±1.645	±1.96	±2.58
단방 검증	+1.28 또는 −1.28	+1.645 또는 −1.645	+2.33 또는 −2.33

- [그림 5-10]의 표준정규분포 수표에서 $\alpha = .01$일 때
  ① 양방 검증에서는 $1-(.01/2)=0.995$로 Z 값은 ±2.58이다.
  ② 단방 검증에서는 $1-.01=0.99$로 Z 값은 +2.33 또는 −2.33이 된다.

Z	0.00	0.01	0.02	0.03	0.04	0.05	0.06	0.07	0.08	0.09
0.0	0.500000	0.503989	0.507978	0.511966	0.515953	0.519939	0.523922	0.527903	0.531881	0.535856
0.1	0.539828	0.543795	0.547758	0.551717	0.555670	0.559618	0.563559	0.567495	0.571424	0.575345
0.2	0.579260	0.583166	0.587064	0.590954	0.594835	0.598706	0.602568	0.606420	0.610261	0.614092
⋮				단방 검증	⋮				양방 검증	⋮
2.0	0.977250	0.977784	0.978308	0.978822	0.979325	0.979818	0.980301	0.980774	0.981237	0.981691
2.1	0.982136	0.982571	0.982997	0.983414	0.983823	0.984222	0.984614	0.984997	0.985371	0.985738
2.2	0.986097	0.986447	0.986791	0.987126	0.987455	0.987776	0.988089	0.988396	0.988696	0.988989
2.3	0.989276	0.989556	0.989830	0.990097	0.990358	0.990613	0.990863	0.991106	0.991344	0.991576
2.4	0.991802	0.992024	0.992240	0.992451	0.992656	0.992857	0.993053	0.993244	0.993431	0.993613
2.5	0.993790	0.993963	0.994132	0.994297	0.994457	0.994614	0.994766	0.994915	0.995060	0.995201
2.6	0.995339	0.995473	0.995604	0.995731	0.995855	0.995975	0.996093	0.996207	0.996319	0.996427

[그림 5-10] 표준정규분포 수표(일부)에서 $\alpha = .01$일 때 단방 검증과 양방 검증의 Z 값 찾는 방법

※ 표준정규분포의 전체적인 수표는 [부록 5]를 통해 확인할 수 있다.

3) 통계적 검증력

- 통계적 검증력(statistical power)은 영가설이 참이 아닐 때 영가설을 기각하는 확률로 $1-\beta$로 표기한다.
- 통계적 검증력은 표본의 크기가 클수록, 분산이 작을수록, 유의수준이 높을수록(.10에서 .05로) 높아진다.
- 집단 비교 시에는 집단 간 차이가 클수록 통계적 검증력이 더 높아진다.

3. 통계적 오류

- 통계적 가설검증은 확률에 근거하여 판단한다.
- 따라서 항상 틀릴 가능성을 포함한다.
- 통계적 오류에는 제1종 오류(type I error)와 제2종 오류(type II error)가 있다.
- [그림 5-11]의 α는 제1종 오류를 범할 확률을 알려 주는 역할을 하는 것과 동시에 제1종 오류를 범할 위험을 감소시키는 것을 도와주는 역할을 한다.
- α를 극단으로 낮추면 제1종 오류를 범할 확률이 그만큼 작아지지만, 연구에서 의

미 있는 처치효과를 증명하지 못할 수도 있다.

- 연구에서 의미 있는 결과를 얻으면서도 동시에 제1종 오류를 범할 위험을 최소화하려면 보통 .05, .01, .001의 유의수준을 사용해야 한다.

> - 제1종 오류
>   사실은 영가설이 참인데 이를 기각하고 대립가설을 받아들여 범하는 오류
> - 제2종 오류
>   실제로 영가설이 거짓이고 대립가설이 참임에도 불구하고 영가설이 참이라고 결정할 때의 오류

의사결정 \ 진위	참	거짓
채택 (수용)	정확 판단 ($1-\alpha$)	제2종 오류 (β)
기각	제1종 오류 (α)	검정력 ($1-\beta$)

[그림 5-11] 통계적 오류: 제1종 오류와 제2종 오류

제6장

신뢰도와 타당도

통계는 측정이 얼마나 잘 되었는지가 중요하다. 측정이 얼마나 잘 되었는지는 신뢰도와 타당도를 통해 파악할 수 있다. 신뢰도는 측정의 일관성을 나타내고 타당도는 측정의 정확성을 의미하는 개념이다.

1. 신뢰도

1) 신뢰도의 개념

(1) 신뢰도의 정의

- 신뢰도(reliability)란 측정하려는 것을 어느 정도 일관성 있게 측정하고 있는지에 대한 정확성을 말한다.
- 즉, 어떤 측정치가 측정하고자 하는 대상을 오차 없이 측정하고 있다면 신뢰도가 높은 측정이라고 할 수 있다.
- 신뢰도는 일관성, 안정성, 예측가능성 등의 개념을 포함한다.

(2) 측정오차의 영향요인

- 신뢰도는 측정오차에 의해 정의되기 때문에 측정오차의 영향을 파악하는 것이 중요하다.
- 측정오차에 영향을 주는 요인에는 개인의 지속적이고 일반적인 특성, 독특한 특성, 일시적인 특성 그리고 검사를 실시할 때의 상황요인 등이 있다.

(3) 신뢰도 계수

- 신뢰도 계수(reliability coefficient)는 신뢰도를 추정할 때 사용한다.
- 신뢰도 계수는 전체 변량 가운데 진점수 변량과 오차 변량이 어느 정도인지를 말한다.
- 신뢰도의 종류에는 검사-재검사 신뢰도, 동형검사 신뢰도, 반분 신뢰도, 문항 내

적 일관성 신뢰도 방법이 있다.

2) 신뢰도의 종류

(1) 검사-재검사 신뢰도

- 검사-재검사 신뢰도(test-retest reliability)는 동일한 검사를 일정한 기간을 두고 반복적으로 시행하여 얻어낸 결과를 토대로 한다.
- 동일한 검사를 두 번 실시하기 때문에 검사결과의 차이는 측정오차에 의한 것이라고 가정한다.
- 각기 다른 시점에서 실시된 두 검사의 상관계수를 구하여 검사-재검사 신뢰도를 추정하며 이를 안정성 계수(coefficient of stability)라고도 한다.
- 검사-재검사 신뢰도의 문제점
  ① 첫 번째 검사와 재검사가 실시되는 시간 간격에 의해 검사결과가 영향을 미칠 수 있다. 검사의 실시 간격이 너무 짧으면 기억효과로 인해 신뢰도 계수가 과잉추정될 수 있고 너무 길면 성숙효과(maturation effect)에 의해 신뢰도 계수가 오염될 수 있다.
  ② 검사에 대한 실시경험이 개인의 진점수에 영향을 미칠 수 있다. 즉, 재검사 상황에서 학습의 효과나 연습의 효과로 신뢰도 계수가 오염될 수 있다.
  ③ 동일한 검사를 두 번 실시하는 것은 비경제적이다.

(2) 동형검사 신뢰도

- 동형검사 신뢰도(equivalent forms reliability)는 검사가 동일하지만 형태가 다른 검사의 점수를 비교하여 상관계수를 구하고 그 검사의 신뢰도를 측정하는 방법이다.
- 동형(equivalent form)인 검사와 상관이 높으면 검사의 신뢰도가 높아진다. 이때의 상관계수를 동등계수(equivalent coefficient)라 한다.
- 동형검사 신뢰도는 기억효과, 성숙효과, 학습효과 등이 우려되어 검사-재검사 신뢰도를 사용하기 어려운 상황에서 대안적으로 사용할 수 있다.
- 동형검사 신뢰도의 문제점
  ① 동형검사를 제작하는 데 상당한 비용과 시간이 투자된다.

② 두 형태의 검사가 본질적으로 동질적이라는 가정을 충족하기 어렵다.

(3) 반분 신뢰도

- 반분 신뢰도(split-half reliability)는 검사의 문항 전체를 반으로 나누어 두 개의 세트를 만들고 이 둘의 상관계수를 구하여 신뢰도를 추정하는 방법이다.
- 문항 전체를 반으로 나누어 각각 두 개의 점수세트로 만드는 것은 두 개의 동형검사를 만드는 것과 같다.
- 전체 문항을 반으로 나누는 방법으로 홀수-짝수 문항으로 반분, 전반부-후반부 문항으로 반분하는 경우 등이 있다.
- 반분 신뢰도의 문제점

① 전체 문항을 반분하는 방법에 따라 신뢰도 계수가 달라질 수 있다.
② 전체 문항을 반으로 나누기 때문에 신뢰도를 과소 추정하게 된다.

(4) 문항 간 내적 일관성 신뢰도

- 문항 간 내적 일관성 신뢰도(inter-item consistency reliability)는 개별 문항들을 각각 검사점수로 가정하여 상관관계를 구하고 가능한 모든 상관관계의 신뢰도 계수 평균을 신뢰도로 추정하는 방법이다.
- 문항 간 내적 일관성 신뢰도에서는 한 문항에 대한 점수와 나머지 문항에 대한 전체 점수와의 상관을 구하여 개별 문항에 대한 신뢰도를 추정한다.
- 전체 문항의 신뢰도 계수를 함께 산출할 수 있다.
- 이러한 절차로 인해 문항 간 내적 일관성 신뢰도는 조사의 질문지나 검사를 제작할 때 각각의 문항의 신뢰도를 추정하기 위해 자주 사용되는 방법이다.
- 신뢰도 계수를 추정하는 가장 대표적인 방법으로 크론바흐의 알파(Cronbach's α)가 있다.
- Cronbach's α는 0~1 값 사이에 존재한다.

3) 신뢰도 통계 검증

(1) SPSS 실행

조절효능감을 측정한 v1에서 v9까지의 신뢰도 분석을 실시한다.

SPSS 분석 1

분석과정
분석(A) → 척도분석(A) → 신뢰도 분석(R)
- 기초통계분석, 신뢰도.sav

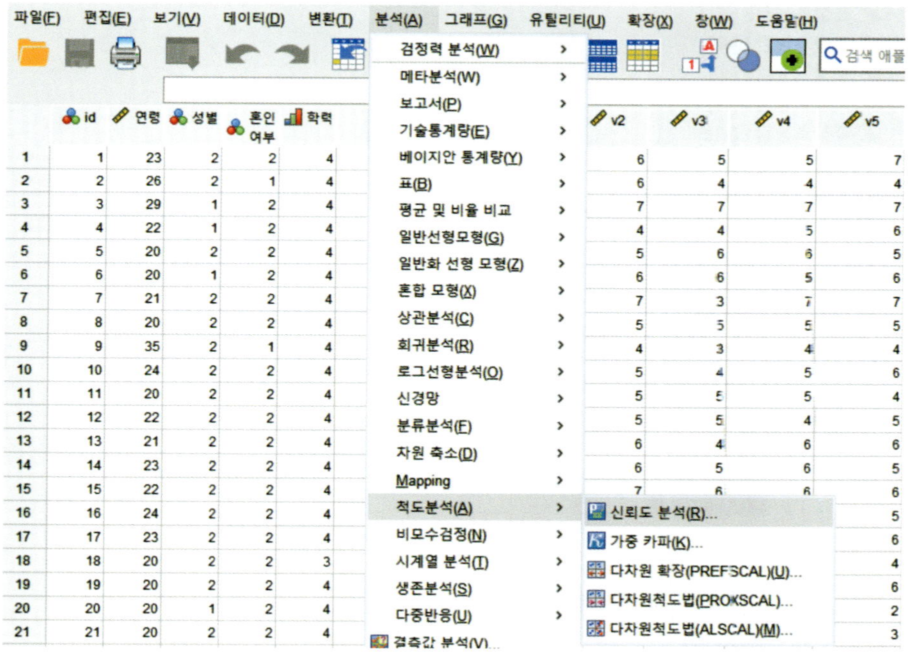

SPSS 분석 2

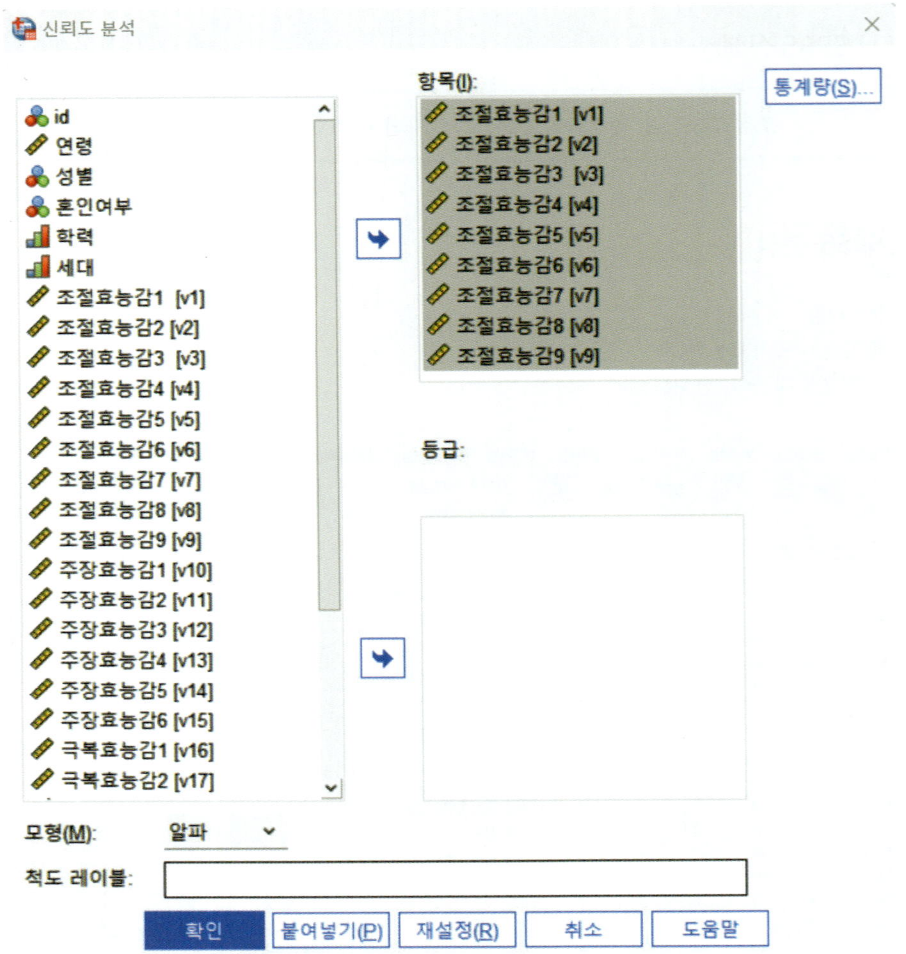

[항목(I)]에 'v1'에서 'v9'까지의 변수를 넣는다.

[통계량(S)]을 클릭한다.

SPSS 분석 3

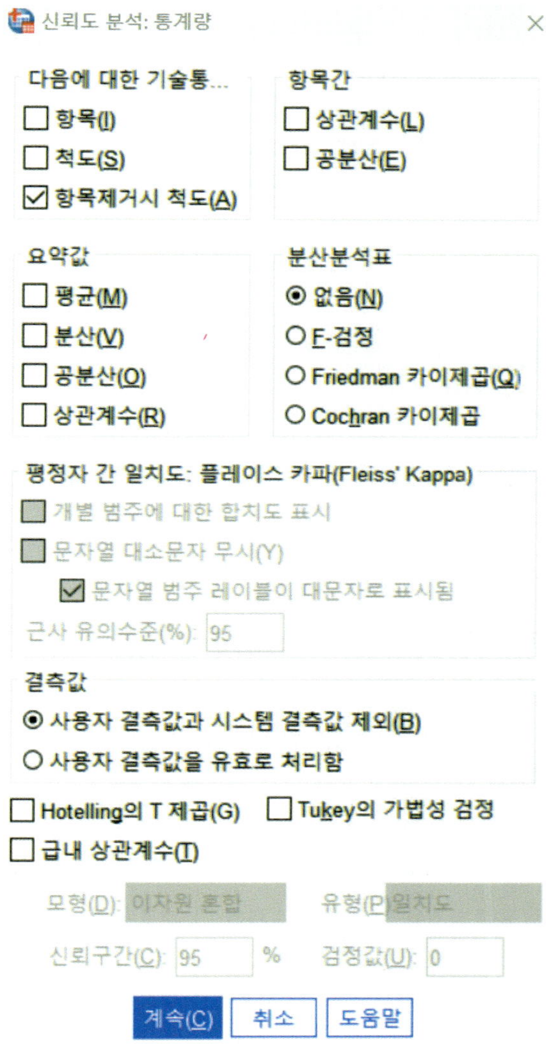

[다음에 대한 기술통계량]에서 **[항목제거시 척도(A)]**를 클릭한다.

[계속(C)]을 클릭한다.

※ **[항목제거시 척도(A)]**를 클릭해서 확인해야 하는 이유는 첫째, 척도 개발 시 구성개념과 관련이 없는 문항을 제거하기 위함이며 둘째, 기존의 척도를 이용하여 측정했을 때 응답한 결과를 다른 문항들의 값과 비교하기 위해서이다.

[확인]을 클릭한다.

(2) 분석결과

분석결과 1

신뢰도 통계량

Cronbach의 알파	항목 수
.896	9

신뢰도 통계량에서 Cronbach의 α =.896을 확인한다.

통계 TIP 크론바흐의 알파(Cronbach's α)

일반적으로 α를 평가할 때

.90 이상이면 높은 신뢰 수준

.80 이상이면 좋은 수준

.70 이상이면 수용할 수 있는 수준

.60 이상이면 다소 낮지만 용인될 수 있는 수준

Cronbach's α의 최소기준은 .60으로 받아들여지고 있다.

분석결과 2

항목 총계 통계량

	항목이 삭제된 경우 척도 평균	항목이 삭제된 경우 척도 분산	수정된 항목-전체 상관계수	항목이 삭제된 경우 Cronbach 알파
조절효능감1	40.30	49.025	.519	.895
조절효능감2	40.18	46.768	.710	.881
조절효능감3	40.40	47.126	.673	.884
조절효능감4	40.11	47.646	.665	.884
조절효능감5	40.05	46.897	.679	.883
조절효능감6	40.43	47.543	.581	.891
조절효능감7	40.17	45.901	.714	.880
조절효능감8	40.10	46.070	.735	.879
조절효능감9	39.99	46.894	.663	.884

조절효능감1에서 조절효능감9까지의 항목이 삭제된 경우 Cronbach 알파 값을 확인한다.

(3) 보고서 작성

〈표 6-1〉 조절효능감의 기초통계값과 신뢰도

	최솟값	최댓값	*M* (*SD*)	Cronbach's α
조절효능감	2.00	7.00	5.024 (.852)	.896

〈표 6-1〉과 같이 조절효능감(M=5.024, SD=.852)의 신뢰도는 Cronbach's α =.896이었다.

2. 타당도

1) 타당도의 개념

- 타당도(validity)란 측정하고자 하는 것을 얼마나 정확하게 측정하고 있는가를 말한다.
- 사용 목적에 맞게 특정한 하나의 척도나 검사가 측정하고자 하는 대상을 정확하게 측정하고 있는지를 말한다.
- 타당도의 종류에는 구성(구인)타당도, 준거 관련 타당도, 내용타당도 등이 있다.
- 타당도가 '있다' 또는 '없다'와 같은 이분적 판단보다는 타당도의 정도(높다 또는 낮다)를 표현하는 것이 좋다.

2) 타당도의 유형

(1) 구성타당도

- 구성타당도(construct validity)는 측정도구가 측정하고자 하는 대상의 속성을 얼마나 정확히 측정하고 있는지를 파악하는 방법이다.
- 구성타당도는 구성개념(construct)을 확인하는 것이다.
- 구성타당도는 구성개념, 가설적 관계 그리고 이론을 검증한다는 점에서 타당도의 핵심적 요소이다.

- 구성타당도를 검증하는 방법에는 상관을 이용하는 방법(수렴타당도와 변별타당도)과 요인분석을 이용하는 방법이 있다.

① 수렴타당도

- 수렴타당도(convergent validity)는 어떤 측정이 평가하려는 측정값과 개념적으로 유사한 다른 측정값이 관련되어 있는 정도, 즉 상관정도를 파악하는 방법이다.
- 어떤 검사나 설문에서 측정하려는 구성개념과 개념적으로 유사한 다른 검사나 설문이 관련되어 있는 정도이다.
- 새로 개발한 검사의 측정값이 동일 개념을 측정하는 여러 측정값과 상관이 높을 때 수렴타당도가 높다고 할 수 있다.
- 따라서 수렴타당도가 높을 때 새로 개발한 검사는 이전의 알려진 이론적 구성개념을 정확히 측정하고 있는 것으로 평가할 수 있다.

② 변별타당도

- 변별타당도(discriminant validity)는 수렴타당도와는 달리 개념상에서 변별되는 정도를 파악하는 방법이다.
- 어떤 검사나 설문에서 측정하려는 구성개념과 개념적으로 상이한 다른 검사나 설문이 관련되어 있는 정도이다.
- 어떤 측정값이 전혀 다른 개념을 측정하는 측정값과 상관이 낮을 때 변별타당도는 높다고 한다.
- 수렴타당도와 마찬가지로 새로운 검사와 비교되는 기존의 검사는 신뢰도와 타당도가 높다는 것이 전제되어야 새로운 검사에 대한 타당도를 평가할 수 있다.
- 변별타당도가 높다는 사실만으로 구성타당도가 높다고 결론 내릴 수 없으며 수렴타당도와 함께 고려해야 한다.

③ 요인분석을 이용한 구성타당도

- 검사의 구성타당도를 검증하는 세 번째 방법으로 통계분석 방법인 요인분석(factor analysis)이 있다.
- 요인분석을 통해 연구자는 자신이 설정한 이론적 구성개념이 실제 측정하여 얻은 자료를 통해 얼마나 정확하게 구성되는지를 파악할 수 있다.

- 즉, 측정문항들이 가지고 있는 이론적인 잠재구조(latent structure)를 파악하여 측정하고자 하는 이론적 구성개념을 확인할 수 있다.
- 요인분석은 통계적으로 복잡한 방법이지만 검사를 개발하거나 조사에서 설문지를 표준화하는 과정이므로 중요하다.

(2) 준거 관련 타당도

- 준거 관련 타당도(criterion-related validity)는 어떤 기준과 비교하여 타당도를 확인하는 방법이다.
- 측정도구가 어떤 기준을 얼마나 예측하는가 또는 그 기준과 어떤 관련성이 있는가와 같이 기존의 준거와 비교하여 타당도를 추정한다.
- 준거 관련 타당도는 예측에 중점을 둔다.
- 준거 관련 타당도는 준거가 현재의 준거인가 또는 미래의 준거인가에 따라 공인타당도와 예언타당도로 구분된다.

① 공인타당도

- 공인타당도(concurrent validity)는 기존의 타당한 측정값과 새로운 측정값을 비교하는 과정을 통해 준거 관련 타당도를 검증하는 방법이다.
- 기존 측정값과 새로운 측정값 간의 상관계수(correlation coefficient)가 공인타당도 계수가 된다.

② 예언타당도

- 예언타당도(predictive validity)는 공인타당도와 달리 미래에 발생할 측정값과 비교하는 방법이다.

(3) 내용타당도

① 내용타당도(content validity)

- 측정문항들이 측정하고자 하는 내용을 얼마나 잘 대표하는지를 평가하는 방법이다.
- 검사의 내용타당도에 대한 평가는 주로 해당 분야의 전문가에게 의존한다.

- 모집단의 모든 내용을 대표하는 문항이나 측정도구를 만드는 것은 불가능하기 때문에 완벽한 의미의 내용타당도를 충족시킬 수는 없다.
- 단지 측정도구가 모집단의 특성을 대표할 수 있는지 전문가의 평가를 활용한다.

② 안면타당도(face validity)

- 안면타당도는 내용타당도의 일종이지만 문항 내용에 대한 평가를 전문가가 아닌 일반인이 평가한다는 점에서 차이가 있다.
- 안면타당도에서 좋은 측정치란 여러 사람이 동의하는 측정치로 규정되기 때문에 타당도를 검증하는 방법 중에서 제한된 하나의 방법이다.

3. 신뢰도와 타당도의 비교

- 신뢰도와 타당도는 명백하게 측정의 다른 문제를 다루고 있다.
- 신뢰도는 측정의 일관성 또는 안정성을 보여 주며 타당도는 측정하고자 하는 개념의 본질에 관해 제시해 준다.
- 좋은 측정이란 신뢰도와 타당도가 모두 높은 경우이다.

제7장

빈도분석과 다중응답분석

1. 빈도분석
2. 기술통계
3. 다중응답분석-빈도분석
4. 다중응답분석-교차분석
- 연습문제

통계분석은 변수의 특성을 기술하는 것에서 시작한다. 빈도분석을 통해 변수 수준의 빈도와 퍼센트를 파악하고 기술통계분석을 통해 평균과 표준편차 등을 파악한다. 자료를 수집할 때 2개 이상의 복수응답을 받은 경우에는 다중응답분석절차를 진행한다.

1. 빈도분석

- SPSS 데이터를 활용하여 기술통계분석을 실시한다.
- 기술통계분석으로 빈도분석을 실시한다.

1) SPSS 실행

성별과 혼인여부 변수를 활용하여 빈도분석을 실시한다.

SPSS 분석 1

분석과정
분석(A) → 기술통계량(E) → 빈도분석(F)
– 기초통계분석, 신뢰도.sav

SPSS 분석 2

[변수(V)]에 '성별' '혼인여부'를 넣는다.

SPSS 분석 3

[확인]을 클릭한다.

2) 분석결과

분석결과 1

성별

		빈도	퍼센트	유효 퍼센트	누적 퍼센트
유효	남자	85	42.5	42.5	42.5
	여자	115	57.5	57.5	100.0
	전체	200	100.0	100.0	

성별의 빈도와 퍼센트를 확인한다.

분석결과 2

혼인여부

		빈도	퍼센트	유효 퍼센트	누적 퍼센트
유효	기혼	105	52.5	52.5	52.5
	미혼	95	47.5	47.5	100.0
	전체	200	100.0	100.0	

혼인여부의 빈도와 퍼센트를 확인한다.

3) 보고서 작성

〈표 7-1〉 성별에 대한 빈도분석

빈도분석				N = 200
성별	남자		여자	
	n	%	n	%
	85	42.5	115	57.5

〈표 7-1〉과 같이 성별에 대한 빈도는 200명 중 남자는 85명(42.5%), 그리고 여자는 115명(57.5%)이었다.

〈표 7-2〉 혼인여부에 대한 빈도분석

빈도분석				N = 200
혼인여부	기혼		미혼	
	n	%	n	%
	105	52.5	95	47.5

〈표 7-2〉와 같이 혼인여부에 대한 빈도는 200명 중 기혼자는 105명(52.5%), 그리고 미혼자는 95명(47.5%)이었다.

2. 기술통계

1) SPSS 실행

데이터에 있는 자기효능감의 하위변수인 조절효능감, 주장효능감, 극복효능감 변수의 평균과 표준편차를 구하시오.
※ 데이터의 점수 범위: 1~7점 사이로 평정되어 있음

SPSS 분석 1

분석과정
분석(A) → 기술통계량(E) → 기술통계(D)
– 기초통계분석, 신뢰도.sav

SPSS 분석 2

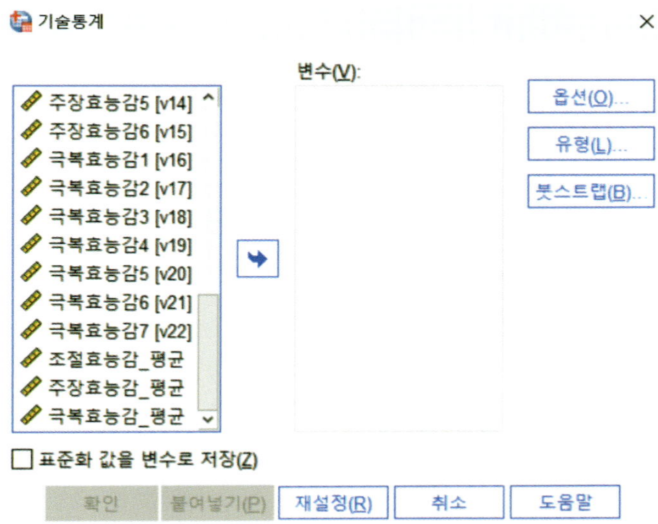

[변수(V)]에 '조절효능감_평균' '주장효능감_평균' '극복효능감_평균'을 넣는다.

SPSS 분석 3

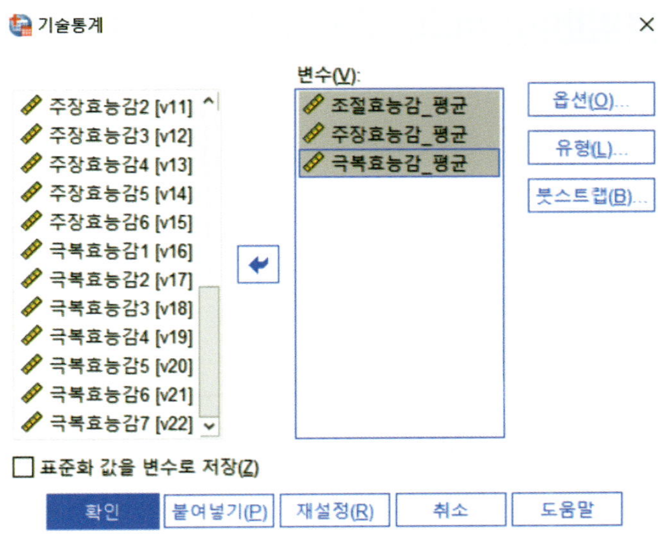

[옵션(O)]을 클릭한다.

SPSS 분석 4

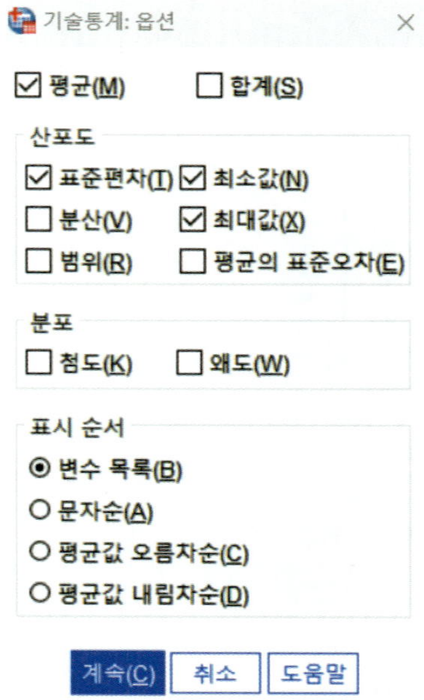

[옵션(O)]에 기본적으로 클릭되어 있는 **[평균(M)]**, **[산포도]**에서 **[표준편차(T)]**, **[최솟값(N)]**, **[최댓값(X)]**을 확인한다.
[계속(C)]을 클릭한다.
[확인]을 클릭한다.

2) 분석결과

분석결과 1

기술통계량

	N	최소값	최대값	평균	표준편차
조절효능감_평균	200	2.00	7.00	5.0239	.85232
주장효능감_평균	200	2.50	7.00	4.8750	.87680
극복효능감_평균	200	1.86	7.00	4.9221	.86391
유효 N(목록별)	200				

각 변수들의 평균과 표준편차를 확인한다.

3) 보고서 작성

〈표 7-3〉 자기효능감 하위변수들의 평균과 표준편차

자기효능감				N = 200
	최솟값	최댓값	평균 (M)	표준편차 (SD)
조절효능감	2.00	7.00	5.024	.852
주장효능감	2.50	7.00	4.875	.877
극복효능감	1.86	7.00	4.922	.864

〈표 7-3〉과 같이 새롭게 생성한 변수인 조절효능감(M=5.024, SD=.852), 주장효능감(M=4.875, SD=.877), 극복효능감(M=4.922, SD=.864)의 평균과 표준편차를 확인하였다.

3. 다중응답분석 - 빈도분석

- 다중응답분석은 자료를 수집할 때 2개 이상의 복수응답을 분석하기 위한 방법이다.
- '…… 모두 고르시오.'와 같이 한 문항에 2개 이상의 항목을 선택하도록 한 문항을 다중응답문항이라고 한다.
- 이를 코딩하기 위해서는 다중 이분법(multiple dichotomy method) 코딩을 한다.

여가활동에 대한 선호

귀하는 현재 여가활동을 하고자 선택할 때 어떤 여가활동을 할지 다음의 문항을 보고 해당하는 내용을 모두 고르시오.

____	1)	명상	_v_	2)	팀스포츠
_v_	3)	동호회활동	_v_	4)	혼자여행
_v_	5)	바둑			

이 자료를 이분법으로 코딩할 때는 한 문항의 각 항목을 하나의 변수로 취급하여 해당 항목을 선택한 경우는 1, 선택하지 않은 경우는 0을 부여한다.

1) SPSS 실행

여가의 종류 중 명상, 팀스포츠, 동호회활동, 혼자여행, 바둑에 대한 다중응답 자료를 활용하여 빈도분석을 실시한다.

SPSS 실행 1

(1) 변수군 만들기: '여가종류'
분석(A) → 다중반응(U) → 변수군 정의(D)
– 다중응답분석.sav

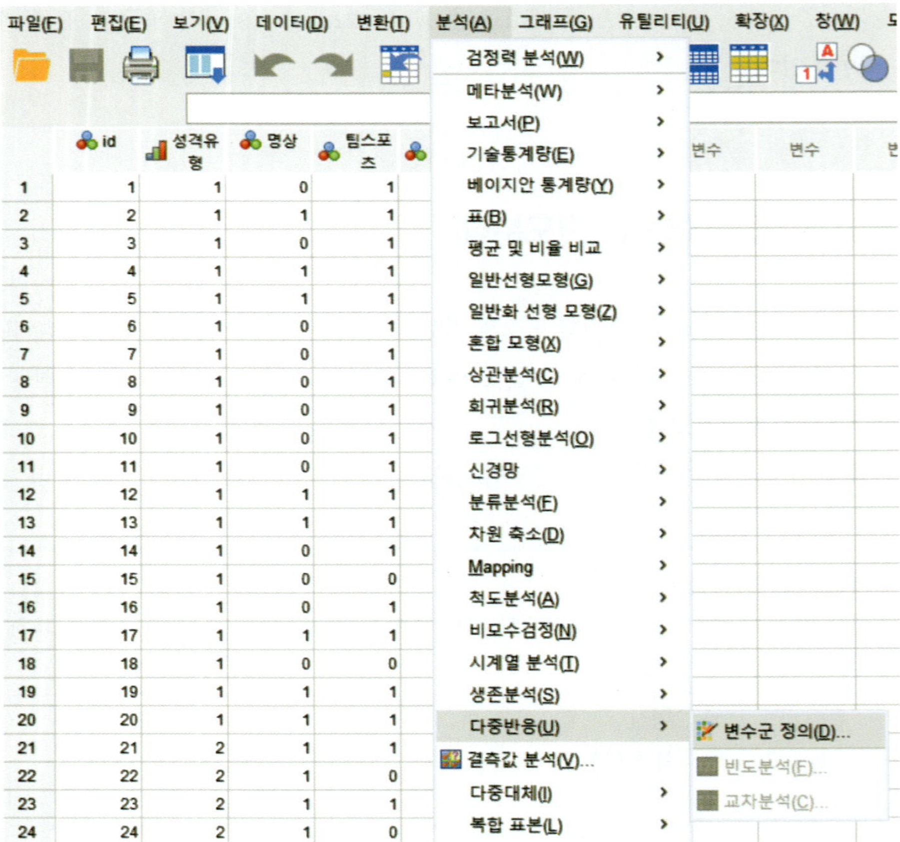

SPSS 실행 2

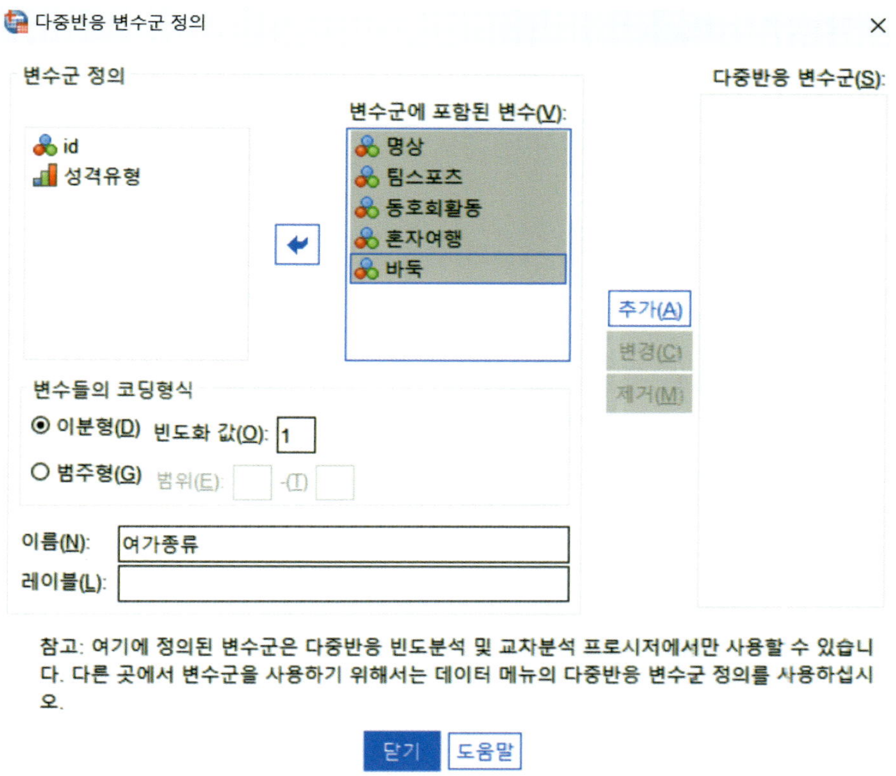

[변수군에 포함된 변수(V)]에 '명상' '팀스포츠' '동호회활동' '혼자여행' '바둑'을 넣는다.
[변수들의 코딩형식]의 **[이분형(D)]**에 클릭되어 있는지 확인하고 **[빈도화 값(O)]**에 '1'을 입력한다.

※ '1'은 다중 이분법으로 코딩할 때 해당 항목을 선택한 경우를 의미한다.

[이름(N)]에 '여가종류'를 입력한다.

SPSS 실행 3

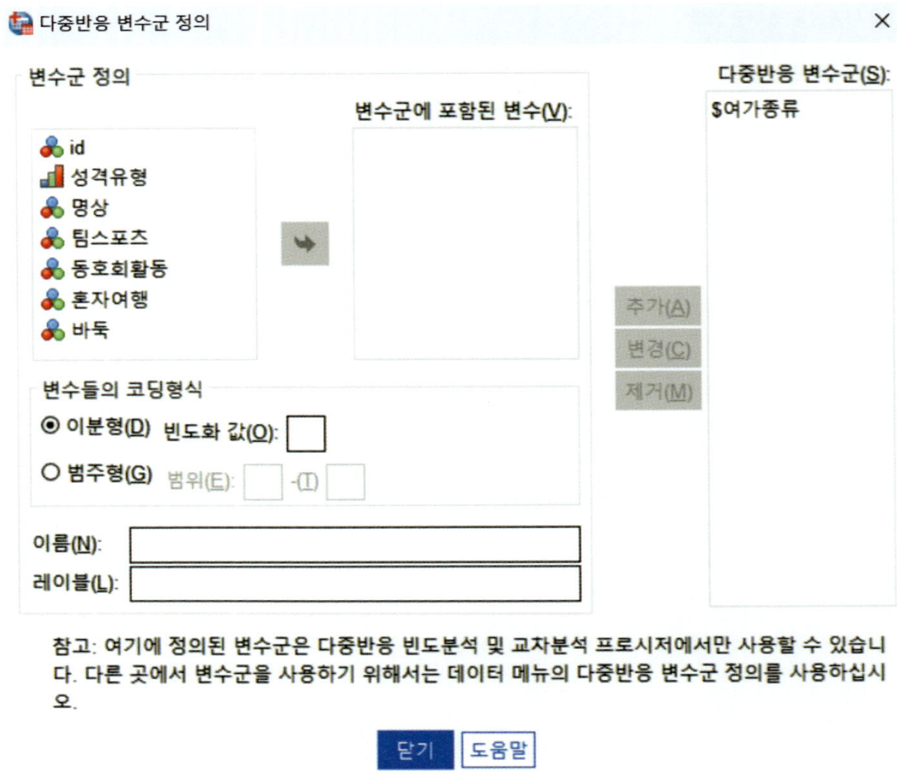

[추가(A)]를 클릭하면 **[다중반응 변수군(S)]**에 '$여가종류'가 생성된다.
지정이 끝나면 **[닫기]**를 클릭한다.

※ 앞에서 만든 변수군 '여가종류'를 활용하여 빈도분석을 실행한다.

SPSS 분석 1

(2) 분석과정
분석(A) → 다중반응(U) → 빈도분석(F)
– 다중응답분석.sav

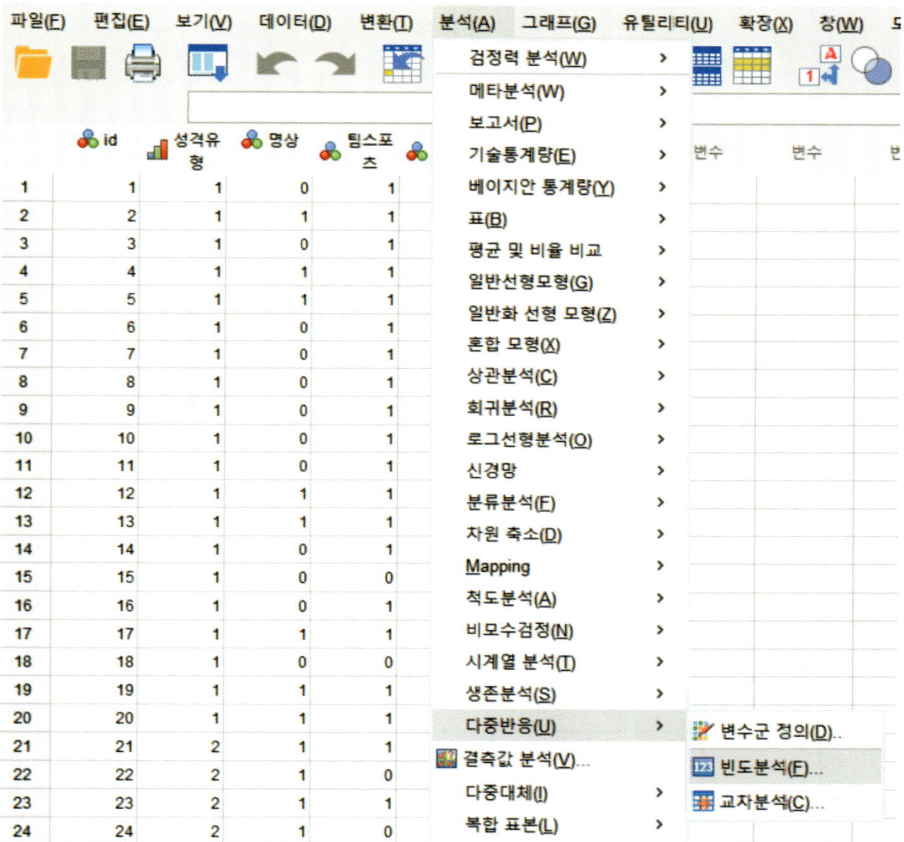

SPSS 분석 2

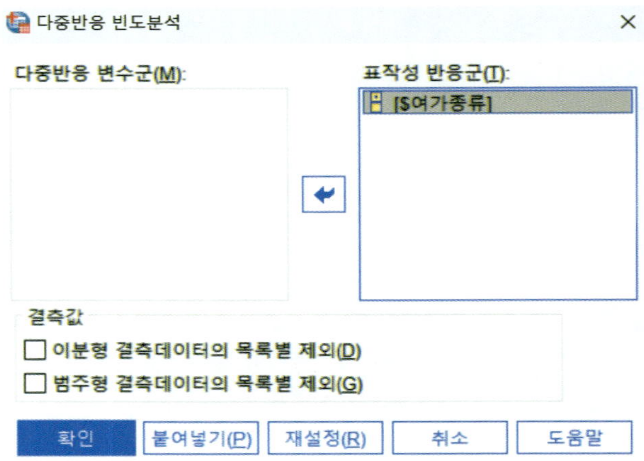

[표작성 반응군(T)]에 '$여가종류'를 넣는다.
[확인]을 클릭한다.

2) 분석결과

분석결과 1

케이스 요약

	케이스					
	유효		결측		전체	
	N	퍼센트	N	퍼센트	N	퍼센트
$여가종류[a]	40	100.0%	0	0.0%	40	100.0%

a. 값 1을(를) 가지는 이분형 변수 집단입니다.

$여가종류 빈도

		반응		케이스 중 %
		N	퍼센트	
$여가종류[a]	명상	22	17.2%	55.0%
	팀스포츠	29	22.7%	72.5%
	동호회활동	25	19.5%	62.5%
	혼자여행	23	18.0%	57.5%
	바둑	29	22.7%	72.5%
전체		128	100.0%	320.0%

a. 값 1을(를) 가지는 이분형 변수 집단입니다.

여가활동을 하고자 선택한 사항에 대한 내용별로 빈도와 퍼센트를 확인한다.

3) 보고서 작성

〈표 7-4〉 여가활동 선택사항($N=40$)

여가활동	빈도	%	케이스 중 %
명상	22	17.2	55.0
팀스포츠	29	22.7	72.5
동호회활동	25	19.5	62.5
혼자여행	23	18.0	57.5
바둑	29	22.7	72.5
전체	128	100.0	320.0

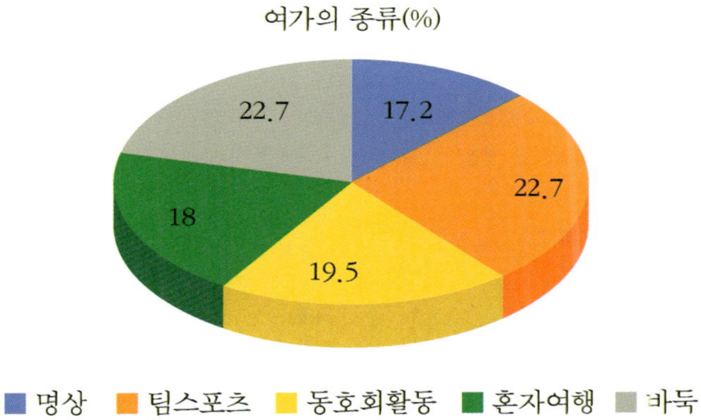

[그림 7-1] 여가활동 선택사항에 대한 원도표

〈표 7-4〉와 같이 연구대상은 40명이었으나 중복응답을 허용하고 있으므로 전체 응답빈도는 128이었다. 각 항목에 대한 응답 비율의 합은 320%이었다. 전체 응답빈도 중 팀스포츠와 바둑이 가장 많은 응답빈도를 보이고 있다.

[그림 7-1]과 같이 여가활동 선택사항을 원도표로 제시하였다.

4. 다중응답분석 - 교차분석

1) SPSS 실행

여가의 종류 중 명상, 팀스포츠, 동호회활동, 혼자여행, 바둑에 대한 다중응답 자료를 활용하여 교차분석을 실시한다.

SPSS 분석 1

분석과정
분석(A) → 다중반응(U) → 교차분석(C)
- 다중응답분석.sav

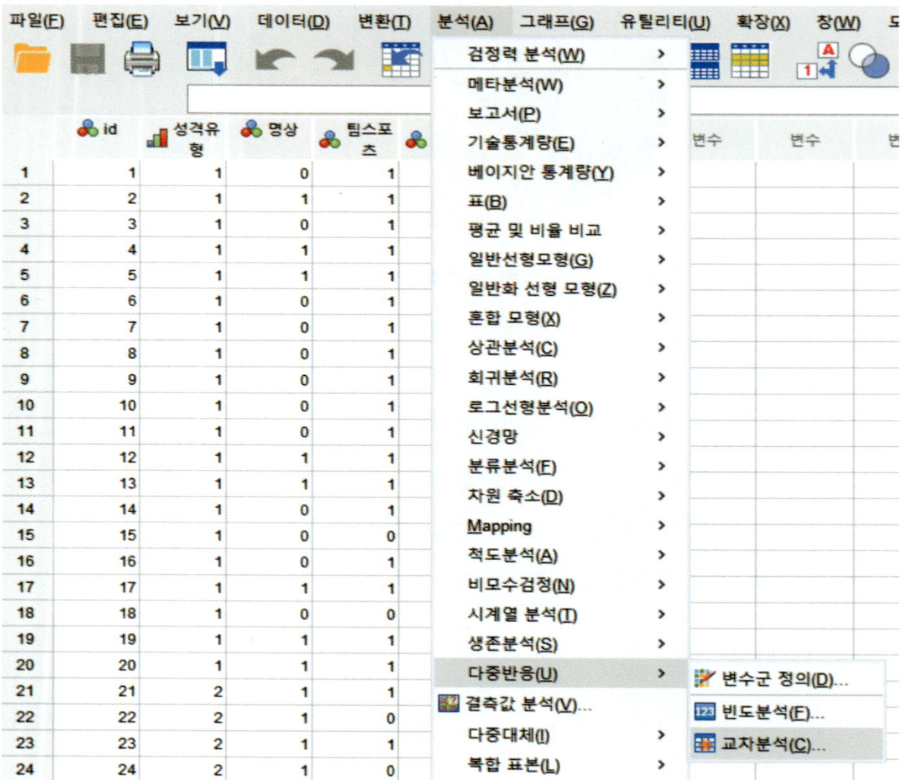

※ 이미 정의된 변수군을 활용하여 각각의 '여가종류'에 대한 응답의 교차분석을 실행한다.

SPSS 분석 2

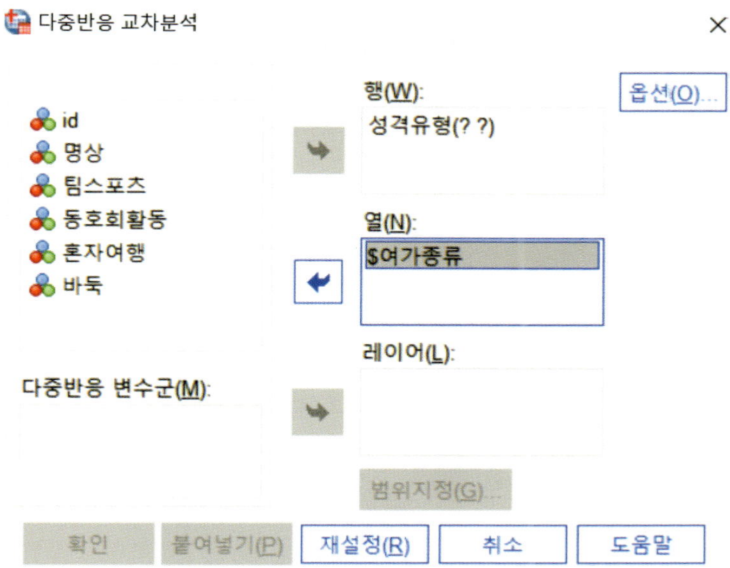

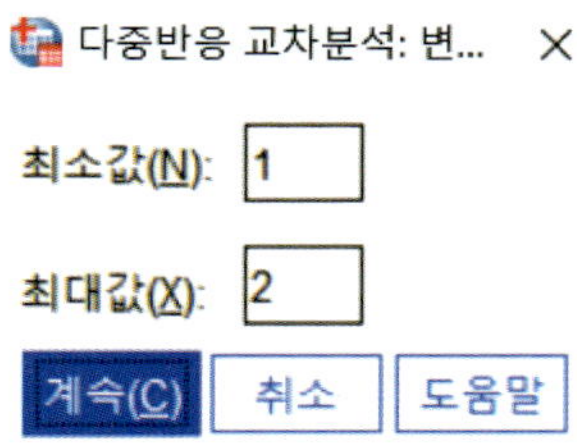

[행(W)]에 '성격유형'을 넣는다.
[범위지정(G)]을 클릭한다.
[다중반응 교차분석: 변수 범위 지정]창의 **[최솟값(N)]**에 '외향형'인 '1'을, **[최댓값(X)]**에 '내향형'인 '2'를 입력한다.
[계속(C)]을 클릭한다.
[열(N)]에 '$여가종류'를 넣는다.
[옵션(O)]을 클릭한다.

SPSS 분석 3

[셀 퍼센트]에서 **[전체(T)]**를 클릭한다.

※ 연구목적에 따라 **[행(W)]**이나 **[열(C)]**을 클릭할 수도 있다.

[계속(C)]을 클릭한다.
[확인]을 클릭한다.

2) 분석결과

분석결과 1

케이스 요약

	케이스					
	유효		결측		전체	
	N	퍼센트	N	퍼센트	N	퍼센트
성격유형*$여가종류	40	100.0%	0	0.0%	40	100.0%

성격유형*$여가종류 교차표

			$여가종류[a]					전체
			명상	팀스포츠	동호회활동	혼자여행	바둑	
성격유형	외향형	빈도	8	18	17	7	11	20
		전체 중 %	20.0%	45.0%	42.5%	17.5%	27.5%	50.0%
	내향형	빈도	14	11	8	16	18	20
		전체 중 %	35.0%	27.5%	20.0%	40.0%	45.0%	50.0%
전체		빈도	22	29	25	23	29	40
		전체 중 %	55.0%	72.5%	62.5%	57.5%	72.5%	100.0%

퍼센트 및 합계는 반응자수를 기준으로 합니다.

a. 값 1을(를) 가지는 이분형 변수 집단입니다.

성격유형을 구분하여 여가종류를 내용별로 빈도와 퍼센트를 확인한다.

3) 보고서 작성

〈표 7-5〉 성격유형에 따른 여가활동 선택사항($N=40$)

	명상		팀스포츠		동호회활동		혼자여행		바둑		전체	
	빈도	(%)	빈도	(%)	빈도	(%)	빈도	(%)	빈도	(%)	빈도	(%)
외향형	8	(20.0)	18	(45.0)	17	(42.5)	7	(17.5)	11	(27.5)	20	(50.0)
내향형	14	(35.0)	11	(27.5)	8	(20.0)	16	(40.0)	18	(45.0)	20	(50.0)
전체	22	(55.0)	29	(72.5)	25	(62.5)	23	(57.5)	29	(72.5)	40	(100.0)

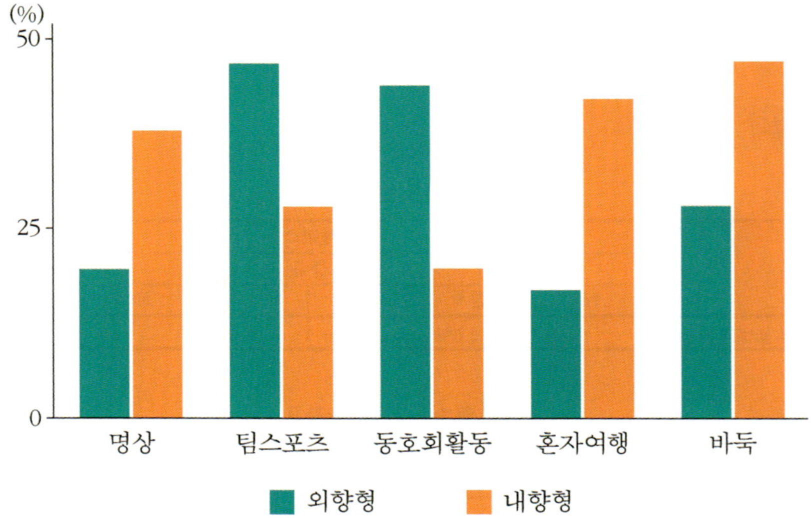

[그림 7-2] 성격유형에 따른 여가활동 선택사항에 대한 막대그래프

〈표 7-5〉와 같이 연구대상 40명에 대한 여가활동 선택사항을 성격유형별로 보면 외향형에서는 팀스포츠(45.0%)와 동호회활동(42.5%)을, 내향형에서는 바둑(45.0%)과 혼자여행(40.0%)을 많이 선택하였다.

[그림 7-2]와 같이 성격유형에 따른 여가활동 선택사항을 막대그래프로 제시하였다.

연습 문제

1. 학력, 세대 변수를 활용하여 빈도분석을 실시하고, 그 결과를 알아본다.
(기초통계분석, 신뢰도.sav 활용)

2. 성별에 따른 다양한 운동종목에 대한 선호도를 연구하고자 다중응답분석-빈도분석과 교차분석을 실시하고, 그 결과를 알아본다.
(다중응답분석-연습문제.sav 활용)

제8장

χ^2 검증

1. 기본 개념
2. 연구목적과 가설설정
3. SPSS 실행
4. 분석결과
5. 보고서 작성

■ 연습문제

두 개의 질적인 범주형 변수 간의 차이를 검증하고자 할 때 χ^2 검증을 실시한다. 'χ^2'은 카이제곱이라 부른다. 이때 분석하고자 하는 변수들은 명명척도와 같은 질적인 범주형 변수이어야 한다. 예로, 성별, 찬성과 반대, 지역 등이 여기에 해당한다.

1. 기본 개념

- χ^2 검증은 관측빈도와 기대빈도 간의 차이가 통계적으로 유의미한지를 검증하는 비모수통계 분석이다.
- χ^2 검증은 두 개의 질적인 범주형 변수를 사용하여 집단 간의 차이를 검증하고자 할 때 빈도와 비율(%)을 교차표(cross tabulation)로 제시하는 통계방법이다.
- 이 검증은 비모수통계 분석으로 모집단을 정확히 알 수 없을 때 사용하지만 통계적 추론은 어렵다.
- 다중응답문항의 경우에는 χ^2 검증을 사용할 수 없다.
- χ^2 검증은 집단 간에 차이가 있는지를 알아보는 동질성 연구와 두 변수 간의 상관성 연구로 나눌 수 있다.
- 이들 통계량의 계산 절차는 동일하지만, 연구목적이 다르기 때문에 가설과 해석을 달리 표현해야 한다.
- χ^2 검증의 기본 원리는 다음과 같다.
  ① 종속변수는 질적인 범주형 변수이어야 한다.
  ② 최소 기대빈도가 5보다 작은 셀이 전체 셀의 20% 이하이면 이상적이다.
  ③ χ^2 검증에서 각 셀은 독립적이어야 한다.

χ^2에 관한 수식

$$\chi^2 = \sum \frac{(\text{관측빈도} - \text{기대빈도})^2}{\text{기대빈도}}$$

2. 연구목적과 가설설정

χ^2에 관한 연구목적과 가설설정

1. 연구목적
연구자는 부모-자녀 관계에서 애착형성의 중요도에 차이가 있는지 연구하고자 한다. 이를 위해 성인들에게 그 중요도에 차이가 있는지 연구하고자 한다. 이를 위해 다음과 같은 연구가설을 설정하였다.
2. 연구가설
성인들이 응답한 부모-자녀 관계에서 애착형성의 중요도에 차이가 있을 것이다.

$H_{0(영가설)}$: 성인들이 응답한 부모-자녀 관계에서 애착형성의 중요도에 차이가 없을 것이다.

$H_{1(대립가설)}$: 성인들이 응답한 부모-자녀 관계에서 애착형성의 중요도에 차이가 있을 것이다.

통계검증방법 : χ^2 분석
유의수준 : $p < .05$(양방 검증)
가설검증을 위한 진위판단을 실시

3. SPSS 실행

부모-자녀 관계에서 애착형성이 자녀에게 중요한지를 알아보고자 성인 중 자녀가 없는 미혼성인, 자녀가 없는 기혼성인, 자녀가 있는 기혼성인을 대상으로 그 차이가 있는지를 검증하기 위해 χ^2 분석을 실시한다.

SPSS 분석 1

분석과정
분석(A) → 기술통계량(E) → 교차분석(C)
- 카이제곱-중요도조사.sav

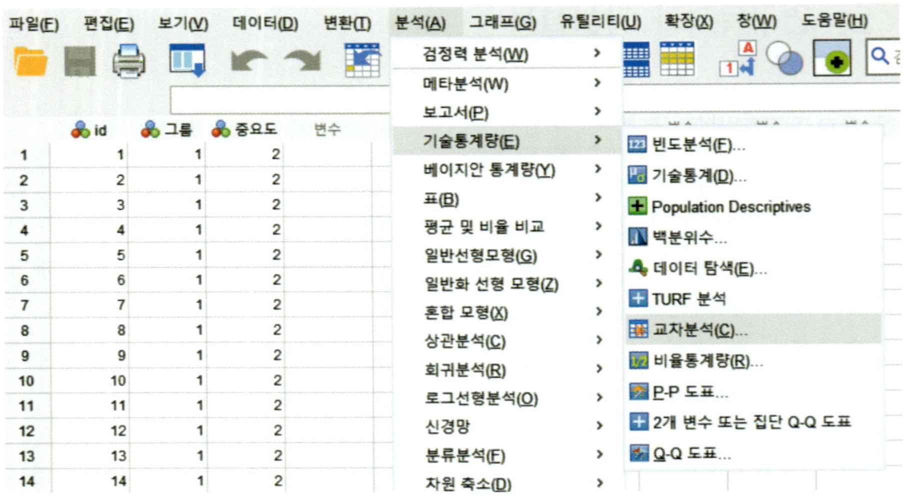

SPSS 분석 2

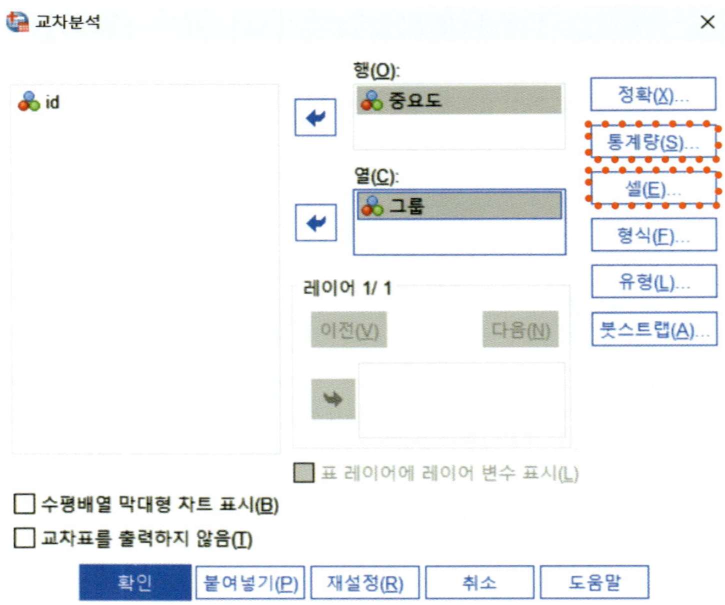

[행(O)]에 '중요도'를 넣는다.
[열(C)]에 '그룹'을 넣는다.
[통계량(S)]을 클릭한다.

SPSS 분석 3

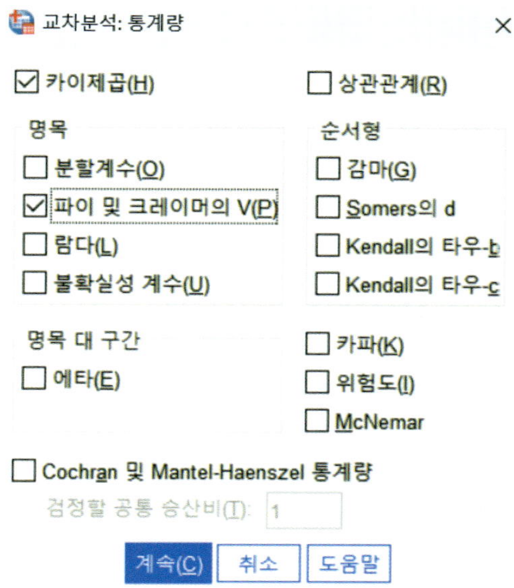

[통계량]에서 **[카이제곱(H)]**을 클릭한다.
[명목]에서 **[파이 및 크레이머의 V(P)]**을 클릭한다.
[계속(C)]을 클릭한다.
[셀(E)]을 클릭한다.

통계 TIP 교차분석: 통계량의 옵션

[명목]	두 변수가 명명척도인 경우 사용한다.
분할계수	둘 이상의 명명척도 변수의 상관계수를 산출한다.
파이 및 크레이머의 V	0~1의 범위를 갖는다. .76 이상의 값이 산출되면 두 변수가 강한 관계가 있다고 해석한다.
람다	0~1의 범위를 갖는다. 1에 가까울수록 독립변수가 종속변수를 예측하는 데 기여하는 정도가 큰 것을 의미한다.
불확실성 계수	값이 1에 가까울수록 첫 번째 변수로 두 번째 변수의 정보를 더 많이 예측할 수 있음을 의미한다.
[순서형]	두 변수가 서열척도인 경우에 사용한다.
감마	−1~0~+1의 범위를 갖는다. 0은 두 변수의 관계가 독립적임을 의미하며 양의 값은 한 변수가 증가할 때 다른 변수도 증가함을 의미한다.
Somers의 d	확장된 감마(Gamma) 값의 일종이다.
Kendall의 타우−b	서열척도 변수 간의 상관관계를 나타내는 등위상관계수이다. 행과 열의 수가 같은 경우에 사용한다.
Kendall의 타우−c	켄달의 타우−b와 비슷하지만 행과 열의 수가 다른 경우에 사용한다.
[명목 대 구간]	한 변수는 명명척도, 다른 변수는 등간척도인 경우에 사용한다.
에타	종속변수가 등간척도인 경우에 사용한다. 상관계수와 유사하여 에타값을 제곱하면 한 변수에 의해 설명되는 변화량의 비율이 된다.
카파	관찰자 간 신뢰도를 계산할 때 사용하며 두 변수의 범주가 같을 때 일치도를 의미한다.
위험도	교차표에서 상대적 위험도를 의미한다.
McNemer	두 대응하는 이분형 변수에 대한 비모수 검증방법으로 사전−사후 실험에서 응답의 변화량을 파악할 때 유용하다.

SPSS 분석 4

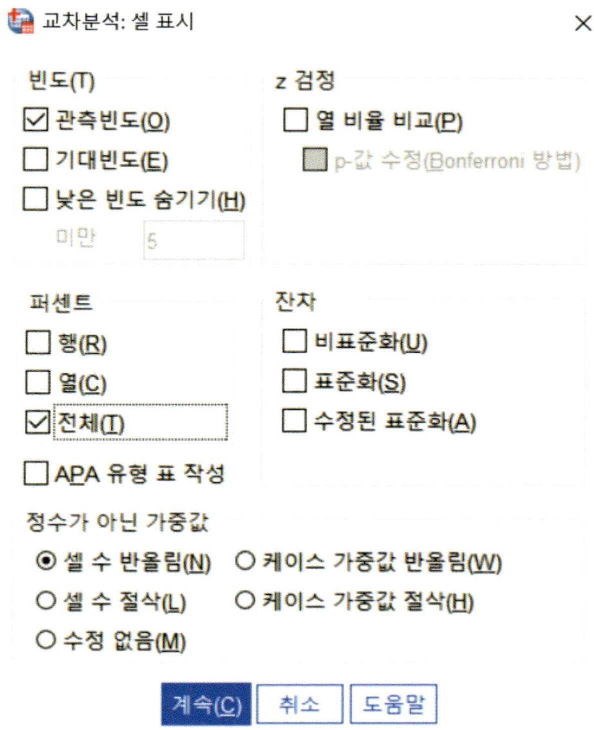

[빈도(T)]에서 **[관측빈도(O)]**에 클릭되어 있는지 확인한다.
[퍼센트]에서 **[전체(T)]**를 클릭한다.

※ 연구목적에 따라 **[행(R)]**이나 **[열(C)]**을 클릭할 수도 있다.

[계속(C)]을 클릭한다.
[확인]을 클릭한다.

4. 분석결과

분석결과 1

중요도 * 그룹 교차표

			그룹			전체
			자녀가 없는 미혼성인	자녀가 없는 기혼성인	자녀가 있는 기혼성인	
중요도	중요하다	빈도	5	15	25	45
		전체 중 %	5.6%	16.7%	27.8%	50.0%
	모르겠다	빈도	25	15	5	45
		전체 중 %	27.8%	16.7%	5.6%	50.0%
전체		빈도	30	30	30	90
		전체 중 %	33.3%	33.3%	33.3%	100.0%

각 해당하는 셀에서 빈도와 퍼센트(%)를 확인할 수 있다.

분석결과 2

카이제곱 검정

	값	자유도	근사 유의확률 (양측검정)
Pearson 카이제곱	26.667[a]	2	<.001
우도비	29.110	2	<.001
선형 대 선형결합	26.370	1	<.001
유효 케이스 수	90		

a. 0 셀 (0.0%)은(는) 5보다 작은 기대 빈도를 가지는 셀입니다. 최소 기대빈도는 15.00입니다.

카이제곱 검증 결과 $\chi^2 = 26.667$, $p < .001$으로 통계적으로 유의미하게 검증되었다.

분석결과 3

대칭적 측도

		값	근사 유의확률
명목척도 대 명목척도	파이	.544	<.001
	Cramer의 V	.544	<.001
유효 케이스 수		90	

카이제곱 검증 결과 Cramer의 V=.544, p<.001으로 통계적으로 유의미하게 검증되었다.

결과 해석에 대한 통계 TIP 영가설과 대립가설의 진위판단

영가설	성인들이 응답한 부모-자녀 관계에서 애착형성의 중요도에 차이가 없을 것이다.	기각
대립가설	성인들이 응답한 부모-자녀 관계에서 애착형성의 중요도에 차이가 있을 것이다.	채택

⇒ '성인들이 응답한 부모-자녀 관계에서 애착형성의 중요도에 차이가 있다.'타고 결론 내린다.

5. 보고서 작성

〈표 8-1〉 성인들이 응답한 부모-자녀 관계에서 애착형성의 중요도

	그룹			전체
	자녀가 없는 미혼성인	자녀가 없는 기혼성인	자녀가 있는 기혼성인	
중요하다	5 (5.6%)	15 (16.7%)	25 (27.8%)	45 (50.0%)
모르겠다	25 (27.8%)	15 (16.7%)	5 (5.6%)	45 (50.0%)
전체	30 (33.3%)	30 (33.3%)	30 (33.3%)	90 (100.0%)

χ^2 =26.667, p<.001

〈표 8-1〉과 같이 부모-자녀 관계에서 애착형성이 자녀에게 중요한지를 알아보고자 성인 90명을 대상으로 자녀에게 애착형성이 중요한지에 대한 χ^2 분석을 실시한 결과 $\chi^2=26.667$, $p<.001$에서 통계적으로 유의미하게 차이가 검증되었다. 중요도 인식 중 '중요하다'에서는 자녀가 있는 기혼성인의 응답이 많았다(27.8%). 반대로 '모르겠다'에서는 자녀가 없는 미혼성인이 응답이 많았다(27.8%).

부모-자녀 관계에서 애착형성이 자녀에게 중요한지를 알아본 결과, 자녀가 있는 기혼성인이 다른 성인들보다 애착형성에 대해 중요하다고 응답하였다.

연습문제

1. 직장에 재직 중인 성인 남성과 여성에게 각각 자신의 인생에서 ㄷ직의 중요도를 알아보고자 설문하였다. χ^2 분석을 실시하고, 그 결과를 알아본다.

(카이제곱-중요도조사-연습문제.sav 활용)

제9장

t-검증

1. 단일표본 t-검증
2. 대응표본 t-검증
3. 독립표본 t-검증
- 연습문제

t-검증은 모집단의 분산이나 표준편차를 알지 못할 때 사용한다. 모집단을 대표하는 표본으로부터 추정된 분산이나 표준편차를 활용하여 분석하는 방법이다. 분석방법으로 단일표본 t-검증, 대응표본 t-검증, 독립표본 t-검증이 있다.

1. 단일표본 t-검증

단일표본 t-검증 시 독립변수는 검증하고자 하는 기준값이 특정 점수이고, 종속변수는 연속적인 변수이어야 한다.

1) 기본 개념

- 단일표본 t-검증은 기준값(특정 점수: 독립변수)과 종속변수의 평균값의 차이를 비교하는 방법이다.
- 설정한 기준값과 종속변수의 평균값의 차이가 통계적으로 유의미하다면 두 값이 다르다고 결론 내릴 수 있다.

단일표본 t-검증에 관한 수식

$$t = \frac{\overline{Y} - \mu}{\frac{s}{\sqrt{n}}}$$

$\overline{Y}$: 종속변수의 평균
μ: 모집단 평균
s: 표본의 표준편차
n: 사례 수

2) 연구목적과 가설설정

단일표본 t-검증에 관한 연구목적과 가설설정

1. 연구목적
   연구자는 전국 수학 및 과학 경시대회의 평균 85점과 A지역의 고등학교 2학년 수학 및 과학 점수의 평균값의 차이가 있는지 연구하고자 한다. 이를 위해 다음과 같은 연구가설을 설정하였다.
2. 연구가설
   A지역의 고등학교 2학년 학생들의 수학 및 과학 점수의 평균값은 전국평균 85점과 차이가 있을 것이다.

$H_{0(영가설)}$: A지역의 고등학교 2학년 학생들의 수학 및 과학 점수의 평균값은 전국평균 85점과 차이가 없을 것이다.

$H_{1(대립가설)}$: A지역의 고등학교 2학년 학생들의 수학 및 과학 점수의 평균값은 전국평균 85점과 차이가 있을 것이다.

통계검증방법 : 단일표본 t-검증
유의수준 : $p < .05$(양방 검증)
가설검증을 위한 진위판단을 실시

3) SPSS 실행

A지역의 고등학교 2학년 학생들의 수학 및 과학 점수의 평균값이 전국평균 85점과 통계적으로 유의미한 차이가 있는지를 검증하기 위해 단일표본 t-검증을 실시한다.

SPSS 분석 1

분석과정
분석(A) → 평균 및 비율 비교 → 일표본 T검정(S)
– 단일표본 t-test.sav

SPSS 분석 2

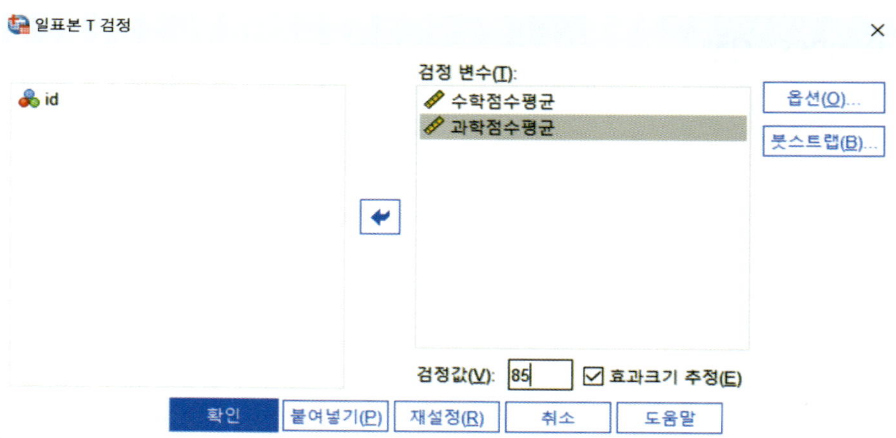

[검정 변수(T)]에 '수학점수평균' '과학점수평균'을 넣는다.
[검정값(V)]에 '0' 대신 전국평균인 '85'를 입력한다.
[확인]을 클릭한다.

4) 분석결과

분석결과 1

일표본 통계량

	N	평균	표준편차	평균의 표준오차
수학점수평균	200	86.57	7.603	.538
과학점수평균	200	85.58	7.430	.525

평균과 표준편차를 확인한다.

분석결과 2

일표본 검정

	검정값 = 85						
	t	자유도	유의확률		평균차이	차이의 95% 신뢰구간	
			단측 확률	양측 확률		하한	상한
수학점수평균	2.911	199	.002	.004	1.565	.50	2.63
과학점수평균	1.094	199	.138	.275	.575	-.46	1.61

t 값과 유의확률 값을 확인한다.

보고서 작성 시 일표본 통계표에서는 평균과 표준편차를 사용한다. 일표본 검정표에서는 t 값과 유의확률 값을 사용한다.

결과 해석에 대한 통계 TIP 영가설과 대립가설의 진위판단

1) 수학 점수

영가설	A지역의 고등학교 2학년 학생들의 수학 점수의 평균값은 전국평균 85점과 차이가 없을 것이다.	기각
대립가설	A지역의 고등학교 2학년 학생들의 수학 점수의 평균값은 전국평균 85점과 차이가 있을 것이다.	채택

⇒ ‘A지역의 고등학교 2학년 학생들의 수학 점수의 평균값은 전국평균 85점과 차이가 있다.’라고 결론 내린다.

2) 과학 점수

영가설	A지역의 고등학교 2학년 학생들의 과학 점수의 평균값은 전국평균 85점과 차이가 없을 것이다.	채택
대립가설	A지역의 고등학교 2학년 학생들의 과학 점수의 평균값은 전국평균 85점과 차이가 있을 것이다.	기각

⇒ 'A지역의 고등학교 2학년 학생들의 과학 점수의 평균값은 전국평균 85점과 차이가 없다.'라고 결론 내린다.

5) 보고서 작성

〈표 9-1〉 단일표본 t-검증의 결과

	N	M (평균)	SD (표준편차)	t	p (유의확률)
수학 점수	200	86.57	7.603	2.911**	.004
과학 점수	200	85.58	7.430	1.094	.275

$^{**}p < .01$

〈표 9-1〉은 A지역의 고등학교 2학년 학생 200명을 대상으로 실시한 연구 결과에서 A지역의 고등학교 2학년 학생들의 수학 및 과학 점수의 평균값은 전국평균 85점과 같은지 알아보기 위하여 단일표본 t-검증을 실시한 결과이다.

첫째, 수학 점수의 $M=86.57$, $SD=7.603$이며, $t=2.911$, $p<.01$로 A지역의 고등학교 2학년 학생들의 수학 점수의 평균값은 전국평균 85점과 통계적으로 유의미한 차이가 검증되었다. 둘째, 과학 점수의 $M=85.58$, $SD=7.430$이며, $t=1.094$, $p \geq .05$로 A지역의 고등학교 2학년 학생들의 과학 점수의 평균값은 전국평균 85점과 통계적으로 유의미한 차이가 검증되지 않았다.

2. 대응표본 t-검증

대응표본 t-검증은 처치 또는 개입의 효과를 검증하기 위해 사용하는 차이검증

기법이다. 변수는 연속변수이어야 하고 반복측정을 실시하여야 한다.

1) 기본 개념

- 두 모집단으로부터 표본들을 추출하여 표본의 평균들을 비교한다.
- 두 표본은 서로 독립적이지 않고 쌍(pair)으로 이루어져 있다. 따라서 두 표본은 종속적인 관계이다.
- 이를 짝지어진 t-검증(paired t-test)이라고도 한다.
- 두 표본의 차이를 비교할 때 통계적으로 유의미하다면 처치 또는 개입의 효과가 있다고 결론 내릴 수 있다.

대응표본 t-검증에 관한 수식

$$\bar{d} = \frac{\sum d}{n}$$

$$s_d = \sqrt{\frac{\sum d^2 - \frac{(\sum d)^2}{n}}{n-1}}$$

$$t = \frac{\bar{d}}{\frac{s_d}{\sqrt{n}}}$$

$\bar{d}$: 두 종속표본의 차이 평균
s_d: 두 종속표본의 차이 표준편차
n: 사례 수

2) 연구목적과 가설설정

대응표본 t-검증에 관한 연구목적과 가설설정

1. 연구목적
   연구자는 성격강점 프로그램의 효과를 검증하기 위하여 프로그램에 참가한 사람들의 낙관성 사전-사후의 점수에 차이가 있는지 연구하고자 한다. 이를 위해 다음과 같은 연구가설을 설정하였다.
2. 연구가설
   성격강점 프로그램에 참가한 사람들의 낙관성 사전-사후 점수는 차이가 있을 것이다.

$H_{0(영가설)}$: 성격강점 프로그램에 참가한 사람들의 낙관성 사전-사후 점수는 차이가 없을 것이다.

$H_{1(대립가설)}$: 성격강점 프로그램에 참가한 사람들의 낙관성 사전-사후 점수는 차이가 있을 것이다.

통계검증방법 : 대응표본 t-검증
유의수준 : $p < .05$(양방 검증)
가설검증을 위한 진위판단을 실시

3) SPSS 실행

성격강점 프로그램에 참가한 사람들의 낙관성 사전-사후 점수의 차이가 통계적으로 유의미한지를 검증하기 위해 대응표본 t-검증을 실시한다.

SPSS 분석 1

분석과정
분석(A) → 평균 및 비율 비교 → 대응표본 T검정(P)
- 대응표본 t-test.sav

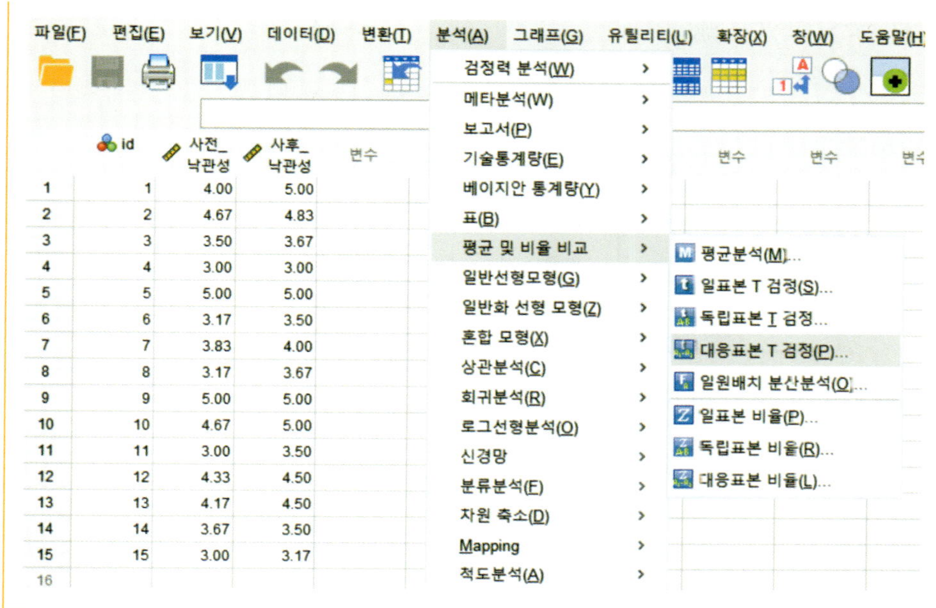

	id	사전_낙관성	사후_낙관성
1	1	4.00	5.00
2	2	4.67	4.83
3	3	3.50	3.67
4	4	3.00	3.00
5	5	5.00	5.00
6	6	3.17	3.50
7	7	3.83	4.00
8	8	3.17	3.67
9	9	5.00	5.00
10	10	4.67	5.00
11	11	3.00	3.50
12	12	4.33	4.50
13	13	4.17	4.50
14	14	3.67	3.50
15	15	3.00	3.17
16			

SPSS 분석 2

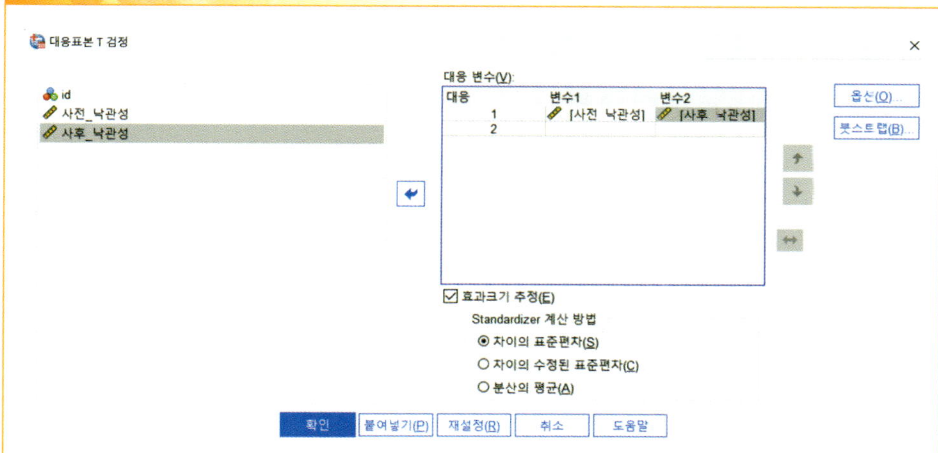

[대응 변수(V)]의 **[변수1]**에 '사전_낙관성'을 넣은 후에 **[변수2]**에 '사후_낙관성'을 순서대로 넣는다.

[확인]을 클릭한다.

4) 분석결과

분석결과 1

대응표본 통계량

		평균	N	표준편차	평균의 표준오차
대응 1	사전_낙관성	3.8778	15	.73589	.19001
	사후_낙관성	4.1222	15	.73858	.19070

평균과 표준편차를 확인한다.

분석결과 2

대응표본 검정

	대응차					t	자유도	유의확률	
	평균	표준편차	평균의 표준오차	차이의 95% 신뢰구간				단측 확률	양측 확률
				하한	상한				
대응 1 사전_낙관성 - 사후_낙관성	-.24444	.28078	.07250	-.39993	-.08896	-3.372	14	.002	.005

t 값과 유의확률 값을 확인한다.

보고서 작성 시 대응표본 통계표에서는 평균과 표준편차를 사용한다. 대응표본 검정표에서는 t 값과 유의확률 값을 사용한다.

결과 해석에 대한 통계 TIP 영가설과 대립가설의 진위판단

영가설	성격강점 프로그램에 참가한 사람들의 낙관성 사전-사후 점수는 차이가 없을 것이다.	기각
대립가설	성격강점 프로그램에 참가한 사람들의 낙관성 사전-사후 점수는 차이가 있을 것이다.	채택

⇒ '성격강점 프로그램에 의한 사람들의 낙관성 사전과 사후 점수에는 통계적으로 유의미한 차이가 있는 것으로 그 효과를 검증하였다.'라고 결론 내린다.

5) 보고서 작성

〈표 9-2〉 낙관성에 대한 성격강점 프로그램의 대응표본 t-검증 결과

	사전 M (SD)	사후 M (SD)	t	p (유의확률)
낙관성	3.878 (.736)	4.122 (.739)	−3.372**	.005

$^{**}p<.01$

〈표 9-2〉는 성격강점 프로그램의 효과를 검증하기 위하여 대응표본 t-검증에 의해 사전과 사후의 차이를 비교한 분석결과이다.

첫째, 낙관성 사전-사후에 대한 평균과 표준편차에서 낙관성 사전은 M=3.878, SD=.736이고, 낙관성 사후는 M=4.122, SD=.739이었다. 둘째, 낙관성 사전과 낙관성 사후의 차이에 대한 통계적 유의미성을 살펴본 결과, $t=-3.372$, $p<.01$에서 통계적으로 유의미하게 검증되어 낙관성 사전과 사후 점수는 통계적으로 유의미한 차이가 있음을 알 수 있었다. 즉, 성격강점 프로그램의 효과를 검증하였다.

3. 독립표본 t-검증

독립표본 t-검증은 두 독립 집단의 모집단에 대한 유사성을 검증하는 방법이다. 두 독립 집단을 대표하는 표본들을 독립적으로 추출하여 평균을 비교한다.

1) 기본 개념

- 독립변수는 범주변수이어야 한다.
- 독립변수는 범주의 속성을 지니고 있다. 예로, 성별이라는 독립변수는 그 안에 두 집단, 남자 집단과 여자 집단으로 범주가 구성되어 있다.
- 종속변수가 연속변수이어야 한다.
- 모집단 분포가 정규분포이어야 한다.
- 두 모집단의 분산을 알지 못할 때 독립적으로 추출한 두 표본의 분산으로 모집단

의 분산을 추정한다.

- 두 표본에서 얻은 분산으로 표준오차를 계산한다.
- 두 집단의 분포는 등분산 가정이 충족되어야 한다.
- 등분산 가정은 비교하고자 하는 두 집단의 분포에서 모집단 분산이 동일해야 함을 말한다.

독립표본 t-검증에 관한 수식

$$t = \frac{\overline{X_1} - \overline{X_2}}{\sqrt{\frac{s_1^2}{n_1} + \frac{s_2^2}{n_2}}}$$

$\overline{X_1}$: 첫 번째 독립 집단의 표본평균
$\overline{X_2}$: 두 번째 독립 집단의 표본평균
s_1^2: 첫 번째 독립 집단의 분산
s_2^2: 두 번째 독립 집단의 분산
n_1: 첫 번째 독립 집단의 사례 수
n_2: 두 번째 독립 집단의 사례 수

2) 연구목적과 가설설정

독립표본 t-검증에 관한 연구목적과 가설설정

1. 연구목적
   연구자는 세대(성인초기-중 · 노년기)에 따라 낙관성과 자기조절에 차이가 있는지 연구하고자 한다. 이를 위해 다음과 같은 연구가설을 설정하였다.
2. 연구가설
   세대(성인초기-중 · 노년기)에 따라 낙관성, 자기조절은 차이가 있을 것이다.

$H_{0(\text{영가설})}$: 세대(성인초기-중 · 노년기)에 따라 낙관성, 자기조절은 차이가 없을 것이다.
$H_{1(\text{대립가설})}$: 세대(성인초기-중 · 노년기)에 따라 낙관성, 자기조절은 차이가 있을 것이다.

통계검증방법 : 독립표본 t-검증
유의수준 : $p < .05$(양방 검증)
가설검증을 위한 진위판단을 실시

3) SPSS 실행

세대(성인초기-중 · 노년기)에 따라 낙관성과 자기조절에 통계적으로 유의미한 차이가 있는지를 검증하기 위해 독립표본 t-검증을 실시한다.

SPSS 분석 1

분석과정
분석(A) → 평균 및 비율 비교 → 독립표본 T검정(T)
- 독립표본 t-test.sav

SPSS 분석 2

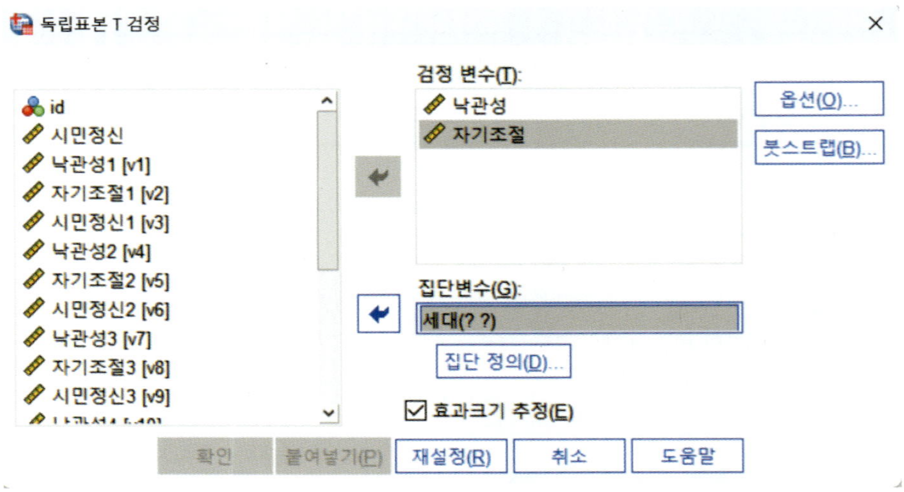

[검정 변수(T)]에 '낙관성' '자기조절'을 넣는다.
[집단변수(G)]에 '세대'를 넣는다.
[집단 정의(D)]를 클릭한다.

SPSS 분석 3

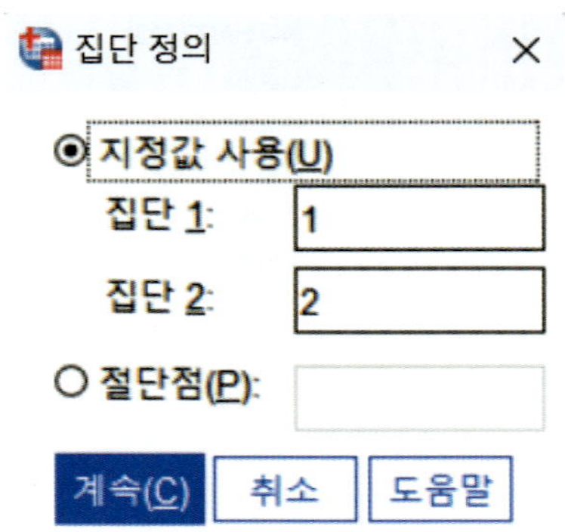

[지정값 사용(U)]에서 **[집단 1]**에 '성인초기'인 '1'을 **[집단 2]**에 '중 · 노년기'인 '2'를 입력한다.
[계속(C)]을 클릭한다.
[확인]을 클릭한다.

4) 분석결과

분석결과 1

집단통계량

세대		N	평균	표준편차	평균의 표준오차
낙관성	성인초기(20~39세)	100	4.9250	.91728	.09173
	중·노년기(40세 이상)	100	5.0150	.92420	.09242
자기조절	성인초기(20~39세)	100	4.2150	.79712	.07971
	중·노년기(40세 이상)	100	4.5567	.81313	.08131

평균과 표준편차를 확인한다.

분석결과 2

독립표본 검정

		Levene의 등분산 검정		평균의 동일성			
						유의확률	
		F	유의확률	t	자유도	단측 확률	양측 확률
낙관성	등분산을 가정함	.060	.807	-.691	198	.245	.490
	등분산을 가정하지 않음			-.691	197.989	.245	.490
자기조절	등분산을 가정함	.374	.542	-3.001	198	.002	.003
	등분산을 가정하지 않음			-3.001	197.922	.002	.003

Levene의 등분산 검정을 확인한다.

t 값과 유의확률 값을 확인한다.

보고서 작성 시 집단통계량표에서는 평균과 표준편차를 사용한다. 독립표본 검정표에서는 t 값과 유의확률 값을 사용한다.

Levene의 등분산 검증 결과, 각각 유의확률 값이 .807과 .542으로 두 집단의 분산이 같다는 영가설을 채택하므로 낙관성과 자기조절에 대한 성인초기와 중 · 노년기의 등분산성 가정이 충족된다고 할 수 있다. 그러므로 독립표본 검정표에서 등분산이 가정되는 부분의 t 통계값과 유의확률 값을 가지고 결과를 해석할 수 있다.

만약 Levene의 등분산 검증이 되지 않았을 때에는 '등분산을 가정하지 않음'의 결과를 토대로 t 값과 유의확률 값을 작성해야 한다.

낙관성에서 성인초기와 중 · 노년기는 $t=-.691$, $p=.490(p \geq .05)$이므로 통계적으로 유의미한 결과가 검증되지 않았다. 자기조절에서 성인초기와 중 · 노년기는 $t=-3.001$, $p=.003(p<.01)$이므로 통계적으로 유의미한 결과가 검증되었다.

통계 TIP Levene의 등분산 검증

등분산성이란 두 독립 집단의 모집단의 분산이 동일하다는 것을 가정하는 것이다. 등분산 가정이 충족되기 위해서는 유의확률 값 p는 .05 이상($p \geq .05$)이 되어야 영가설을 채택하기 때문에 등분산성 가정이 충족된다고 할 수 있다.

Levene의 등분산 검증을 해야 하는 이유는 두 독립 집단에 대한 모집단의 분산이 동일해야 한다는 조건에서부터 시작한다. 등분산 가정이 충족된다면 독립표본 t-검증 분석결과에 대한 해석에서 일반화가 가능하고, 그렇지 않을 때에는 일반화를 하지 못하고 그 자료에만 국한해서 해석할 수있다.

- 가설

$$H_0 : \sigma_1 = \sigma_2$$
$$H_1 : \sigma_1 \neq \sigma_2$$

- 기본 원리

  등분산성 가정의 위배는 일반적으로 실험처치 이전에 집단들의 분산이 서로 다르기 때문에 발생한다. 등분산성 가정이 위배되면 F 분포는 원래 자유도보다 작은 자유도를 갖는 F 분포가 되고 제1종 오류가 커지게 된다. 따라서 집단 간 차이를 검증하고자 한다면 등분산성 가정의 충족 여부를 반드시 확인해야 한다.

- 검증공식

  Levene의 검증법은 피험자 개인 점수를 $Z_{ij} = X_{ij} - \overline{X_{i.}}$로 변환한 후 일원분산분석을 실시한다.

$$L = \frac{(N-k)\sum_{i=1}^{k} N_i(\overline{Z_{i.}} - \overline{Z_{..}})^2}{(k-1)\sum_{i=1}^{k}\sum_{j=1}^{N_i}(Z_{ij} - \overline{Z_{i.}})^2}$$

N: 전체 사례 수

k: 집단 수

N_i: 집단 내 사례 수

X_{ij}: 개인 점수

$\overline{X_{i.}}$: i번째 집단의 평균

$\overline{Z_{i.}}$: i번째 집단의 Z_{ij}점수의 평균

$\overline{Z_{..}}$: Z_{ij}점수의 전체 평균

Z_{ij}: 개인 점수와 i번째 집단의 평균 차이의 절댓값

결과 해석에 대한 통계 TIP 영가설과 대립가설의 진위판단

1) 낙관성

영가설	세대(성인초기-중 · 노년기)에 따라 낙관성은 차이가 없을 것이다.	채택
대립가설	세대(성인초기-중 · 노년기)에 따라 낙관성은 차이가 있을 것이다.	기각

⇒ '세대(성인초기-중 · 노년기)에 따라 낙관성은 차이가 없다.'라고 결론 내린다.

2) 자기조절

영가설	세대(성인초기-중 · 노년기)에 따라 자기조절은 차이가 없을 것이다.	기각
대립가설	세대(성인초기-중 · 노년기)에 따라 자기조절은 차이가 있을 것이다.	채택

⇒ '세대(성인초기-중 · 노년기)에 따라 자기조절은 차이가 있다.'라고 결론 내린다.

5) 보고서 작성

〈표 9-3〉 세대(성인초기-중 · 노년기)에 따른 낙관성, 자기조절에 대한 차이검증

집단 / 종속변수	전체	성인초기 (n = 100)	중 · 노년기 (n = 100)	t	p (유의확률)
	M (SD)	M (SD)	M (SD)		
낙관성	4.970 (.920)	4.925 (.917)	5.015 (.924)	−.691	.490
자기조절	4.386 (.821)	4.215 (.797)	4.557 (.813)	−3.001**	.003

$^{**}p < .01$

〈표 9-3〉은 세대(성인초기-중 · 노년기)에 따라 낙관성, 자기조절에 대한 차이를 검증한 독립표본 t-검증 분석 결과이다.

첫째, 세대에 따라 낙관성의 차이를 검증한 결과 성인초기 낙관성은 $M=4.925$, $SD=.917$, 중 · 노년기 낙관성은 $M=5.015$, $SD=.924$이었고 $t=-.691$, $p=.490$이므로, 낙관성에 대한 세대 간 차이는 통계적으로 유의미하게 검증되지 않았다.

둘째, 세대에 따라 자기조절의 차이를 검증한 결과 성인초기 자기조절은 $M=4.215$, $SD=.797$, 중 · 노년기 자기조절은 $M=4.557$, $SD=.813$이었고 $t=-3.001$, $p<.01$에서 통계적으로 유의미하게 검증되었다. 즉, 중 · 노년기의 사람들이 성인초기보다 높은 자기조절을 보였다.

연구 TIP

낙관성에서 세대 간 차이가 검증되지 않았던 이유는 낙관성 변수가 개인차 변수라고 말할 수 있는 있는 이론적 근거는 발달심리학, 성격심리학 등에서 찾아볼 수 있겠지만, 세대 간 차이라는 근거가 없음을 이 데이터에서도 확인할 수 있었다.

그러나 자기조절의 경우, 세대차 변수라고 말할 수 있는 이론적 근거는 발달심리학 등에서 쉽게 찾아볼 수 있다.

연구를 할 때, 이론적 근거 없이 데이터 분석만으로 그 결과를 해석하고 논의하는 것은 사회과학 연구방법 중, 연역법적 연구에서는 신뢰도와 타당도를 잃게 된다고 봐야 한다.

연습문제

1. 세대(성인초기-중·노년기)에 따라 시민정신에 통계적으로 유의미한 차이가 있는지 독립표본 t-검증을 실시하고, 그 결과를 알아본다.
(독립표본 t-test.sav 활용)

2. 다이어트를 위한 헬스 프로그램에 참가한 사람들의 체중이 통계적으로 유의미한 차이가 있는지 대응표본 t-검증을 실시하고, 그 결과를 알아본다.
(대응표본 t-test-연습문제.sav 활용)

제10장

일원분산분석

1. 기본 개념
2. 연구목적과 가설설정
3. SPSS 실행
4. 분석결과
5. 사후분석
6. 보고서 작성

■ 연습문제

분산분석은 세 집단 이상의 평균을 비교하는 분석방법이다. 분산분석을 실행하려면 세 개 이상의 범주를 포함하고 있는 하나의 독립변수와 연속변수인 종속변수가 있어야 한다.

1. 기본 개념

- 일원분산분석(one-way ANalysis Of VAriance: one-way ANOVA)은 세 개 이상의 집단을 포함하고 있는 독립변수가 하나이고 그 집단들에 의해 집단 간 차이가 있음을 검증하는 통계방법이다.
- 분산분석의 기본 원리는 세 개 이상 집단 간 차이가 어디에 있는가를 파악하는 통계방법이다.
- 모집단의 분산을 알지 못할 때 사용한다.
- 모집단 분포가 정규분포이어야 한다.
- 종속변수가 양적변수이어야 한다.
- 셋 이상의 집단 분포는 등분산 가정이 충족되어야 한다.
- 등분산 가정은 비교하고자 하는 셋 이상의 집단 분포에서 모집단 분산이 동일해야 함을 말한다.
- 분산분석에서 전체 분산은 집단 간 분산과 집단 내 분산으로 이루어져 있다.

일원분산분석에 관한 수식

$$F = \frac{\text{처치효과} + \text{개인차} + \text{오차}}{\text{개인차} + \text{오차}} = \frac{\text{집단 간 분산}}{\text{집단 내 분산}}$$

2. 연구목적과 가설설정

일원분산분석에 관한 연구목적과 가설설정

1. 연구목적
   연구자는 기업구분에 따라 브랜드충성도에 차이가 있는지 연구하고자 한다. 이를 위해 다음과 같은 연구가설을 설정하였다.
2. 연구가설
   기업구분에 따라 브랜드충성도에 차이가 있을 것이다.

   H_0(영가설): 기업구분에 따라 브랜드충성도에 차이가 없을 것이다.
   H_1(대립가설): 기업구분에 따라 브랜드충성도에 차이가 있을 것이다.

   통계검증방법 : 일원분산분석
   유의수준 : $p < .05$(양방 검증)
   가설검증을 위한 진위판단을 실시

3. SPSS 실행

기업구분(A기업, B기업, C기업)에 따라 브랜드충성도에 대해 통계적으로 유의미한 차이가 있는지를 검증하기 위해 일원분산분석을 실시한다.

SPSS 분석 1

분석과정
분석(A) → 평균 및 비율 비교 → 일원배치 분산분석(O)
– 일원 및 이원분산분석.sav

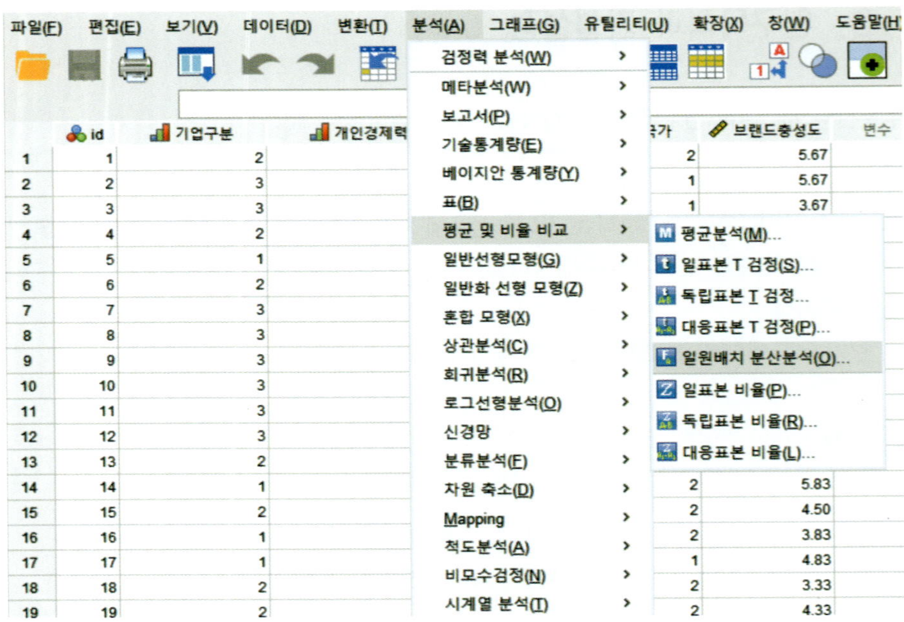

SPSS 분석 2

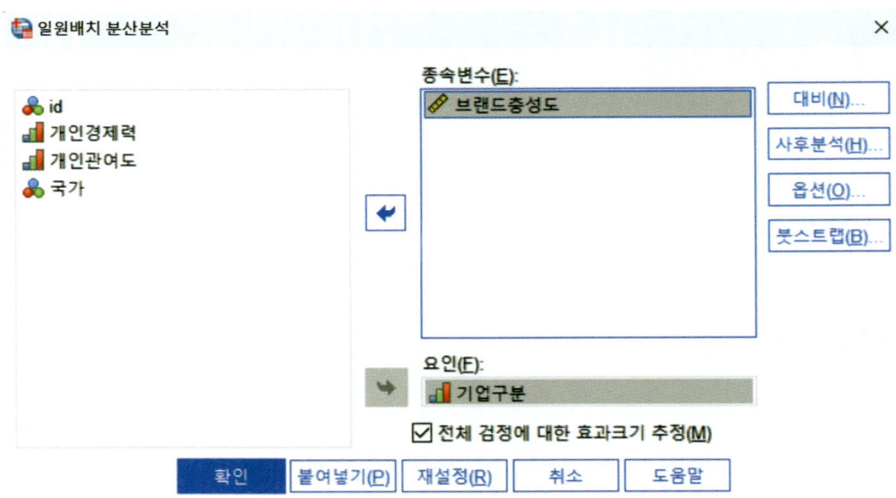

[요인(F)]에 '기업구분'을 넣는다.

[종속변수(E)]에 '브랜드충성도'를 넣는다.

[옵션(O)]을 클릭한다.

SPSS 분석 3

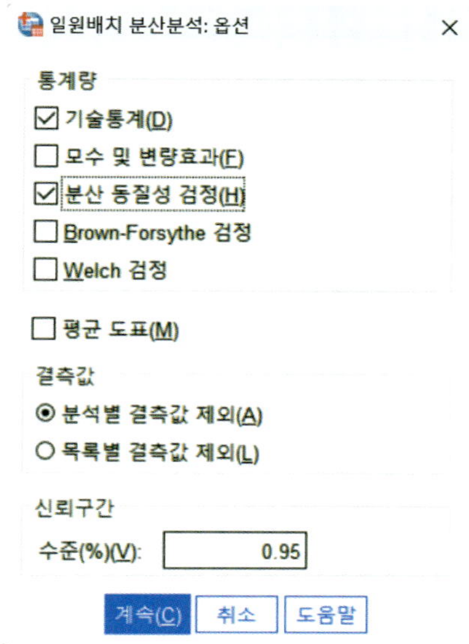

[통계량]에서 **[기술통계(D)]**, **[분산 동질성 검정(H)]**을 클릭한다.
[계속(C)]을 클릭한다.
[확인]을 클릭한다.

4. 분석결과

분석결과 1

기술통계

브랜드충성도

	N	평균	표준편차	표준오차	평균의 95% 신뢰구간 하한	평균의 95% 신뢰구간 상한	최소값	최대값
A기업	290	4.1615	.89451	.05253	4.0581	4.2649	2.00	7.00
B기업	295	4.4158	.82934	.04829	4.3208	4.5108	1.50	7.00
C기업	295	4.6322	.83063	.04836	4.5370	4.7274	3.33	7.00
전체	880	4.4045	.87225	.02940	4.3468	4.4623	1.50	7.00

평균과 표준편차를 확인한다.

분석결과 2

분산의 동질성 검정

		Levene 통계량	df1	df2	유의확률
브랜드충성도	평균을 기준으로 합니다.	.524	2	877	.592
	중위수를 기준으로 합니다.	.607	2	877	.545
	자유도를 수정한 상태에서 중위수를 기준으로 합니다.	.607	2	858.262	.545
	절삭평균을 기준으로 합니다.	.548	2	877	.578

Levene의 등분산 검증에서 $F=.524$, $p=.592$이므로 $p \geq .05$이 되어 등분산 가정을 충족하고 있다.

분석결과 3

ANOVA

브랜드충성도

	제곱합	자유도	평균제곱	F	유의확률
집단-간	32.458	2	16.229	22.368	<.001
집단-내	636.301	877	.726		
전체	668.760	879			

$F=22.368$, $p=.000(p<.001)$이므로 통계적으로 유의미한 결과가 검증되었다.
자유도는 집단 간 2, 집단 내 877이었다.
결과를 보고할 때는 $F_{(2,\ 877)}=22.368$, $p=.000(p<.001)$로 표기한다.

통계 TIP 분산분석 결과를 보고할 때 $F_{(\text{집단 간 자유도, 집단 내 자유도})}$로 표기하는 이유

3개 이상의 모집단을 비교할 경우 t-검증으로 분석하게 되면 세 번의 분석을 실시해야 한다. 그러나 이 경우 제1종 오류를 범할 확률이 높아진다.
그렇기에 이를 방지하고 3개 이상의 모집단을 한 번에 분석하기 위하여 개발된 통계기법이 분산분석이다.

Fisher(1924)[10-1]–분산분석에서는 집단 간 비교를 위해서

10-1) Fisher, R. A. (1924). 036: On a Distribution Yielding the Error Functions of Several Well Known Statistics.

- 집단 간 분산(between group variation)
- 집단 내 분산(within group variation)

이 둘을 비교해야 한다고 하였다.

그렇기에 분산분석을 실시하면 집단 간 변화량과 집단 내 변화량을 확인할 수 있다. 이에 대한 결과를 보고할 때 '$F_{(\text{집단 간 자유도, 집단 내 자유도})}$' 형식으로 표기하여 세 집단 이상을 비교하였음을 제시하도록 한다.

5. 사후분석

1) 기본 개념

- 일원분산분석에서 영가설은 '셋 이상의 독립 집단에 차이가 없을 것이다.'이었다.
- 일원분산분석에서 영가설이 기각되었다면 비교 집단들에 차이가 있다고 해석할 수 있다.
- 영가설이 기각되었다는 것은 연구대상 집단 중 어느 한 집단이 다른 집단과 차이가 있다는 것이다.
- 그러나 영가설의 기각은 집단 간의 차이가 어디에서 있는지를 말해 주지는 않는다.
- 그러므로 사후분석을 통해서 분산분석의 영가설이 기각되었을 때 구체적으로 집단 간의 차이가 어디에서 있는지를 분석해서 확인해야 한다.
- 등분산 가정이 충족되었을 때에는 LSD, Bonferroni, Sidak, Scheffé, Tukey 방법 그리고 Duncan 등을 개별적으로 사용할 수 있다.

통계 TIP 사후분석에서 Scheffé를 사용하는 이유

일반적으로 사후분석 시, Scheffé를 많이 사용하는데, 그 이유는 변수 간의 등분산 가정을 잘 반영하고 있기 때문이다. Scheffé 또는 Bonferroni를 사용하는 것이 사후분석에서 적절하다. 그러나 Scheffé 또는 Bonferroni로 검증이 되지 않는 경우에는 LSD, Sidak, Tukey 방법 그리고 Duncan 등을 활용할 수 있다.

- 만약 등분산이 가정되지 않았을 때에는 Tamhane의 T2, Dunnett의 T3, Games-Howell, Dunnett의 C를 개별적으로 사용할 수 있다.

2) SPSS 실행

SPSS 분석 1

분석과정
분석(A) → 평균 및 비율 비교 → 일원배치 분산분석(O) → 사후분석(H)
– 일원 및 이원분산분석.sav

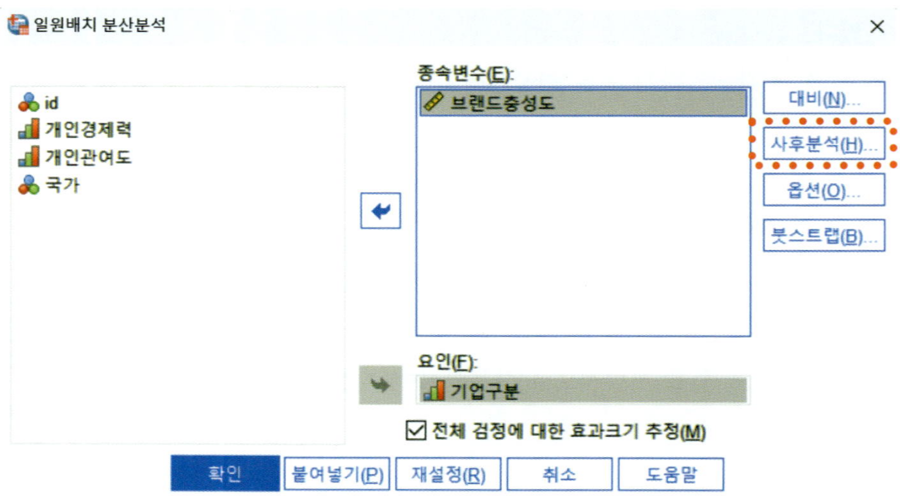

[사후분석(H)]을 클릭한다.

SPSS 분석 2

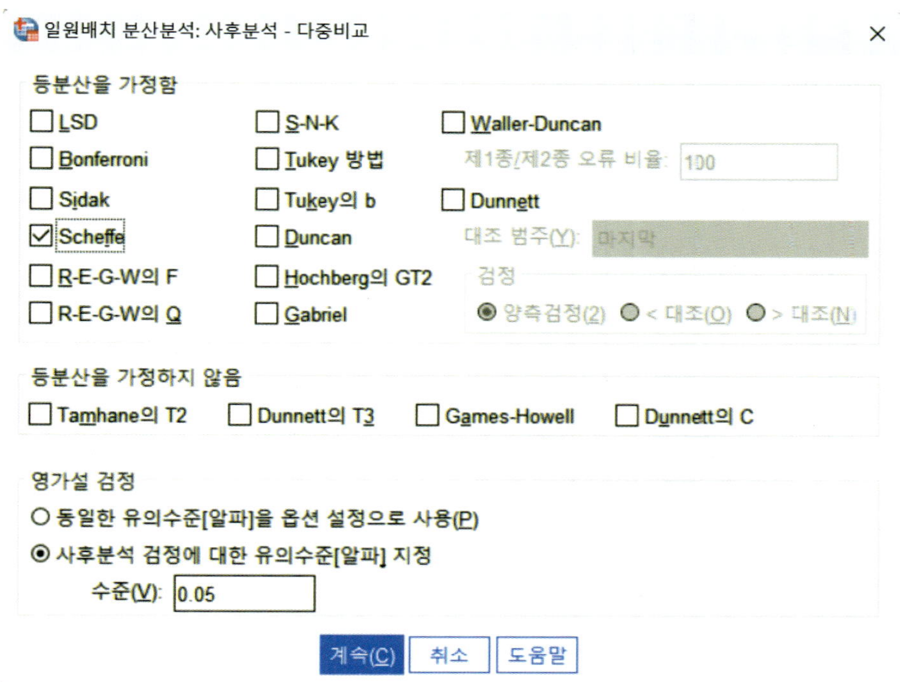

[등분산을 가정함]에서 **[Scheffé]**를 클릭한다.

※ Levene의 등분산 검증에서 $F=22.368$, $p=.592$에서 $p \geq .05$이므로 사후분석(H)에서 **[등분산을 가정함]**에 있는 사후분석법을 선택해 실시한다.

[계속(C)]을 클릭한다.
[확인]을 클릭한다.

3) 분석결과

분석결과 1

다중비교

종속변수: 브랜드충성도
Scheffe

(I) 기업구분	(J) 기업구분	평균차이(I-J)	표준오차	유의확률	95% 신뢰구간 하한	95% 신뢰구간 상한
A기업	B기업	-.25432*	.07044	.002	-.4270	-.0816
	C기업	-.47071*	.07044	<.001	-.6434	-.2980
B기업	A기업	.25432*	.07044	.002	.0816	.4270
	C기업	-.21638*	.07014	.009	-.3884	-.0444
C기업	A기업	.47071*	.07044	<.001	.2980	.6434
	B기업	.21638*	.07014	.009	.0444	.3884

*. 평균차이는 0.05 수준에서 유의합니다.

사후분석 결과 집단 간 차이, 즉 A기업과 B기업의 차이(p=.002), A기업과 C기업의 차이(p=.000), B기업과 C기업의 차이(p=.009)가 통계적으로 유의미하게 검증되었다.

※ 사후분석 결과를 알 수 있는 또 다른 방법이 있다.

분석결과 2

브랜드충성도

Scheffe[a,b]

기업구분	N	유의수준 = 0.05에 대한 부분집합 1	2	3
A기업	290	4.1615		
B기업	295		4.4158	
C기업	295			4.6322
유의확률		1.000	1.000	1.000

동질적 부분집합에 있는 집단에 대한 평균이 표시됩니다.

a. 조화평균 표본크기 293.314을(를) 사용합니다.

b. 집단 크기가 동일하지 않습니다. 집단 크기의 조화평균이 사용됩니다. I 유형 오차 수준은 보장되지 않습니다.

이 자료를 통해 사후분석을 한 결과 A기업, B기업, C기업 모두 통계적으로 유의미한 차이($p<.05$ 기준)가 검증되었음을 확인할 수 있다(A기업 < B기업 < C기업).

결과 해석에 대한 통계 TIP 영가설과 대립가설의 진위판단

영가설	기업구분에 따라 브랜드충성도에 차이가 없을 것이다.	기각
대립가설	기업구분에 따라 브랜드충성도에 차이가 있을 것이다.	채택

⇒ '기업구분에 따라 브랜드충성도에 차이가 있다.'라고 결론 내린다.

6. 보고서 작성

〈표 10-1〉 기업구분에 따른 브랜드충성도 점수에 대한 기술통계

	A기업 (n = 290)	B기업 (n = 295)	C기업 (n = 295)	합계 (N = 880)
M (SD)	4.162 (.895)[a]	4.416 (.829)[b]	4.632 (.831)[c]	4.405 (.872)

Scheffé 사후분석 결과, $^{a<b<c}$

〈표 10-2〉 기업구분에 따른 브랜드충성도 점수에 대한 분산분석 결과

	SS	df	MS	F	p (유의확률)
기업구분	32.458	2	16.229	22.368***	<.001
오차	636.301	877	.726		
합계	668.760	879			

$^{***}p<.001$

〈표 10-1〉과 〈표 10-2〉는 기업구분에 따라 브랜드충성도 점수에 차이가 있는지를 검증한 일원분산분석 결과이다. 880명을 대상으로 기업구분에 따라 브랜드충성도 점수에 대한 차이검증을 실시한 결과 $F_{(2,\ 887)} = 22.368$, $p < .001$에서 통계적으로 유의미한 차이가 검증되었다.

사후분석 결과, C기업, B기업, A기업 순으로 통계적으로 유의미하게 높은 브랜드충성도를 보였다.

연습문제

1. 개인의 경제력 수준이 브랜드충성도에 대해 통계적으로 유의미한 차이가 있는지 일원분산분석을 실시하고, 그 결과를 알아본다.
(일원 및 이원분산분석.sav 활용)

제11장

이원분산분석

이원분산분석(two-way ANalysis Of VAriance: two-way ANOVA)은 독립변수가 2개인 경우 집단의 평균에 차이가 있는지를 검증하는 분석방법이다. 예로, 참가자의 성별과 세대에 따른 자기조절의 집단 간 차이를 검증한다고 할 때 성별과 세대는 각각 독립변수이고, 자기조절은 종속변수가 된다. 또 다른 예로, 근로자의 안전에 대한 의식 수준과 피드백 수용도에 따라 근로자의 안전행동에 있어 차이가 있는지를 검증하고자 할 때 의식 수준(고-저)과 피드백 수용도(고-저)는 각각 독립변수이고, 근로자의 안전행동은 종속변수가 된다. 앞의 두 예에서 보듯이 이원분산분석에서는 두 독립변수 간의 상호작용 효과를 검증하여 연구목적을 검증할 수 있다.

1. 기본 개념

- 이원분산분석은 일반적으로 독립변수가 처치변수일 경우 두 처치가 상호작용을 일으키는 효과를 분석하기 위하여 사용한다.
- 이원분산분석은 일원분산분석에서 설명한 분산분석의 기본 개념과 동일하다.
- 종속변수에 대한 모집단 분포가 정규분포이어야 하고 집단 간의 모집단 분산이 같아야 하는 등분산 가정을 충족시켜야 한다.
- 이원분산분석은 두 독립변수 간의 상호작용 효과의 통계적 유의미성을 검증하기 위한 설계이다.
- 상호작용 효과는 종속변수에 대한 독립변수들의 결합효과로서 종속변수에 대한 한 독립변수의 효과가 다른 독립변수의 각 수준에서 동일하지 않다는 것을 말한다.
- 예로, 참가자의 개인관여도와 국가에 따른 브랜드충성도의 집단 간 차이를 검증하기 위해 연구를 한다고 가정해 보자. 이때 연구문제는 다음의 세 가지이다.
  ① 개인관여도(고관여-저관여)에 따라 브랜드충성도에 차이가 있는가?
  ② 국가(A국가-B국가)에 따라 브랜드충성도에 차이가 있는가?
  ③ 개인관여도와 국가 간에 브랜드충성도에 대한 상호작용 효과가 있는가?

	고관여(1)	저관여(2)
A국가	A-1	A-2
B국가	B-1	B-2

[그림 11-1] 이원분산분석을 위한 상호작용

• 이원분산분석에서 개인 점수의 전체 제곱합은 각 집단의 제곱합, 집단의 상호작용의 제곱합, 오차의 제곱합으로 구성된다.

이원분산분석에 관한 수식

$$SS_{\mathrm{T}} = SS_{\mathrm{A}} + SS_{\mathrm{B}} + SS_{\mathrm{AB}} + SS_{\text{오차}}$$

집단 간 처치분산은 세 분산원을 갖는다.
① 처치효과: 요인 A, 또는 요인 B, 또는 A×B 상호작용 효과
② 개인차변수: 각 처치조건에 대한 실험 참가자의 차이
③ 오차: 측정과 실험과정에서의 오차

SS_{T}: 전체 제곱합
SS_{A}: A집단의 제곱합
SS_{B}: B집단의 제곱합
SS_{AB}: A와 B의 상호작용의 제곱합
$SS_{\text{오차}}$: 오차의 제곱합

$$F = \frac{\text{처치효과} + \text{개인차} + \text{오차}}{\text{개인차} + \text{오차}}$$

2. 연구목적과 가설설정

이원분산분석에 관한 연구목적과 가설설정

1. 연구목적
연구자는 개인관여도와 국가에 따라 브랜드충성도에 차이가 있는지 연구하고자 한다. 이를 위해 다음과 같은 연구가설을 설정하였다.

2. 연구가설

첫째, 개인관여도에 따라 브랜드충성도에 차이가 있을 것이다.

$H_{0(\text{영가설})}$: 개인관여도에 따라 브랜드충성도에 차이가 없을 것이다.

$H_{1(\text{대립가설})}$: 개인관여도에 따라 브랜드충성도에 차이가 있을 것이다.

둘째, 국가에 따라 브랜드충성도에 차이가 있을 것이다.

$H_{0(\text{영가설})}$: 국가에 따라 브랜드충성도에 차이가 없을 것이다.

$H_{1(\text{대립가설})}$: 국가에 따라 브랜드충성도에 차이가 있을 것이다.

셋째, 브랜드충성도에 대한 개인관여도와 국가의 상호작용 효과가 있을 것이다.

$H_{0(\text{영가설})}$: 브랜드충성도에 대한 개인관여도와 국가의 상호작용 효과가 없을 것이다.

$H_{1(\text{대립가설})}$: 브랜드충성도에 대한 개인관여도와 국가의 상호작용 효과가 있을 것이다.

통계검증방법 : 이원분산분석

유의수준 : $p < .05$(양방 검증)

가설검증을 위한 진위판단을 실시

3. SPSS 실행

개인관여도와 국가에 따라 브랜드충성도에 대해 통계적으로 유의미한 차이가 있는지를 검증하기 위해 이원분산분석을 실시한다.

SPSS 분석 1

분석과정

분석(A) → 일반선형모형(G) → 일변량(U)

– 일원 및 이원분산분석.sav

SPSS 분석 2

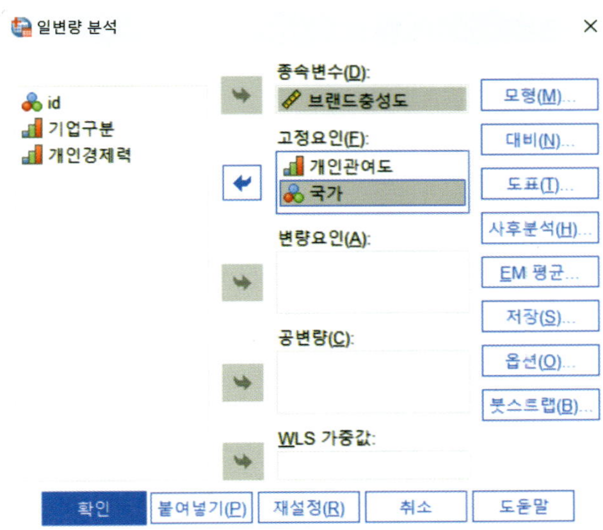

[고정요인(F)]에 '개인관여도' '국가'를 넣는다.
[종속변수(D)]에 '브랜드충성도'를 넣는다.
[도표(T)]를 클릭한다.

SPSS 분석 3

[수평축 변수(H)]에 '개인관여도'를 넣는다.
[선구분 변수(S)]에 '국가'를 넣는다.
[추가(A)]를 클릭한다.

SPSS 분석 4

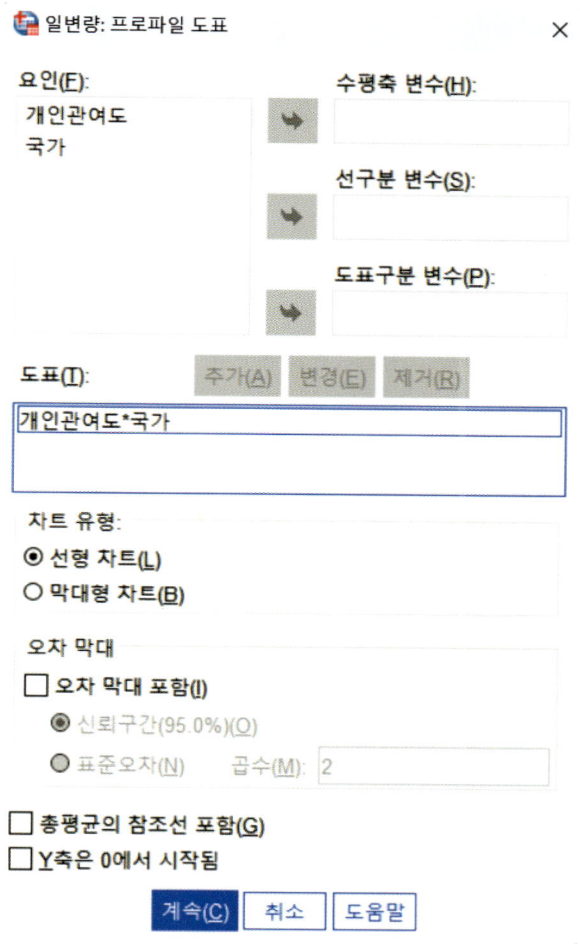

[계속(C)]을 클릭한다.

[옵션(O)]을 클릭한다.

SPSS 분석 5

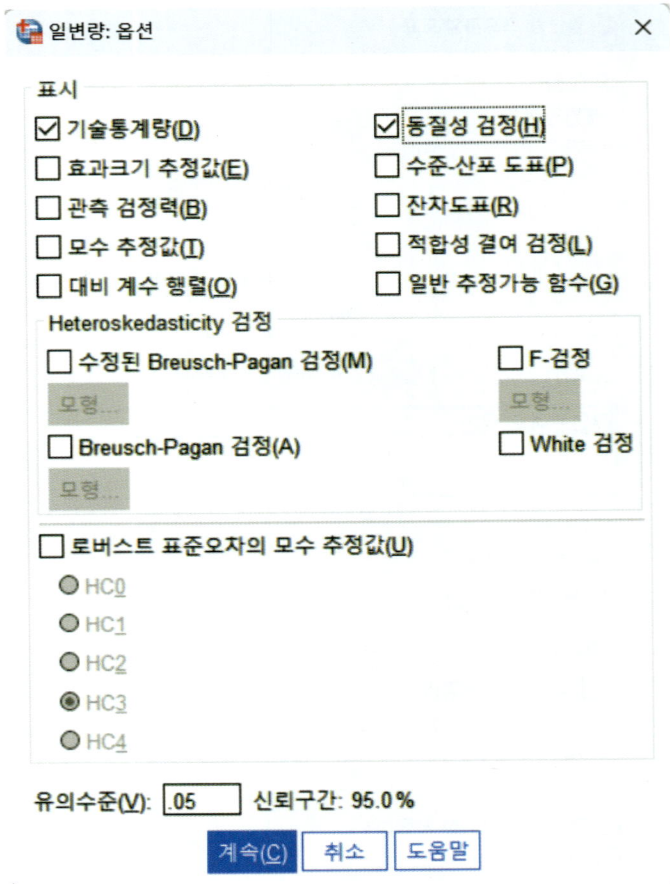

[표시]에서 **[기술통계량(D)]**, **[동질성 검정(H)]**을 클릭한다.

[계속(C)]을 클릭한다.

[확인]을 클릭한다.

4. 분석결과

분석결과 1

개체-간 요인

		값 레이블	N
개인관여도	1	저관여	440
	2	고관여	440
국가	1	A국가	440
	2	B국가	440

기술통계량

종속변수: 브랜드충성도

개인관여도	국가	평균	표준편차	N
저관여	A국가	4.3682	.82656	220
	B국가	4.0697	.90362	220
	전체	4.2189	.87777	440
고관여	A국가	4.5561	.82138	220
	B국가	4.6242	.83293	220
	전체	4.5902	.82694	440
전체	A국가	4.4621	.82839	440
	B국가	4.3470	.91131	440
	전체	4.4045	.87225	880

평균과 표준편차를 확인한다.

분석결과 2

오차 분산의 동일성에 대한 Levene의 검정[a,b]

		Levene 통계량	자유도1	자유도2	유의확률
브랜드충성도	평균을 기준으로 합니다.	.146	3	876	.932
	중위수를 기준으로 합니다.	.068	3	876	.977
	자유도를 수정한 상태에서 중위수를 기준으로 합니다.	.068	3	852.285	.977
	절삭평균을 기준으로 합니다.	.115	3	876	.951

여러 집단에서 종속변수의 오차 분산이 동일한 영가설을 검정합니다.

a. 종속변수: 브랜드충성도

b. Design: 절편 + 개인관여도 + 국가 + 개인관여도 * 국가

Levene의 등분산 검증에서 $F=.146$, $p=.932$이므로 $p \geq .05$가 되어 등분산 가정을 충족하고 있다.

분석결과 3

개체-간 효과 검정

종속변수: 브랜드충성도

원인	제 III 유형 제곱합	자유도	평균제곱	F	유의확률
수정된 모형	40.627[a]	3	13.542	18.886	<.001
절편	17072.018	1	17072.018	23808.818	<.001
개인관여도	30.316	1	30.316	42.279	<.001
국가	2.917	1	2.917	4.068	.044
개인관여도 * 국가	7.394	1	7.394	10.312	.001
추정값	628.132	876	.717		
전체	17740.778	880			
수정된 합계	668.760	879			

a. R 제곱 = .061 (수정된 R 제곱 = .058)

개인관여도 F=42.279, p=.000(p<.001)이므로 통계적으로 유의미한 결과가 검증되었다.

국가 F=4.068, p=.044(p<.05)이므로 통계적으로 유의미한 결과가 검증되었다.

개인관여도×국가 F=10.312, p=.001(p<.01)이므로 통계적으로 유의미한 결과가 검증되었다.

세 검증에서 자유도는 집단 간 1, 집단 내 876이었다.

결과를 보고할 때는 개인관여도 $F_{(1, 876)}$ =42.279, p<.001, 국가 $F_{(1, 876)}$ =4.068, p<.05, 개인관여도×국가 $F_{(1, 876)}$ =10.312, p<.01로 표기한다.

분석결과 4

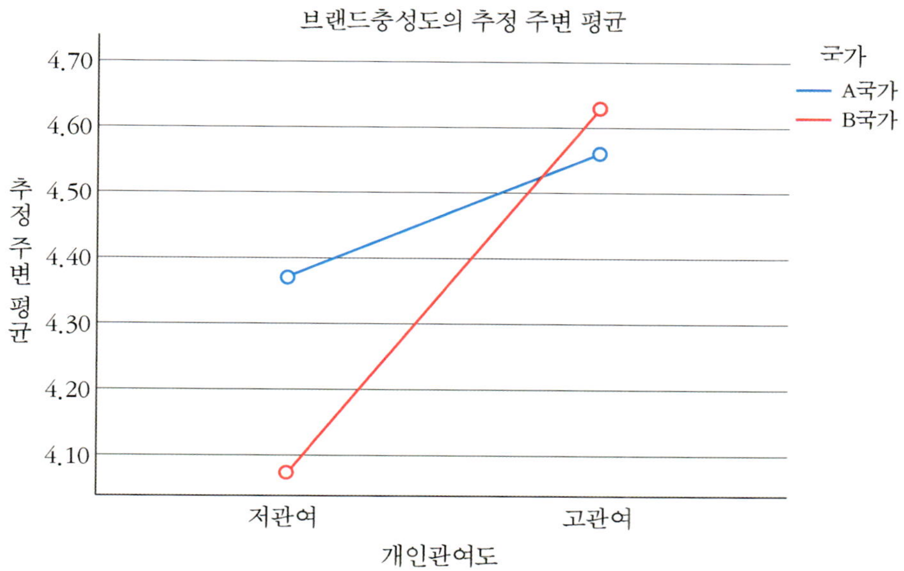

개인관여도와 국가의 상호작용을 알아보기 위한 선도표이다.

5. 사후분석

1) 기본 개념

- 이원분산분석을 실행한 결과 상호작용 효과가 검증되었다면 이러한 효과가 어느 집단에서 차이가 나타났는지 알아보기 위해 사후분석을 실시한다.
- 기본 원리는 하나의 독립변수 각각의 수준에서 다른 독립변수의 주효과를 분석하는 것으로 이를 '단순 주효과'라고 한다.
- 예로, [4. 분석결과]에서 브랜드충성도에 대한 개인관여도와 국가의 상호작용 효과가 검증되었다. 그 결과 $F_{(1,\ 876)}=10.312$, $p<.01$에서 브랜드충성도에 대한 개인관여도와 국가의 상호작용 효과는 통계적으로 유의미하였다.
- 이를 토대로 사후분석에서는 상호작용 효과에 대한 단순 주효과를 검증하고자 국

가(A국가–B국가)에 따라 개인관여도(저관여–고관여)의 차이를 분석한다.

- SPSS는 상호작용 효과에서 단순 주효과 분석을 위한 실행 메뉴를 제공하지 않기 때문에 명령문 창(syntax 창)을 열어 단순 주효과 분석을 위한 명령문을 작성해야 한다.

2) SPSS 실행

SPSS 분석 1

실행과정
파일(F) → 새 파일(N) → 명령문(S)
– 이원분산분석 사후분석 명령문.sps

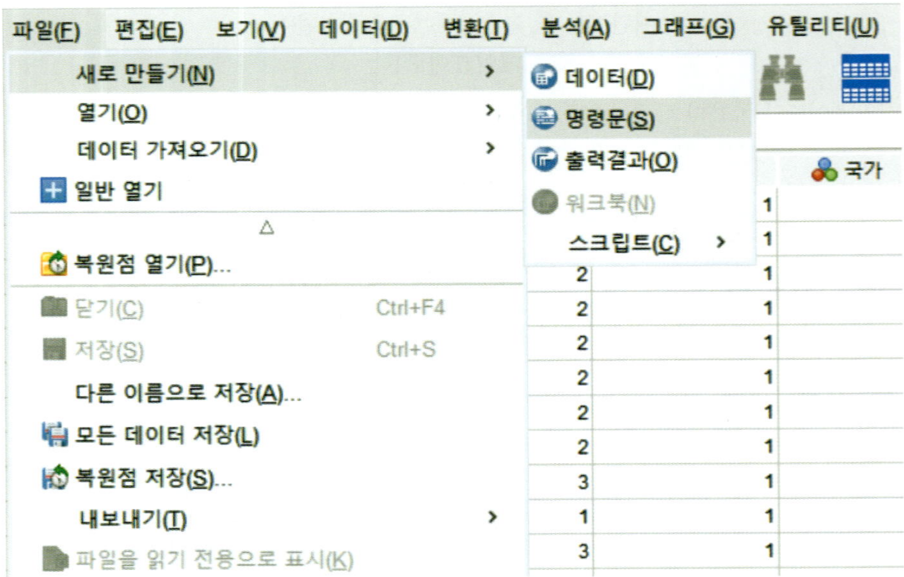

SPSS 분석 2

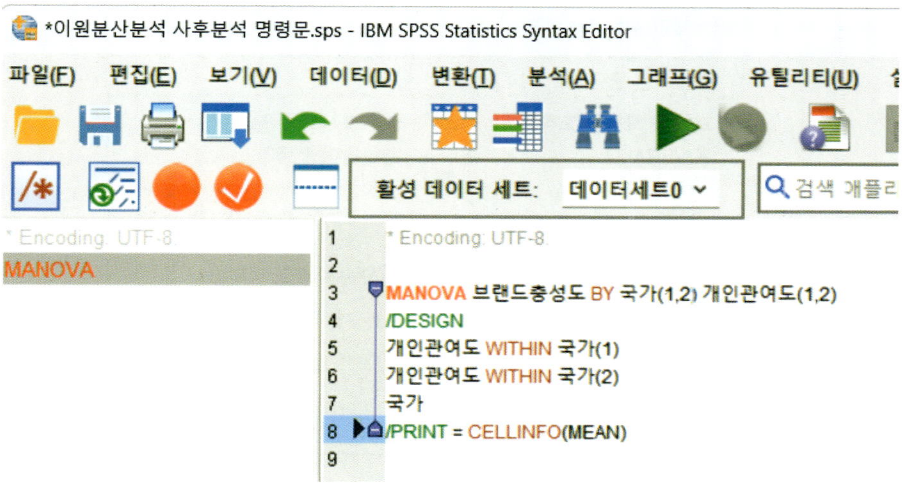

명령문 창에 이와 같은 명령문을 순차대로 입력한다.

SPSS 분석 3

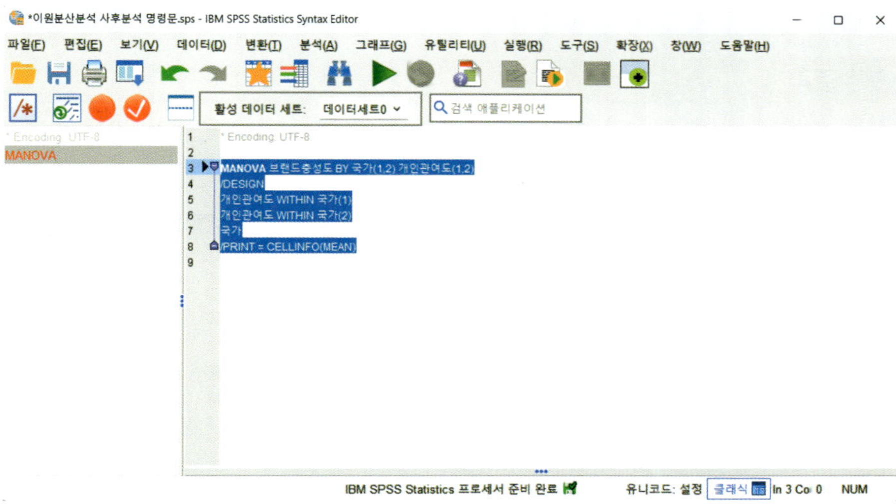

명령문 창에서 명령문을 블록 지정한다.

[선택 실행] ▶ 을 클릭한다.

통계 TIP 사후분석을 위한 또 다른 방법

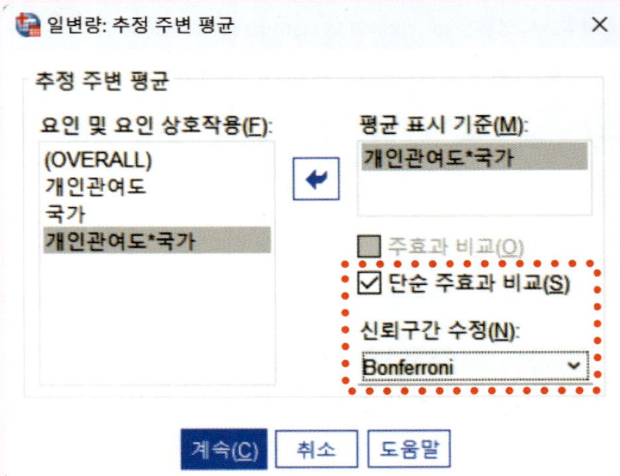

사후분석은 명령문을 활용하거나 지금과 같이 추정 주변 평균에서 단순 주효과 비교(S), Bonferroni를 활용해 검증할 수 있다.

3) 분석결과

분석결과 1

```
- - - - - - - - - - - - - - - - - - - - - - - - - - - - - - - - - - - - - - - -
Cell Means and Standard Deviations
Variable .. 브랜드충성도
     FACTOR           CODE                 Mean  Std. Dev.       N   95 percent Conf. Interval

 국가           A국가
  개인           저관                4.368     .827     220     4.258     4.478
  개인           고관                4.556     .821     220     4.447     4.665
 국가           B국가
  개인           저관                4.070     .904     220     3.950     4.190
  개인           고관                4.624     .833     220     4.514     4.735
For entire sample                       4.405     .872     880     4.347     4.462

- - - - - - - - - - - - - - - - - - - - - - - - - - - - - - - - - - - - - - - -
```

각각의 평균을 확인한다.

분석결과 2

```
******************Analysis of Variance -- Design 1******

 Tests of Significance for 브랜드충성도 using UNIQUE sums of squares
 Source of Variation          SS      DF      MS        F  Sig of F

 WITHIN+RESIDUAL           628.13    876     .72
 개인관여도 WITH            3.88       1     3.88     5.42     .020
 IN 국가(1)
 개인관여도 WITH           33.83       1    33.83    47.18     .000
 IN 국가(2)
 국가                        2.92      1     2.92     4.07     .044

 (Model)                    40.63      3    13.54    18.89     .000
 (Total)                   668.76    879     .76

 R-Squared =                 .061
 Adjusted R-Squared =        .058

 ------------------------------------------------------------------
```

국가에 따른 개인관여도의 단순 주효과에 대한 분석결과를 확인한다.

결과 해석에 대한 통계 TIP 영가설과 대립가설의 진위판단

1) 개인관여도

영가설	개인관여도에 따라 브랜드충성도에 차이가 없을 것이다.	기각
대립가설	개인관여도에 따라 브랜드충성도에 차이가 있을 것이다.	채택

⇒ '개인관여도에 따라 브랜드충성도에 차이가 있다.'라고 결론 내린다.

2) 국가

영가설	국가에 따라 브랜드충성도에 차이가 없을 것이다.	기각
대립가설	국가에 따라 브랜드충성도에 차이가 있을 것이다.	채택

⇒ '국가에 따라 브랜드충성도에 차이가 있다.'라고 결론 내린다.

3) 개인관여도 × 국가

영가설	개인관여도와 국가의 상호작용 효과가 없을 것이다.	기각
대립가설	개인관여도와 국가의 상호작용 효과가 있을 것이다.	채택

⇒ '개인관여도와 국가의 상호작용 효과가 있다.'라고 결론 내린다.

6. 보고서 작성

〈표 11-1〉 개인관여도와 국가에 따른 브랜드충성도에 대한 기술통계

	A국가 M (SD)	B국가 M (SD)	합계 M (SD)
저관여	4.368 (.827)	4.070 (.904)	4.219 (.878)
고관여	4.556 (.821)	4.624 (.833)	4.590 (.827)
합계	4.462 (.828)	4.347 (.911)	4.405 (.872)

〈표 11-2〉 개인관여도와 국가에 따른 브랜드충성도에 대한 분산분석 결과

	SS	df	MS	F	p (유의확률)
개인관여도	30.316	1	30.316	42.279***	.000
국가	2.917	1	2.917	4.068*	.044
개인관여도 × 국가	7.394	1	7.394	10.312**	.001
오차	628.132	876	.717		
합계	668.760	879			

*$p<.05$, **$p<.01$, ***$p<.001$

〈표 11-1〉과 〈표 11-2〉는 개인관여도와 국가에 따라 브랜드충성도에 차이가 있는지를 검증한 이원분산분석 결과이다. 880명을 대상으로 개인관여도와 국가에 따라 브랜드충성도에 대한 차이검증을 실시한 결과, 개인관여도에 의한 주효과를 분석한 결과는 $F_{(1,\ 876)}=42.279(p<.001)$로 통계적으로 유의미하였다. 국가에 따라 주효과를 분석한 결과, $F_{(1,\ 876)}=4.068$, $p<.05$에서 통계적으로 유의미하였다. 개인관여도와 국가에 따른 상호작용을 분석한 결과, $F_{(1,\ 876)}=10.312$, $p<.01$에서 통계적으로 유의미하였다.

〈표 11-3〉은 사후분석 결과이다. A국가에서 개인관여도의 차이가 $F_{(1,\ 876)}=5.42$, $p<.05$에서 통계적으로 유의미하였고, B국가에서 개인관여도의 차이가 $F_{(1,\ 876)}=47.18$, $p<.001$에서 통계적으로 유의미하여 A국가와 B국가 모두 고관여가 저관여에 비해 브랜드충성도가 높았다. 이를 구체적으로 알아보기 위해 [그림 11-2]와 같이 개인관여도와 국가에 따른 브랜드충성도의 차이를 그래프로 제시하였다.

〈표 11-3〉 개인관여도와 국가에 따른 사후분석 결과

분산원	*SS*	*df*	*MS*	*F*	*p* (유의확률)
국가	2.917	1	2.917	4.068	.044
개인관여도 in 국가					
개인관여도 in A국가	3.88	1	3.88	5.42*	.020
개인관여도 in B국가	33.83	1	33.83	47.18***	.000
집단 내	628.132	876	.717		
총	668.760	879			

*$p<.05$, ***$p<.001$

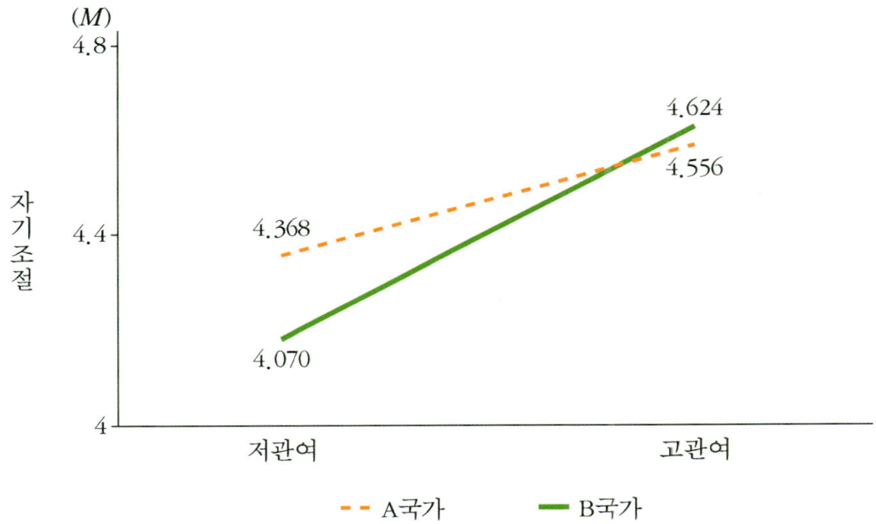

[그림 11-2] 개인관여도와 국가에 따른 브랜드충성도의 차이

연습문제

1 소비성향과 개인관여도에 따라 브랜드충성도에 대해 통계적으로 유의미한 차이가 있는지 이원분산분석을 실시하고, 그 결과를 알아본다.
(일원 및 이원분산분석.sav 활용)

제12장

공분산분석

공분산분석(ANalysis of COVAriance; ANCOVA)은 일반선형모형에 기초한 통계적 분석방법이다. 공분산분석은 공변인(covariate)에 대한 직접적인 통제가 불가능할 때 공변인의 효과를 통계적으로 통제하는 방법이다. 공분산분석을 실행하려면 독립변수와 종속변수 그리고 통제해야 할 공변인이 있어야 한다.

1. 기본 개념

- 공분산분석은 연구 전에 이미 존재하는 집단 차이를 통계적으로 통제해야 할 때 사용하는 분석방법이다.
- 모집단 분포가 정규분포이어야 한다.
- 독립변수는 범주형 변수, 종속변수와 공변인은 연속변수이어야 한다.
- 셋 이상의 집단 분포는 등분산 가정이 충족되어야 한다.
- 공분산분석의 기본 원리는 다음과 같다.
  ① 공분산모형이 적절한지 판단해야 한다.
  ② 공분산분석이 적절하다고 판단이 되면 공변인을 통제했을 때 처치의 효과가 유의미한지 검증할 수 있어야 한다.
  ③ 공분산분석을 위해 사전에 공변인 점수를 확인하여야 한다.
  ④ 교정된 평균의 차이가 통계적으로 유의미하다면 교정된 평균에 대한 사후검증을 실시하여 그 차이를 확인한다.

공분산분석에 관한 원리

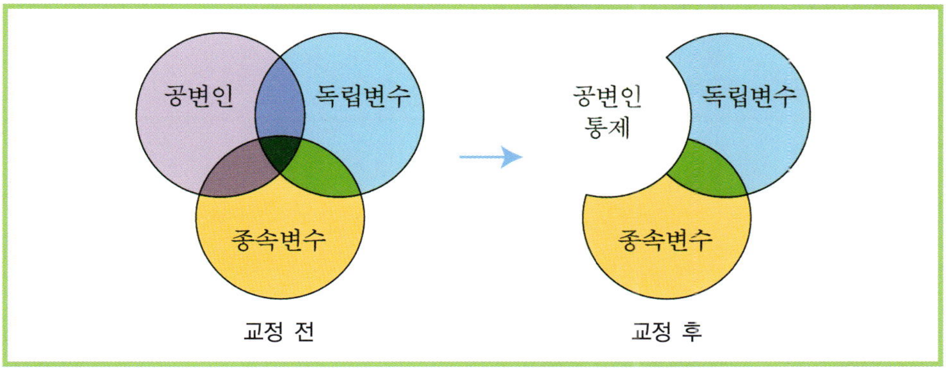

- 공분산분석의 전체 분산을 설명하는 수식은 다음과 같다.

공분산분석에 관한 수식

$$Y_{ij} = \mu + \alpha_i + \beta(X_{ij} - \overline{X}) + \epsilon_{ij}$$

Y_{ij}: i번째 집단, j번째 관찰값의 종속변수 값
μ : 모집단의 평균
α_i : 독립변수의 주효과
X_{ij}: i번째 집단, j번째 관찰값의 공변인 값
$\overline{X}$: 공변인의 평균값
β : 공변인에 대한 기울기
ϵ_{ij} : i번째 집단의 j번째 관찰값의 오차 값

2. 연구목적과 가설설정

공분산분석에 관한 연구목적과 가설설정

1. 연구목적
   연구자는 사전의 업무수행능력이 배제된 컨설팅 방법에 따라 업무수행능력에 차이가 있는지 연구하고자 한다. 이를 위해 다음과 같은 연구가설을 설정하였다.
2. 연구가설
   사전의 업무수행능력이 배제된 컨설팅 방법에 따라 업무수행능력에 차이가 있을 것이다.

$H_{0\,(영가설)}$: 사전의 업무수행능력이 배제된 컨설팅 방법에 따라 업무수행능력에 차이가 없을 것이다.

$H_{1\,(대립가설)}$: 사전의 업무수행능력이 배제된 컨설팅 방법에 따라 업무수행능력에 차이가 있을 것이다.

통계검증방법 : 공분산분석
유의수준 : $p < .05$(양방 검증)
가설검증을 위한 진위판단을 실시

3. SPSS 실행

업무수행 능력을 증진시키기 위해 컨설팅을 실시하였다. 컨설팅 방법에 따라 업무수행능력의 차이를 보다 정확하게 비교하기 위해 컨설팅을 시작하기 전에 사전의 업무수행능력을 측정하였다. 사전의 업무수행능력이 배제된 컨설팅 방법에 따라 업무수행능력에 대해 통계적으로 유의미한 차이가 있는지를 검증하기 위해 공분산분석을 실시한다.

SPSS 분석 1

분석과정
분석(A) → 평균 및 비율 비교 → 평균분석(M)
– 공분산분석.sav

※ 공분산분석 결과 보고 시 업무수행능력_사전의 평균과 표준편차를 제시하기 위해 **[평균분석(M)]**을 실시하여 그 결과를 확인한다.

SPSS 분석 2

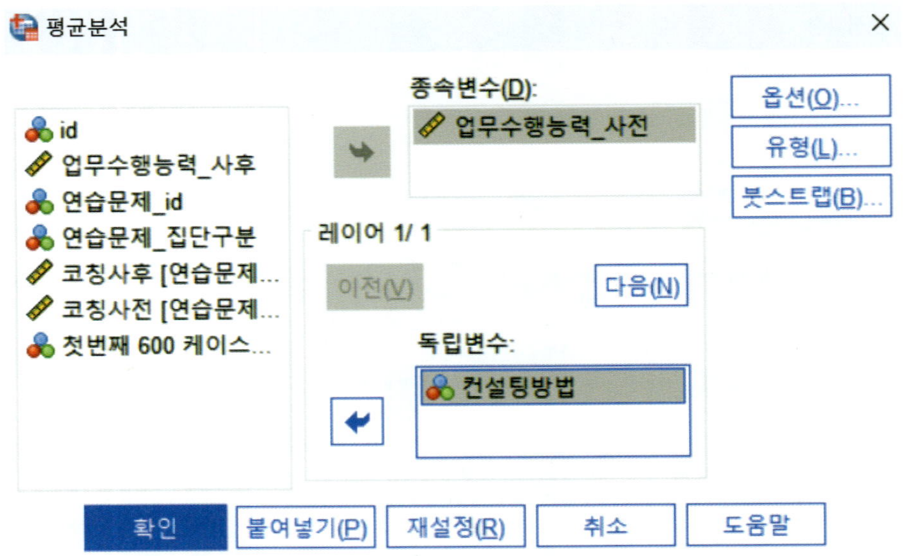

[독립변수(I)]에 '컨설팅방법'을 넣는다.
[종속변수(D)]에 '업무수행능력_사전'을 넣는다.
[옵션(O)]을 클릭한다.

SPSS 분석 3

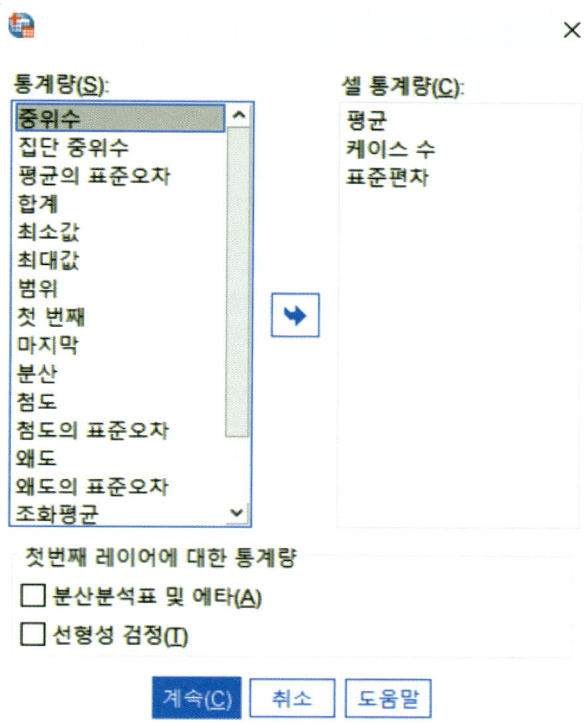

[셀 통계량(C)]에 있는 '평균' '케이스 수' '표준편차'를 확인한다.
[계속(C)]을 클릭한다.
[확인]을 클릭한다.

SPSS 분석 4

분석과정
분석(A) → 일반선형모형(G) → 일변량(U)
– 공분산분석.sav

SPSS 분석 5

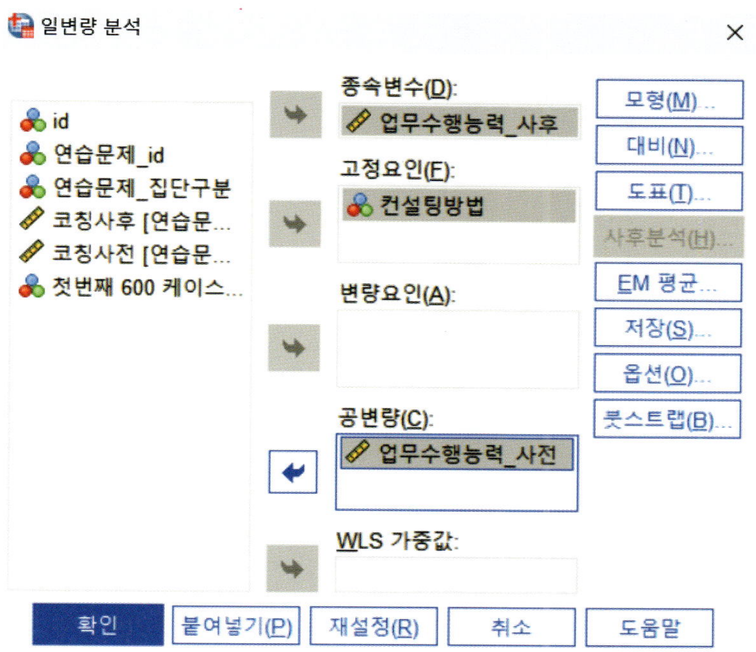

[고정요인(F)]에 '컨설팅방법'을 넣는다.
[종속변수(D)]에 '업무수행능력_사후'를 넣는다.
[공변량(C)]에 '업무수행능력_사전'을 넣는다.
[모형(M)]을 클릭한다.

SPSS 분석 6

[제곱합(Q)]을 **[제 I 유형]**으로 선택한다.
[계속(C)]을 클릭한다.
[EM 평균]을 클릭한다.

통계 TIP 제곱합 유형

제 I 유형	• 제곱합이 위계적으로 분해되는 방식이다. • 주효과 항이 상호작용 효과 항보다 먼저 투입되는 균형설계이다.
제 II 유형	• 한 모형 내에 있는 제곱합은 다른 모든 효과에 의해 교정되며 주로 주효과만을 가지는 유형이다.
제 III 유형	• 기본으로 사용되는 방식이다. • 제곱합은 모든 효과에 의해 교정되고 직교를 이룬다.
제IV유형	• 결측값을 포함한 상황에 적합한 제곱합 유형으로 결측값이 있는 모든 균형 및 비균형 모형에 적합하다.

※ 공분산분석을 실시할 때 [제 I 유형]으로 한다.

SPSS 분석 7

[평균 표시 기준(M)]에 '컨설팅방법'을 넣고 **[주효과 비교(O)]**를 클릭한다.
[계속(C)]을 클릭한다.
[신뢰구간 수정(N)]에서 **[Bonferroni]**를 클릭한다.
[옵션(O)]을 클릭한다.

SPSS 분석 8

[표시]에서 **[기술통계량(D)]**, **[동질성 검정(H)]**을 클릭한다.

[계속(C)]을 클릭한다.

[확인]을 클릭한다.

4. 분석결과

분석결과 1

보고서

업무수행능력_사전

컨설팅방법	평균	N	표준편차
소그룹토의식컨설팅	4.4033	200	.80468
소규모강의식컨설팅	4.4317	200	.82436
대규모강의식컨설팅	4.5883	200	.78083
전체	4.4744	600	.80626

사전의 업무수행능력에 대한 집단별 평균과 표준편차를 확인한다.

분석결과 2

기술통계량

종속변수: 업무수행능력_사후

컨설팅방법	평균	표준편차	N
소그룹토의식컨설팅	5.1325	.91521	200
소규모강의식컨설팅	4.9858	.94292	200
대규모강의식컨설팅	5.0183	.91054	200
전체	5.0456	.92361	600

사후의 업무수행능력에 대한 집단별 평균과 표준편차를 확인한다.

분석결과 3

오차 분산의 동일성에 대한 Levene의 검정[a]

종속변수: 업무수행능력_사후

F	자유도1	자유도2	유의확률
.901	2	597	.407

여러 집단에서 종속변수의 오차 분산이 동일한 영가설을 검정합니다.

a. Design: 절편 + 업무수행능력_사전 + 컨설팅방법

Levene의 등분산 검증에서 $F=.901$, $p=.407$이므로 $p \geq .05$가 되어 등분산 가정을 충족하고 있다.

분석결과 4

개체-간 효과 검정

종속변수: 업무수행능력_사후

원인	제 I 유형 제곱합	자유도	평균제곱	F	유의확률
수정된 모형	170.412[a]	3	56.804	99.409	<.001
절편	15274.579	1	15274.579	26731.006	<.001
업무수행능력_사전	164.570	1	164.570	288.003	<.001
컨설팅방법	5.842	2	2.921	5.111	.006
추정값	340.565	596	.571		
전체	15785.556	600			
수정된 합계	510.977	599			

a. R 제곱 = .334 (수정된 R 제곱 = .330)

공분산인 업무수행능력_사전 $F=288.003$, $p=.000(p<.001)$이므로 통계적으로 유의미한 결과가 검증되었다.

컨설팅방법 $F=5.111$, $p=.006(p<.01)$이므로 통계적으로 유의미한 결과가 검증되었다.

분석결과 5

추정값

종속변수: 업무수행능력_사후

컨설팅방법	평균	표준오차	95% 신뢰구간	
			하한	상한
소그룹토의식컨설팅	5.179[a]	.054	5.074	5.285
소규모강의식컨설팅	5.014[a]	.053	4.909	5.119
대규모강의식컨설팅	4.943[a]	.054	4.838	5.048

a. 모형에 나타나는 공변량은 다음 값에 대해 계산됩니다.: 업무수행능력_사전 = 4.4744.

교정된 사후의 업무수행능력에 대한 집단별 평균과 표준오차(*SE*)를 확인할 수 있다.

분석결과 6

대응별 비교

종속변수: 업무수행능력_사후

(I) 컨설팅방법	(J) 컨설팅방법	평균차이(I-J)	표준오차	유의확률[b]	차이에 대한 95% 신뢰구간[b]	
					하한	상한
소그룹토의식컨설팅	소규모강의식컨설팅	.165	.076	.087	-.016	.347
	대규모강의식컨설팅	.236*	.076	.006	.054	.419
소규모강의식컨설팅	소그룹토의식컨설팅	-.165	.076	.087	-.347	.016
	대규모강의식컨설팅	.071	.076	1.000	-.111	.253
대규모강의식컨설팅	소그룹토의식컨설팅	-.236*	.076	.006	-.419	-.054
	소규모강의식컨설팅	-.071	.076	1.000	-.253	.111

추정 주변 평균을 기준으로

*. 평균차이는 .05 수준에서 유의합니다.

b. 다중비교를 위한 수정: Bonferroni

사후분석 결과 컨설팅 방법 간 차이에서는 소그룹토의식컨설팅 집단과 대규모강의식컨설팅 집단의 차이($p = .006$)가 통계적으로 유의미하게 검증되었다.

즉, 소그룹토의식컨설팅 집단이 대규모강의컨설팅 집단에 비해 업무수행능력이 높아 통계적으로 유의미한 차이가 있었다.

결과 해석에 대한 통계 TIP 영가설과 대립가설의 진위판단

영가설	사전의 업무수행능력이 배제된 컨설팅 방법에 따라 업무수행능력에 차이가 없을 것이다.	기각
대립가설	사전의 업무수행능력이 배제된 컨설팅 방법에 따라 업무수행능력에 차이가 있을 것이다.	채택

⇒ '사전의 업무수행 능력이 배제된 컨설팅 방법에 따라 업무수행능력에 차이가 있다.'라고 결론 내린다.

5. 보고서 작성

〈표 12-1〉 컨설팅 방법에 따른 사전, 사후, 교정된 사후 업무수행능력 수준 비교

		컨설팅방법		
		소그룹토의식컨설팅 (n = 200)	소규모강의식컨설팅 (n = 200)	대규모강의식컨설팅 (n = 200)
사전	M (SD)	4.403 (.805)	4.432 (.824)	4.588 (.781)
사후	M (SD)	5.133 (.915)	4.986 (.943)	5.018 (.911)
교정 사후	M (SE)	5.179 (.054)^{b}	5.014 (.053)^{ab}	4.943 (.054)^{a}

Bonferroni 사후분석 결과, $^{a<b}$

〈표 12-2〉 컨설팅 방법에 따른 교정된 사후 업무수행능력에 대한 결과

	SS	df	MS	F	p (유의확률)
공분산	164.570	1	164.570	288.003***	.000
컨설팅방법	5.842	2	2.921	5.111**	.006
오차	340.565	596	.571		
합계	510.977	599			

**$p<.01$, ***$p<.001$

〈표 12-1〉과 〈표 12-2〉와 같이 600명을 대상으로 업무수행능력을 증진시키기 위해 컨설팅을 실시하였다. 사전의 업무수행능력을 통제한 후 교정된 업무수행능

력의 차이를 검증한 결과, $F=5.111$, $p<.01$에서 통계적으로 유의미하게 검증되었다.

컨설팅 방법에 따라 소그룹토의식컨설팅에 참여한 직원들의 교정 평균은 5.179 (SE=.054)[b]로 대규모강의식컨설팅에 참여한 직원들의 교정 평균 4.943(SE=.054)[a]에 비해 높았다. 즉, 컨설팅방법에 따라 업무수행능력에 차이가 있었음을 알 수 있었다.

연습문제

1 일에 대한 직무스트레스를 감소시키기 위해 코칭 프로그램을 실시하였다. 코칭 프로그램 참여 유무에 따라 직무스트레스의 차이를 정확하게 비교하기 위해 코칭 프로그램을 시작하기 전에 직무스트레스를 측정하였다. 사전에 측정된 직무스트레스를 배제하고, 코칭 유무에 따라 일에 대한 직무스트레스에 통계적으로 유의미한 차이가 있는지 공분산분석을 실시하고, 그 결과를 알아본다.

(공분산분석.sav 활용)

제13장

반복측정

1. 기본 개념
2. 연구목적과 가설설정
3. SPSS 실행
4. 분석결과
5. 보고서 작성

- 연습문제

반복측정 설계(repeated measures design)는 동일한 연구대상에게 반복적으로 처치 및 개입을 한 후 이로 인한 차이가 있는지를 검증하는 설계방법이다. 피험자 내 설계(within-subject design)라고도 한다.

1. 기본 개념

- 처치 및 개입 간의 독립성을 위해서 이전의 처치 및 개입이 이후의 처치 및 개입에 영향을 미쳐서는 안 된다.
- 실험조건 간의 공분산의 크기가 모집단에서 모두 동일하여야 한다. 이를 구형성 가정이라고 한다.
- 반복적인 처치 및 개입으로 인해 연구의 내적 타당성을 위협하는 잔존효과, 기억효과, 연습효과, 순서효과, 이월효과 등을 주의하여야 한다.
- 반복측정 설계의 집단 내 분산, 집단 간 분산, 전체 분산은 다음과 같은 선형 모형으로 구성된다.

반복측정 분산분석에 관한 수식

$$SS_T = SS_B + SS_W$$
$$SS_W = SS_{처치} + SS_{오차}$$
$$SS_T = SS_B + SS_{처치} + SS_{오차}$$

SS_T: 전체 제곱합
SS_B: 집단 간 제곱합
SS_W: 집단 내 제곱합
$SS_{처치}$: 처치의 제곱합
$SS_{오차}$: 오차의 제곱합

2. 연구목적과 가설설정

반복측정 분산분석에 관한 연구목적과 가설설정

1. 연구목적

   연구자는 자존감 증진을 위한 집단상담 프로그램이 효과가 있는지 연구하고자 한다. 이를 위해 다음과 같은 연구가설을 설정하였다.

   ※ 8주간 8회 자존감 증진 집단상담 프로그램 진행(프로그램 종료 4주 후 추수에 대해 측정)

2. 연구가설

   자존감 증진을 위한 집단상담 프로그램 참여 전 자존감 점수, 참여 후 자존감 점수, 그리고 추수 자존감 점수 사이에 차이가 있을 것이다.

   H_0(영가설): 자존감에 대한 자기성장 집단상담 프로그램에 참여 전 자존감 점수, 참여 후 자존감 점수, 추수 자존감 점수 사이에 차이가 없을 것이다.

   H_1(대립가설): 자존감에 대한 자기성장 집단상담 프로그램에 참여 전 자존감 점수, 참여 후 자존감 점수, 추수 자존감 점수 사이에 차이가 있을 것이다.

   통계검증방법 : 반복측정 분산분석
   유의수준 : $p < .05$(양방 검증)
   가설검증을 위한 진위판단을 실시

3. SPSS 실행

자존감 증진을 위한 집단상담 프로그램에 참가한 사람들의 자존감_사전, 자존감_사후, 자존감_추수 점수가 통계적으로 유의미한 차이가 있는지를 검증하기 위해 반복측정을 실시한다.

SPSS 분석 1

분석과정

분석(A) → 일반선형모형(G) → 반복측도(R)

– 반복측정_반복설계.sav

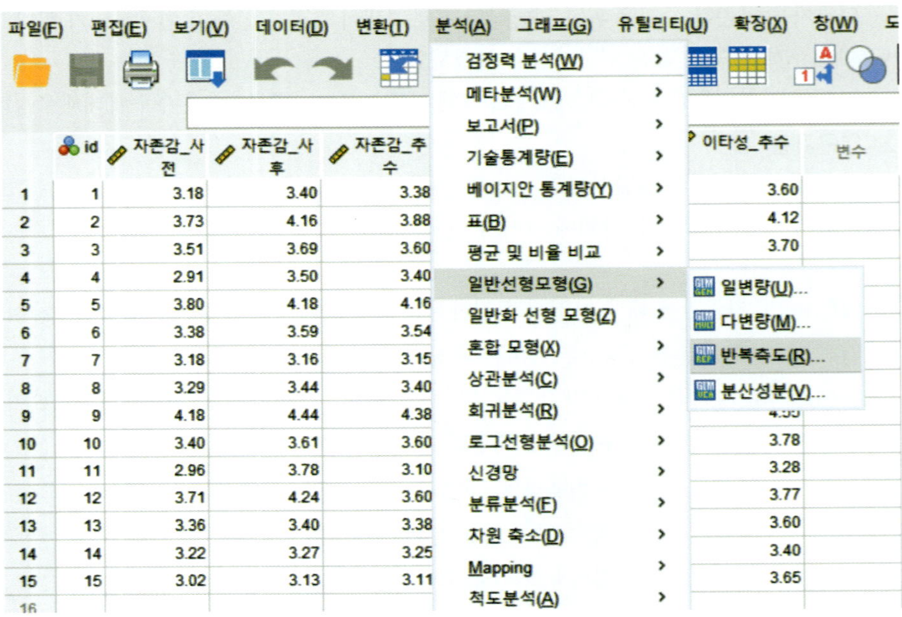

SPSS 분석 2

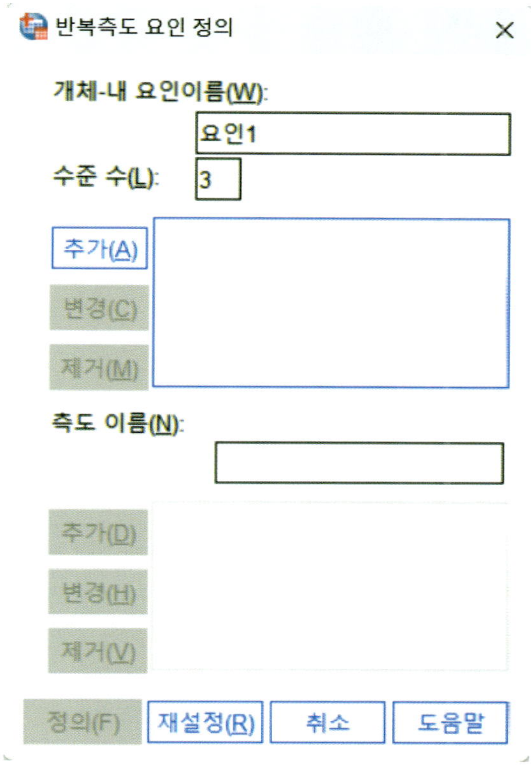

[수준 수(L)]에 '3'을 입력한다.

※ **[수준 수(L)]**에는 비교 측정하고자 하는 변수의 수를 입력한다.

[추가(A)]를 클릭한다.

SPSS 분석 3

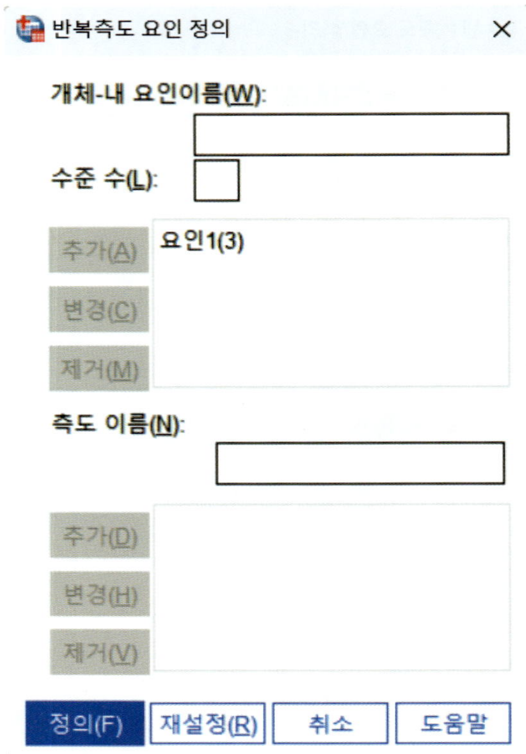

[정의(F)]를 클릭한다.

SPSS 분석 4

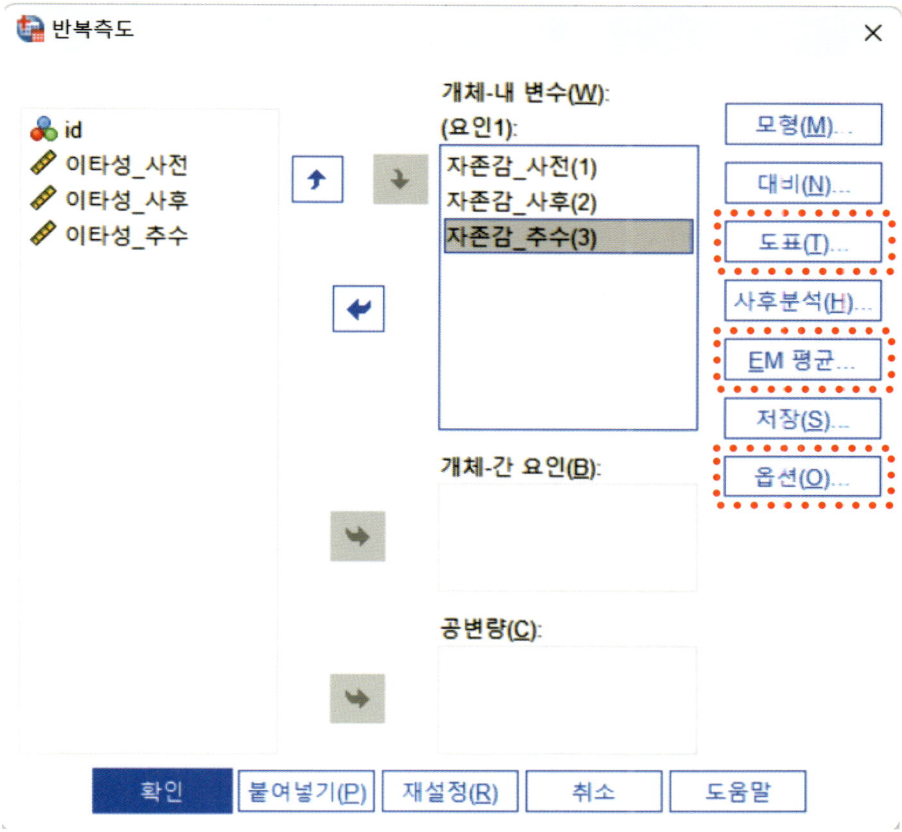

[개체-내 변수(W)]의 **[(요인1)]**에 '자존감_사전' '자존감_사후' '자존감_추수'를 순서대로 넣는다.
[도표(T)]를 클릭한다.

SPSS 분석 5

[수평축 변수(H)]에 '요인1'을 넣는다.
[추가(A)]를 클릭한다.

SPSS 분석 6

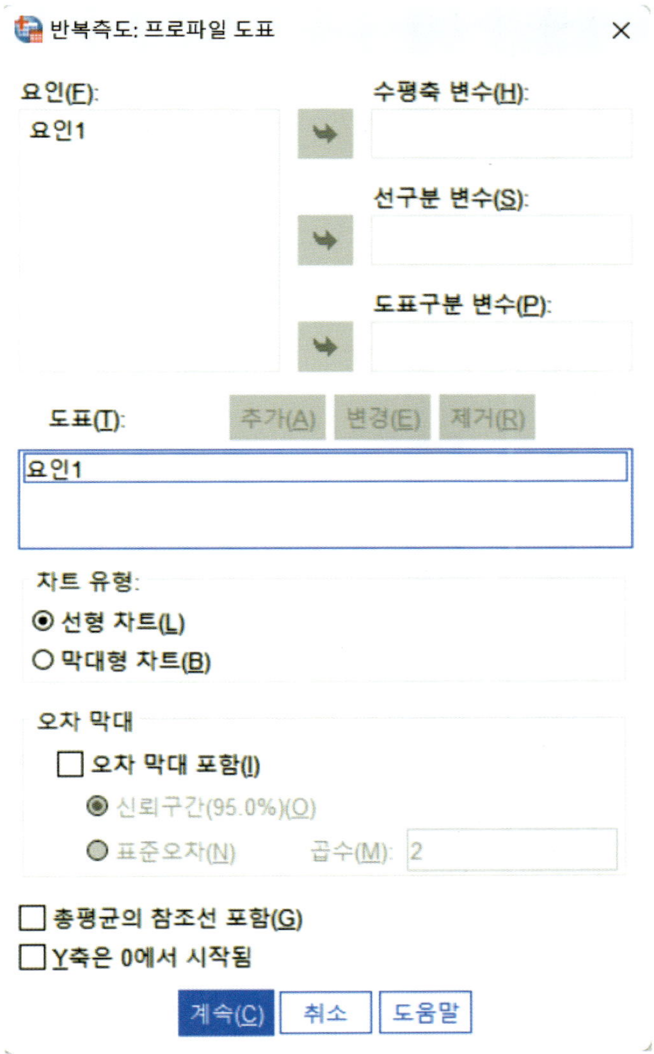

[계속(C)]을 클릭한다.
[EM 평균]을 클릭한다.

SPSS 분석 7

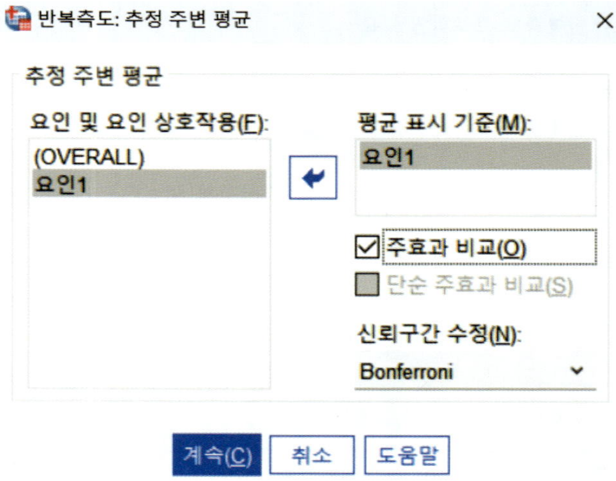

[평균 표시 기준(M)]에 '요인1'을 넣고 **[주효과 비교(O)]**를 클릭한다.
[신뢰구간 수정(N)]에서 [Bonferroni]를 클릭한다.
[계속(C)]을 클릭한다.

SPSS 분석 8

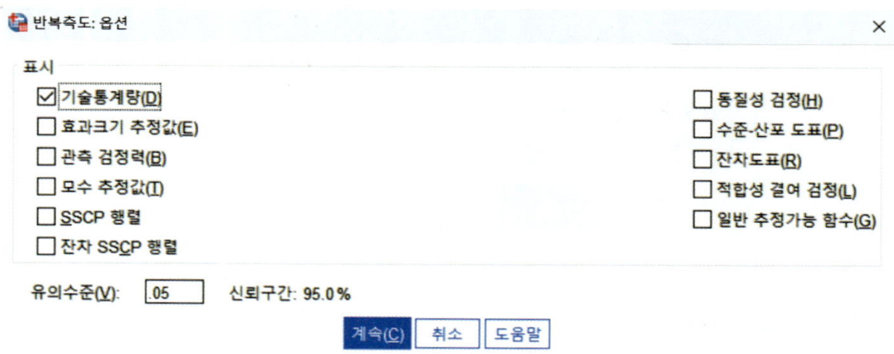

[옵션(O)]에 '기술통계량'을 클릭한다.
[계속(C)]을 클릭한다.
[확인]을 클릭한다.

4. 분석결과

분석결과 1

기술통계량

	평균	표준편차	N
자존감_사전	3.3887	.34919	15
자존감_사후	3.6661	.41271	15
자존감_추수	3.5287	.37029	15

평균과 표준편차를 확인한다.

분석결과 2

다변량 검정[a]

효과		값	F	가설 자유도	오차 자유도	유의확률
요인1	Pillai의 트레이스	.646	11.850[b]	2.000	13.000	.001
	Wilks의 람다	.354	11.850[b]	2.000	13.000	.001
	Hotelling의 트레이스	1.823	11.850[b]	2.000	13.000	.001
	Roy의 최대근	1.823	11.850[b]	2.000	13.000	.001

a. Design: 절편
개체-내 계획: 요인1

b. 정확한 통계량

다변량 검정에서 통계값들은 F 분포를 따르므로 이를 이용하여 가설검증을 하게 되며, 가장 보편적으로 사용되는 통계값은 Wilks의 람다이다.

자존감에 대한 Wilks의 람다값은 .354, $p = .001$($p < .01$)로 세 번의 반복측정 동안에 자존감의 결정요인(자존감 증진을 위한 집단상담 프로그램의 효과)이 동일하였음을 알 수 있다.

분석결과 3

Mauchly의 구형성 검정[a]

측도: MEASURE_1

개체-내 효과	Mauchly의 W	근사 카이제곱 검정	자유도	유의확률	엡실런[b] Greenhouse-Geisser	Huynh-Feldt	하한
요인1	.768	3.431	2	.180	.812	.903	.500

정규화된 변형 종속변수의 오차 공분산행렬이 항등 행렬에 비례하는 영가설을 검정합니다.

a. Design: 절편
개체-내 계획: 요인1

b. 유의성 평균검정의 자유도를 조절할 때 사용할 수 있습니다. 수정된 검정은 개체내 효과검정 표에 나타납니다.

구형성 검정에서 $p=.180$이므로 $p \geq .05$가 되어 영가설을 채택하여 구형성이 가정된 상태에서 결과를 해석한다.

통계 TIP 구형성 검증(test of sphericity)

Mauchly의 구형성 검증

측정 시기 간의 상관이 동일하다는 대칭성과 각 실험 조건에서 처치 내 분산이 동일하다는 등분산성을 만족하는지 검증하는 것이다.

구형성이 가정된 상태란 유의확률 값이 $p \geq .05$이어야 함을 말한다.

만약 구형성이 검증되지 않았다면 개체-내 효과 검정 결과표에서 Greenhouse-Geisser 등의 유의도 값을 해석한다.

분석결과 1

개체-내 효과 검정

측도: MEASURE_1

원인		제 III 유형 제곱합	자유도	평균제곱	F	유의확률
요인1	구형성 가정	.577	2	.289	13.731	<.001
	Greenhouse-Geisser	.577	1.623	.356	13.731	<.001
	Huynh-Feldt	.577	1.806	.320	13.731	<.001
	하한	.577	1.000	.577	13.731	.002
오차(요인1)	구형성 가정	.589	28	.021		
	Greenhouse-Geisser	.589	22.728	.026		
	Huynh-Feldt	.589	25.283	.023		
	하한	.589	14.000	.042		

구형성 가정이 검증되었으므로 구형성 가정에 제시된 결과를 해석한다.

요인1(자존감_사전, 자존감_사후, 자존감_추수) $F=13.731$, $p<.001$이므로 통계적으로 유의미한 결과가 검증되었다.

분석결과 5

개체-간 효과 검정

측도: MEASURE_1
변환된 변수: 평균

원인	제 III 유형 제곱합	자유도	평균제곱	F	유의확률
절편	560.051	1	560.051	1445.930	<.001
추정값	5.423	14	.387		

오차항의 분석된 결과를 확인한다.

분석결과 6

대응별 비교

측도: MEASURE_1

(I) 요인1	(J) 요인1	평균차이(I-J)	표준오차	유의확률[b]	차이에 대한 95% 신뢰구간[b]	
					하한	상한
1	2	-.277*	.060	.001	-.441	-.114
	3	-.140*	.038	.008	-.244	-.036
2	1	.277*	.060	.001	.114	.441
	3	.137	.058	.096	-.019	.294
3	1	.140*	.038	.008	.036	.244
	2	-.137	.058	.096	-.294	.019

추정 주변 평균을 기준으로

*. 평균차이는 .05 수준에서 유의합니다.

b. 다중비교를 위한 수정: Bonferroni

사후검증 결과

1(자존감_사전) vs 2(자존감_사후) $p = .001$, $p < .01$에서 검증되었다.

1(자존감_사전) vs 3(자존감_추수) $p = .008$, $p < .01$에서 검증되었다.

2(자존감_사후) vs 3(자존감_추수) $p = .096$, $p \geq .05$에서 검증되지 않았다.

분석결과 7

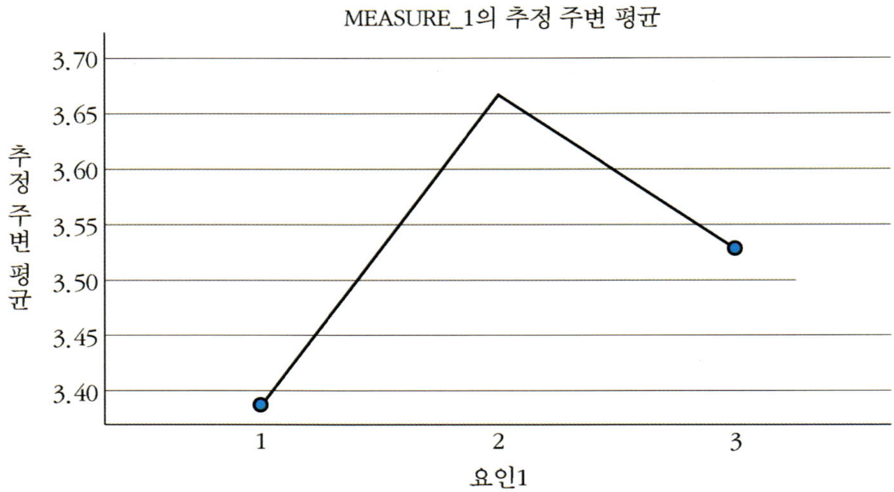

요인1(자존감_사전, 자존감_사후, 자존감_추수)의 차이를 알아보기 위한 선도표이다.

결과 해석에 대한 통계 TIP 영가설과 대립가설의 진위판단

영가설	자존감 증진을 위한 집단상담 프로그램 참여 전 자존감 점수, 참여 후 자존감 점수, 그리고 추수 자존감 점수 사이에 차이가 없을 것이다.	기각
대립가설	자존감 증진을 위한 집단상담 프로그램 참여 전 자존감 점수, 참여 후 자존감 점수, 그리고 추수 자존감 점수 사이에 차이가 있을 것이다.	채택

⇒ '자존감 증진을 위한 집단상담 프로그램 참여 전 자존감 점수, 참여 후 자존감 점수, 그리고 추수 자존감 점수 사이에 차이가 있다.'라고 결론 내린다.

5. 보고서 작성

〈표 13-1〉 자존감_사전, 자존감_사후, 자존감_추수에 대한 기술통계

	자존감_사전	자존감_사후	자존감_추수	합계
M (SD)	3.389 (.349)^{a}	3.666 (.413)^{b}	3.529 (.370)^{b}	3.528 (.359)

Bonferroni 사후분석 결과, $^{a<b}$

〈표 13-2〉 자존감_사전, 자존감_사후, 자존감_추수에 대한 반복측정 분산분석 결과

	SS	*df*	*MS*	*F*	*p* (유의확률)
집단 간(①)	5.423	14	.387		
집단 내(②)	1.166	30			
측정 시점	.577	2	.289	13.731***	.000
오차	.589	28	.021		
전체(①+②)	6.589	44			

$^{***}p<.001$

〈표 13-1〉과 〈표 13-2〉는 자존감 증진을 위한 집단상담 프로그램에 효과의 차이를 알아보기 위하여 반복설계에 의한 분산분석을 실시한 결과이다. 15명을 대상으로 자존감 증진을 위한 집단상담 프로그램 효과의 차이검증을 실시한 결과, 집단 내 측정 시점에서 $F=13.731$, $p<.001$에서 통계적으로 유의미한 차이가 있었다.

사후분석 결과, 자존감 증진을 위한 집단상담 프로그램 효과의 차이는 첫째, 자존감_사전보다 자존감_사후가 높아서 자기성장 집단상담 프로그램의 효과를 검증하였다. 둘째, 자존감_사전보다 자존감_추수가 높아서 자기성장 집단상담 프로그램의 추수효과를 검증하였다(〈표 13-1〉 참고). 이와 관련하여 [그림 13-1]에서 자존감 증진을 위한 집단상담 프로그램의 효과를 제시하였다.

따라서 자존감 증진을 위한 집단상담 프로그램에 참여한 사람들의 자존감 변화에 효과가 있었음을 알 수 있었다.

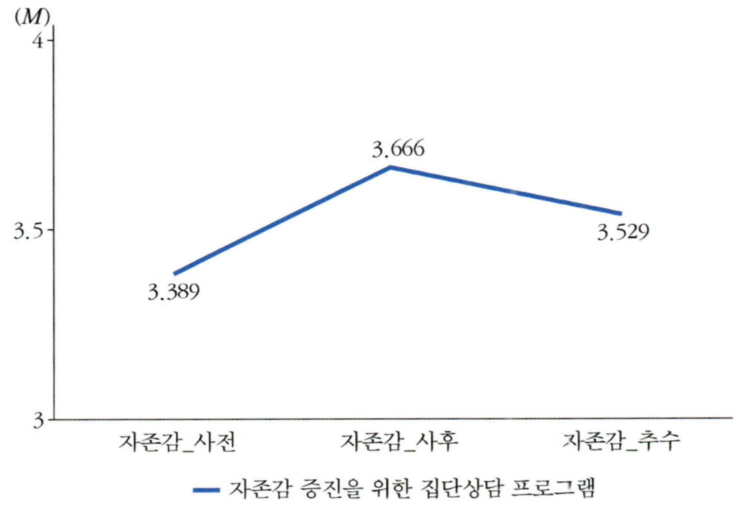

[그림 13-1] 자존감 증진을 위한 집단상담 프로그램의 효과

연습문제

1 이타성 증진을 위한 집단상담 프로그램에 참가한 사람들의 이타성_사전, 이타성_사후, 이타성_추수 점수의 차이가 통계적으로 유의미한지 반복측정을 실시하고, 그 결과를 알아본다.

(반복측정_반복설계.sav 활용)

제14장

혼합설계 분산분석

혼합설계 분산분석(mixed-design ANOVA)은 서로 다른 둘 이상의 연구대상에게 반복적으로 처치 및 개입을 한 후 이에 대한 차이가 있는지를 검증하는 설계방법이다. 혼합설계 분산분석은 집단 간 변수와 집단 내 변수를 모두 포함하는 혼합설계 통계적 분석방법이다.

1. 기본 개념

- 혼합설계 분산분석의 독립변수는 두 개로 하나는 집단 간 변수이고, 다른 하나는 집단 내 변수가 된다.
- 혼합설계에 대한 이해를 위해 집단 간 변수(A)와 집단 내 변수(B)가 결합된 이원혼합설계의 예를 제시하면 〈표 14-1〉과 같다.

〈표 14-1〉 이원혼합설계

		집단 내(B)		
		사전(a)	사후(b)	추수(c)
집단 간(A)	실험집단(1)	1a	1b	1c
	통제집단(2)	2a	2b	2c

- 집단 간 변수는 집단을 독립변수의 한 수준에서만 측정하는 변수를 말한다.
- 반면, 집단 내 변수는 집단이 독립변수의 여러 수준(예, 사전-사후-추수와 같은 시점)을 경험하는 변수를 말한다.
- 혼합설계 분산분석의 집단 내 분산과 집단 간 분산, 전체 분산은 다음과 같은 수식으로 표현된다.

혼합설계 분산분석에 관한 수식

$SS_{\mathrm{T}} = SS_{\mathrm{B}} + SS_{\mathrm{W}}$	SS_{T}: 전체 제곱합 SS_{B}: 집단 간 제곱합 SS_{W}: 집단 내 제곱합

2. 연구목적과 가설설정

혼합설계 분산분석에 관한 연구목적과 가설설정

1. 연구목적

   연구자는 행복에 대한 성격강점 프로그램 효과의 차이가 있는지 연구하고자 한다. 이를 위해 실험집단과 통제집단을 나누고, 이들의 행복 사전-사후-추수를 비교하고자 한다. 이를 위해 다음과 같은 연구가설을 설정하였다.

2. 연구가설

   실험집단과 통제집단을 나누어 행복에 대한 성격강점 프로그램의 효과를 검증하고자 한다. 이에 대한 가설로

첫째, 집단 간 행복_사전, 행복_사후, 행복_추수에 차이가 있을 것이다.

$H_{0(\text{영가설})}$: 집단 간 행복_사전, 행복_사후, 행복_추수에 차이가 없을 것이다.

$H_{1(\text{대립가설})}$: 집단 간 행복_사전, 행복_사후, 행복_추수에 차이가 있을 것이다.

둘째, 집단 내 행복_사전, 행복_사후, 행복_추수에 차이가 있을 것이다.

$H_{0(\text{영가설})}$: 집단 내 행복_사전, 행복_사후, 행복_추수에 차이가 없을 것이다.

$H_{1(\text{대립가설})}$: 집단 내 행복_사전, 행복_사후, 행복_추수에 차이가 있을 것이다.

셋째, 집단 간, 집단 내 행복_사전, 행복_사후, 행복_추수에 차이가 있을 것이다.

$H_{0(\text{영가설})}$: 집단 간, 집단 내 행복_사전, 행복_사후, 행복_추수에 차이가 없을 것이다.

$H_{1(\text{대립가설})}$: 집단 간, 집단 내 행복_사전, 행복_사후, 행복_추수에 차이가 있을 것이다.

통계검증방법 : 혼합설계 분산분석
유의수준 : $p < .05$(양방 검증)
가설검증을 위한 진위판단을 실시

※ 집단 간 차이를 검증하기 위한 설계: 실험집단과 통제집단
실험집단: 연구의 목적에 따라 처치 및 개입을 하는 집단
통제집단: 연구의 목적에 따라 처치 및 개입을 하지 않는 집단

3. SPSS 실행

실험집단과 통제집단을 나누어 행복에 대한 성격강점 프로그램의 효과를 검증하기 위해 이 프로그램에 참가한 사람들의 행복_사전, 행복_사후, 행복_추수 점수가 통계적으로 유의미한 차이가 있는지를 알아보고자 혼합설계 분산분석을 실시한다.

SPSS 분석 1

분석과정
분석(A) → 일반선형모형(G) → 반복측도(R)
– 혼합설계 분산분석.sav

SPSS 분석 2

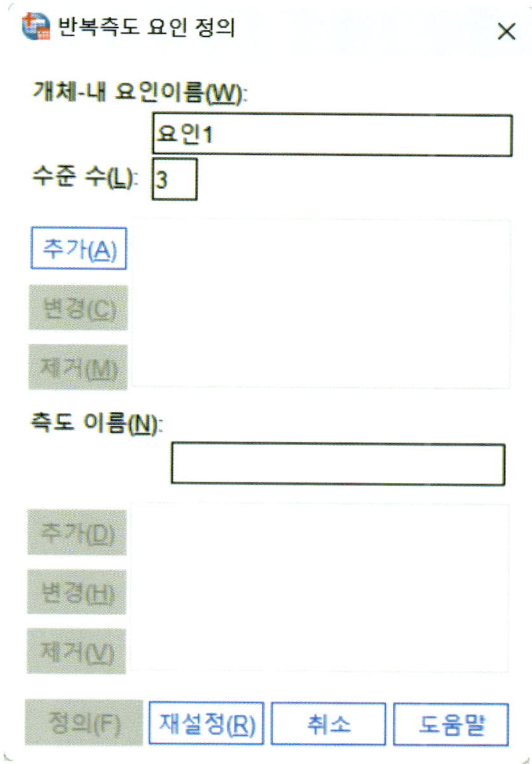

[수준 수(L)]에 '3'을 입력한 후 **[추가(A)]**를 클릭한다.

※ **[수준 수(L)]**에는 비교 측정하고자 하는 변수의 수를 입력한다.

SPSS 분석 3

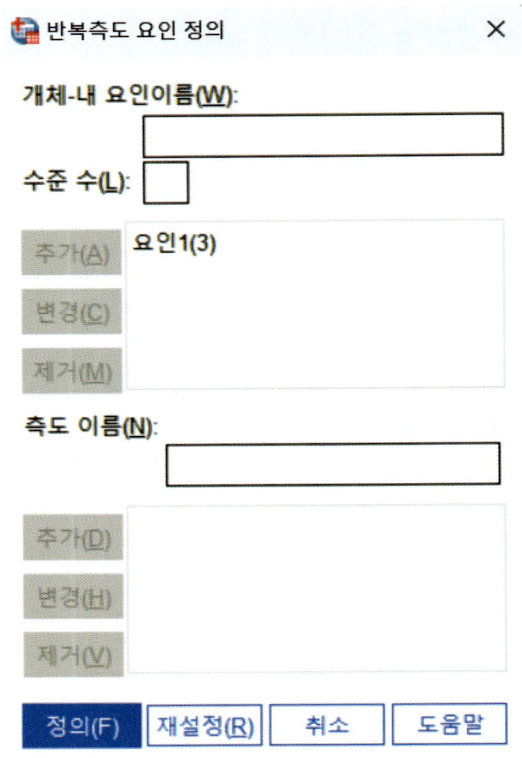

[정의(F)]를 클릭한다.

SPSS 분석 4

[개체-내 변수(W)]의 **[(요인1)]**에 '행복_사전' '행복_사후' '행복_추수'를 순서대로 넣는다.
[개체-간 요인(B)]에 '집단'을 넣는다.
[도표(T)]를 클릭한다.

SPSS 분석 5

[수평축 변수(H)]에 '요인1'을 넣는다.

[선구분 변수(S)]에 '집단'을 넣는다.

[추가(A)]를 클릭한다.

SPSS 분석 6

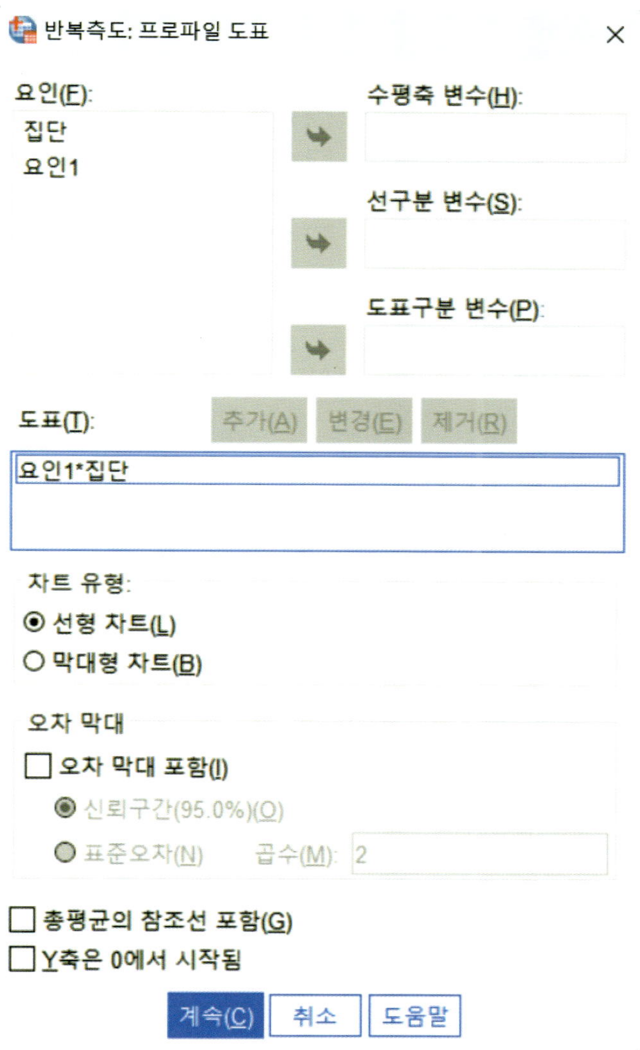

[계속(C)]을 클릭한다.

[옵션(O)]을 클릭한다.

SPSS 분석 7

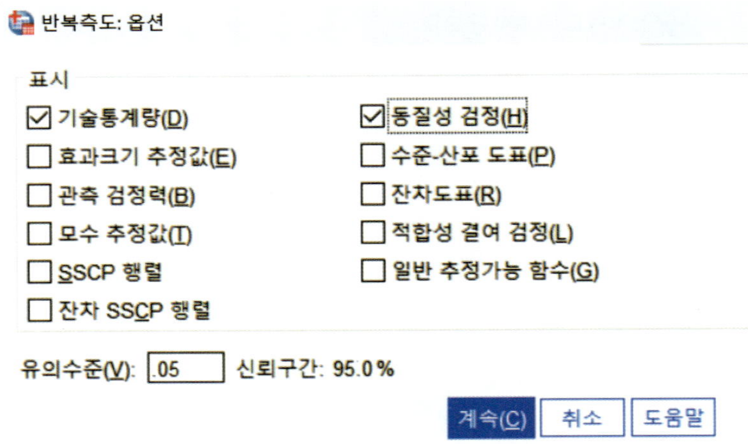

[표시]에서 **[기술통계량(D)]**, **[동질성 검정(H)]**을 클릭한다.
[계속(C)]을 클릭한다.
[확인]을 클릭한다.

4. 분석결과

분석결과 1

기술통계량

	집단	평균	표준편차	N
행복_사전	실험집단	3.2737	.25322	15
	통제집단	3.2754	.37654	15
	전체	3.2746	.31528	30
행복_사후	실험집단	3.6435	.37709	15
	통제집단	3.1687	.31429	15
	전체	3.4061	.41787	30
행복_추수	실험집단	3.5193	.34841	15
	통제집단	3.0807	.32705	15
	전체	3.3000	.40001	30

각 집단의 평균과 표준편차를 확인한다.

분석결과 2

공분산 행렬의 동일성에 대한 Box의 검정[a]

Box의 M	13.423
F	1.975
자유도1	6
자유도2	5680.302
유의확률	.066

여러 집단에서 종속변수의 관측 공분산행렬이 동일한 영가설을 검정합니다.

a. Design: 절편 + 집단
개체-내 계획: 요인1

공분산행렬에 대한 Box의 동일성 검정 결과 $p=.066(p\geq.05)$이므로 공분산행렬은 동일하다고 볼 수 있다.

분석결과 3

Mauchly의 구형성 검정[a]

측도: MEASURE_1

개체-내 효과	Mauchly의 W	근사 카이제곱 검정	자유도	유의확률	엡실런[b] Greenhouse-Geisser	Huynh-Feldt	하한
요인1	.902	2.797	2	.247	.910	1.000	.500

정규화된 변형 종속변수의 오차 공분산행렬이 항등 행렬에 비례하는 영가설을 검정합니다.

a. Design: 절편 + 집단
개체-내 계획: 요인1

b. 유의성 평균검정의 자유도를 조절할 때 사용할 수 있습니다. 수정된 검정은 개체내 효과검정 표에 나타납니다.

구형성 검정에서 $p=.247$이므로 $p\geq.05$가 되어 영가설을 채택하여 구형성이 가정된 상태에서 결과를 해석한다.

분석결과 4

개체-내 효과 검정

측도: MEASURE_1

원인		제 III 유형 제곱합	자유도	평균제곱	F	유의확률
요인1	구형성 가정	.292	2	.146	6.238	.004
	Greenhouse-Geisser	.292	1.821	.160	6.238	.005
	Huynh-Feldt	.292	2.000	.146	6.238	.004
	하한	.292	1.000	.292	6.238	.019
요인1 * 집단	구형성 가정	1.056	2	.528	22.550	<.001
	Greenhouse-Geisser	1.056	1.821	.580	22.550	<.001
	Huynh-Feldt	1.056	2.000	.528	22.550	<.001
	하한	1.056	1.000	1.056	22.550	<.001
오차(요인1)	구형성 가정	1.311	56	.023		
	Greenhouse-Geisser	1.311	50.983	.026		
	Huynh-Feldt	1.311	56.000	.023		
	하한	1.311	28.000	.047		

구형성 가정이 검증되었으므로 구형성 가정에 제시된 결과를 해석한다.

※ 만약 구형성 가정의 유의확률 값이 $p \geq .05$을 충족하지 못하면 Greenhouse-Geisser에 제시된 결과를 해석한다.

요인1(행복_사전, 행복_사후, 행복_추수) $F=6.238$, $p=.004(p<.01)$이므로 통계적으로 유의미한 결과가 검증되었다.
요인1(행복_사전, 행복_사후, 행복_추수) × 집단 $F=22.550$, $p=.000(p<.001)$이므로 통계적으로 유의미한 결과가 검증되었다.

분석결과 5

개체-간 효과 검정

측도: MEASURE_1
변환된 변수: 평균

원인	제 III 유형 제곱합	자유도	평균제곱	F	유의확률
절편	996.137	1	996.137	3425.527	<.001
집단	2.078	1	2.078	7.145	.012
추정값	8.142	28	.291		

집단과 오차항의 분석된 결과를 확인한다.

5. 사후분석

1) 기본 개념

- 혼합설계 분산분석을 실행한 결과, 상호작용 효과가 검증되었다면, 이러한 상호작용 효과가 어느 집단 간의 차이에서 비롯되었는지 알아보기 위해 사후분석을 실시한다.
- 기본 원리는 하나의 독립변수가 각 측정 시점에서 다른 독립변수의 주효과를 분석하는 것이다.
- SPSS는 상호작용 효과에서 단순 주효과 분석을 위한 실행 메뉴를 제공하지 않기 때문에 명령문 창(syntax 창)을 열어 단순 주효과 분석을 위한 명령문을 작성해야 한다.

2) SPSS 실행

SPSS 분석 1

분석과정
파일(F) → 새로 만들기(N) → 명령문(S)
– 혼합설계 분산분석 사후분석 명령문.sps

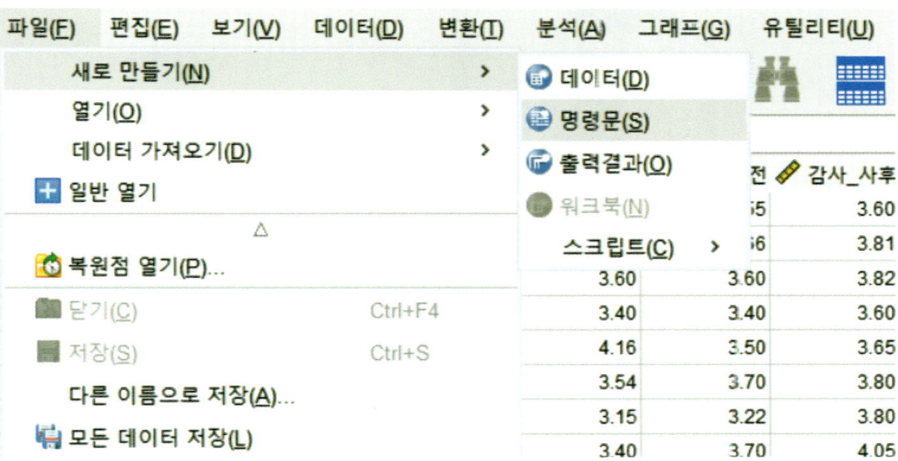

SPSS 분석 2

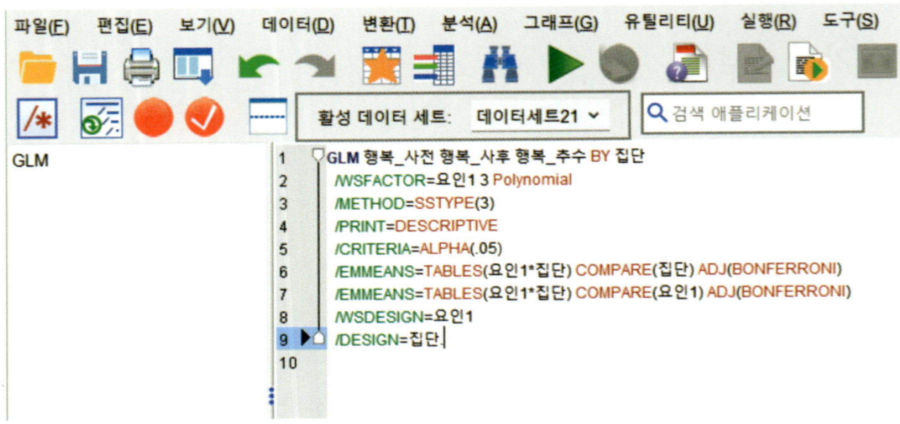

명령문 창에 이와 같은 명령문을 순차대로 입력한다.

SPSS 분석 3

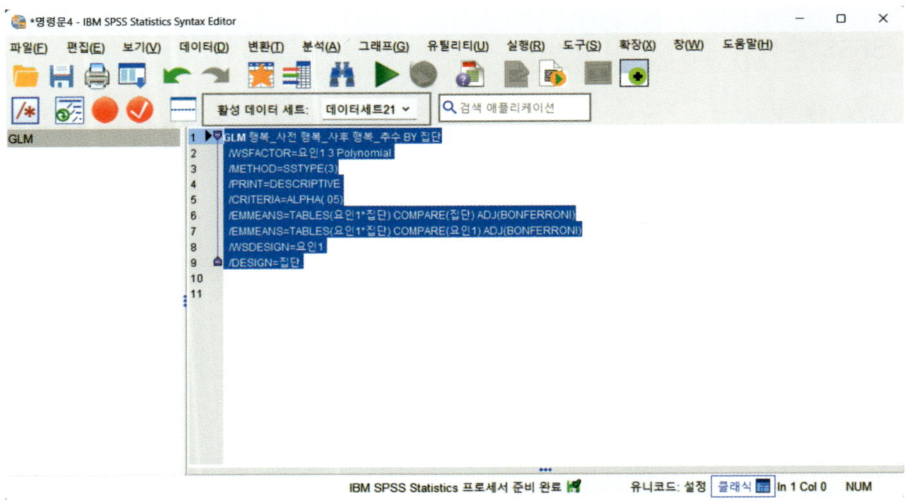

명령문 창에서 명령문을 블록 지정한다.

[선택 실행] 을 클릭한다.

통계 TIP 사후분석을 위한 또 다른 방법

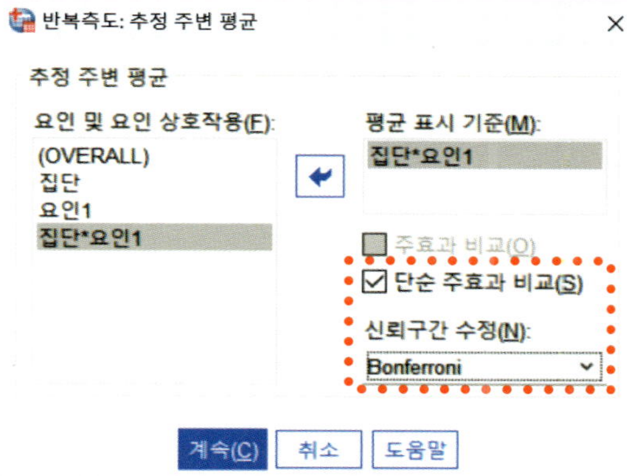

사후분석은 명령문을 활용하거나 지금과 같이 추정 주변 평균에서 단순 주효과 비교(S), Bonferroni를 활용해 검증할 수 있다.

3) 분석결과

분석결과 1

대응별 비교

측도: MEASURE_1

집단	(I) 요인1	(J) 요인1	평균차이(I-J)	표준오차	유의확률b	차이에 대한 95% 신뢰구간b 하한	상한
실험집단	1	2	-.370*	.058	<.001	-.516	-.223
		3	-.246*	.062	.001	-.434	-.087
	2	1	.370*	.058	<.001	.223	.516
		3	.124*	.047	.039	.005	.243
	3	1	.246*	.062	.001	.087	.404
		2	-.124*	.047	.039	-.243	-.005
통제집단	1	2	.107	.058	.223	-.040	.253
		3	.195*	.062	.012	.037	.353
	2	1	-.107	.058	.223	-.253	.040
		3	.088	.047	.212	-.031	.207
	3	1	-.195*	.062	.012	-.353	-.037
		2	-.088	.047	.212	-.207	.031

추정 주변 평균을 기준으로

*. 평균차이는 .05 수준에서 유의합니다.

b. 다중비교를 위한 수정: Bonferroni

사후검증 결과

실험집단

1(행복_사전) vs 2(행복_사후) $p=.000$, $p<.001$에서 검증되었다.

1(행복_사전) vs 3(행복_추수) $p=.001$, $p<.01$에서 검증되었다.

2(행복_사후) vs 3(행복_추수) $p=.039$, $p<.05$에서 검증되었다.

통제집단

1(행복_사전) vs 2(행복_사후) $p=.223$, $p\geq.05$에서 검증되지 않았다.

1(행복_사전) vs 3(행복_추수) $p=.012$, $p<.05$에서 검증되었다.

2(행복_사후) vs 3(행복_추수) $p=.212$, $p\geq.05$에서 검증되지 않았다.

분석결과 2

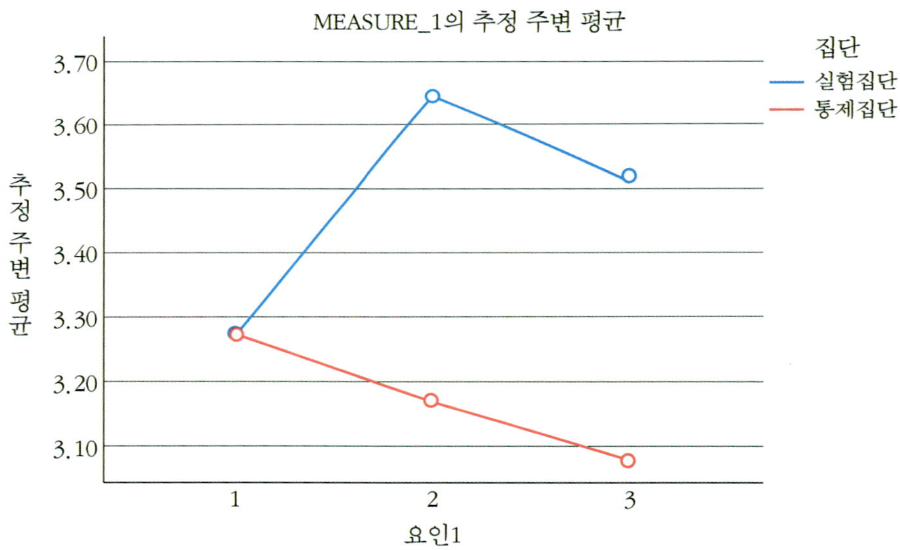

집단 간(실험집단, 통제집단)과 집단 내 요인1(행복_사전, 행복_사후, 행복_추수)의 차이를 알아보기 위한 선도표이다.

결과 해석에 대한 통계 TIP 영가설과 대립가설의 진위판단

1) 집단 간

영가설	집단 간 행복_사전, 행복_사후, 행복_추수에 차이가 없을 것이다.	기각
대립가설	집단 간 행복_사전, 행복_사후, 행복_추수에 차이가 있을 것이다.	채택

⇒ '집단 간 행복_사전, 행복_사후, 행복_추수에 차이가 있다.'라고 결론 내린다.

2) 집단 내

영가설	집단 내 행복_사전, 행복_사후, 행복_추수에 차이가 없을 것이다.	기각
대립가설	집단 내 행복_사전, 행복_사후, 행복_추수에 차이가 있을 것이다.	채택

⇒ '집단 내 행복_사전, 행복_사후, 행복_추수에 차이가 있다.'라고 결론 내린다.

3) 집단 간, 집단 내

영가설	집단 간, 집단 내 행복_사전, 행복_사후, 행복_추수에 차이가 없을 것이다.	기각
대립가설	집단 간, 집단 내 행복_사전, 행복_사후, 행복_추수에 차이가 있을 것이다.	채택

⇒ '집단 간, 집단 내 행복_사전, 행복_사후, 행복_추수에 차이가 있다.'라고 결론 내린다.

6. 보고서 작성

〈표 14-2〉 집단 간 행복_사전, 행복_사후, 행복_추수에 대한 기술통계

		행복_사전	행복_사후	행복_추수	합계
실험집단	*M* (*SD*)	3.274 (.253)[a]	3.644 (.377)[c]	3.519 (.348)[b]	3.479 (.301)
통제집단	*M* (*SD*)	3.275 (.377)[b]	3.169 (.314)[ab]	3.081 (.327)[a]	3.175 (.321)

실험집단과 통제집단에 대한 각각의 Bonferroni를 활용한 사후분석 결과, a < b < c

〈표 14-3〉 행복_사전, 행복_사후, 행복_추수에 대한 혼합설계 분산분석 결과

	SS	*df*	*MS*	*F*	*p* (유의확률)
집단 간(①)	996.137	29			
집단	2.078	1	2.078	7.145*	.012
오차	8.142	28	.291		
집단 내(②)	2.659	60			
측정 시점	.292	2	.146	6.238**	.004
측정 시점 × 집단	1.056	2	.528	22.550***	.000
오차	1.311	56	.023		
전체(①+②)	998.796	89			

*$p<.05$, **$p<.01$, ***$p<.001$

〈표 14-2〉와 〈표 14-3〉은 행복에 대한 성격강점 프로그램 효과의 집단 간 차이를 알아보기 위하여 실험집단과 통제집단으로 구분한 혼합설계 분산분석을 실시한 결과이다. 30명을 대상으로 행복에 대한 성격강점 프로그램 효과의 집단 간 차이를 검증한 결과, 집단 간에서는 $F=7.145$, $p<.05$에서 통계적으로 유의미한 차이가 있었고, 집단 내 측정 시점에서도 $F=6.238$, $p<.01$에서 통계적으로 유의미한 차이가 있었다. 측정 시점과 집단의 상호작용 효과에서는 $F=22.550$, $p<.001$에서 통계적으로 유의미한 차이가 있었다.

사후분석 결과, 행복에 대한 성격강점 프로그램 효과의 집단 간 차이는 〈표 14-2〉와 같이 실험집단에서 행복_사전보다 행복_사후가 통계적으로 유의미하게 높아서 성격강점 프로그램의 효과를 검증하였다. 행복_사전보다 행복_추수가 여전히 통계적으로 유의미하게 높아서 성격강점 프로그램의 추수효과에 대한 사후분석이 검증되었다. 이와 관련하여 [그림 14-1]에서 행복에 대한 성격강점 프로그램의 효과를 제시하였다. 따라서 실험집단에 적용된 성격강점 프로그램은 행복에 변화를 가져올 수 있다고 결론 내릴 수 있다.

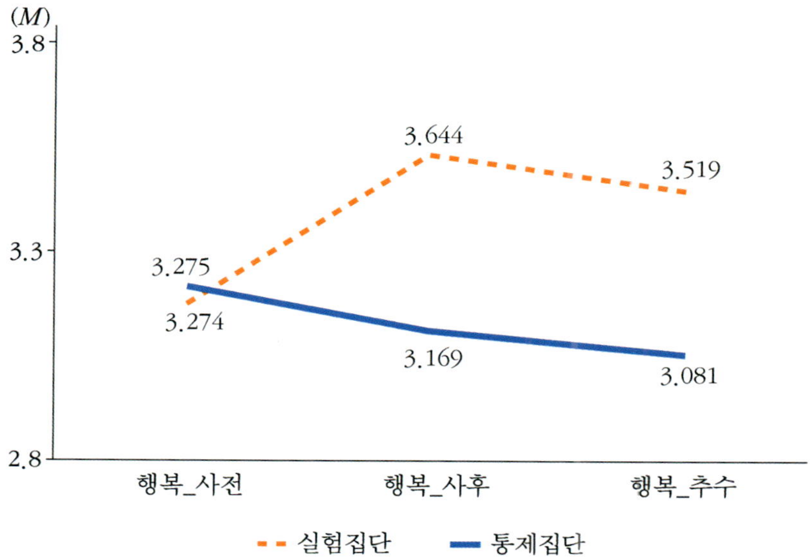

[그림 14-1] 행복에 대한 성격강점 프로그램의 효과

연습문제

1 실험집단과 통제집단을 나누어 감사에 대한 성격강점 프로그램의 효과를 검증하기 위해 이 프로그램에 참가한 사람들의 감사_사전, 감사_사후, 감사_추수 점수에 대한 차이가 통계적으로 유의미한지 혼합설계 분산분석을 실시하고, 그 결과를 알아본다.

(혼합설계 분산분석.sav 활용)

제15장

상관분석

상관은 두 변수 간의 관련성을 의미하고 인과관계와는 다른 관계이다. 상관관계는 산포도를 그려서 직관적으로 변수 간의 관계를 파악할 수 있다. 통계적으로 상관관계를 나타낸 지수를 상관계수라고 한다.

1. 상관

- 상관분석(correlation analysis)은 변수 간의 관계 등을 통계적으로 설명한다.
- 상관은 변수 간의 관련성을 말한다.
- 한 변수가 변할 때 다른 변수가 어떻게 변하는가에 대해 설명한다.
- 즉, 변수 간의 관계가 정적 상관관계인지 부적 상관관계인지를 확인한다.
- 결과적으로 두 변수가 동시에 변하는 것을 상관이 있다고 말한다.
- 상관은 일반적으로 인과관계와 다르다. 인과관계는 원인과 결과 간의 관계가 명확하다.
- 상관관계는 인과관계로 해석을 하는 것이 아니라 상호관계(interaction)로 해석해야 한다.

2. 산포도

- 산포도(scatter plot)란 각 변수의 값을 나타내는 점을 찍어 두 변수 간의 관계를 파악할 수 있는 도표이다.
- 한 변수가 아니라 두 변수 간의 관계를 알아보기 위하여 X축에 한 변수, Y축에 다른 변수를 설정한다.
- 산포도를 [그림 15-1]과 같이 그릴 수 있다.

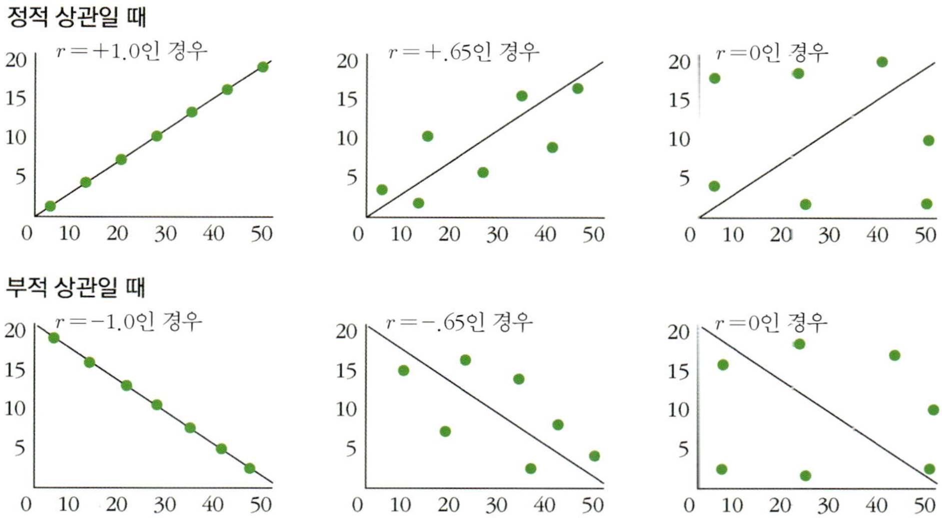

[그림 15-1] 정적 상관일 때와 부적 상관일 때의 산포도 예

3. 상관계수

- 상관계수(correlation coefficient)란 변수 간의 관계가 어느 정도인지를 나타내는 지수이다.
- 하나의 변수가 변해감에 따라 다른 변수의 변하는 정도를 나타내는 값이다.
- 두 변수가 동시에 변하는 정도를 나타내는 값이다.
- 변수 간의 공통 분산인 공분산을 계산하여 구할 수 있다.

공분산에 관한 수식

$$s_X^2 = \frac{\sum (X_i - \overline{X})^2}{n}$$

$$s_Y^2 = \frac{\sum (Y_i - \overline{Y})^2}{n}$$

$$s_{XY} = \frac{\sum (X_i - \overline{X})(Y_i - \overline{Y})}{n}$$

$\overline{X}$: X 집단의 평균
$\overline{Y}$: Y 집단의 평균
s_X^2 : X의 분산
s_Y^2 : Y의 분산
s_{XY} : XY의 공분산
n : 사례 수

- 공분산의 절댓값이 크면 상관이 높을 것이라고 예측한다.
- 상관계수는 −1.0~0~+1.0의 범위를 갖고 있다.
- 완벽한 정적 관계는 +1.0, 완벽한 부적 관계는 −1.0이다.
- 모수치에 의한 상관계수는 ρ(rho), 통계치에 의한 상관계수는 r로 표현한다.
- 상관은 상호작용적인 해석이 필요하다.

상관분석에 관한 수식(Pearson의 적률상관계수)

Pearson's product moment formula

$$r = \frac{\sum(X-\overline{X})(Y-\overline{Y})}{(n-1)s_X s_Y}$$

$$r = \frac{SS(XY)}{\sqrt{SS(X)SS(Y)}}$$

$\overline{X}$: X 집단의 평균
$\overline{Y}$: Y 집단의 평균
s_X: X 집단의 표준편차
s_Y: Y 집단의 표준편차
SS: 전체 제곱합
n: 사례 수

- 정적(+) 관계는 정적 상관관계(positive correlation), 부적(−) 관계는 부적 상관관계(negative correlation)라고 한다.
- 상관계수 값에 따라 상관관계를 해석할 때 〈표 15−1〉과 같이 상관계수의 범위에 따라 일차적으로 해석할 수 있지만, 실제 데이터의 사례 수에 따라 통계적으로 상관계수의 유의미한 정도가 달라질 수 있기에 주의해야 한다.

〈표 15−1〉 상관계수 값에 따른 상관관계의 해석

상관계수의 범위	상관관계의 해석
±.00 ~ .20	거의 희박한 상관
±.20 ~ .40	낮은 상관
±.40 ~ .60	비교적 높은 상관
±.60 ~ .80	높은 상관
±.80 ~ 1.00	매우 높은 상관

4. 상관분석

1) 가정

(1) 선형성

- 상관계수는 두 변수의 관계가 선형성(linearity)을 만족해야 한다.
- 두 변수의 상관관계를 연구할 때 상관계수만으로 해석하면 문제가 된다.
- 두 변수가 곡선형 관계를 지니고 있다면 두 변수의 관계는 상관계수에 의해 매우 낮은 상관이나 거의 0의 상관을 갖는다.
- 그렇다고 두 변수는 관계가 없다고 단정 짓기는 어렵다.

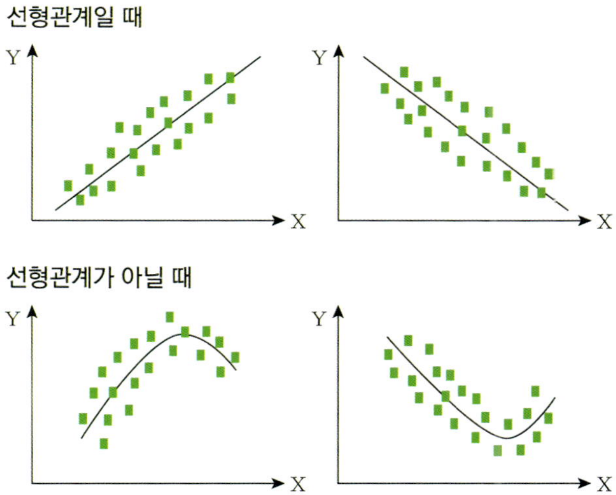

[그림 15-2] 선형관계일 때와 선형관계가 아닐 때의 자료의 경향성

- [그림 15-2]에서 보듯이 선형성이 존재하지 않는다면 자료 변화의 경향성에 비추어 세밀한 해석이 필요하다.

(2) 등분산성

- 상관계수는 등분산성(homoscedastic)을 만족해야 한다.
- 등분산성이란 X변수가 변해 갈 때 Y변수의 흩어진 정도가 거의 같은 정도를 유지

하는 것이다.

(3) 이상점

- 이상점(outlier)을 확인해야 한다.
- 이상점의 존재와 이상점의 자료가 의미가 있는지 고려해야 한다.
- 그 이상점이 연구의 특성상 중요하다면 그 이상점을 제거하지 않는다.
- 그러나 그 이상점이 연구의 특성상 무의미한 자료라면 제거 후 상관계수를 확인한다.

2) 연구목적과 가설설정

상관분석에 관한 연구목적과 가설설정

1. 연구목적

연구자는 감사, 겸손, 공정성, 낙관성, 시민정신, 용서, 자기조절 간에 상관이 있는지 연구하고자 한다. 이를 위해 다음과 같은 연구가설을 설정하였다.

2. 연구가설

감사, 겸손, 공정성, 낙관성, 시민정신, 용서, 자기조절 간에 상관이 있을 것이다.

$H_{0\,(\text{영가설})}$: 감사, 겸손, 공정성, 낙관성, 시민정신, 용서, 자기조절 간에 상관이 없을 것이다.

$H_{1\,(\text{대립가설})}$: 감사, 겸손, 공정성, 낙관성, 시민정신, 용서, 자기조절 간에 상관이 있을 것이다.

통계검증방법 : 상관분석
유의수준 : $p < .05$(양방 검증)
가설검증을 위한 진위판단을 실시

3) SPSS 실행

감사, 겸손, 공정성, 낙관성, 시민정신, 용서, 자기조절 간에 통계적으로 유의미한 상관이 있는지를 검증하기 위해 상관분석을 실시한다.

SPSS 분석 1

분석과정
분석(A) → 상관분석(C) → 이변량 상관(B)
– 상관분석 & 회귀분석.sav

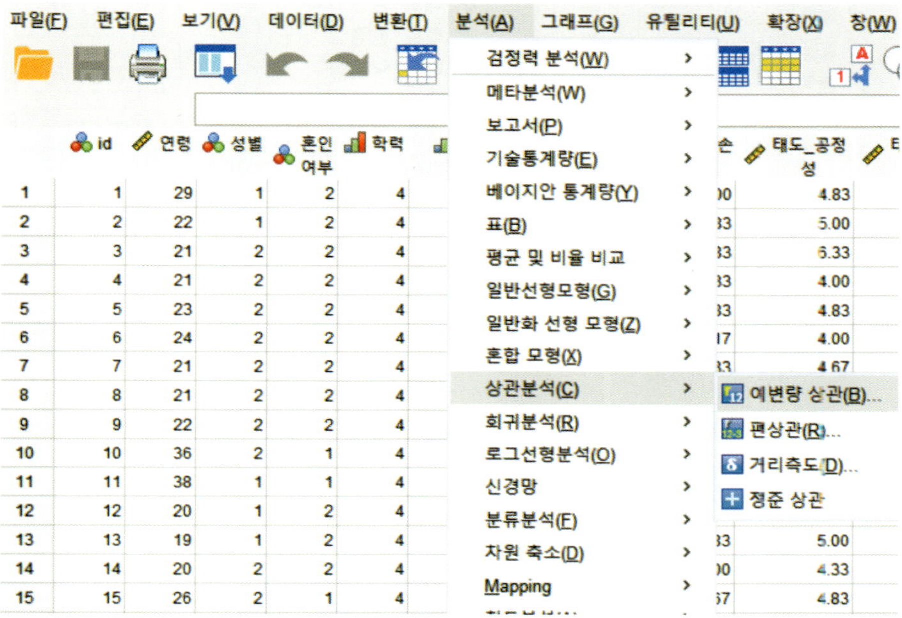

SPSS 분석 2

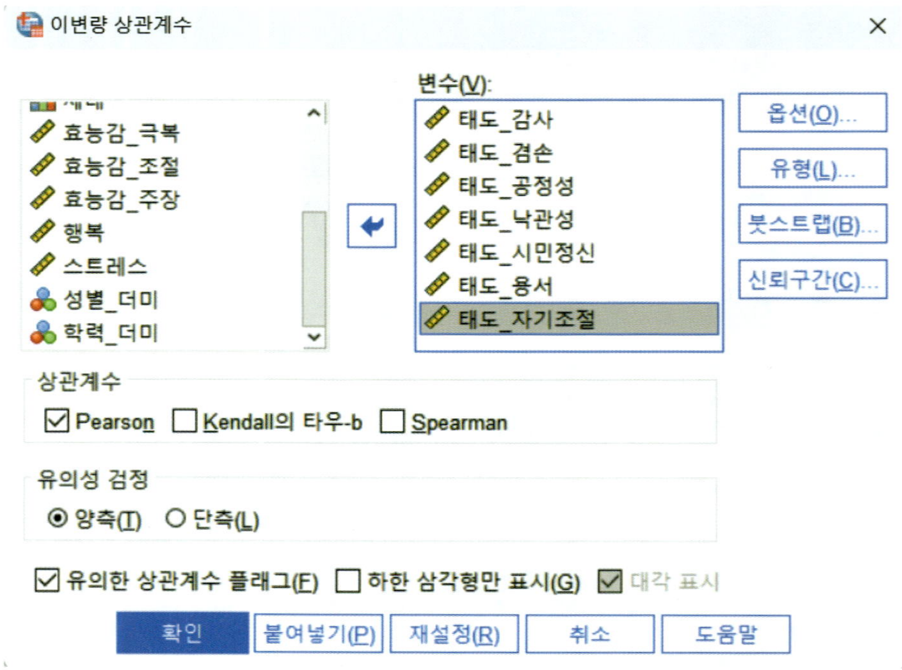

[변수(V)]에 '태도_감사' '태도_겸손' '태도_공정성' '태도_낙관성' '태도_시민정신' '태도_용서' '태도_자기조절'을 넣는다.
[상관계수]에서 **[Pearson]**에 체크되어 있는지 확인한다.
[확인]을 클릭한다.

4) 분석결과

분석결과 1

상관관계

		태도_감사	태도_겸손	태도_공정성	태도_낙관성	태도_시민정신	태도_용서	태도_자기조절
태도_감사	Pearson 상관	1	.478**	.654**	.729**	.706**	.518**	.578**
	유의확률 (양측)		<.001	<.001	<.001	<.001	<.001	<.001
	N	300	300	300	300	300	300	300
태도_겸손	Pearson 상관	.478**	1	.685**	.423**	.662**	.665**	.684**
	유의확률 (양측)	<.001		<.001	<.001	<.001	<.001	<.001
	N	300	300	300	300	300	300	300
태도_공정성	Pearson 상관	.654**	.685**	1	.579**	.779**	.624**	.693**
	유의확률 (양측)	<.001	<.001		<.001	<.001	<.001	<.001
	N	300	300	300	300	300	300	300
태도_낙관성	Pearson 상관	.729**	.423**	.579**	1	.609**	.527**	.553**
	유의확률 (양측)	<.001	<.001	<.001		<.001	<.001	<.001
	N	300	300	300	300	300	300	300
태도_시민정신	Pearson 상관	.706**	.662**	.779**	.609**	1	.573**	.724**
	유의확률 (양측)	<.001	<.001	<.001	<.001		<.001	<.001
	N	300	300	300	300	300	300	300
태도_용서	Pearson 상관	.518**	.665**	.624**	.527**	.573**	1	.590**
	유의확률 (양측)	<.001	<.001	<.001	<.001	<.001		<.001
	N	300	300	300	300	300	300	300
태도_자기조절	Pearson 상관	.578**	.684**	.693**	.553**	.724**	.590**	1
	유의확률 (양측)	<.001	<.001	<.001	<.001	<.001	<.001	
	N	300	300	300	300	300	300	300

**. 상관관계가 0.01 수준에서 유의합니다(양측).

※ 상관관계 분석결과 상관관계표를 구체적으로 살펴보기 위해 이 표를 더블 클릭한 후 오른쪽 마우스 버튼을 클릭한다.

SPSS 실행 1

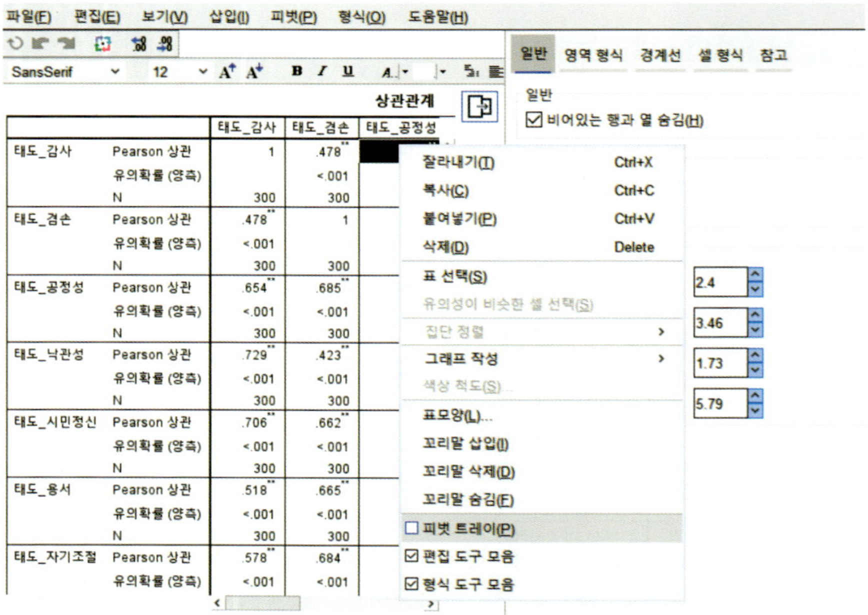

[피벗 트레이(P)]를 클릭한다.

SPSS 실행 2

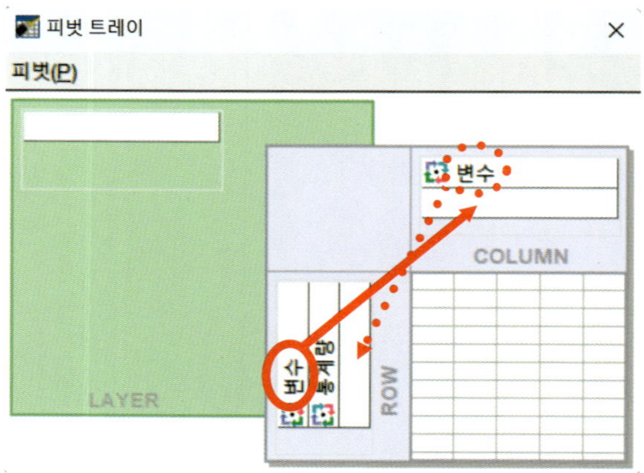

[피벗 트레이(P)]창이 활성화되면 창 안에 있는 [변수]의 위치를 다음과 같이 변경한다.
[피벗 트레이(P)]창에서 [변수]의 위치를 변경한 후 이 창을 닫는다.
상관관계표가 다음의 결과표와 같이 정렬되어 제시된다.

분석결과 2

상관관계

		태도_감사	태도_겸손	태도_공정성	태도_낙관성	태도_시민정신	태도_용서	태도_자기조절
Pearson 상관	태도_감사	1	.478**	.654**	.729**	.706**	.518**	.578**
	태도_겸손	.478**	1	.685**	.423**	.662**	.665**	.684**
	태도_공정성	.654**	.685**	1	.579**	.779**	.624**	.693**
	태도_낙관성	.729**	.423**	.579**	1	.609**	.527**	.553**
	태도_시민정신	.706**	.662**	.779**	.609**	1	.573**	.724**
	태도_용서	.518**	.665**	.624**	.527**	.573**	1	.590**
	태도_자기조절	.578**	.684**	.693**	.553**	.724**	.590**	1
유의확률 (양측)	태도_감사		<.001	<.001	<.001	<.001	<.001	<.001
	태도_겸손	.000		.000	.000	.000	.000	.000
	태도_공정성	.000	.000		.000	.000	.000	.000
	태도_낙관성	.000	.000	.000		.000	.000	.000
	태도_시민정신	.000	.000	.000	.000		.000	.000
	태도_용서	.000	.000	.000	.000	.000		.000
	태도_자기조절	.000	.000	.000	.000	.000	.000	
N	태도_감사	300	300	300	300	300	300	300
	태도_겸손	300	300	300	300	300	300	300
	태도_공정성	300	300	300	300	300	300	300
	태도_낙관성	300	300	300	300	300	300	300
	태도_시민정신	300	300	300	300	300	300	300
	태도_용서	300	300	300	300	300	300	300
	태도_자기조절	300	300	300	300	300	300	300

**. 상관관계가 0.01 수준에서 유의합니다(양측).

각 변수 간의 상관관계 계수(Pearson 상관)와 유의확률 값을 확인한다.

결과 해석에 대한 통계 TIP 영가설과 대립가설의 진위판단

영가설	감사, 겸손, 공정성, 낙관성, 시민정신, 용서, 자기조절 간에 상관이 없을 것이다.	기각
대립가설	감사, 겸손, 공정성, 낙관성, 시민정신, 용서, 자기조절 간에 상관이 있을 것이다.	채택

⇒ '감사, 겸손, 공정성, 낙관성, 시민정신, 용서, 자기조절 간에 상관이 있다.'라고 결론 내린다.

5) 보고서 작성

〈표 15-2〉 태도 변수 간의 상관행렬

	1	2	3	4	5	6	7
1. 감사	–						
2. 겸손	.478***	–					
3. 공정성	.654***	.685***	–				
4. 낙관성	.729***	.423***	.579***	–			
5. 시민정신	.706***	.662***	.779***	.609***	–		
6. 용서	.518***	.665***	.624***	.527***	.573***	–	
7. 자기조절	.578***	.684***	.693***	.553***	.724***	.590***	–

***$p < .001$

〈표 15-2〉는 태도 변수 간의 상관행렬표이다. 태도 변수 간의 상관은 유의미한 정적 상관관계를 보였다. 이들의 상관계수는 전체적으로 .423에서 .779로 유의수준 $p < .001$에서 통계적으로 검증되었다. 가장 높은 정적 상관을 보인 변수는 공정성과 시민정신으로 상관계수는 .779($p < .001$)이었다. 다음으로는 감사와 낙관성으로 상관계수는 .729($p < .001$)이었다. 가장 낮은 정적 상관을 보인 변수는 겸손과 낙관성으로 상관계수는 .423($p < .001$)이었다.

연습문제

1 효능감 변수인 극복, 주장, 조절 간에 통계적으로 유의미한 상관이 있는지 검증하기 위해 상관분석을 실시하고, 그 결과를 알아본다.
(상관분석 & 회귀분석.sav 활용)

제16장

회귀분석

1. 회귀분석
2. 모형
3. 단순회귀분석
4. 위계적 중다회귀분석
5. 단계적 중다회귀분석
- 연습문제

회귀분석은 독립변수가 종속변수의 값을 어느 정도 예측하는지를 분석하는 통계분석방법이다. 종속변수를 어느 정도 예측하는지 분석하기 위해 회귀선과 최소제곱법 원리를 이용한다. 회귀분석에서는 기본적으로 독립변수와 종속변수가 양적변수이어야 한다. 독립변수가 하나일 때는 단순회귀분석을 실시하고, 독립변수가 두 개 이상일 때는 중다회귀분석을 실시한다. 중다회귀분석은 연구목적에 따라서 위계적 중다회귀분석 또는 단계적 중다회귀분석 등을 실시할 수 있다.

1. 회귀분석

1) 회귀선(regression line)

- 두 변수를 대표하는 회귀선은 $\overline{X}$와 $\overline{Y}$인 점을 지나고 많은 점을 적절히 대변해야 한다.
- 회귀선은 직선(1차 함수)과 똑같은 속성을 가지므로 기울기와 절편으로 표시한다.
- 즉, 회귀선은 X와 Y의 수학적인 함수관계로 설명할 수 있다.

2) 최소제곱법(least square method)

- 회귀선의 기본 원리는 X값에 따라 Y값이 변할 때 X값을 회귀등식에 대입하여 나타난 기대되는 값과 Y값의 차이를 가장 작게 하는 것이다.
- 기대되는 값을 $\hat{Y}$라고 할 때 $(Y-\hat{Y})$값을 최소화해야 한다.
- 자료를 가장 잘 대표하는 회귀선은 관찰된 값들과 그 기대된 값 간의 차이의 합을 최소로 하는 선이다.
- 편차의 합과 유사하게 $\sum(Y-\hat{Y})$은 0이다.
- 그러므로 $(Y-\hat{Y})$을 제곱하여 더한 $\sum(Y-\hat{Y})^2$의 값을 최소화하는 회귀등식을 구하여야 한다.

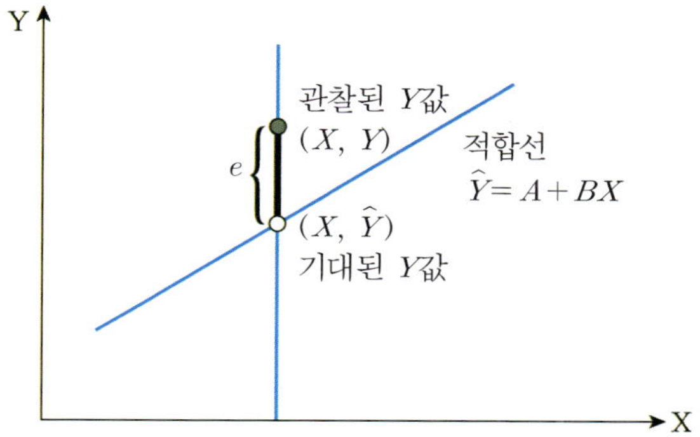

[그림 16-1] 회귀선상에서의 관찰된 값과 기대된 값의 차이

2. 모형

- 회귀분석은 하나의 독립변수와 종속변수 간의 선형적 관계를 가정하는 것으로서 다음과 같이 표현된다.

회귀분석에 관한 수식

$Y = A + BX$ $Y = A + BX + \epsilon$	A: 회귀상수, 절편 B: 회귀계수, 회귀선의 기울기 ϵ: 설명되지 않는 오차

3. 단순회귀분석

1) 기본 개념

- 단순회귀분석(simple regression analysis)은 하나의 독립변수가 하나의 종속변수의 값을 어느 정도 예측하는지 분석하는 통계방법이다.
- 이 방법은 상관계수를 기초로 하고 있다.

- 회귀분석은 기본적으로 독립변수는 양적변수이고 종속변수 또한 양적변수이어야 한다.
- 그러나 독립변수가 질적이고 종속변수가 양적일 때 독립변수인 질적변수를 더미변수로 변환하여 분석해야 한다.

2) 연구목적과 가설설정

단순회귀분석에 관한 연구목적과 가설설정

1. 연구목적
   연구자는 스트레스가 행복에 미치는 영향을 연구하고자 한다. 이를 위해 다음과 같은 연구가설을 설정하였다.
2. 연구가설
   스트레스가 행복에 (부적인) 영향을 미칠 것이다.

   $H_{0\,(영가설)}$: 스트레스가 행복에 (부적인) 영향을 미치지 않을 것이다.
   $H_{1\,(대립가설)}$: 스트레스가 행복에 (부적인) 영향을 미칠 것이다.

   통계검증방법 : 단순회귀분석
   유의수준 : $p < .05$(양방 검증)
   가설검증을 위한 진위판단을 실시

3) SPSS 실행

스트레스가 행복에 미치는 영향이 통계적으로 유의미한지를 검증하기 위해 단순회귀분석을 실시한다.

SPSS 분석 1

분석과정
분석(A) → 회귀분석(R) → 선형(L)
– 상관분석 & 회귀분석.sav

SPSS 분석 2

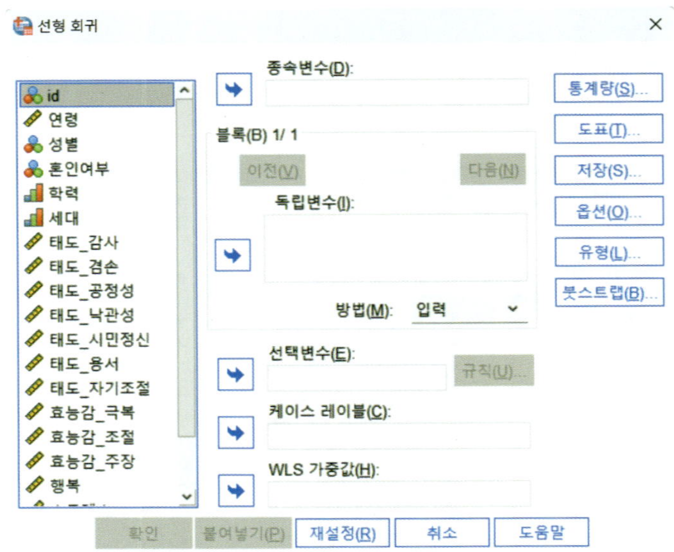

[블록(B)]에 '스트레스'를 넣는다.
[종속변수(D)]에 '행복'을 넣는다.

SPSS 분석 3

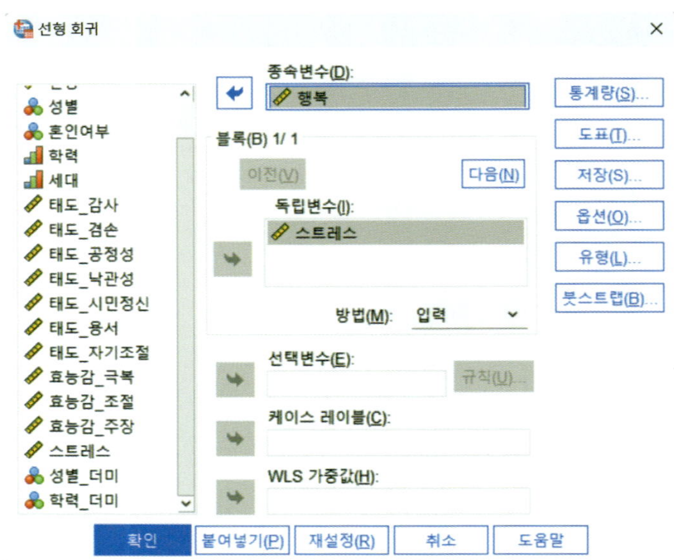

[통계량(S)]을 클릭한다.

SPSS 분석 4

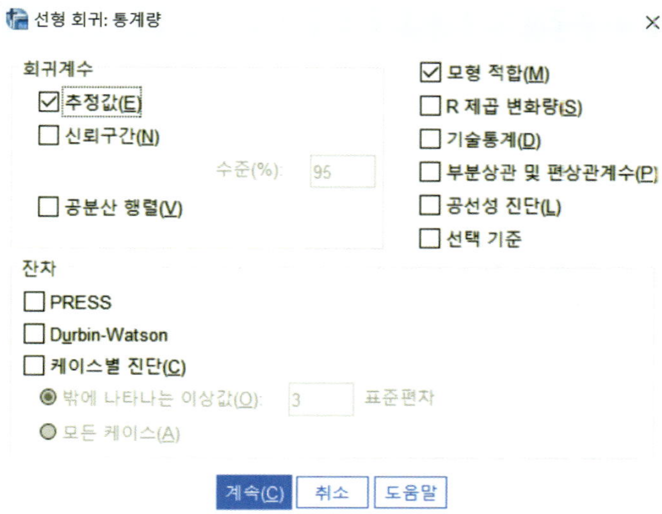

[통계량]에서 기본적으로 클릭되어 있는 **[회귀계수]**의 **[추정값(E)]**, **[모형 적합(M)]**을 확인한다.
[계속(C)]을 클릭한다.
[확인]을 클릭한다.

4) 분석결과

분석결과 1

모형 요약

모형	R	R 제곱	수정된 R 제곱	추정값의 표준오차
1	.200[a]	.040	.037	.82643

a. 예측자: (상수), 스트레스

모형1의 R과 R^2 값을 확인한다. 스트레스의 R^2, 즉 결정계수는 .040으로 삶의 의미 변화량의 4.0%를 설명해 준다.

통계 TIP R^2(결정계수)과 수정된 R^2의 의미

수정된 R^2은 일반적으로 모집단의 결정계수를 추정할 때 사용되는데 표본의 수가 충분히 클 경우에는 R^2 값과 동일하게 나타난다.

분석결과 2

ANOVA[a]

모형		제곱합	자유도	평균제곱	F	유의확률
1	회귀	8.505	1	8.505	12.452	<.001[b]
	잔차	203.528	298	.683		
	전체	212.032	299			

a. 종속변수: 행복

b. 예측자: (상수), 스트레스

스트레스가 투입된 최종 모형은 $F=12.452$, $p=.000(p<.001)$이므로 통계적으로 유의미한 결과가 검증되었다.

분석결과 3

계수[a]

모형		비표준화 계수		표준화 계수	t	유의확률
		B	표준화 오류	베타		
1	(상수)	5.143	.143		35.987	<.001
	스트레스	-.144	.041	-.200	-3.529	<.001

a. 종속변수: 행복

스트레스가 행복에 미치는 영향을 확인한 결과 $t=-3.529$, $p=.000(p<.001)$이므로 통계적으로 유의미한 결과가 검증되었다.

결과 해석에 대한 통계 TIP 영가설과 대립가설의 진위판단

영가설	스트레스는 행복에 영향을 미치지 않을 것이다.	기각
대립가설	스트레스는 행복에 영향을 미칠 것이다.	채택

⇒ '스트레스는 행복에 영향을 미친다.'라고 결론 내린다.

5) 보고서 작성

〈표 16-1〉 행복에 대한 단순회귀분석 결과

독립변수	비표준화 계수		β	t	p (유의확률)
	B	SE	(표준화 계수)		
스트레스	−.144	.041	−.200	−3.529***	.000

$^{***}p < .001$

스트레스가 행복에 미치는 영향을 알아보기 위하여 단순회귀분석을 실시하였다. 행복에 대한 단순회귀분석 결과는 〈표 16-1〉과 같다.

스트레스는 행복에 통계적으로 유의미하게 영향을 미치고 있었으며($t=-3.529$, $p<.001$), 스트레스가 행복에 4.0% 영향을 미치고 있었다.

4. 위계적 중다회귀분석

1) 기본 개념

• 위계적 중다회귀분석(hierarchical multiple regression analysis)은 연구자가 논리적 또는 이론적 근거에 의하여 변수의 투입 순서를 정함으로써 공변인의 영향을 통제한 상태에서 독립변수가 종속변수에 미치는 영향을 살펴보기 위한 목적으로 실시하는 중다회귀분석 방법이다.

2) 연구목적과 가설설정

위계적 중다회귀분석에 관한 연구목적과 가설설정

1. 연구목적

   연구자는 연령, 성별, 학력, 효능감_조절을 통제한 상태에서 태도_감사가 행복에 미치는 영향을 연구하고자 한다. 이를 위해 다음과 같은 연구가설을 설정하였다.

2. 연구가설

   연령, 성별, 학력, 효능감_조절을 통제한 상태에서 태도_감사가 행복에 영향을 미칠 것이다.

$H_{0\,(영가설)}$: 연령, 성별, 학력, 효능감_조절을 통제한 상태에서 태도_감사가 행복에 영향을 미치지 않을 것이다.

$H_{1\,(대립가설)}$: 연령, 성별, 학력, 효능감_조절을 통제한 상태에서 태도_감사가 행복에 영향을 미칠 것이다.

통계검증방법 : 위계적 중다회귀분석
유의수준 : $p < .05$(양방 검증)
가설검증을 위한 진위판단을 실시

3) SPSS 실행

연령, 성별, 학력, 효능감_조절을 통제한 상태에서 태도_감사가 행복에 미치는 영향이 통계적으로 유의미한지를 검증하기 위해 위계적 중다회귀분석을 실시한다.

SPSS 분석 1

분석과정
분석(A) → 회귀분석(R) → 선형(L)
– 상관분석 & 회귀분석.sav

통계 TIP 더미변수(dummy variable) 만들기

회귀분석을 실시할 때 여러 변수 중 양적변수가 아닌 성별, 세대, 혼인여부, 학력 등과 같은 질적변수를 입력해야 하는 경우 일반적으로 카테고리의 종류가 k개이면 $k-1$개의 더미변수가 필요하다.

※ 질적변수는 불연속변수로 명명척도, 서열척도가 여기에 해당한다.

'상관분석 & 회귀분석.sav'의 경우 성별이 남자=1, 여자=2로 코딩되어 있다. 이를 더미변수로 만들 경우 남자=0, 여자=1로 코딩하여 더미변수를 만든다.

			더미변수
남자	1	→	0
여자	2	→	1

SPSS 분석 2

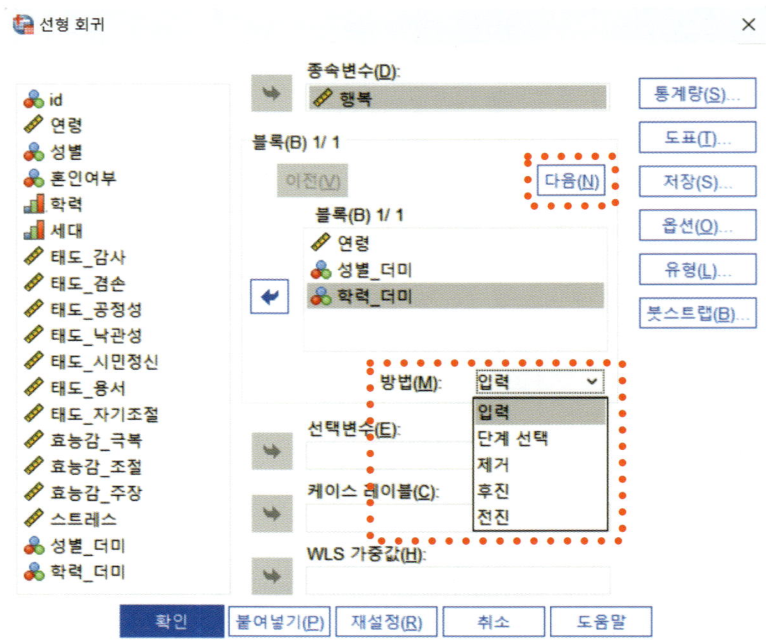

[블록(B)]에 '연령' '성별_더미' '학력_더미'를 넣는다.
[종속변수(D)]에 '행복'을 넣는다.
[방법(M)]에서 **[입력(enter)]**을 확인한다.

※ 위계적 중다회귀분석에서는 **[방법(M)]**에서 **[입력]**을 선택하여야 한다.

[다음(N)]을 클릭한다.

통계 TIP 중다회귀분석에서 방법(M)의 활용

입력(Enter)	• 모든 독립변수가 동시에 투입되는 방법이다.
단계 선택 (Stepwise)	• 여러 독립변수를 투입하여 설명력이 높은 변수들로 회귀모형을 구성하기 위한 방법이다. • 가장 높은 변수에서 낮은 변수 순으로 정렬된다. • 진입조건에 충족되지 않는 변수는 분석과정에서 제거되어 결과에서 제외된다.

제거(Remove)	• 지정한 변수들을 한 번에 제거하는 방법이다.
후진 (Backward)	• 모든 독립변수가 한 번에 투입되어 각 단계에서 종속변수에 대한 설명력이 낮은 순으로 제거되는 방법이다. • 더 이상 제거할 변수가 없을 때 중단하고 남아 있는 중요한 변수를 선택하는 방법이다.
전진 (Forward)	• 여러 독립변수를 투입하여 설명력이 높은 변수들부터 순서대로 회귀식에 진입한다. • 단계 선택과 달리 기존에 진입한 변수는 제거되지 않는다.

SPSS 분석 3

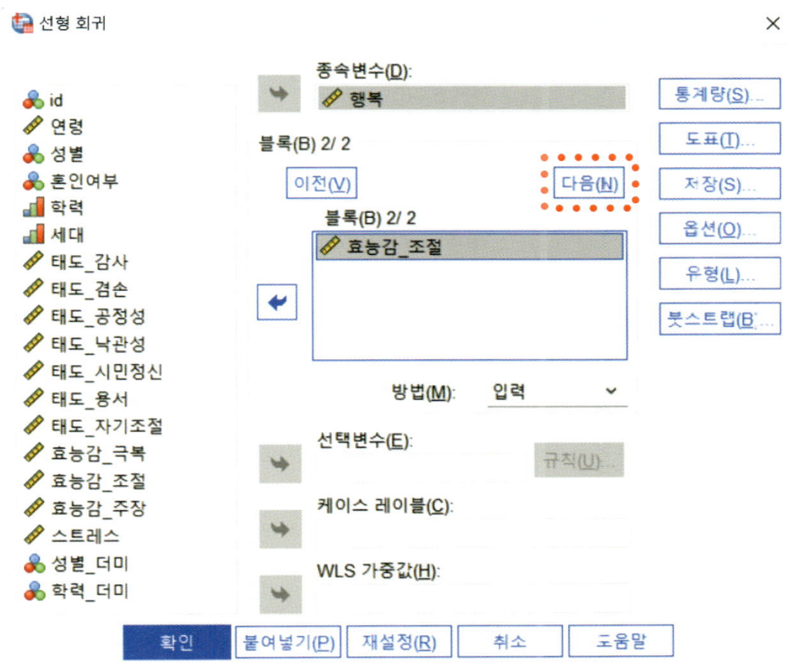

[블록(B)]에 '효능감_조절'을 넣는다.
[다음(N)]을 클릭한다.

SPSS 분석 4

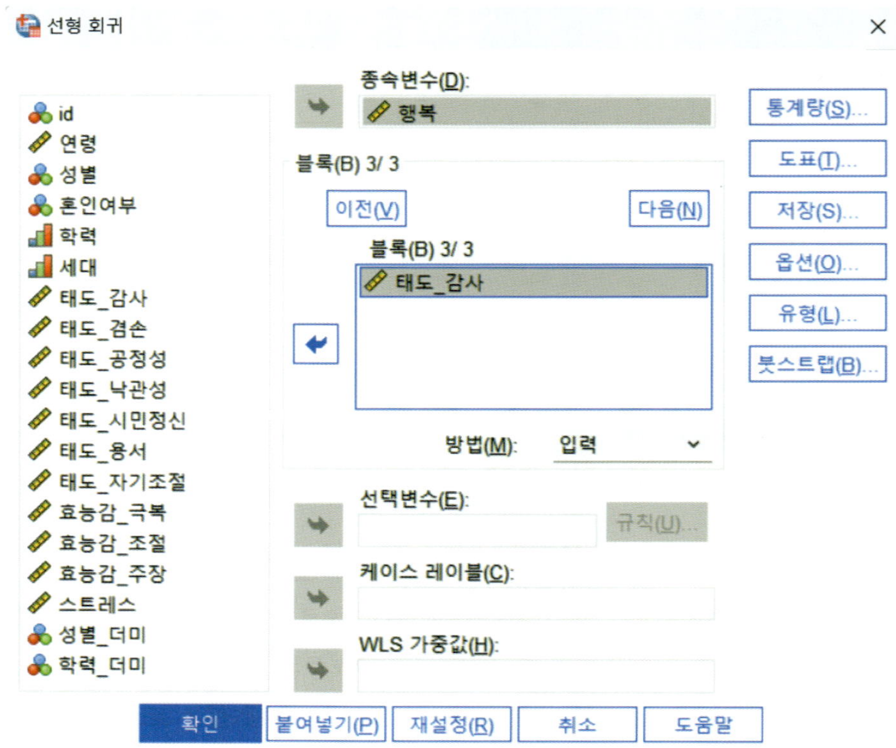

[블록(B)]에 '태도_감사'를 넣는다.

[통계량(S)]을 클릭한다.

SPSS 분석 5

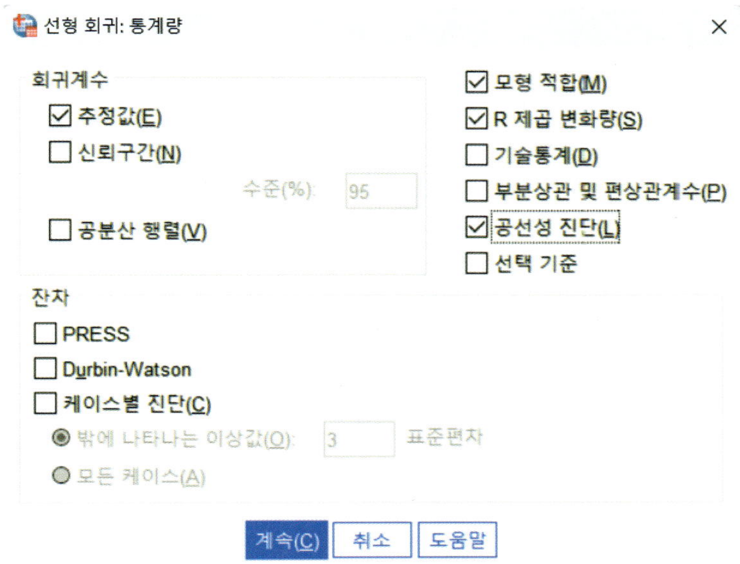

[통계량]에서 기본적으로 클릭되어 있는 **[회귀계수]**의 **[추정값(E)]**, **[모형 적합(M)]**을 확인한다.
[R 제곱 변화량(S)], **[공선성 진단(L)]**을 클릭한다.
[계속(C)]을 클릭한다.
[확인]을 클릭한다.

통계 TIP 다중공선성(Multicollinearity)

다중공선성은 독립변수 간의 높은 상관관계로 인해 파생되는 문제이다. 독립변수 간의 상관이 지나치게 높을 경우 다중공선성이 존재한다. 독립변수 간에 다중공선성이 존재할 경우, 종속변수를 설명하는 개별 독립변수의 변량을 해석하는 것이 모호해지며 회귀계수를 비교하는 것이 무의미해진다. 따라서 중다회귀분석에서는 독립변수 간의 다중공선성을 진단해 보는 과정이 꼭 필요하다.

4) 분석결과

분석결과 1

입력/제거된 변수[a]

모형	입력된 변수	제거된 변수	방법
1	학력_더미, 성별_더미, 연령[b]	.	입력
2	효능감_조절[b]	.	입력
3	태도_감사[b]	.	입력

a. 종속변수: 행복

b. 요청된 모든 변수가 입력되었습니다.

[입력된 변수]에 어떤 변수가 있는지 확인하고, **[방법]**에서 입력으로 되었는지 확인한다.

분석결과 2

모형 요약

모형	R	R 제곱	수정된 R 제곱	추정값의 표준오차	통계량 변화량				
					R 제곱 변화량	F 변화량	자유도1	자유도2	유의확률 F 변화량
1	.280[a]	.078	.069	.81260	.078	8.369	3	296	<.001
2	.656[b]	.430	.422	.64010	.352	182.041	1	295	<.001
3	.830[c]	.689	.683	.47386	.259	244.287	1	294	<.001

a. 예측자: (상수), 학력_더미, 성별_더미, 연령

b. 예측자: (상수), 학력_더미, 성별_더미, 연령, 효능감_조절

c. 예측자: (상수), 학력_더미, 성별_더미, 연령, 효능감_조절, 태도_감사

모형1의 R, R^2, 수정된 R^2 값과 통계량 변화량의 유의확률 값을 확인한다. 연령, 성별, 학력만 포함되었을 때 R^2, 즉 결정계수는 .78로 연령, 성별, 학력은 행복 변화량의 7.8%를 설명해 준다. 이때 회귀모형은 유의수준 $p=.000(p<.001)$에서 통계적으로 유의미하다.

모형2의 R, R^2, 수정된 R^2 값과 통계량 변화량의 유의확률 값을 확인한다. 연령, 성별, 학력이 통제된 상태에서 효능감_조절이 포함되었을 때 R^2, 즉 결정계수는 .430으로 연령, 성별, 학력이 통제된 상태에서 효능감_조절은 행복 변화량의 43.0%를 설명해 준다. 이때 회귀모형은 유의수준 $p=.000(p<.001)$에서 통계적으로 유의미하다.

모형3의 R, R^2, 수정된 R^2 값과 통계량 변화량의 유의확률 값을 확인한다. 연령, 성별, 학력, 효능감_조절이 통제된 상태에서 태도_감사가 포함되었을 때 R^2, 즉 결정계수는 .689로 연령, 성별, 학력, 효능감_조절이 통제된 상태에서 태도_감사는 행복 변화량의 68.9%를 설명해 준다. 이때 회귀모형은 유의수준 $p=.000(p<.001)$에서 통계적으로 유의미하다.

분석결과 3

ANOVA[a]

모형		제곱합	자유도	평균제곱	F	유의확률
1	회귀	16.578	3	5.526	8.369	<.001[b]
	잔차	195.454	296	.660		
	전체	212.032	299			
2	회귀	91.164	4	22.791	55.626	<.001[c]
	잔차	120.868	295	.410		
	전체	212.032	299			
3	회귀	146.017	5	29.203	130.058	<.001[d]
	잔차	66.015	294	.225		
	전체	212.032	299			

a. 종속변수: 행복
b. 예측자: (상수), 학력_더미, 성별_더미, 연령
c. 예측자: (상수), 학력_더미, 성별_더미, 연령, 효능감_조절
d. 예측자: (상수), 학력_더미, 성별_더미, 연령, 효능감_조절, 태도_감사

연령, 성별, 학력 세 변수가 투입된 모형1은 F=8.369, p=.000(p<.001)이므로 통계적으로 유의미한 결과가 검증되었다.
효능감_조절이 추가된 모형2는 F=55.626, p=.000(p<.001)이므로 통계적으로 유의미한 결과가 검증되었다.
태도_감사가 추가된 모형3은 F=130.058, p=.000(p<.001)이므로 통계적으로 유의미한 결과가 검증되었다.

분석결과 4

계수[a]

모형		비표준화 계수		표준화 계수	t	유의확률	공선성 통계량	
		B	표준화 오류	베타			공차	VIF
1	(상수)	3.394	.292		11.637	<.001		
	연령	.005	.003	.087	1.464	.144	.881	1.135
	성별_더미	.127	.095	.075	1.335	.183	.992	1.008
	학력_더미	.363	.074	.291	4.896	<.001	.883	1.132
2	(상수)	1.101	.286		3.854	<.001		
	연령	.004	.003	.074	1.588	.113	.881	1.135
	성별_더미	.129	.075	.076	1.717	.087	.992	1.008
	학력_더미	.189	.060	.152	3.165	.002	.842	1.187
	효능감_조절	.590	.044	.608	13.492	<.001	.950	1.052
3	(상수)	.054	.222		.243	.808		
	연령	-.001	.002	-.018	-.505	.614	.856	1.168
	성별_더미	.011	.056	.007	.200	.842	.974	1.026
	학력_더미	.144	.044	.115	3.240	.001	.838	1.193
	효능감_조절	.333	.036	.344	9.195	<.001	.756	1.322
	태도_감사	.527	.034	.584	15.630	<.001	.759	1.318

a. 종속변수: 행복

태도_감사가 추가된 모형에서 연령에서는 t=−.505, p=.614($p \geq$.05)이므로 통계적으로 유의미한 결과가 검증되지 않았다. 성별에서는 t=.200, p=.842($p \geq$.05)이므로 통계적으로 유의미한 결과가 검증되지 않았다. 학력에서는 t=3.240, p=.001(p<.01)이므로

통계적으로 유의미한 결과가 검증되었다. 효능감_조절에서는 t=9.195, p=.000 (p<.001)이므로 통계적으로 유의미한 결과가 검증되었다. 태도_감사에서는 t=15.630, p=.000(p<.001)이므로 통계적으로 유의미한 결과가 검증되었다.
독립변수 간의 다중공선성을 진단하기 위한 VIF 값은 1.026에서 1.322로 독립변수 간의 상관이 문제가 될 정도로 높지 않음을 알 수 있었다.

결과 해석에 대한 통계 TIP 영가설과 대립가설의 진위판단

영가설	연령, 성별, 학력, 효능감_조절을 통제한 상태에서 태도_감사가 행복에 영향을 미치지 않을 것이다.	기각
대립가설	연령, 성별, 학력, 효능감_조절을 통제한 상태에서 태도_감사가 행복에 영향을 미칠 것이다.	채택

⇒ '연령, 성별, 학력, 효능감_조절을 통제한 상태에서 태도_감사가 행복에 영향을 미친다.'라고 결론 내린다.

5) 보고서 작성

〈표 16-2〉 행복에 대한 위계적 중다회귀분석 결과

단계	독립변수	비표준화 계수		β	t	p (유의확률)
		B	SE	(표준화 계수)		
1	연령	.005	.003	.087	1.464	.144
	성별	.127	.095	.075	1.335	.183
	학력	.363	.074	.291	4.896***	.000
2	연령	.004	.003	.074	1.588	.113
	성별	.129	.075	.076	1.717	.087
	학력	.189	.060	.152	3.165**	.002
	효능감_조절	.590	.044	.608	13.492***	.000
3	연령	−.001	.002	−.018	−.505	.614
	성별	.011	.056	.007	.200	.842
	학력	.144	.044	.115	3.240**	.001
	효능감_조절	.333	.036	.344	9.195***	.000
	태도_감사	.527	.034	.584	15.630***	.000

**p<.01, ***p<.001

연령, 성별, 학력, 효능감_조절이 통제된 상태에서 태도_감사가 행복에 미치는 영향을 알아보기 위하여 위계적 중다회귀분석을 실시하였다. 행복에 대한 위계적 중다회귀분석 결과는 〈표 16-2〉와 같다.

연령(t=1.464, p=.144), 성별(t=1.335, p=.183)은 행복에 통계적으로 유의미하게 영향을 미치고 있지 않았으며, 학력(t=4.896, p=.000)은 행복에 통계적으로 유의미하게 영향을 미치고 있었다. 연령, 성별, 학력이 행복에 7.8% 영향을 미치고 있었다.

효능감_조절이 추가적으로 투입된 모형에서는 연령(t=1.588, p=.113), 성별(t=1.717, p=.087)은 행복에 통계적으로 유의미하게 영향을 미치고 있지 않았고, 학력(t=3.165, p<.01), 효능감_조절(t=13.492, p=.000)은 행복에 통계적으로 유의미하게 영향을 미치고 있었다. 연령, 성별, 학력, 효능감_조절은 행복에 43.0% 영향을 미치고 있었다.

태도_감사가 추가적으로 투입된 모형에서는 연령(t=−.505, p≥.05), 성별(t=.200, p≥.05), 학력(t=3.240, p<.01), 효능감_조절(t=9.195, p=.000), 태도_감사(t=15.630, p=.000)는 행복에 통계적으로 유의미하게 영향을 미치고 있었으며, 연령, 성별, 학력, 효능감_조절, 태도_감사는 행복에 68.9% 영향을 미치고 있었다. 태도_감사는 25.9% 영향을 미치고 있음을 알 수 있었다.

5. 단계적 중다회귀분석

1) 기본 개념

- 단계적 중다회귀분석(stepwise multiple regression analysis)은 둘 이상의 독립변수가 하나의 종속변수의 값을 어느 정도 예측하는지를 분석하는 통계방법이다.
- 둘 이상의 독립변수 중 종속변수에 영향을 미치는 변수가 무엇이고 그 변수 중 가장 큰 영향을 미치는 변수가 무엇인지 검증한다.
- 둘 이상의 독립변수가 하나의 종속변수를 설명해 줄 수 있는 가장 적합한 모형이 무엇인지 검증한다.

2) 연구목적과 가설설정

단계적 중다회귀분석에 관한 연구목적과 가설설정

1. 연구목적
   연구자는 효능감_극복과 효능감_조절이 행복에 미치는 영향을 연구하고자 한다. 이를 위해 다음과 같은 연구가설을 설정하였다.
2. 연구가설
   효능감_극복, 효능감_조절은 행복에 영향을 미칠 것이다.

   H_{0}(영가설): 효능감_극복, 효능감_조절은 행복에 영향을 미치지 않을 것이다.
   H_{1}(대립가설): 효능감_극복, 효능감_조절은 행복에 영향을 미칠 것이다.

   통계검증방법 : 단계적 중다회귀분석
   유의수준 : $p < .05$(양방 검증)
   가설검증을 위한 진위판단을 실시

3) SPSS 실행

효능감_극복, 효능감_조절이 행복에 미치는 영향이 통계적으로 유의미한지를 검증하기 위해 단계적 중다회귀분석을 실시한다.

SPSS 분석 1

분석과정
분석(A) → 회귀분석(R) → 선형(L)
– 상관분석 & 회귀분석.sav

SPSS 분석 2

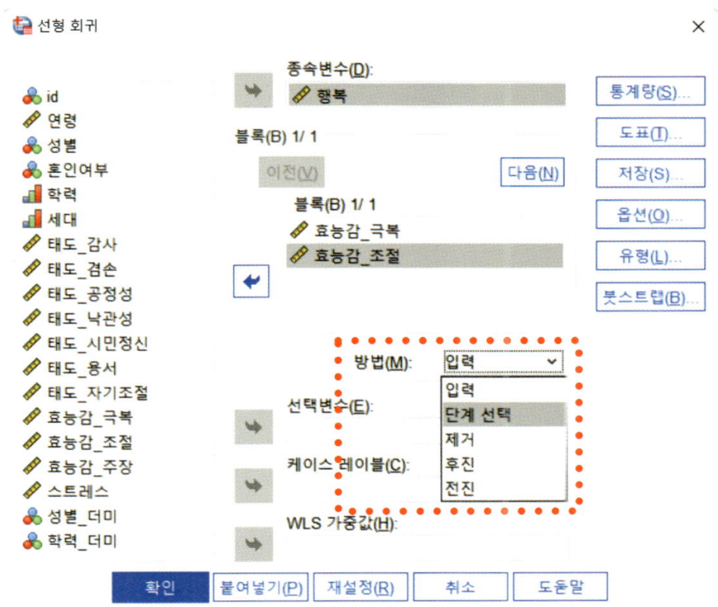

[블록(B)]에 '효능감_극복' '효능감_조절'을 넣는다.
[종속변수(D)]에 '행복'을 넣는다.
[방법(M)]에서 **[단계 선택]**을 클릭한다.

※ 단계적 중다회귀분석에서는 **[방법(M)]**에서 **[단계 선택]**을 선택하여야 한다.

[통계량(S)]을 클릭한다.

SPSS 분석 3

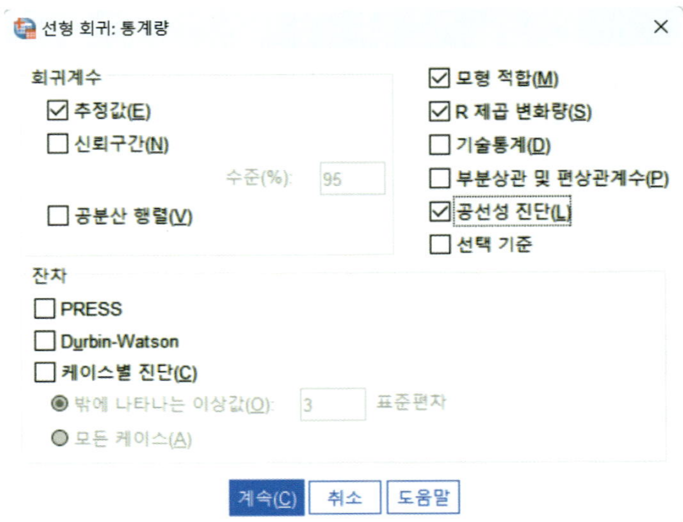

[통계량]에서 기본적으로 클릭되어 있는 **[회귀계수]**의 **[추정값(E)]**, **[모형 적합(M)]**을 확인한다.
[R 제곱 변화량(S)], **[공선성 진단(L)]**을 클릭한다.
[계속(C)]을 클릭한다.
[확인]을 클릭한다.

4) 분석결과

분석결과 1

입력/제거된 변수[a]

모형	입력된 변수	제거된 변수	방법
1	효능감_조절	.	단계 선택 (기준: 입력에 대한 F 의 확률 <= .050, 제거에 대한 F의 확률 >= .100).
2	효능감_극복	.	단계선택 (기준: 입력에 대한 F 의 확률 <= .050, 제거에 대한 F의 확률 >= .100).

a. 종속변수: 행복

[입력된 변수]에 어떤 변수가 있는지 확인하고 **[방법]**에서 단계 선택으로 되었는지 확인한다.

분석결과 2

모형 요약

모형	R	R 제곱	수정된 R 제곱	추정값의 표준 오차	통계량 변화량				
					R 제곱 변화량	F 변화량	자유도1	자유도2	유의확률 F 변화량
1	.637[a]	.406	.404	.65028	.406	203.414	1	298	<.001
2	.655[b]	.430	.426	.63812	.024	12.470	1	297	<.001

a. 예측자: (상수), 효능감_조절

b. 예측자: (상수), 효능감_조절, 효능감_극복

모형1의 R, R^2, 수정된 R^2 값과 통계량 변화량의 유의확률 값을 확인한다. 효능감_조절만 포함되었을 때 R^2, 즉 결정계수는 .406으로 효능감_조절은 행복 변화량의 40.6%를 설명해 준다. 이때 회귀모형은 유의수준 $p = .000(p < .001)$에서 통계적으로 유의미하다. 여기에 효능감_극복이 추가되면 R^2은 .430으로 유의수준 $p = .000(p < .001)$에서 통계적으로 유의미하다. 효능감_조절과 효능감_극복은 행복 변화량의 약 43.0%를 설명해 준다.

분석결과 3

ANOVA[a]

모형		제곱합	자유도	평균제곱	F	유의확률
1	회귀	86.018	1	86.018	203.414	<.001[b]
	잔차	126.015	298	.423		
	전체	212.032	299			
2	회귀	91.095	2	45.548	111.856	<.001[c]
	잔차	120.937	297	.407		
	전체	212.032	299			

a. 종속변수: 행복

b. 예측자: (상수), 효능감_조절

c. 예측자: (상수), 효능감_조절, 효능감_극복

효능감_조절과 효능감_극복 두 변수가 투입된 최종 모형은 $F=111.856$, $p=.000(p<.001)$이므로 통계적으로 유의미한 결과가 검증되었다.

분석결과 4

계수[a]

모형		비표준화 계수		표준화 계수	t	유의확률	공선성 통계량	
		B	표준화 오류	베타			공차	VIF
1	(상수)	1.732	.209		8.279	<.001		
	효능감_조절	.617	.043	.637	14.262	<.001	1.000	1.000
2	(상수)	1.530	.213		7.178	<.001		
	효능감_조절	.424	.069	.437	6.103	<.001	.375	2.670
	효능감_극복	.241	.068	.253	3.531	<.001	.375	2.670

a. 종속변수: 행복

효능감_조절과 효능감_극복 두 변수가 행복에 미치는 영향을 확인한 결과 효능감_조절에서는 $t=14.262$, $p=.000(p<.001)$이므로 통계적으로 유의미한 결과가 검증되었다.

효능감_조절과 효능감_극복 두 변수에서는 $t=6.103$, $p=.000(p<.001)$, $t=3.531$, $p=.000(p<.001)$이므로 통계적으로 유의미한 결과가 검증되었다.

독립변수 간의 다중공선성을 진단하기 위한 VIF 값은 2.670으로 독립변수 간의 상관이 문제가 될 정도로 높지 않음을 알 수 있었다.

결과 해석에 대한 통계 TIP 영가설과 대립가설의 진위판단

영가설	효능감_극복과 효능감_조절은 행복에 영향을 미치지 않을 것이다.	기각
대립가설	효능감_극복과 효능감_조절은 행복에 영향을 미칠 것이다.	채택

⇒ '효능감_극복과 효능감_조절은 행복에 영향을 미친다.'라고 결론 내린다.

5) 보고서 작성

〈표 16-3〉 행복에 대한 단계적 중다회귀분석 결과

독립변수	비표준화 계수		표준화 계수	t	p (유의확률)
	B	SE			
효능감_조절	.424	.069	.437	6.103***	.000
효능감_극복	.241	.068	.253	3.531***	.000

***$p<.001$

효능감이 행복에 미치는 영향을 알아보기 위하여 단계적 중다회귀분석을 실시하였다. 행복에 대한 단계적 중다회귀분석 결과는 〈표 16-3〉과 같다.

효능감_조절($t=6.103$, $p<.001$)과 효능감_극복($t=3.531$, $p<.001$)이 통계적으로 유의미하게 영향을 미치고 있었다. 효능감_조절과 효능감_극복이 행복에 43.0% 영향을 미치고 있었다.

연습 문제

1 효능감_주장이 행복에 유의미하게 미치는 영향을 통계적으로 분석하기 위해 단순회귀분석을 실시하고, 그 결과를 알아본다.
(상관분석 & 회귀분석.sav 활용)

2 연령, 성별, 학력, 효능감_극복의 영향을 통제한 상태에서 태도_낙관성이 행복에 유의미하게 미치는 영향을 통계적으로 분석하기 위해 위계적 중다회귀분석을 실시하고, 그 결과를 알아본다.
(상관분석 & 회귀분석.sav 활용)

3 태도 변수인 감사, 낙관성, 용서가 행복에 유의미하게 미치는 영향을 통계적으로 분석하기 위해 단계적 중다회귀분석을 실시하고, 그 결과를 알아본다.
(상관분석 & 회귀분석.sav 활용)

제17장

회귀분석에서의 매개효과

1. 회귀분석에서의 매개효과
2. 완전매개효과 검증
3. 부분매개효과 검증

■ 연습문제

매개효과(mediation)란 독립변수와 종속변수 간의 인과적 설명에서 추가적인 설명이 필요할 때 독립변수와 종속변수 중간에 매개되는 변수를 투입하여 인과적인 경로를 설명하는 것이다.

1. 회귀분석에서의 매개효과

1) 매개효과

- 독립변수와 종속변수 사이에 포함되어있는 변수를 매개변수라고 한다.
- 사실 매개변수란 종속변수에 영향을 미치는 순수한 독립변수 이외의 변수이기 때문에 통제되어야 하지만, 연구목적에 따라 독립변수와 종속변수 사이에 필요한 변수로 투입될 수 있다.
- 즉, 인과관계에서 독립변수가 매개변수에 영향을 미치고, 이 매개변수가 다시 종속변수에 영향을 미치는 경로인 것이다.
- 이를 검증하기 위해 회귀분석에서의 매개효과는 Baron과 Kenny(1986)[17-1]가 제안한 절차에 따라 위계적 중다회귀분석을 실시한다.

2) 분석절차

(1) 상관분석을 통해 각 변수 간의 상관성을 알아본다.

17-1) Baron, R. M., & Kenny, D. A. (1986). The moderator–mediator variable distinction in social psychological research: Conceptual, strategic, and statistical considerations. *Journal of personality and social psychology, 51*(6), 1173–1182.

(2) 매개효과를 검증하기 위해서 회귀분석을 세 번 실시한다.

- 매개효과를 검증하기 위해서는 다음 세 단계의 조건을 충족해야 한다.
  ① 첫 번째 단계, 독립변수가 종속변수에 통계적으로 유의미한 영향을 미쳐야 한다.
  ② 두 번째 단계, 독립변수가 매개변수에 통계적으로 유의미한 영향을 미쳐야 한다.
  ③ 세 번째 단계, 매개변수가 종속변수에 통계적으로 유의미한 영향을 미쳐야 한다. 이때 종속변수에 대한 독립변수의 영향이 첫 번째 단계에서보다 세 번째 단계에서 감소해야 한다.

> 만약 세 번째 단계에서 매개변수를 통제했을 때
> - 독립변수의 영향이 통계적으로 유의미하지 않다면 '완전매개효과' 모형이다.
> - 독립변수의 영향이 줄어들지만, 통계적으로 유의수준을 유지하는 경우에는 '부분매개효과' 모형이 된다.

(3) 매개효과의 유의도를 검증하기 위해 Sobel Z검증을 실시한다.

- Sobel Z 공식에 의하면, 산출된 Z 값의 임계치인 ±1.96에 비교하여 $p < .05$ 수준에서 임계치보다 클 경우, 매개효과가 유의미하다는 것을 말한다(MacKinnon et al., 1995)[17-2].

2. 완전매개효과 검증

1) 기본 개념

- 매개효과를 검증하기 위한 세 번째 단계에서 매개변수가 종속변수에 통계적으로

17-2) MacKinnon, D. P., Warsi, G., & Dwyer, J. H. (1995). A simulation study of mediated effect measures. *Multivariate behavioral research, 30*(1), 41-62.

유의미한 영향을 미쳐야 한다.

- 이때 종속변수에 관한 독립변수의 영향이 첫 번째 단계에서보다 세 번째 단계에서 감소해야 한다.
- 만약 세 번째 단계에서 매개변수를 통제했을 때 독립변수의 영향이 통계적으로 유의미하지 않다면 '완전매개효과' 모형이다.

2) 연구목적과 가설설정

회귀분석에서의 매개효과에 관한 연구목적과 가설설정

1. 연구목적

   연구자는 자아통합이 진로결정에 미치는 영향에서 자기효능감이 매개할지 연구하고자 한다. 이를 위해 다음과 같은 연구가설을 설정하였다.

2. 연구가설

   자아통합이 진로결정에 미치는 영향에서 자기효능감이 매개할 것이다.

H_{0}(영가설): 1. 자아통합이 진로결정에 영향을 미치지 않을 것이다.
2. 자아통합이 자기효능감에 영향을 미치지 않을 것이다.
3. 자아통합이 진로결정에 미치는 영향에서 자기효능감이 매개하지 않을 것이다.

H_{1}(대립가설): 1. 자아통합이 진로결정에 영향을 미칠 것이다.
2. 자아통합이 자기효능감에 영향을 미칠 것이다.
3. 자아통합이 진로결정에 미치는 영향에서 자기효능감이 매개할 것이다.

통계검증방법 : 위계적 중다회귀분석
유의수준 : $p < .05$(양방 검증)
가설검증을 위한 진위판단을 실시

3) SPSS 실행

자아통합이 진로결정에 미치는 영향에서 자기효능감의 매개효과가 통계적으로 유의미한지를 검증하기 위해 위계적 중다회귀분석을 실시한다.

(1) 각 변수 간의 상관관계 분석

SPSS 분석 1

분석과정
분석(A) → 상관분석(C) → 이변량 상관(B)
– 회귀분석에서의 완전매개효과.sav

SPSS 분석 2

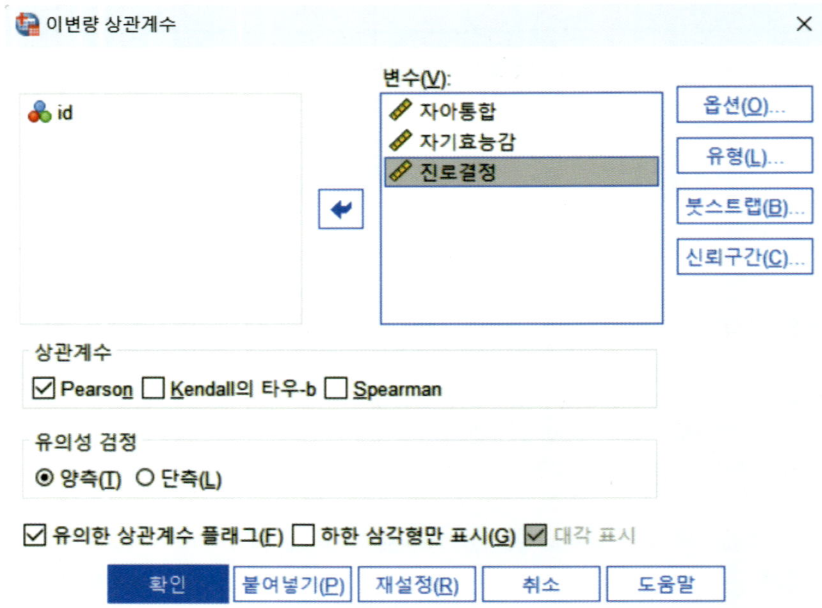

[변수(V)]에 '자아통합' '자기효능감' '진로결정'을 넣는다.
[상관계수]에서 **[Pearson]**에 클릭되어 있는지 확인한다.
[확인]을 클릭한다.

(2) 회귀분석을 통한 매개효과 검증

SPSS 분석 1

분석과정
분석(A) → 회귀분석(R) → 선형(L)
– 회귀분석에서의 완전매개효과.sav

(1) 첫 번째 단계

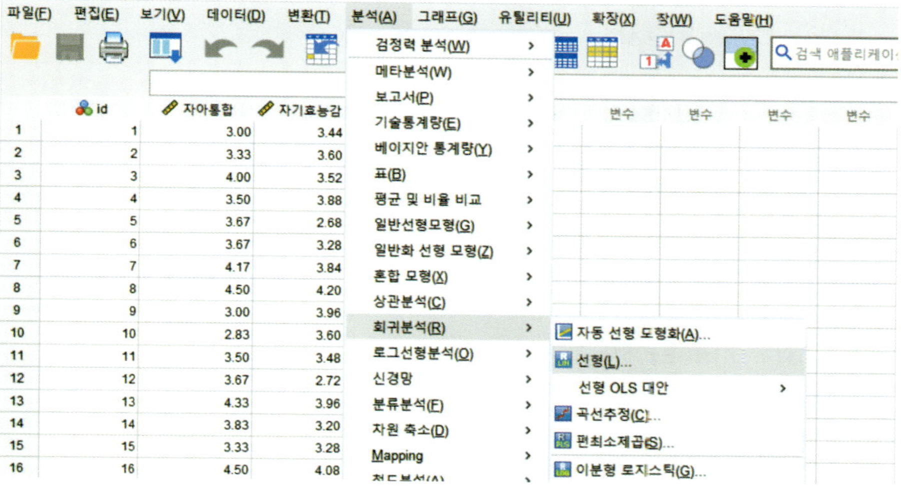

SPSS 분석 2

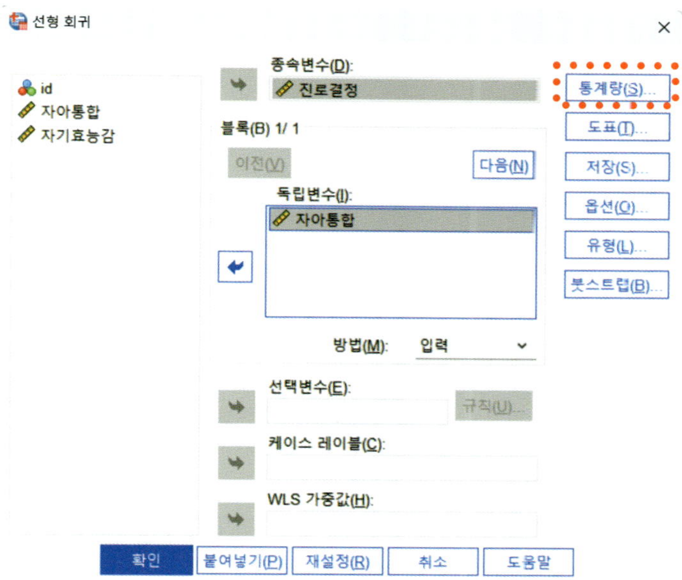

[독립변수(I)]에 '자아통합'을 넣는다.
[종속변수(D)]에 '진로결정'을 넣는다.
[통계량(S)]을 클릭한다.

SPSS 분석 3

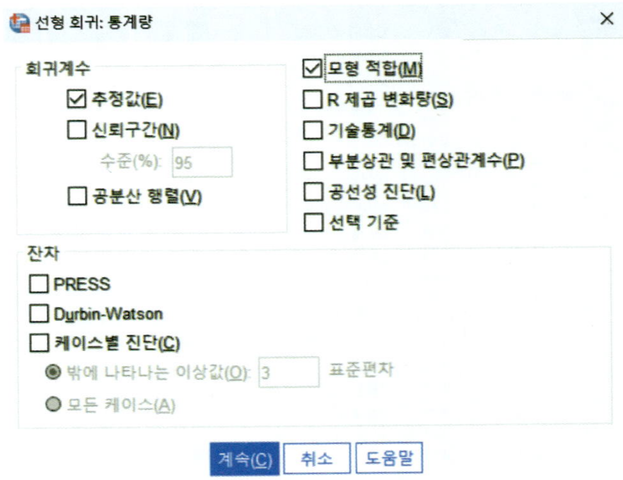

[통계량]에서 기본적으로 클릭되어 있는 **[회귀계수]**의 **[추정값(E)]**, **[모형 적합(M)]**을 확인한다.

[계속(C)]을 클릭한다.

[확인]을 클릭한다.

SPSS 분석 4

(2) 두 번째 단계

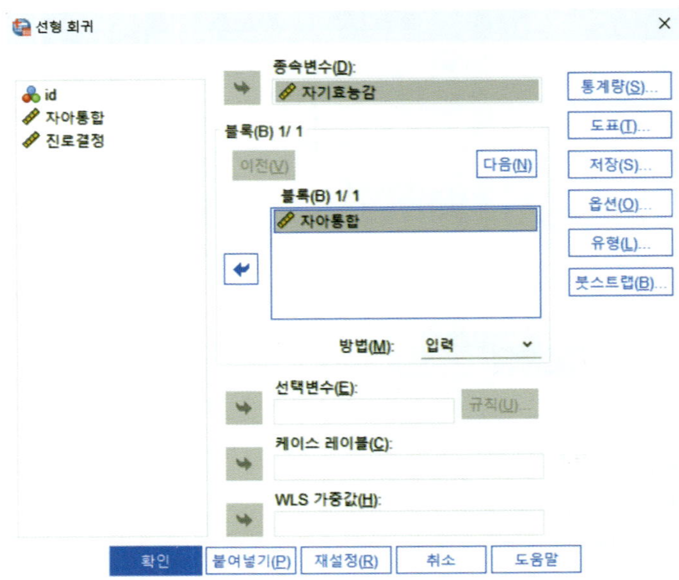

[블록(B)]에 '자아통합'을 넣는다.
[종속변수(D)]에 '자기효능감'을 넣는다.
[통계량(S)]을 클릭한다.

SPSS 분석 5

[통계량]에서 기본적으로 클릭되어 있는 **[회귀계수]**의 **[추정값(E)]**, **[모형 적합(M)]**을 확인한다.
[계속(C)]을 클릭한다.
[확인]을 클릭한다.

SPSS 분석 6

(3) 세 번째 단계

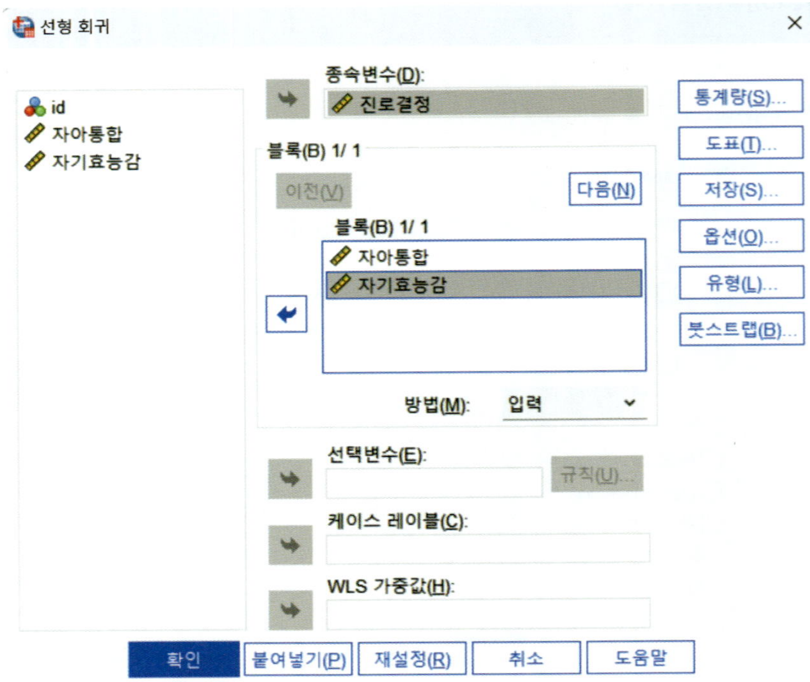

[블록(B)]에 '자아통합' '자기효능감'을 순서대로 넣는다.
[종속변수(D)]에 '진로결정'을 넣는다.
[방법(M)]에서 **[입력]**을 선택한다.
[통계량(S)]을 클릭한다.

SPSS 분석 7

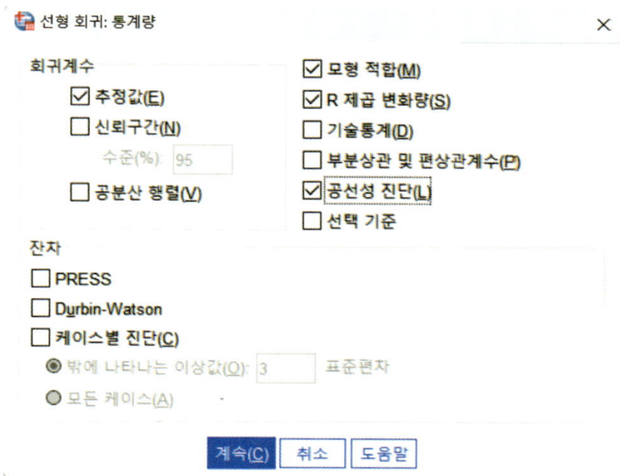

[통계량]에서 기본적으로 클릭되어 있는 **[회귀계수]**의 **[추정값(E)]**, **[모형 적합(M)]**을 확인한다.

[R 제곱 변화량(S)], **[공선성 진단(L)]**을 클릭한다.

[계속(C)]을 클릭한다.

[확인]을 클릭한다.

4) 분석결과

(1) 상관분석 결과

분석결과 1

상관관계

		자아통합	자기효능감	진로결정
Pearson 상관	자아통합	1	.361**	.271**
	자기효능감	.361**	1	.654**
	진로결정	.271**	.654**	1
유의확률 (양측)	자아통합		<.001	.003
	자기효능감	.000		.000
	진로결정	.003	.000	
N	자아통합	120	120	120
	자기효능감	120	120	120
	진로결정	120	120	120

**. 상관관계가 0.01 수준에서 유의합니다(양측).

※ 상관관계표를 구체적으로 살펴보기 위해 **[피벗 트레이(P)]** 창을 활용하여 상관관계표를 정렬한다(제15장 상관분석을 참고한다).

각 변수 간의 Pearson 상관계수와 유의확률 값을 확인한다.

(2) 매개효과 검증 첫 번째 단계

분석결과 1

모형 요약

모형	R	R 제곱	수정된 R 제곱	추정값의 표준오차
1	.271[a]	.073	.065	.59777

a. 예측자: (상수), 자아통합

모형1의 R과 R^2 값을 확인한다. 자아통합의 R^2, 즉 결정계수는 .073으로 진로결정 변화량의 7.3%를 설명해 준다.

분석결과 2

ANOVA[a]

모형		제곱합	자유도	평균제곱	F	유의확률
1	회귀	3.329	1	3.329	9.317	.003[b]
	잔차	42.165	118	.357		
	전체	45.494	119			

a. 종속변수: 진로결정

b. 예측자: (상수), 자아통합

자아통합이 투입된 모형은 $F=9.317$, $p=.003(p<.01)$이므로 통계적으로 유의미한 결과가 검증되었다.

분석결과 3

계수[a]

모형		비표준화 계수		표준화 계수	t	유의확률
		B	표준화 오류	베타		
1	(상수)	2.326	.352		6.600	<.001
	자아통합	.303	.099	.271	3.052	.003

a. 종속변수: 진로결정

자아통합이 진로결정에 미치는 영향을 확인한 결과 $\beta=.271$, $t=3.052$, $p=.003(p<.01)$이므로 통계적으로 유의미한 결과가 검증되었다.

(3) 매개효과 검증 두 번째 단계

분석결과 1

모형 요약

모형	R	R 제곱	수정된 R 제곱	추정값의 표준오차
1	.361[a]	.130	.123	.42139

a. 예측자: (상수), 자아통합

모형1의 R과 R^2 값을 확인한다. 자아통합의 R^2, 즉 결정계수는 .130으로 자기효능감 변화량의 13%를 설명해 준다.

분석결과 2

ANOVA[a]

모형		제곱합	자유도	평균제곱	F	유의확률
1	회귀	3.140	1	3.140	17.686	<.001[b]
	잔차	20.953	118	.178		
	전체	24.093	119			

a. 종속변수: 자기효능감

b. 예측자: (상수), 자아통합

자아통합이 투입된 모형은 $F=17.686$, $p=.000(p<.001)$이므로 통계적으로 유의미한 결과가 검증되었다.

분석결과 3

계수[a]

모형		비표준화 계수		표준화 계수	t	유의확률
		B	표준화 오류	베타		
1	(상수)	2.503	.248		10.073	<.001
	자아통합	.295	.070	.361	4.205	<.001

a. 종속변수: 자기효능감

자아통합이 자기효능감에 미치는 영향을 확인한 결과 $\beta=.361$, $t=4.205$, $p=.000$ $(p<.001)$이므로 통계적으로 유의미한 결과가 검증되었다.

(4) 매개효과 검증 세 번째 단계

분석결과 1

모형 요약

모형	R	R 제곱	수정된 R 제곱	추정값의 표준오차	통계량 변화량				
					R 제곱 변화량	F 변화량	자유도1	자유도2	유의확률 F 변화량
1	.655[a]	.429	.419	.47122	.429	43.942	2	117	<.001

a. 예측자: (상수), 자기효능감, 자아통합

자아통합과 자기효능감이 순서대로 투입되었을 때 R^2, 즉 결정계수는 .429로 자아통합과 자기효능감은 진로결정 변화량의 42.9%를 설명해 준다. 이때 회귀모형은 유의수준 $p=.000(p<.001)$에서 통계적으로 유의미하다.

분석결과 2

ANOVA[a]

모형		제곱합	자유도	평균제곱	F	유의확률
1	회귀	19.515	2	9.757	43.942	<.001[b]
	잔차	25.980	117	.222		
	전체	45.494	119			

a. 종속변수: 진로결정

b. 예측자: (상수), 자기효능감, 자아통합

자아통합과 자기효능감이 순서대로 투입된 모형은 $F=43.942$, $p=.000(p<.001)$이므로 통계적으로 유의미한 결과가 검증되었다.

분석결과 3

계수[a]

모형		비표준화 계수		표준화 계수	t	유의확률	공선성 통계량	
		B	표준화 오류	베타			공차	VIF
1	(상수)	.127	.379		.334	.739		
	자아통합	.044	.084	.040	.529	.598	.870	1.150
	자기효능감	.879	.103	.640	8.538	<.001	.870	1.150

a. 종속변수: 진로결정

첫째, 자아통합이 진로결정에 미치는 영향을 확인한 결과 $\beta=.040$, $t=.529(p=.598)$로 통계적으로 유의미하지 않았다.

둘째, 자기효능감이 진로결정에 미치는 영향을 확인한 결과 $\beta=.640$, $t=8.538(p=.000)$로 통계적으로 유의미한 결과가 검증되었다.

독립변수 간의 다중공선성을 진단하기 위한 VIF 값은 1.150으로 독립변수 간의 상관이 문제가 될 정도로 높지 않음을 알 수 있었다.

결과 해석에 대한 통계 TIP 영가설과 대립가설의 진위판단

1) 자아통합 → 진로결정

영가설	자아통합이 진로결정에 영향을 미치지 않을 것이다.	기각
대립가설	자아통합이 진로결정에 영향을 미칠 것이다.	채택

⇒ '자아통합이 진로결정에 영향을 미친다.'라고 결론 내린다.

2) 자아통합 → 자기효능감

영가설	자아통합이 자기효능감에 영향을 미치지 않을 것이다.	기각
대립가설	자아통합이 자기효능감에 영향을 미칠 것이다.	채택

⇒ '자아통합이 자기효능감에 영향을 미친다.'라고 결론 내린다.

3) 자아통합 → 자기효능감 → 진로결정

영가설	자아통합이 진로결정에 미치는 영향에서 자기효능감이 매개하지 않을 것이다.	기각
대립가설	자아통합이 진로결정에 미치는 영향에서 자기효능감이 매개할 것이다.	채택

⇒ '자아통합이 진로결정에 미치는 영향에서 자기효능감이 매개한다.'라고 결론 내린다.

5) 보고서 작성

〈표 17-1〉 자아통합, 자기효능감, 진로결정 간의 상관행렬

	1	2	3
1. 자아통합	–		
2. 자기효능감	.361***	–	
3. 진로결정	.271**	.654***	–

$^{**}p<.01$, $^{***}p<.001$

〈표 17-2〉 자아통합이 진로결정에 미치는 영향에서 자기효능감의 매개효과 검증

단계		R	R^2	$adjR^2$	β	t	p (유의확률)
1단계							
자아통합	→ 진로결정	.271	.073	.065	.271	3.052**	.003
2단계							
자아통합	→ 자기효능감	.361	.130	.123	.361	4.205***	.000
3단계							
자아통합	→ 진로결정	.655	.429	.419	.040	.529	.598
자기효능감					.640	8.538***	.000

$^{**}p<.01$, $^{***}p<.001$

[그림 17-1] 자아통합이 진로결정에 미치는 영향에서 자기효능감의 매개효과

〈표 17-1〉과 같이 변수 간의 상관은 모두 유의미한 정적 상관관계를 보였다. 가장 높은 정적 상관을 보인 변수는 자기효능감과 진로결정으로 상관계수는 .654($p<.001$)이었다. 다음으로는 자아통합과 자기효능감으로 상관계수는 .361($p<.001$)이었다. 가장 낮은 정적 상관을 보인 변수는 자아통합과 진로결정으로 상관계수는 .271($p<.01$)이었다.

자아통합이 진로결정에 미치는 영향에서 자기효능감이 매개하는지를 알아보기 위하여 위계적 중다회귀분석을 실시하였다. 그 결과는 〈표 17-2〉와 같다.

첫 번째 단계, 자아통합이 진로결정에 통계적으로 유의미하게 영향을 미치고 있었다($\beta=.271$, $p<.01$). 두 번째 단계, 자아통합이 자기효능감에 통계적으로 유의미하게 영향을 미치고 있었다($\beta=.361$, $p<.001$). 세 번째 단계, 자아통합이 진로결정에 미치는 영향에서 자기효능감이 매개하는지 확인한 결과 자기효능감이 진로결정

에 통계적으로 유의미하게 영향을 미치고 있었다(β=.640, p<.001). 이때 자아통합은 진로결정에 통계적으로 유의미하지 않았기에(β=.040, p=.598) 이 모형은 완전매개효과 모형으로 검증되었다.

매개효과의 효과성은 Sobel Z=3.779, p<.001로 통계적으로 유의미하였다.

3. 부분매개효과 검증

1) 기본 개념

- 매개효과를 검증하기 위한 세 번째 단계에서 매개변수가 종속변수에 통계적으로 유의미한 영향을 미쳐야 한다.
- 이때 종속변수에 관한 독립변수의 영향이 첫 번째 단계에서보다 세 번째 단계에서 감소해야 한다.
- 만약 세 번째 단계에서 매개변수를 통제했을 때 독립변수의 영향이 줄어들지만 통계적으로 유의수준을 유지하는 경우에는 '부분매개효과' 모형이 된다.

2) 연구목적과 가설설정

회귀분석에서의 매개효과에 관한 연구목적과 가설설정

1. 연구목적

연구자는 봉사활동이 삶의 의미에 미치는 영향에서 자기조절이 매개할지 연구하고자 한다. 이를 위해 다음과 같은 연구가설을 설정하였다.

2. 연구가설

봉사활동이 삶의 의미에 미치는 영향에서 자기조절이 매개할 것이다.

H_{0}(영가설): 1. 봉사활동이 삶의 의미에 영향을 미치지 않을 것이다.
2. 봉사활동이 자기조절에 영향을 미치지 않을 것이다.
3. 봉사활동이 삶의 의미에 미치는 영향에서 자기조절이 매개하지 않을 것이다.

H_{1}(대립가설): 1. 봉사활동이 삶의 의미에 영향을 미칠 것이다.

2. 봉사활동이 자기조절에 영향을 미칠 것이다.
3. 봉사활동이 삶의 의미에 미치는 영향에서 자기조절이 매개할 것이다.

통계검증방법 : 위계적 중다회귀분석
유의수준 : $p < .05$(양방 검증)
가설검증을 위한 진위판단을 실시

3) SPSS 실행

봉사활동이 삶의 의미에 미치는 영향에서 자기조절에 대한 매개효과가 통계적으로 유의미한지를 검증하기 위해 위계적 중다회귀분석을 실시한다.

(1) 각 변수 간의 상관관계 분석

SPSS 분석 1

분석과정
분석(A) → 상관분석(C) → 이변량 상관(B)
– 회귀분석에서의 부분매개효과.sav

SPSS 분석 2

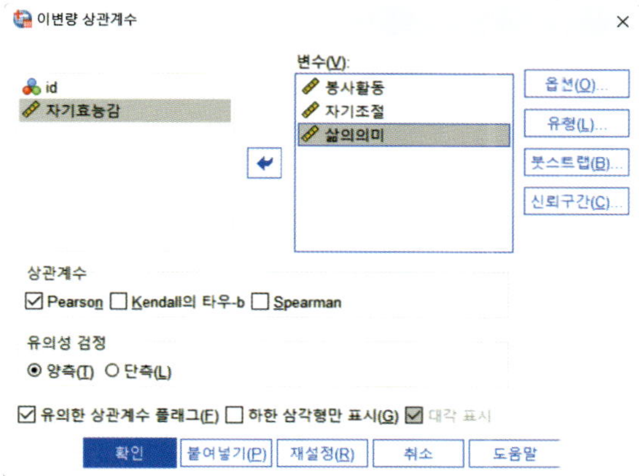

[변수(V)]에 '봉사활동' '자기조절' '삶의의미'를 넣는다.
[상관계수]에서 **[Pearson]**에 클릭되어 있는지 확인한다.
[확인]을 클릭한다.

(2) 회귀분석을 통한 매개효과 검증

SPSS 분석 1

분석과정
분석(A) → 회귀분석(R) → 선형(L)
– 회귀분석에서의 부분매개효과.sav

(1) 첫 번째 단계

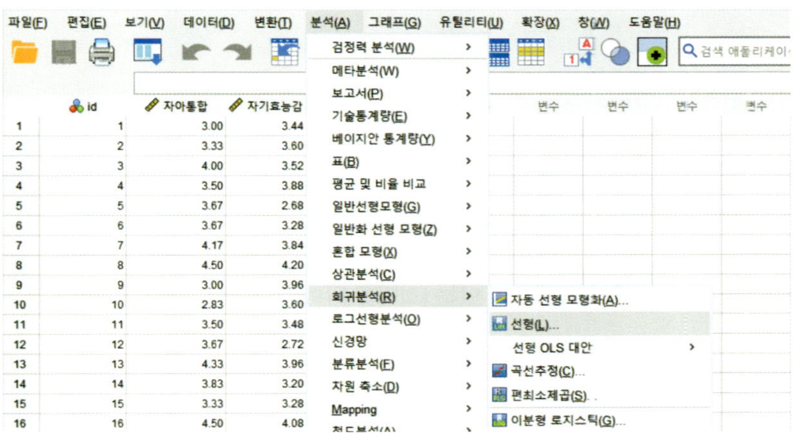

SPSS 분석 2

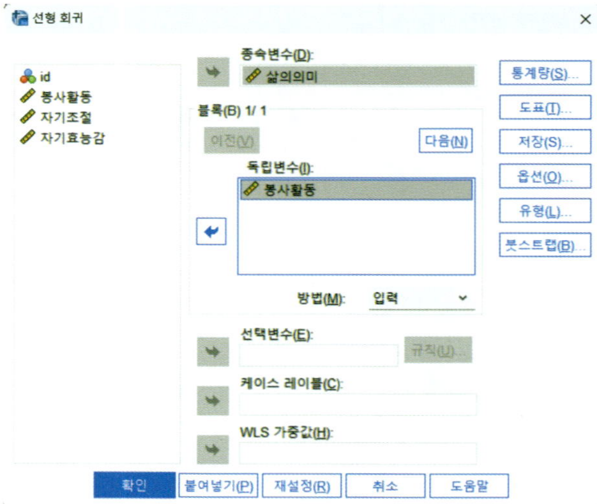

[독립변수(I)]에 '봉사활동'을 넣는다.
[종속변수(D)]에 '삶의의미'를 넣는다.
[통계량(S)]을 클릭한다.

SPSS 분석 3

[통계량]에서 기본적으로 클릭되어 있는 **[회귀계수]**의 **[추정값(E)]**, **[모형 적합(M)]**을 확인한다.
[계속(C)]을 클릭한다.
[확인]을 클릭한다.

SPSS 분석 4

(2) 두 번째 단계

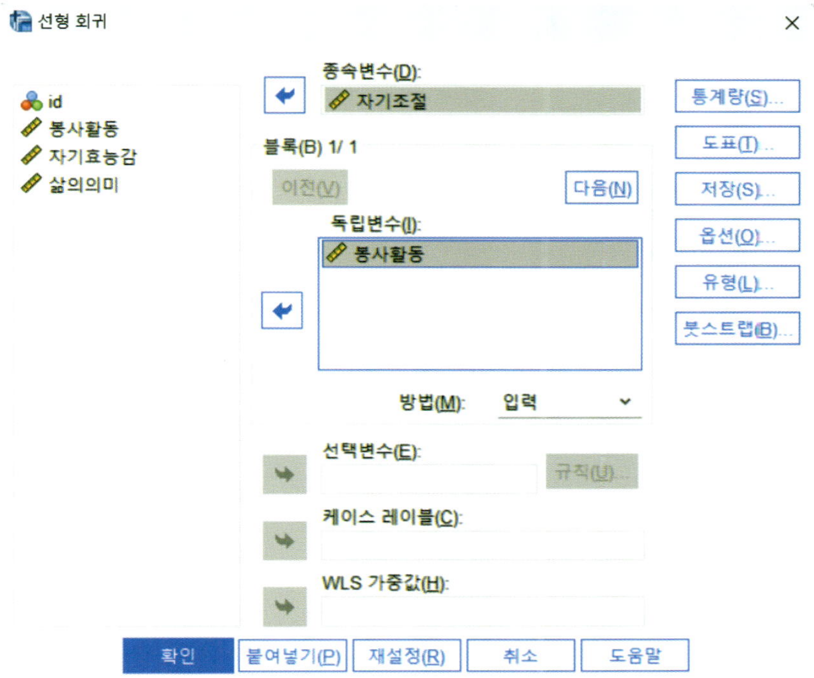

[독립변수(I)]에 '봉사활동'을 넣는다.
[종속변수(D)]에 '자기조절'을 넣는다.
[통계량(S)]을 클릭한다.

SPSS 분석 5

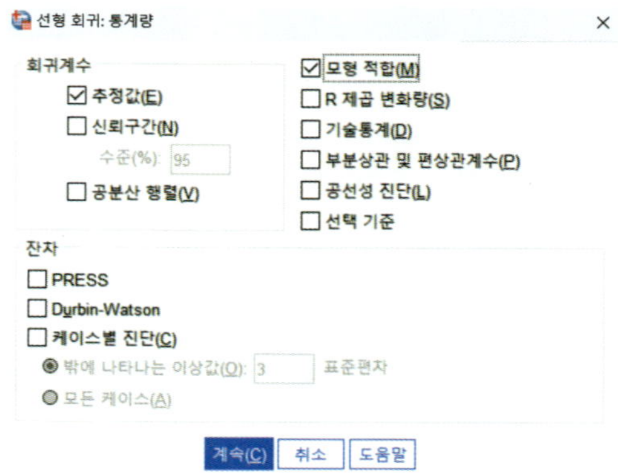

[통계량]에서 기본적으로 클릭되어 있는 **[회귀계수]**의 **[추정값(E)]**, **[모형 적합(M)]**을 확인한다.

[계속(C)]을 클릭한다.

[확인]을 클릭한다.

SPSS 분석 6

(3) 세 번째 단계

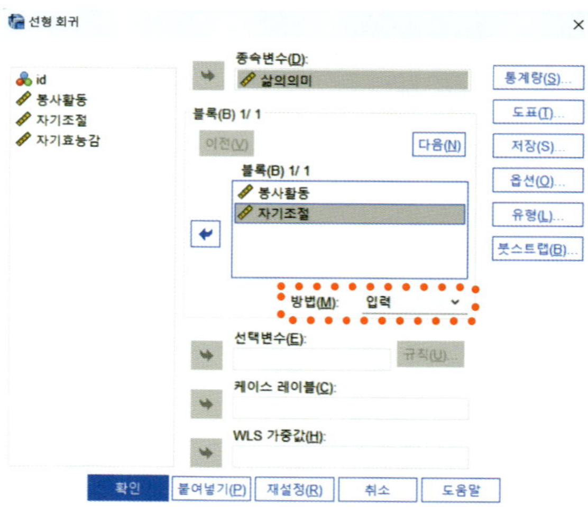

[블록(B)]에 '봉사활동'과 '자기조절'을 순서대로 넣는다.

[종속변수(D)]에 '삶의의미'를 넣는다.

[방법(M)]은 **[입력]**을 선택한다.

[통계량(S)]을 클릭한다.

SPSS 분석 7

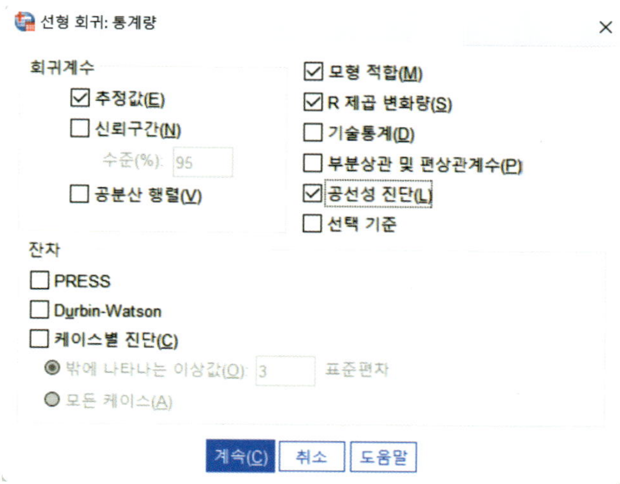

[통계량]에서 기본적으로 클릭되어 있는 **[회귀계수]**의 **[추정값(E)]**, **[모형 적합(M)]**을 확인한다.

[R 제곱 변화량(S)], **[공선성 진단(L)]**을 클릭한다.

[계속(C)]을 클릭한다.

[확인]을 클릭한다.

4) 분석결과

(1) 상관분석 결과

분석결과 1

상관관계

		봉사활동	자기조절	삶의의미
Pearson 상관	봉사활동	1	.522**	.639**
	자기조절	.522**	1	.611**
	삶의의미	.639**	.611**	1
유의확률 (양측)	봉사활동		<.001	<.001
	자기조절	.000		.000
	삶의의미	.000	.000	
N	봉사활동	200	200	200
	자기조절	200	200	200
	삶의의미	200	200	200

**. 상관관계가 0.01 수준에서 유의합니다(양측).

※ 상관관계표를 구체적으로 살펴보기 위해 **[피벗 트레이(P)]** 창을 활용하여 상관관계표를 정렬한다(제15장 상관분석을 참고한다).

각 변수 간의 Pearson 상관계수와 유의확률 값을 확인한다.

(2) 매개효과 검증 첫 번째 단계

분석결과 1

모형 요약

모형	R	R 제곱	수정된 R 제곱	추정값의 표준 오차
1	.639[a]	.408	.405	.68359

a. 예측자: (상수), 봉사활동

모형1의 R과 R^2 값을 확인한다. 봉사활동의 R^2, 즉 결정계수는 .408로 삶의 의미 변화량의 40.8%를 설명해 준다.

분석결과 2

ANOVA[a]

모형		제곱합	자유도	평균제곱	F	유의확률
1	회귀	63.805	1	63.805	136.541	<.001[b]
	잔차	92.524	198	.467		
	전체	156.329	199			

a. 종속변수: 삶의의미

b. 예측자: (상수), 봉사활동

봉사활동이 투입된 모형은 $F=136.541$, $p=.000(p<.001)$이므로 통계적으로 유의미한 결과가 검증되었다.

분석결과 3

계수[a]

모형		비표준화 계수		표준화 계수	t	유의확률
		B	표준화 오류	베타		
1	(상수)	1.314	.293		4.481	<.001
	봉사활동	.831	.071	.639	11.685	<.001

a. 종속변수: 삶의의미

봉사활동이 삶의 의미에 미치는 영향을 확인한 결과 $\beta=.639$, $t=11.685$, $p=.000$ $(p<.001)$이므로 통계적으로 유의미한 결과가 검증되었다.

(3) 매개효과 검증 두 번째 단계

분석결과 1

모형 요약

모형	R	R 제곱	수정된 R 제곱	추정값의 표준 오차
1	.522[a]	.273	.269	.73489

a. 예측자: (상수), 봉사활동

모형1의 R과 R^2 값을 확인한다. 봉사활동의 R^2, 즉 결정계수는 .273으로 자기조절 변화량의 27.3%를 설명해 준다.

분석결과 2

ANOVA[a]

모형		제곱합	자유도	평균제곱	F	유의확률
1	회귀	40.140	1	40.140	74.325	<.001[b]
	잔차	106.931	198	.540		
	전체	147.071	199			

a. 종속변수: 자기조절

b. 예측자: (상수), 봉사활동

봉사활동이 투입된 모형은 $F=74.325$, $p=.000(p<.001)$이므로 통계적으로 유의미한 결과가 검증되었다.

분석결과 3

계수[a]

모형		비표준화 계수		표준화 계수	t	유의확률
		B	표준화 오류	베타		
1	(상수)	1.936	.315		6.141	<.001
	봉사활동	.659	.076	.522	8.621	<.001

a. 종속변수: 자기조절

봉사활동이 자기조절에 미치는 영향을 확인한 결과 $\beta=.522$, $t=8.621$, $p=.000$ $(p<.001)$이므로 통계적으로 유의미한 결과가 검증되었다.

(4) 매개효과 검증 세 번째 단계

분석결과 1

모형 요약

모형	R	R 제곱	수정된 R 제곱	추정값의 표준오차	통계량 변화량				
					R 제곱 변화량	F 변화량	자유도1	자유도2	유의확률 F 변화량
1	.717[a]	.514	.509	.62094	.514	104.226	2	197	<.001

a. 예측자: (상수), 자기조절, 봉사활동

봉사활동과 자기조절이 순서대로 투입되었을 때 R^2, 즉 결정계수는 .514로 봉사활동과 자기조절은 삶의 의미 변화량의 51.4%를 설명해 준다. 이때 회귀모형은 유의수준 $p <$ .001에서 통계적으로 유의미하다.

분석결과 2

ANOVA[a]

모형		제곱합	자유도	평균제곱	F	유의확률
1	회귀	80.372	2	40.186	104.226	<.001[b]
	잔차	75.957	197	.386		
	전체	156.329	199			

a. 종속변수: 삶의의미

b. 예측자: (상수), 자기조절, 봉사활동

봉사활동과 자기조절이 순서대로 투입된 모형은 F=104.226, p=.000(p <.001)이므로 통계적으로 유의미한 결과가 검증되었다.

분석결과 3

계수[a]

모형		비표준화 계수		표준화 계수	t	유의확률	공선성 통계량	
		B	표준화 오류	베타			공차	VIF
1	(상수)	.552	.291		1.899	.059		
	봉사활동	.571	.076	.439	7.544	<.001	.727	1.375
	자기조절	.394	.060	.382	6.555	<.001	.727	1.375

a. 종속변수: 삶의의미

첫째, 봉사활동이 삶의 의미에 미치는 영향을 확인한 결과 β=.439, t=7.544, p=.000 (p <.001)으로 통계적으로 유의미한 결과가 검증되었다.

둘째, 자기조절이 삶의 의미에 미치는 영향을 확인한 결과 β=.382, t=6.555, p=.000 (p <.001)으로 통계적으로 유의미한 결과가 검증되었다.

독립변수 간의 다중공선성을 진단하기 위한 VIF 값은 1.375로 독립변수 간의 상관이 문제가 될 정도로 높지 않음을 알 수 있었다.

결과 해석에 대한 통계 TIP 영가설과 대립가설의 진위판단

1) 봉사활동 → 삶의 의미

영가설	봉사활동이 삶의 의미에 영향을 미치지 않을 것이다.	기각
대립가설	봉사활동이 삶의 의미에 영향을 미칠 것이다.	채택

⇒ '봉사활동이 삶의 의미에 영향을 미친다.'라고 결론 내린다.

2) 봉사활동 → 자기조절

영가설	봉사활동이 자기조절에 영향을 미치지 않을 것이다.	기각
대립가설	봉사활동이 자기조절에 영향을 미칠 것이다.	채택

⇒ '봉사활동이 자기조절에 영향을 미친다.'라고 결론 내린다.

3) 봉사활동 → 자기조절 → 삶의 의미

영가설	봉사활동이 삶의 의미에 미치는 영향에서 자기조절이 매개하지 않을 것이다.	기각
대립가설	봉사활동이 삶의 의미에 미치는 영향에서 자기조절이 매개할 것이다.	채택

⇒ '봉사활동이 삶의 의미에 미치는 영향에서 자기조절이 매개한다.'라고 결론 내린다.

5) 보고서 작성

〈표 17-3〉 봉사활동, 자기조절, 삶의 의미의 상관행렬

	1	2	3
1. 봉사활동	–		
2. 자기조절	.522***	–	
3. 삶의의미	.639***	.611***	–

***$p<.001$

〈표 17-4〉 봉사활동이 삶의 의미에 미치는 영향에서 자기조절의 매개효과 검증

단계		R	R^2	$adjR^2$	β	t	p (유의확률)
1단계							
봉사활동	→ 삶의의미	.639	.408	.405	.639	11.685***	.000
2단계							
봉사활동	→ 자기조절	.522	.273	.269	.522	8.621***	.000
3단계							
봉사활동	→ 삶의의미	.717	.514	.509	.439	7.544***	.000
자기조절					.382	6.555***	.000

***$p<.001$

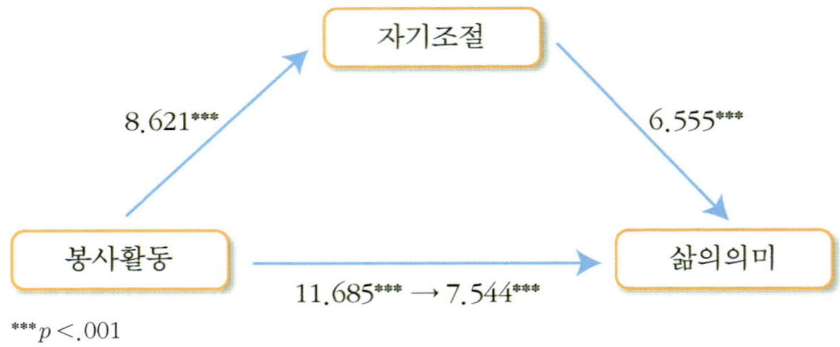

[그림 17-2] 봉사활동이 삶의 의미에 미치는 영향에서 자기조절의 매개효과

〈표 17-3〉과 같이 변수 간의 상관은 모두 유의미한 정적 상관관계를 보였다. 가장 높은 정적 상관을 보인 변수는 봉사활동과 삶의 의미로 상관계수는 .639($p <$ .001)이었다. 다음으로는 자기조절과 삶의 의미로 상관계수는 .611($p <.001$)이었다. 가장 낮은 정적 상관을 보인 변수는 봉사활동과 자기조절로 상관계수는 .522($p <$ .001)이었다.

봉사활동이 삶의 의미에 미치는 영향에서 자기조절이 매개하는지를 알아보기 위하여 위계적 중다회귀분석을 실시하였다. 그 결과는 〈표 17-4〉와 같으며, [그림 17-2]로 시각화하였다.

첫 번째 단계, 봉사활동이 삶의 의미에 통계적으로 유의미하게 영향을 미치고 있었다($\beta=.639$, $p <.001$). 두 번째 단계, 봉사활동이 자기조절에 통계적으로 유의미하게 영향을 미치고 있었다($\beta=.522$, $p <.001$). 세 번째 단계, 봉사활동이 삶의 의미에 미치는 영향에서 자기조절이 통계적으로 유의미하게 영향을 미치고 있었다($\beta=.439$, $p <.001$). 이때 봉사활동의 영향력이 여전히 유의미하여($\beta=.382$, $p <.001$) 이 모형은 부분매개효과 모형으로 검증되었다.

매개효과의 효과성은 Sobel $Z=5.235$, $p < .001$로 통계적으로 유의미하였다.

연습 문제

1 봉사활동이 삶의 의미에 미치는 영향에서 자기효능감의 매개효과를 통계적으로 분석하기 위해 위계적 중다회귀분석을 실시하고, 그 결과를 알아본다.
(회귀분석에서의 부분매개효과.sav 활용)

제18장

회귀분석에서의 조절효과

조절효과(moderation)란 조절변수가 어떤 값을 갖느냐에 따라 독립변수가 종속변수에 영향을 더 미치기도 하고 덜 미치기도 하는 효과를 말한다. 조절변수의 효과를 검증할 때 상호작용 효과를 알아본다고 말하기도 한다.

1. 회귀분석에서의 조절효과

1) 조절효과

- 예로, 스트레스 정도가 높아지면 행복에 부정적인 영향을 미친다는 것은 잘 알려져 있다. 그러나 제3의 변수에 따라 스트레스가 행복에 영향을 더 미칠 수도 있고 덜 미칠 수도 있다.
- 이때 제3의 변수가 조절변수이다.
- 조절변수가 '강인성'인 경우, 강인성이 높으면 스트레스가 행복에 영향을 덜 미치고 강인성이 낮으면 더 영향을 미치게 된다. 강인성이 완충역할을 하거나 조절역할을 하는 것이다.

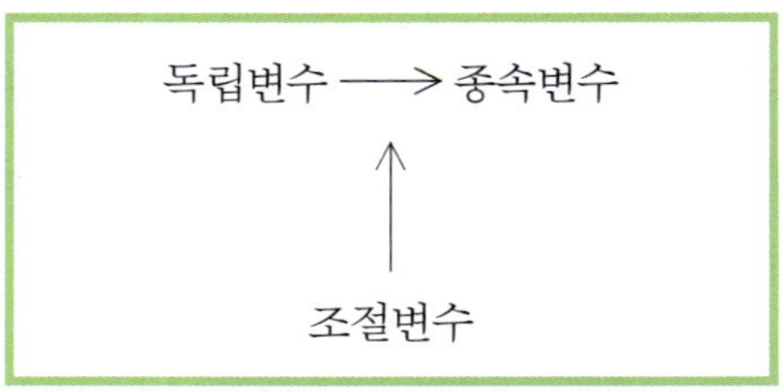

2) 분석절차

회귀분석에서의 조절효과를 검증하기 위해서 다음의 분석절차에 따라 실시한다.

(1) 상관분석을 통해 각 변수 간의 상관성을 알아본다.

(2) 조절효과를 검증하기 위해서 위계적 중다회귀분석을 세 단계 실시한다.

- 조절효과를 검증하기 위해서는 다음 세 단계의 조건이 충족되어야 한다.
  ① 첫 번째 단계, 독립변수가 종속변수에 통계적으로 유의미한 영향을 미쳐야 한다(단순 주효과 검증).
  ② 두 번째 단계, 독립변수와 조절변수가 종속변수에 통계적으로 유의미한 영향을 미쳐야 한다(위계적 중다회귀분석 검증).
  ③ 세 번째 단계, 독립변수와 조절변수의 상호작용항이 종속변수에 통계적으로 유의미한 영향을 미쳐야 한다(상호작용 효과 검증).
- 첫 번째 단계는 독립변수의 단순 주효과 검증, 두 번째 단계는 독립변수와 조절변수가 순서대로 투입된 위계적 중다회귀분석 검증, 세 번째 단계는 독립변수와 조절변수의 상호작용항을 검증한 상호작용 효과이다.
- 상호작용 효과가 검증되었을 때 세부적으로 이 효과를 알아보기 위해 종속변수에 대한 독립변수와 조절변수의 분산분석을 실시한다.

2. 조절효과 검증

1) 기본 개념

- 조절효과를 검증하기 위해서는 첫 번째 단계에서부터 세 번째 단계까지 각 단계가 통계적으로 검증되어야 한다.
- 세 번째 단계에서는 독립변수와 조절변수의 상호작용항을 생성해야 한다.
- 세 번째 단계에서 상호작용항으로 인해 다중공선성 값이 높아질 수 있다. 이 다중공선성의 문제를 해결하기 위해 센터링(centering)을 사용하여 높아진 다중공선성의 값을 낮춰야 한다.

통계 TIP 다중공선성을 피하기 위한 센터링

(독립변수 Z점수) × (조절변수 Z점수)

조절효과에서 다중공선성을 피하기 위해 사용하는 방법의 한 가지는 상호작용항을 생성할 때 독립변수 Z점수값과 조절변수 Z점수값을 곱하는 방법이 있다.

2) 연구목적과 가설설정

회귀분석에서의 조절효과에 관한 연구목적과 가설설정

1. 연구목적

   연구자는 스트레스가 행복에 미치는 영향에서 강인성이 조절하는지 연구하고자 한다. 이를 위해 다음과 같은 연구가설을 설정하였다.

2. 연구가설

   스트레스가 행복에 미치는 영향에서 강인성이 조절할 것이다.

$H_{0(\text{영가설})}$: 1. 스트레스가 행복에 영향을 미치지 않을 것이다.
2. 스트레스와 강인성이 행복에 영향을 미치지 않을 것이다.
3. 스트레스가 행복에 미치는 영향에서 강인성이 조절하지 않을 것이다.

$H_{1(\text{대립가설})}$: 1. 스트레스가 행복에 영향을 미칠 것이다.
2. 스트레스와 강인성이 행복에 영향을 미칠 것이다.
3. 스트레스가 행복에 미치는 영향에서 강인성이 조절할 것이다.

통계검증방법 : 위계적 회귀분석
유의수준 : $p < .05$(양방 검증)
가설검증을 위한 진위판단을 실시

3) SPSS 실행

스트레스가 행복에 미치는 영향에서 강인성의 조절효과가 통계적으로 유의미한지를 검증하기 위해 위계적 중다회귀분석을 실시한다.

(1) 각 변수 간의 상관관계 분석

SPSS 분석 1

분석과정
분석(A) → 상관분석(C) → 이변량 상관(B)
– 회귀분석에서의 조절효과.sav

SPSS 분석 2

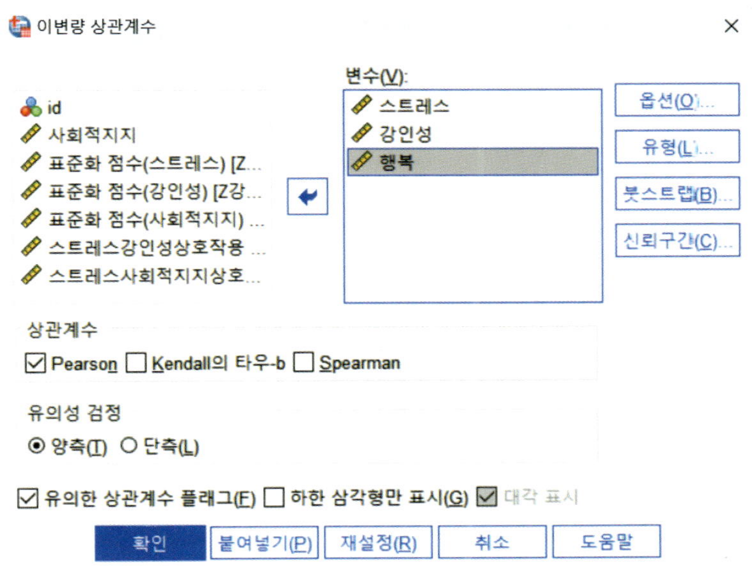

[변수(V)]에 '스트레스' '강인성' '행복'을 넣는다.
[상관계수]에서 [Pearson]에 클릭되어 있는지 확인한다.
[확인]을 클릭한다.

(2) 위계적 중다회귀분석을 통한 조절효과 검증

(2-1) 독립변수와 조절변수를 센터링한 신규변수 생성

SPSS 실행 1

실행과정
1) 독립변수와 조절변수를 센터링한 신규변수 생성
2) 센터링한 독립변수와 조절변수의 상호작용항 생성
- 회귀분석에서의 조절효과.sav

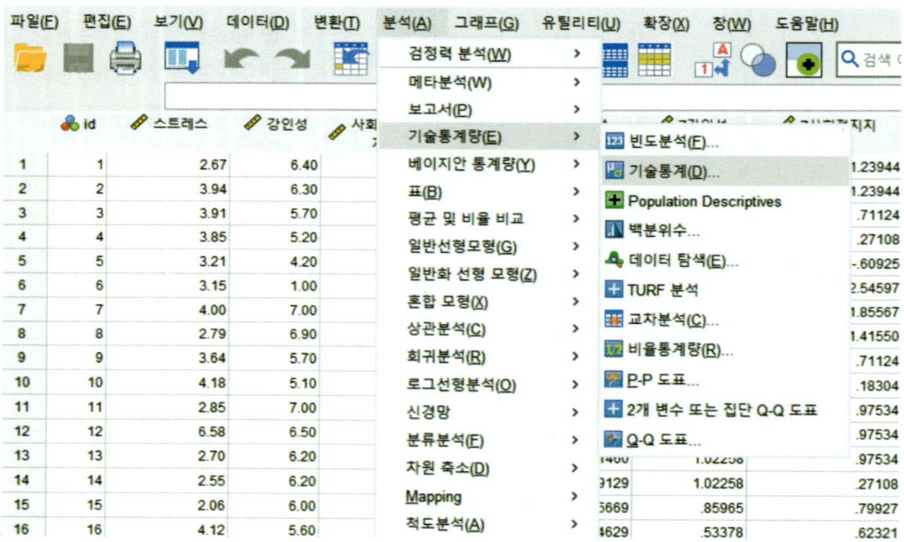

[분석(A)]에서 [기술통계량(E)], [기술통계(D)]를 클릭한다.

SPSS 실행 2

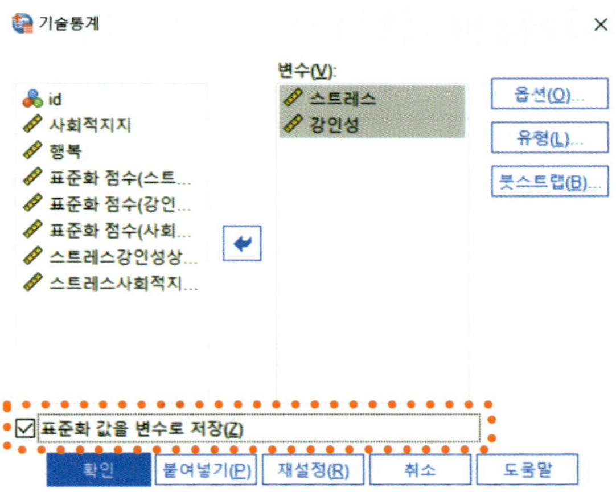

[변수(V)]에 '스트레스' '강인성'을 입력한다.

[표준화 값을 변수로 저장(Z)]를 클릭한다.

[확인]을 클릭한다.

SPSS 실행 3

	id	스트레스	강인성	사회적지지	행복	ZSco01	ZSco02
1	1	2.67	6.40	6.30	4.73	-1.04993	1.18551
2	2	3.94	6.30	6.30	5.96	.43426	1.10405
3	3	3.91	5.70	5.70	5.31	.39892	.61525
4	4	3.85	5.20	5.20	5.17	.32825	.20791
5	5	3.21	4.20	4.20	4.08	-.41385	-.60676
6	6	3.15	1.00	2.00	4.29	-.48453	-3.21369
7	7	4.00	7.00	7.00	5.27	.50494	1.67432
8	8	2.79	6.90	6.50	5.21	-.90858	1.59285
9	9	3.64	5.70	5.70	4.85	.08088	.61525
10	10	4.18	5.10	5.10	4.75	.71696	.12645
11	11	2.85	7.00	6.00	5.25	-.83791	1.67432
12	12	6.58	6.50	6.00	4.31	3.50866	1.26698
13	13	2.70	6.20	6.00	5.69	-1.01460	1.02258
14	14	2.55	6.20	5.20	5.44	-1.19129	1.02258
15	15	2.06	6.00	5.80	5.46	-1.75669	.85965
16	16	4.12	5.60	5.60	5.65	.64629	.53378
17	17	3.42	5.90	5.70	5.23	-.16649	.77818

데이터 보기에서 새롭게 생성된 '스트레스_센터링(ZSco01)' '강인성_센터링(ZSco02)'을 확인한다.

(2−2) 센터링한 독립변수와 조절변수의 상호작용항 생성

SPSS 실행 1

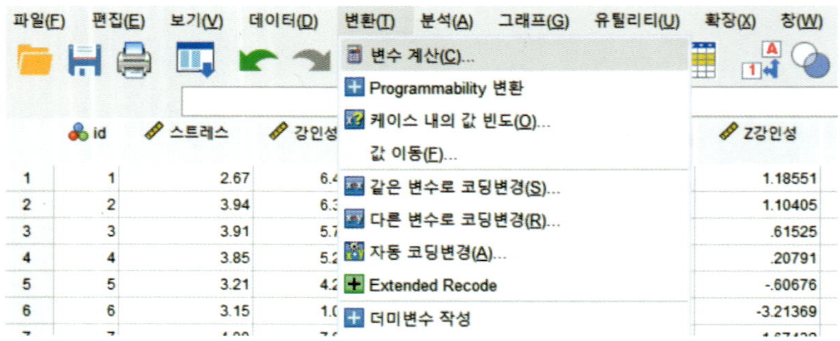

[변환(T)]에서 **[변수 계산(C)]**을 클릭한다.

SPSS 실행 2

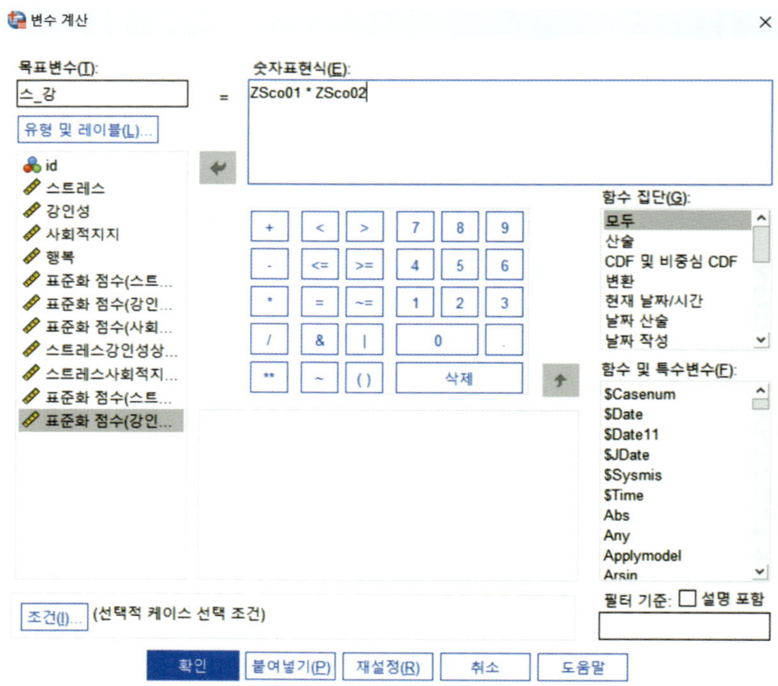

[목표변수(T)]에 ‘스_강’을 입력한다.

[숫자표현식(E)]에 ‘스트레스_센터링(ZSco01)*강인성_센터링(ZSco02)’을 입력한다.

[확인]을 클릭한다.

SPSS 실행 3

행복	ZSco01	ZSco02	스_강
4.73	-1.04993	1.18551	-1.24
5.96	.43426	1.10405	.48
5.31	.39892	.61525	.25
5.17	.32825	.20791	.07
4.08	-.41385	-.60676	.25
4.29	-.48453	-3.21369	1.56
5.27	.50494	1.67432	.85
5.21	-.90858	1.59285	-1.45
4.85	.08088	.61525	.05
4.75	.71696	.12645	.09
5.25	-.83791	1.67432	-1.40
4.31	3.50866	1.26698	4.45
5.69	-1.01460	1.02258	-1.04
5.44	-1.19129	1.02258	-1.22
5.46	-1.75669	.85965	-1.51

데이터 보기에서 새롭게 생성된 '스_강(상호작용항)' 변수를 확인할 수 있다.

(2-3) 위계적 중다회귀분석을 통한 조절효과 분석 실행

SPSS 분석 1

분석과정
분석(A) → 회귀분석(R) → 선형(L)
- 회귀분석에서의 조절효과.sav

① 첫 번째 단계

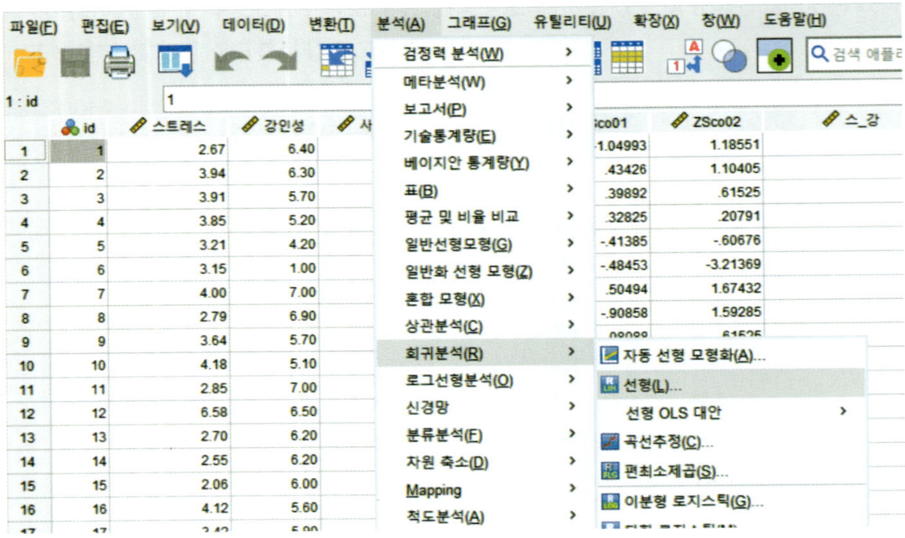

SPSS 분석 2

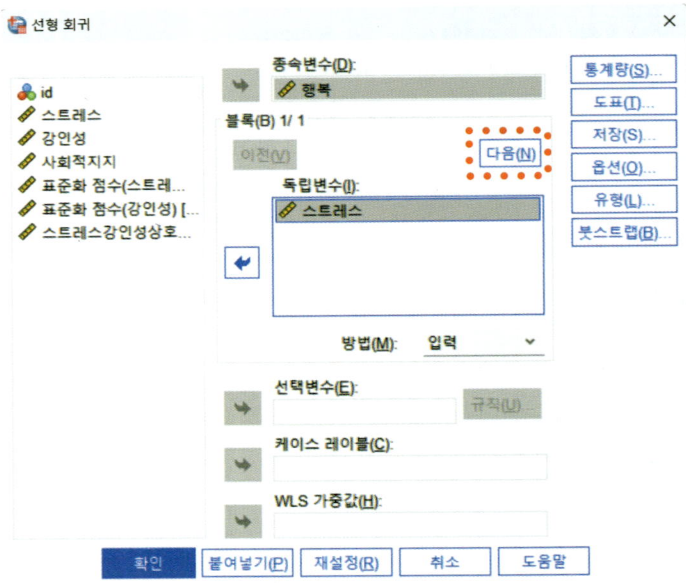

[독립변수(I)]에 '스트레스'를 넣는다.

[종속변수(D)]에 '행복'을 넣는다.

[다음(N)]을 클릭한다.

SPSS 분석 3

② 두 번째 단계

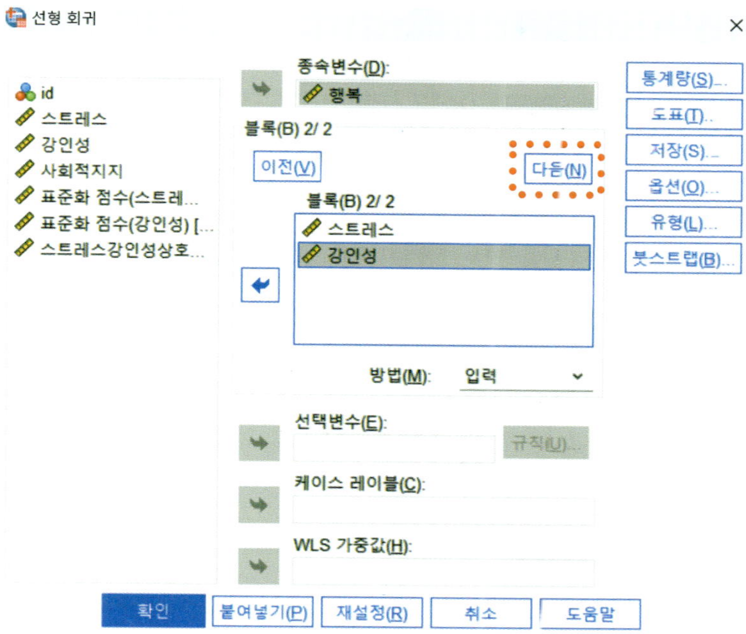

[블록(B)]에 '스트레스' '강인성'을 순서대로 넣는다.
[종속변수(D)]에 '행복'이 들어가 있는지 확인한다.
[다음(N)]을 클릭한다.

SPSS 분석 4

③ 세 번째 단계

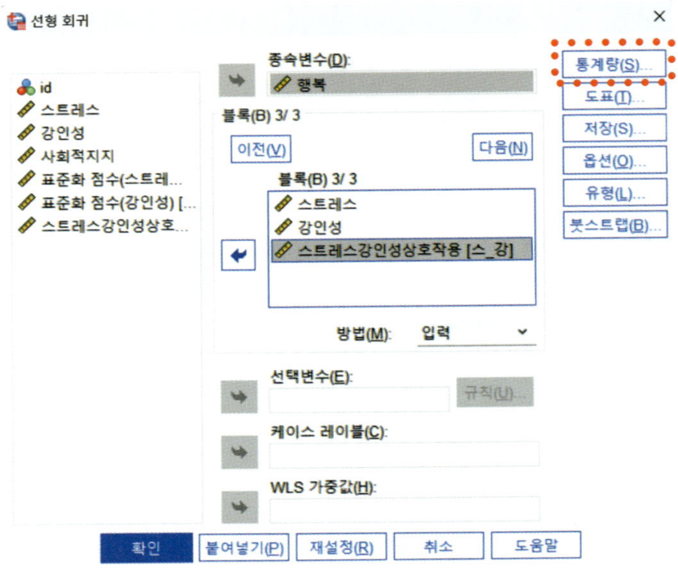

[블록(B)]에 '스트레스' '강인성' '상호작용항'을 순서대로 넣는다.
[종속변수(D)]에 '행복'이 들어가 있는지 확인한다.
[통계량(S)]을 클릭한다.

SPSS 분석 5

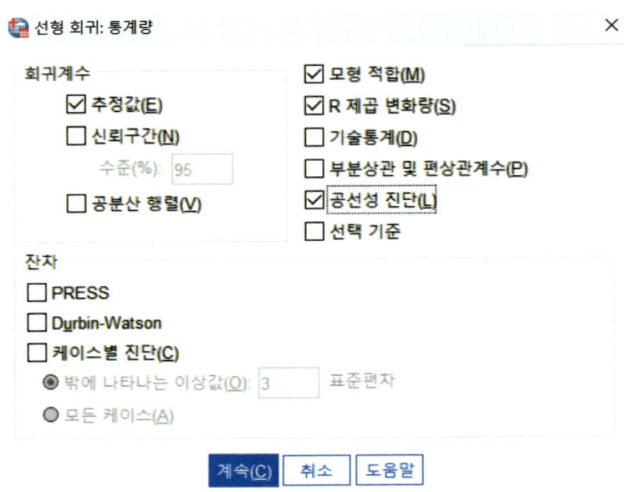

[통계량]에서 기본적으로 클릭되어 있는 **[회귀계수]**의 **[추정값(E)]**, **[모형 적합(M)]**을 확인한다.
[R 제곱 변화량(S)], **[공선성 진단(L)]**에 클릭한다.
[계속(C)]을 클릭한다.
[확인]을 클릭한다.

4) 분석결과

(1) 상관분석 결과

분석결과 1

상관관계

		스트레스	강인성	행복
Pearson 상관	스트레스	1	.013	-.181*
	강인성	.013	1	.507**
	행복	-.181*	.507**	1
유의확률 (양측)	스트레스		.877	.026
	강인성	.877		.000
	행복	.026	.000	
N	스트레스	150	150	150
	강인성	150	150	150
	행복	150	150	150

*. 상관관계가 0.05 수준에서 유의합니다(양측).
**. 상관관계가 0.01 수준에서 유의합니다(양측).

※ 상관관계표를 구체적으로 살펴보기 위해 **[피벗 트레이(P)]** 창을 활용하여 상관관계표를 정렬한다.

각 변수 간의 Pearson 상관계수와 유의확률 값을 확인한다.

(2) 위계적 중다회귀분석을 통한 조절효과 분석결과

분석결과 1

모형 요약

모형	R	R 제곱	수정된 R 제곱	추정값의 표준오차	통계량 변화량				
					R 제곱 변화량	F 변화량	자유도1	자유도2	유의확률 F 변화량
1	.181[a]	.033	.026	.62790	.033	5.028	1	148	.026
2	.540[b]	.292	.282	.53903	.259	53.827	1	147	<.001
3	.574[c]	.329	.316	.52644	.037	8.115	1	146	.005

a. 예측자: (상수), 스트레스
b. 예측자: (상수), 스트레스, 강인성
c. 예측자: (상수), 스트레스, 강인성, 스강_상호작용항

첫 번째 단계에서 스트레스가 투입되었을 때 R^2, 즉 결정계수는 .033으로, 3.3%를 설명해 준다. 이때 회귀모형은 유의수준 $p<.05$에서 통계적으로 유의미하다.

두 번째 단계에서 스트레스와 강인성이 순서대로 투입되었을 때 R^2, 즉 결정계수는 .292으로, 29.2%를 설명해 준다. 이때 회귀모형은 유의수준 $p=.000(p<.001)$에서 통계적으로 유의미하다.

세 번째 단계에서 스트레스와 강인성 그리고 상호작용항이 순서대로 투입되었을 때 R^2, 즉 결정계수는 .329로 32.9%를 설명해 준다. 이때 회귀모형은 유의수준 $p<.01$에서 통계적으로 유의미하다.

분석결과 2

ANOVA[a]

모형		제곱합	자유도	평균제곱	F	유의확률
1	회귀	1.982	1	1.982	5.028	.026[b]
	잔차	58.351	148	.394		
	전체	60.333	149			
2	회귀	17.622	2	8.811	30.325	<.001[c]
	잔차	42.712	147	.291		
	전체	60.333	149			
3	회귀	19.871	3	6.624	23.900	<.001[d]
	잔차	40.463	146	.277		
	전체	60.333	149			

a. 종속변수: 행복
b. 예측자: (상수), 스트레스
c. 예측자: (상수), 스트레스, 강인성
d. 예측자: (상수), 스트레스, 강인성, 스강_상호작용항

첫 번째 단계에서 스트레스가 투입된 모형은 $F=5.028$, $p=.026(p<.05)$이므로 통계적으로 유의미한 결과가 검증되었다.

두 번째 단계에서 스트레스와 강인성이 순서대로 투입된 모형은 F=30.325, p=.000(p<.001)이므로 통계적으로 유의미한 결과가 검증되었다.
세 번째 단계에서 스트레스와 강인성 그리고 상호작용항이 순서대로 투입된 모형은 F=23.900, p=.000(p<.001)이므로 통계적으로 유의미한 결과가 검증되었다.

분석결과 3

계수[a]

모형		비표준화 계수		표준화 계수	t	유의확률	공선성 통계량	
		B	표준화 오류	베타			공차	VIF
1	(상수)	4.939	.220		22.448	<.001		
	스트레스	-.135	.060	-.181	-2.242	.026	1.000	1.000
2	(상수)	3.651	.258		14.160	<.001		
	스트레스	-.139	.052	-.188	-2.706	.008	1.000	1.000
	강인성	.264	.036	.509	7.337	<.001	1.000	1.000
3	(상수)	3.895	.266		14.643	<.001		
	스트레스	-.189	.053	-.254	-3.548	<.001	.893	1.119
	강인성	.250	.035	.482	7.047	<.001	.981	1.020
	스강_상호작용항	.120	.042	.206	2.849	.005	.877	1.140

a. 종속변수: 행복

첫 번째 단계에서 스트레스가 행복에 미치는 영향을 확인한 결과 β=−.181, t=−2.242, p=.026(p<.05)으로 통계적으로 유의미한 결과가 검증되었다.
두 번째 단계에서 스트레스가 행복에 미치는 영향을 확인한 결과 β=−.188, t=−2.706, p=.008(p<.01)로 통계적으로 유의미한 결과가 검증되었으며 강인성이 행복에 미치는 영향을 확인한 결과 β=.509, t=7.337, p=.000(p<.001)으로 통계적으로 유의미한 결과가 검증되었다. 독립변수 간의 다중공선성을 진단하기 위한 VIF 값은 각각 1.000이므로 독립변수 간의 상관이 문제가 될 정도로 높지 않았다.
세 번째 단계에서 스트레스가 행복에 미치는 영향을 확인한 결과 β=−.254, t=−3.548, p=.000(p<.001)으로 통계적으로 유의미한 결과가 검증되었고 강인성이 행복에 미치는 영향을 확인한 결과 β=.482, t=7.047, p=.000(p<.001)으로 통계적으로 유의미한 결과가 검증되었다. 상호작용항이 행복에 미치는 영향을 확인한 결과 β=.206, t=2.849, p=.005(p<.01)로 통계적으로 유의미한 결과가 검증되었다.

세 번째 단계에서 독립변수 t값의 부호와 상호작용항 t값의 부호 방향이 다르고 통계적으로 유의미한 영향이 검증되었다면 조절효과가 있음을 알 수 있다.

독립변수 간의 다중공선성을 진단하기 위한 VIF 값은 1.020에서 1.140으로 독립변수 간의 상관이 문제가 될 정도로 높지 않음을 알 수 있다.

결과 해석에 대한 통계 TIP 영가설과 대립가설의 진위판단

1) 스트레스

영가설	스트레스가 행복에 영향을 미치지 않을 것이다.	기각
대립가설	스트레스가 행복에 영향을 미칠 것이다.	채택

⇒ '스트레스가 행복에 영향을 미친다.'라고 결론 내린다.

2) 강인성

영가설	스트레스와 강인성이 행복에 영향을 미치지 않을 것이다.	기각
대립가설	스트레스와 강인성이 행복에 영향을 미칠 것이다.	채택

⇒ '스트레스와 강인성이 행복에 영향을 미친다.'라고 결론 내린다.

3) 스트레스 × 강인성

영가설	스트레스가 행복에 미치는 영향에서 강인성이 조절하지 않을 것이다.	기각
대립가설	스트레스가 행복에 미치는 영향에서 강인성이 조절할 것이다.	채택

⇒ '스트레스가 행복에 미치는 영향에서 강인성이 조절한다.'라고 결론 내린다.

3. 보고서 작성

〈표 18-1〉 스트레스, 강인성, 행복의 상관행렬

	1	2	3
1. 스트레스	–		
2. 강인성	.013	–	
3. 행복	–.181*	.507***	–

*p < .05, ***p < .001

〈표 18-2〉 스트레스가 행복에 미치는 영향에서 강인성의 조절효과 검증

단계	독립변수	R	R^2	$adjR^2$	β	t	p (유의확률)
1단계	스트레스	.181	.033	.026	−.181	−2.242*	.026
2단계	스트레스	.540	.292	.282	−.188	−2.706**	.008
	강인성				.509	7.337***	.000
3단계	스트레스(A)	.574	.329	.316	−.254	−3.548***	.000
	강인성(B)				.482	7.047***	.000
	(A)×(B)				.206	2.849**	.005

*$p<.05$, **$p<.01$, ***$p<.001$

〈표 18−1〉과 같이 변수 간의 상관에서 정적 상관을 보인 변수는 강인성과 행복으로 상관계수는 .507($p<.001$)이었다. 다음으로 스트레스와 행복은 부적 상관관계로 이들의 상관계수는 −.181($p<.05$)이었다. 스트레스와 강인성은 통계적으로 유의미한 상관을 보이지 않았다.

스트레스가 행복에 미치는 영향에서 강인성이 조절하는지를 알아보기 위하여 위계적 중다회귀분석을 실시하였다. 그 결과는 〈표 18−2〉와 같다.

스트레스가 행복에 미치는 영향에서 강인성이 조절하는지를 검증한 결과, 첫 번째 단계, 스트레스가 행복에 미치는 영향에서 통계적으로 유의미한 결과가 검증되었다($\beta=-.181$, $p<.05$). 두 번째 단계, 스트레스가 행복에 미치는 영향에서 통계적으로 유의미한 결과가 검증되었다($\beta=-.188$, $p<.01$). 강인성이 행복에 미치는 영향에서 통계적으로 유의미한 결과가 검증되었다($\beta=.509$, $p<.001$). 세 번째 단계, 스트레스가 행복에 미치는 영향에서 통계적으로 유의미한 결과가 검증되었다($\beta=-.254$, $p<.001$). 강인성이 행복에 미치는 영향에서 통계적으로 유의미한 결과가 검증되었다($\beta=.482$, $p<.001$). 상호작용항이 행복에 미치는 영향에서 통계적으로 유의미한 결과가 검증되었다($\beta=.206$, $p<.01$).

[그림 18−1]과 같이 스트레스가 행복에 미치는 영향에서 강인성의 조절효과가 있었음을 알 수 있다.

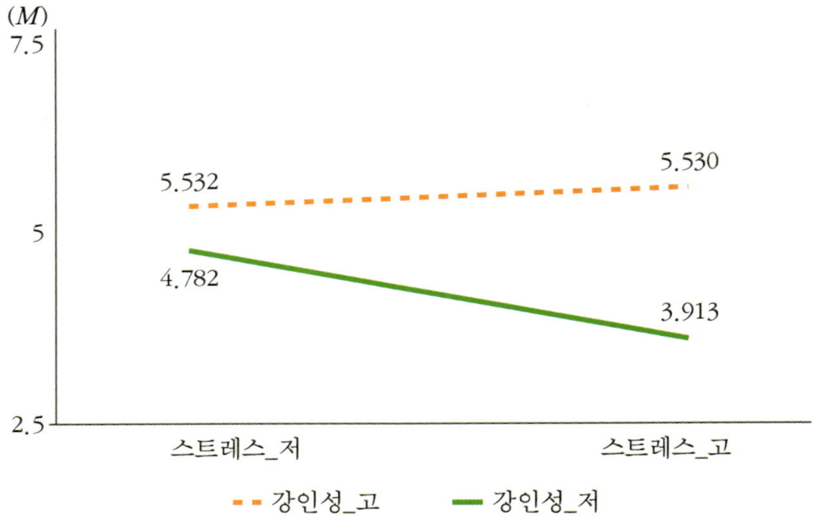

[그림 18-1] 행복에 대한 스트레스와 강인성의 상호작용 효과

연습문제

1 스트레스가 행복에 미치는 영향에서 사회적지지에 대한 조절효과를 통계적으로 분석하기 위해 위계적 중다회귀분석을 실시하고, 그 결과를 알아본다.
(회귀분석에서의 조절효과.sav 활용)

제19장

회귀분석에서의 PROCESS Macro 활용

PROCESS Macro를 활용하여 이중매개효과와 조절된 매개효과를 실시할 수 있다.

1. 이중매개효과(PROCESS Macro 6번 모형)

1) 기본 개념

- 사회과학 연구에서 변수 간의 관계는 종종 복잡하고 다양하다.
- 이중매개효과는 이러한 복잡한 관계를 정확하게 이해하고 설명하고 있다.
- 이중매개효과를 통해 연구자는 변수 간의 관계를 세분화하여 탐구할 수 있다.
- 즉, 변수 간 관계의 복잡성을 이해하고, 보다 정확한 연구 결과를 도출할 수 있다.

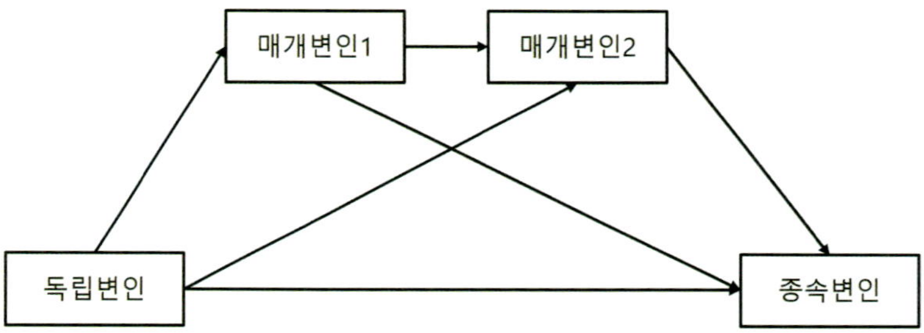

[그림 19-1] PROCESS Macro를 활용한 이중매개효과 기본 모형

2) 연구문제와 가설설정

회귀분석에서의 이중매개효과에 관한 연구목적과 가설설정

1. 연구목적

연구자는 마음챙김이 심리적 안녕감에 미치는 영향에서 자기자비와 성장마인드셋이 이중매개할지 연구하고자 한다. 이를 위해 다음과 같은 연구가설을 설정하였다.

2. 연구가설

마음챙김이 심리적 안녕감에 미치는 영향에서 자기자비와 성장마인드셋이 매개할 것이다.

$H_{0(\text{영가설})}$: 마음챙김이 심리적 안녕감에 미치는 영향에서 자기자비와 성장마인드셋이 매개하지 않을 것이다.

$H_{1(\text{대립가설})}$: 마음챙김이 심리적 안녕감에 미치는 영향에서 자기자비와 성장마인드셋이 매개할 것이다.

통계검증방법 : PROCESS Macro 6번 모형을 이용한 이중매개효과분석
유의수준 : $p < .05$(양방 검증)
가설검증을 위한 진위판단을 실시

3. 연구모형

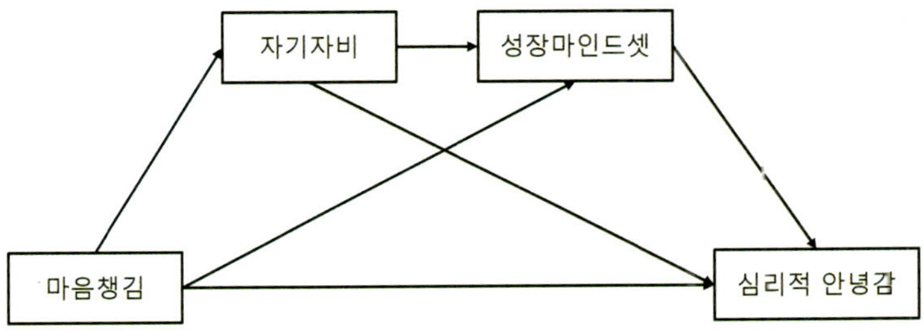

3) SPSS 실행

마음챙김이 심리적 안녕감에 미치는 영향에서 자기자비와 성장마인드셋의 이중매개효과가 통계적으로 유의미한지를 검증하기 위해 PROCESS Macro 6번 모형으로 이중매개효과분석을 실시한다.

SPSS 분석 1

분석과정
분석(A) → 회귀분석(R) → PROCESS v4.2 by Andrew F. Hayes
– 회귀분석에서 이중매개_6번모형.sav

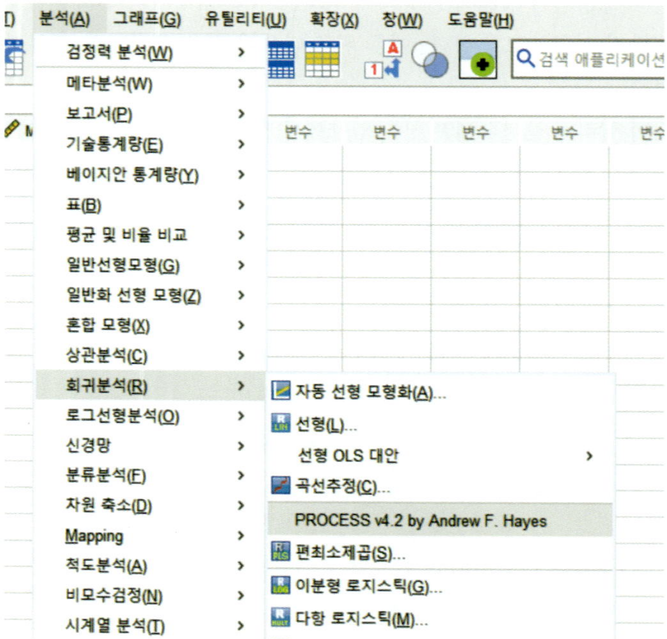

SPSS 분석 2

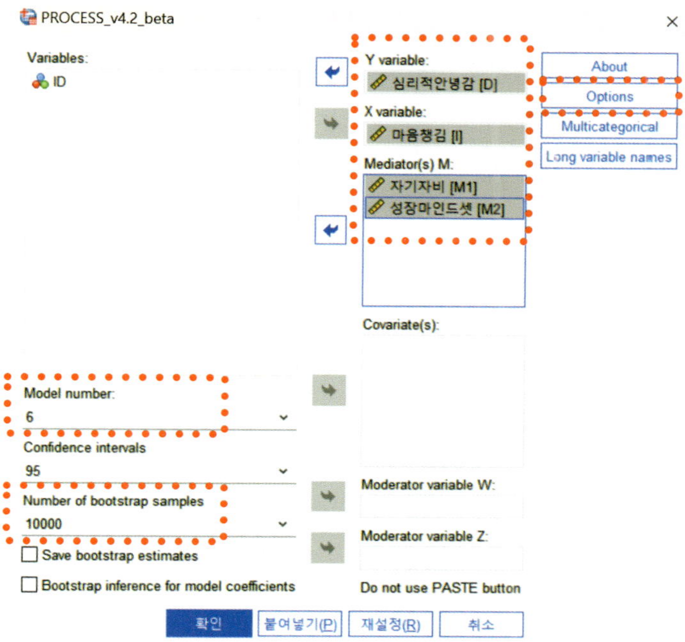

[X variable]에 '마음챙김(I)'을 넣는다.
[Y variable]에 '심리적안녕감(D)'을 넣는다.
[Mediator(s) M]에 '자기자비(M1)'와 '성장마인드셋(M2)'을 넣는다.
[Model number]에서 '6'을 선택한다.
[Number of bootstrap samples]에서 '10000'을 선택한다.
[Options]를 클릭한다.

SPSS 분석 3

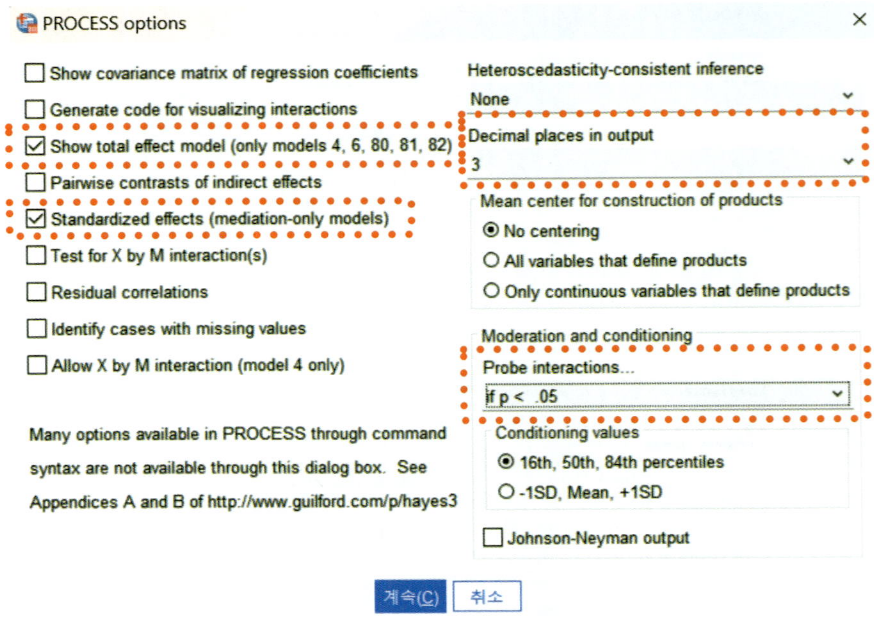

[Show total effect model (only model 4, 6, 80, 81, 82)]을 클릭한다.
[Standardized effects (mediation-only models]를 클릭한다.
[Decimal places in output]에서 '3'을 선택한다.
[Moderation and conditioning]에서 'if p < .05'를 선택한다.

4) 분석결과

분석결과 1

```
****************** PROCESS Procedure for SPSS Version 4.2 ******************

          Written by Andrew F. Hayes, Ph.D.       www.afhayes.com
    Documentation available in Hayes (2022). www.guilford.com/p/hayes3

**************************************************************************
Model  : 6
    Y  : D
    X  : I
   M1  : M1
   M2  : M2

Sample
Size:  100

**************************************************************************
OUTCOME VARIABLE:
 M1

Model Summary
          R       R-sq        MSE          F        df1        df2          p
       .554       .306       .150     43.304      1.000     98.000       .000

Model
              coeff         se          t          p       LLCI       ULCI
constant      1.511       .316      4.775       .000       .883      2.138
I              .567       .086      6.581       .000       .396       .738

Standardized coefficients
        coeff
I        .554
```

I(마음챙김)가 M1(자기자비)에 미치는 값을 확인한다.

비표준화 회귀계수 .567, 표준화 회귀계수 .554, $p=.000(p<.001)$이므로 통계적으로 유의미한 결과가 검증되었다.

분석결과 2

```
**************************************************************************
OUTCOME VARIABLE:
 M2

Model Summary
          R       R-sq        MSE          F        df1        df2          p
       .568       .323       .288     23.107      2.000     97.000       .000

Model
              coeff         se          t          p       LLCI       ULCI
constant       .300       .487       .615       .540      -.667      1.267
I              .494       .143      3.441       .001       .209       .779
M1             .417       .140      2.978       .004       .139       .695

Standardized coefficients
         coeff
I         .345
M1        .299
```

I(마음챙김)가 M2(성장마인드셋)에 미치는 값을 확인한다.

비표준화 회귀계수 .494, 표준화 회귀계수 .345, $p=.001(p<.01)$이므로 통계적으로 유의미한 결과가 검증되었다.

M1(자기자비)이 M2(성장마인드셋)에 미치는 값을 확인한다.

비표준화 회귀계수 .417, 표준화 회귀계수 .299, $p=.004(p<.01)$이므로 통계적으로 유의미한 결과가 검증되었다.

분석결과 3

```
**************************************************************************
OUTCOME VARIABLE:
 D

Model Summary
          R       R-sq        MSE          F        df1        df2          p
       .788       .622       .077     52.580      3.000     96.000       .000

Model
              coeff         se          t          p       LLCI       ULCI
constant       .757       .253      2.990       .004       .255      1.260
I              .234       .079      2.962       .004       .077       .390
M1             .332       .076      4.370       .000       .181       .483
M2             .259       .053      4.910       .000       .154       .363

Standardized coefficients
        coeff
I        .237
M1       .344
M2       .375
```

I(마음챙김)가 D(심리적 안녕감)에 미치는 값을 확인한다.

비표준화 회귀계수 .234, 표준화 회귀계수 .237, $p=.004(p<.01)$이므로 통계적으로 유의미한 결과가 검증되었다.

M1(자기자비)이 D(심리적 안녕감)에 미치는 값을 확인한다.

비표준화 회귀계수 .332, 표준화 회귀계수 .344, $p=.000(p<.001)$이므로 통계적으로 유의미한 결과가 검증되었다.

M2(성장마인드셋)가 D(심리적 안녕감)에 미치는 값을 확인한다.

비표준화 회귀계수 .259, 표준화 회귀계수 .375, $p=.000(p<.001)$이므로 통계적으로 유의미한 결과가 검증되었다.

분석결과 4

```
************** TOTAL, DIRECT, AND INDIRECT EFFECTS OF X ON Y **************

Total effect of X on Y
     Effect         se          t          p       LLCI       ULCI       c_cs
       .610       .078      7.789       .000       .455       .766       .618

Direct effect of X on Y
     Effect         se          t          p       LLCI       ULCI      c'_cs
       .234       .079      2.962       .004       .077       .390       .237

Indirect effect(s) of X on Y:
           Effect     BootSE   BootLLCI   BootULCI
TOTAL        .377       .083       .225       .554
Ind1         .188       .066       .079       .338
Ind2         .128       .059       .033       .264
Ind3         .061       .036       .008       .146

Completely standardized indirect effect(s) of X on Y:
           Effect     BootSE   BootLLCI   BootULCI
TOTAL        .382       .074       .242       .531
Ind1         .191       .061       .085       .321
Ind2         .129       .060       .032       .267
Ind3         .062       .035       .009       .143

Indirect effect key:
Ind1  I         ->       M1         ->       D
Ind2  I         ->       M2         ->       D
Ind3  I         ->       M1         ->       M2         ->       D
```

I(마음챙김)가 D(심리적 안녕감)로 간 경로의 총 효과는 $B=.610$, $p=.000(p<.001)$이었다가 매개변수인 M1(자기자비)과 M2(성장 마인드셋)가 투입되면서 I(마음챙김)에서 D(심리적 안녕감)로 간 경로의 총 효과는 직접효과 $B=.234$, $p=.004(p<.01)$로 감소하였다.

M1(자기자비)과 M2(성장 마인드셋)의 간접효과를 부트스트랩을 활용하여 검증한 결과 모두 부트스트랩의 상한값과 하한값에 0이 존재하지 않아 간접효과가 검증되었다.

※ 10,000회의 부트스트래핑

간접효과 비표준화 추정치 95% 신뢰구간의 하한값(Lower Limit Confidence Interval: *LLCI*)과 상한값(Upper Limit Confidence Interval: *ULCI*)의 부트스트랩 신뢰구간에는 0이 포함되지 않았다.

결과 해석에 대한 통계 TIP 영가설과 대립가설의 진위판단

영가설	마음챙김이 심리적 안녕감에 미치는 영향에서 자기자비와 성장마인드셋이 매개하지 않을 것이다.	기각
대립가설	마음챙김이 심리적 안녕감에 미치는 영향에서 자기자비와 성장마인드셋이 매개할 것이다.	채택

⇒ '마음챙김이 심리적 안녕감에 미치는 영향에서 자기자비와 성장마인드셋이 매개한다.'라고 결론 내린다.

5) 보고서 작성

〈표 19-1〉 자기자비와 성장마인드셋의 순차적 이중매개효과

IV	DV	*B*	*SE*	*β*	*t*	95% Boot. *LLCI*	95% Boot.
1)	2)	.567	.086	.554	6.581***	.396	.738
1)	3)	.494	.143	.345	3.441**	.209	.779
2)		.417	.140	.299	2.978**	.139	.695
1)	4)	.234	.079	.237	2.962**	.077	.390
2)		.332	.076	.344	4.370***	.181	.483
3)		.259	.053	.375	4.910***	.154	.363

$^{**}p<.01$, $^{***}p<.001$

1) 마음챙김 2) 자기자비 3) 성장마인드셋 4) 심리적 안녕감

LLCI 간접효과의 95% 신뢰구간 내에서의 하한값

ULCI 간접효과의 95% 신뢰구간 내에서의 상한값

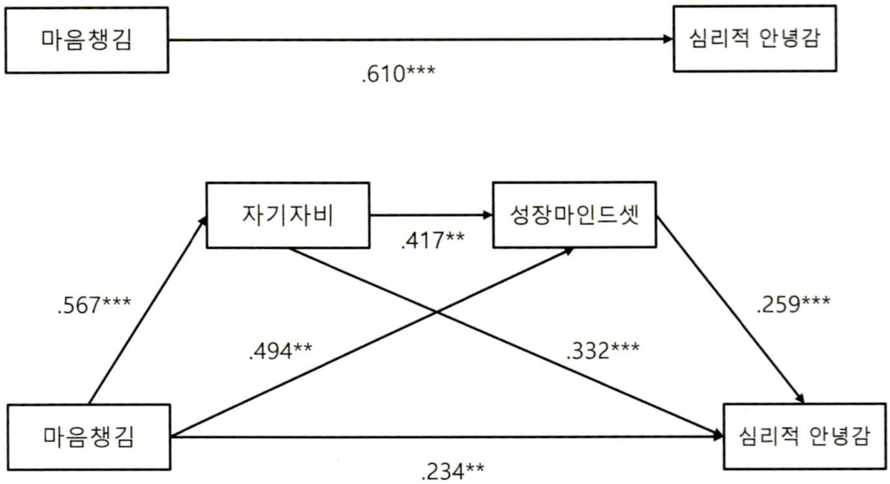

**$p<.01$, ***$p<.001$

[그림 19-2] 심리적 안녕감에 대한 이중매개효과 검증

〈표 19-2〉 총 간접효과와 간접효과

경로		Effect	Boot. SE	95% Boot. *LLCI*	95% Boot. *ULCI*
총 간접효과	1) → 4)	.377	.082	.228	.551
간접효과 1st경로	1) → 2) → 4)	.188	.065	.081	.335
간접효과 2nd경로	1) → 3) → 4)	.128	.059	.032	.263
간접효과 3rd경로	1) → 2) → 3) → 4)	.061	.037	.007	.148

1) 마음챙김 2) 자기자비 3) 성장마인드셋 4) 심리적 안녕감
LLCI 간접효과의 95% 신뢰구간 내에서의 하한값
ULCI 간접효과의 95% 신뢰구간 내에서의 상한값

〈표 19-1〉과 같이 본 연구의 모형에 포함된 직접효과를 보면, 마음챙김은 자기자비를 통계적으로 유의미하게 예측하였고(B=.567, p<.001), 아울러 마음챙김은 성장마인드셋에 통계적으로 유의미하였고(B=.494, p<.01), 자기자비는 성장마인드셋을 통계적으로 유의미하게 예측하였다(B=.417, p<.01). 마지막으로 마음챙김은 심리적 안녕감에 통계적으로 유의미하였고(B=.234, p<.01), 자기자비와 성장마인드셋은 심리적 안녕감에 통계적으로 유의미하게 예측하였다(B=.332, p<.001,

B=259, p<.001). 이와 같은 결과를 종합하여 [그림 19-2]에 제시하였다.

〈표 19-2〉와 같이 본 연구에서의 간접효과에 관한 분석 결과를 보면, 첫째, 마음챙김이 심리적 안녕감에 미치는 총 간접효과는 비표준화 추정치는 .377였으며, 간접효과 비표준화 추정치 95% 신뢰구간의 하한값과 상한값이 각각 .228과 .551로 부트스트랩 신뢰구간에는 0이 포함되지 않았다. 이는 마음챙김이 심리적 안녕감에 미치는 총 간접효과가 유의미함을 시사한다.

둘째, 마음챙김이 자기자비를 거쳐서 심리적 안녕감에 미치는 간접효과(1st path)의 비표준화 추정치는 .188이었으며, 간접효과 비표준화 추정치 95% 신뢰구간의 하한값과 상한값이 각각 .081과 .335로 부트스트랩 신뢰구간에는 0이 포함되지 않았다. 이는 마음챙김이 자기자비를 거쳐서 심리적 안녕감에 미치는 간접효과가 유의함을 시사한다.

셋째, 마음챙김이 성장마인드셋을 거쳐서 심리적 안녕감에 미치는 간접효과(2nd path)의 비표준화 추정치는 .128이었으며, 간접효과 비표준화 추정치 95% 신뢰구간의 하한값과 상한값이 각각 .032와 .263으로 부트스트랩 신뢰구간에는 0이 포함되지 않았다. 이는 마음챙김이 성장마인드셋을 거쳐서 심리적 안녕감에 미치는 간접효과가 유의함을 시사한다.

넷째, 마음챙김이 자기자비와 성장마인드셋을 순차적으로 경유하여 심리적 안녕감에 미치는 간접효과(3rd path)의 비표준화 추정치는 .061이었으며, 간접효과 비표준화 추정치 95% 신뢰구간의 하한값과 상한값이 각각 .007과 .148로 부트스트랩 신뢰구간에는 0이 포함되지 않았다. 이는 마음챙김이 자기자비와 성장마인드셋을 순차적으로 경유하여 심리적 안녕감에 미치는 간접효과가 유의미함을 시사한다.

2. 조절된 매개효과

- 독립변수가 매개변수를 통해 종속변수에 미치는 영향력에서 조절될 수 있음을 검증하는 방법이 조절된 매개효과이다.
- 조절된 매개효과는 매개과정이 조절변수의 수준에 따라 달라지는 경우에 발생한다.

• 조절된 매개효과는 조절변수가 매개변수 앞에 있는 경우에는 PROCESS Macro에서 7번 모델로 검증하고, 조절변수가 매개변수 뒤에 붙어 있는 경우에는 14번 모델로 검증한다.

2-1. 조절된 매개효과(PROCESS Macro 7번 모형)

1) 기본 모형

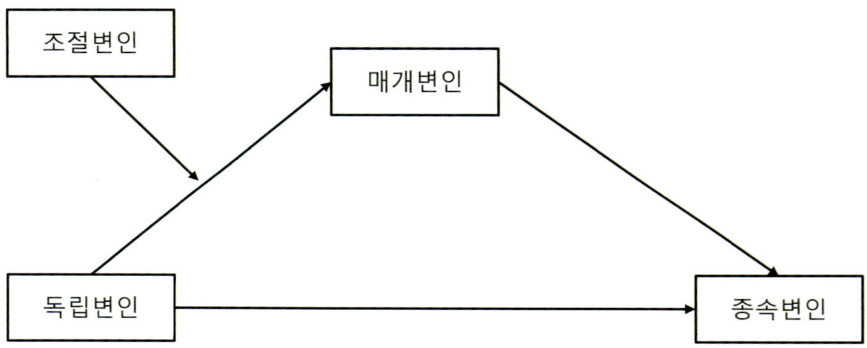

[그림 19-3] PROCESS Macro를 활용한 조절된 매개효과 기본 모형 7번

2) 연구문제와 가설설정

회귀분석에서의 조절된 매개효과에 관한 연구목적과 가설설정

1. 연구목적
   연구자는 스트레스가 안녕감에 미치는 영향에서 우울의 매개효과, 그리고 명상이 우울에 조절된 매개효과를 보이는지 연구하고자 한다. 이를 위해 다음과 같은 연구가설을 설정하였다.
2. 연구가설
   스트레스가 안녕감에 미치는 영향에서 우울의 매개효과, 그리고 명상은 우울을 조절할 것이다.

$H_{0(영가설)}$: 스트레스가 안녕감에 미치는 영향에서 우울의 매개효과, 그리고 명상은 우울을 조절하지 않을 것이다.

$H_{1(대립가설)}$: 스트레스가 안녕감에 미치는 영향에서 우울의 매개효과, 그리고 명상은 우울을 조절할 것이다.

통계검증방법 : PROCESS Macro 7번 고형을 이용한 조절된 매개효과 분석

유의수준 : $p < .05$(양방 검증)

가설검증을 위한 진위판단을 실시

3. 연구모형

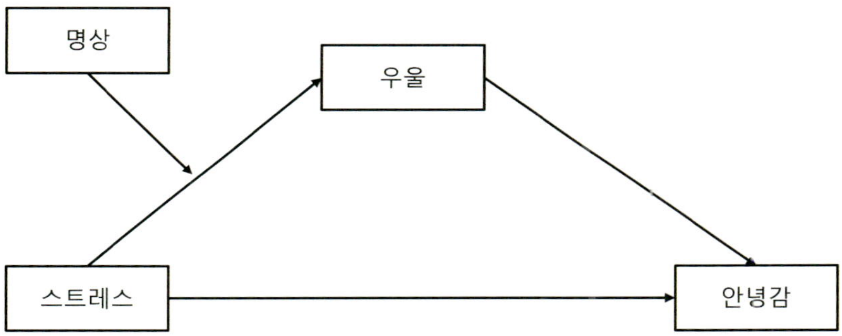

3) SPSS 실행

스트레스가 안녕감에 미치는 영향에서 우울의 매개효과, 그리고 명상은 우울의 조절된 매개효과로서 통계적으로 유의미한지를 검증하기 위해 PROCESS Macro 7번 모형으로 조절된 매개효과분석을 실시한다.

SPSS 분석 1

분석과정
분석(A) → 회귀분석(R) → PROCESS v4.2 by Andrew F. Hayes
− 회귀분석에서 조절된 매개효과_7번 모형.sav

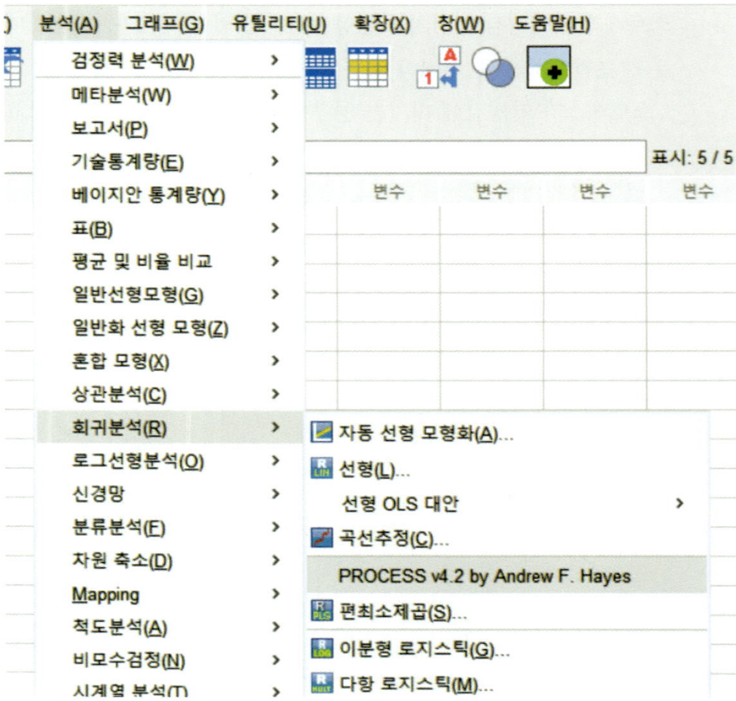
분석(A) 그래프(G) 유틸리티(U) 확장(X) 창(W) 도움말(H)
검정력 분석(W)
메타분석(W)
보고서(P)
기술통계량(E)
베이지안 통계량(Y)
표(B)
평균 및 비율 비교
일반선형모형(G)
일반화 선형 모형(Z)
혼합 모형(X)
상관분석(C)
회귀분석(R)
로그선형분석(O)
신경망
분류분석(F)
차원 축소(D)
Mapping
척도분석(A)
비모수검정(N)
표시: 5 / 5
변수
자동 선형 모형화(A)...
선형(L)...
선형 OLS 대안
곡선추정(C)...
PROCESS v4.2 by Andrew F. Hayes
편최소제곱(S)...
이분형 로지스틱(G)...
다항 로지스틱(M)...

SPSS 분석 2

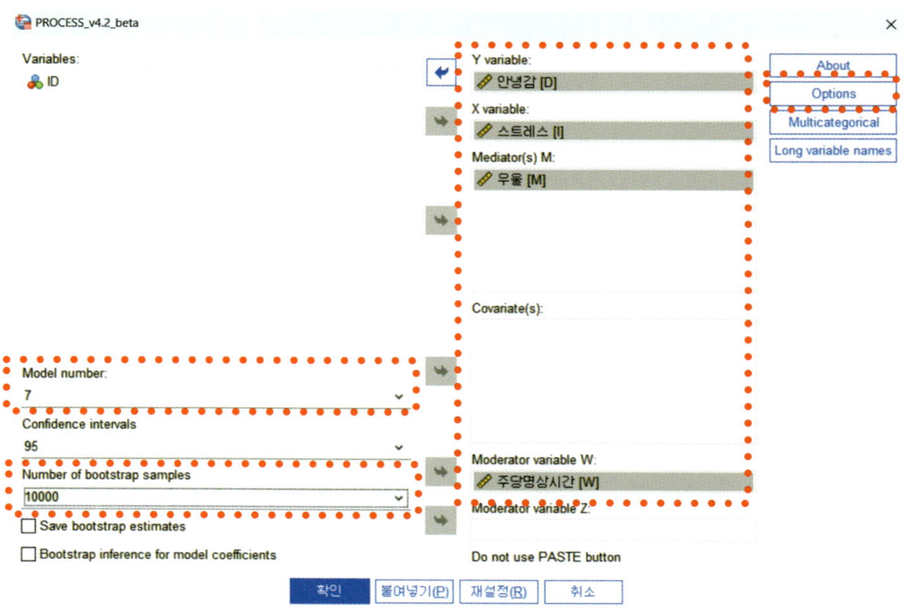
PROCESS_v4.2_beta
Variables:
ID
Y variable:
안녕감 [D]
X variable:
스트레스 [I]
Mediator(s) M:
우울 [M]
Covariate(s):
Moderator variable W:
주당명상시간 [W]
Moderator variable Z:
Model number:
7
Confidence intervals
95
Number of bootstrap samples
10000
Save bootstrap estimates
Bootstrap inference for model coefficients
Do not use PASTE button
About
Options
Multicategorical
Long variable names
확인
붙여넣기(P)
재설정(R)
취소

[X variable]에 '스트레스(I)'를 넣는다.
[Y variable]에 '안녕감(D)'을 넣는다.
[Mediator(s) M]에 '우울(M)'을 넣는다.
[Model number]에서 '7'을 선택한다.
[Number of bootstrap samples]에서 '10000'을 선택한다.
[Options]를 클릭한다.

SPSS 분석 3-1 센터링을 하지 않았을 때

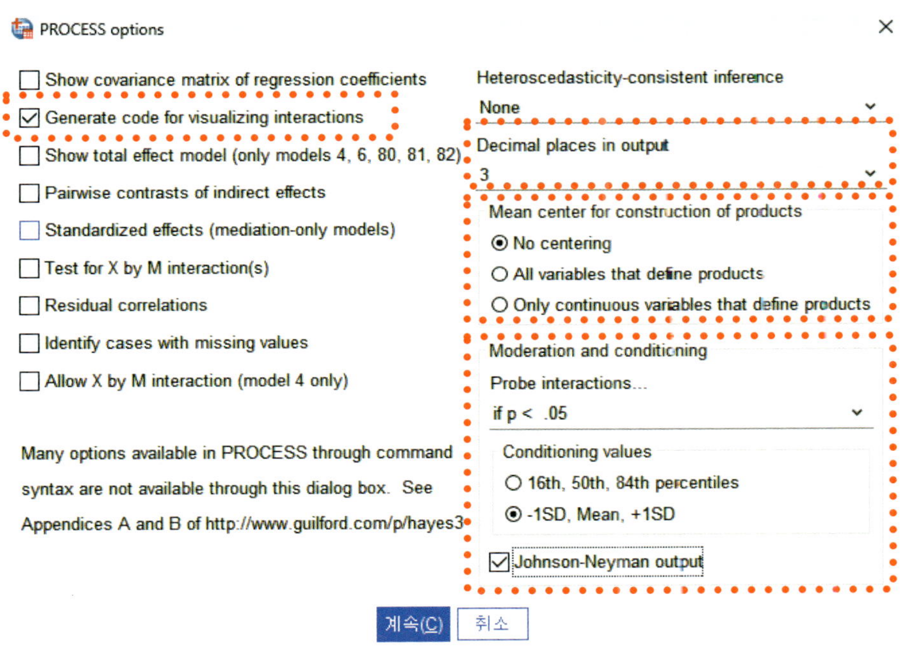

[options]에서 'Generate code for visualizing interactions'를 클릭한다.
[Decimal places in output]에서 '3'을 선택한다.
[Mean center for construction of products]에서 'No centering'을 선택한다.
[Moderation and conditioning]에서 Probe interactions는 'if $p<.05$'를, Conditioning values는 '-1SD, Mean, $+1$SD'를 선택한다.
'Johnson-Neyman output'을 클릭한다.

SPSS 분석 3-2 센터링을 하였을 때

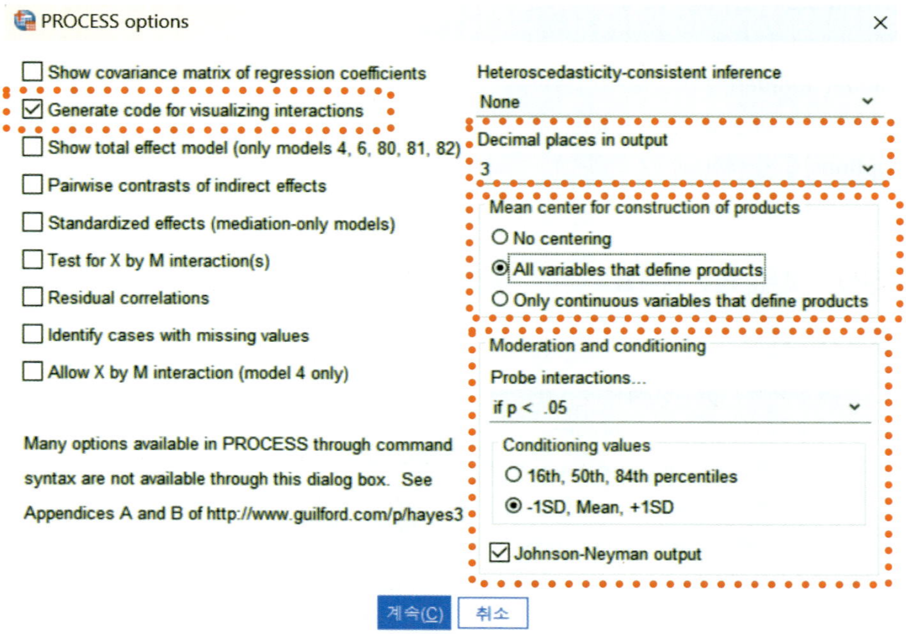

[options]에서 'Generate code for visualizing interactions'를 클릭한다.

[Decimal places in output]은 '3'을 선택한다.

[Mean center for construction of products]에서 'All variables that define products'를 선택한다.

[Moderation and conditioning]에서 Probe interactions는 'if p < .05'를, Conditioning values는 '−1SD, Mean, +1SD'를 선택한다.

'Johnson-Neyman output'을 클릭한다.

4) 분석결과

분석결과 1-1 센터링을 하지 않았을 때

```
**************************************************************************
OUTCOME VARIABLE:
 M

Model Summary
          R       R-sq        MSE          F        df1        df2          p
       .815       .663       .046    260.222      3.000    396.000       .000

Model
              coeff         se          t          p       LLCI       ULCI
constant      1.930       .108     17.923       .000      1.719      2.142
I              .258       .049      5.291       .000       .162       .354
W             -.074       .022     -3.337       .001      -.118      -.030
Int_1         -.025       .011     -2.350       .019      -.046      -.004

Product terms key:
 Int_1    :        I        x        W

Test(s) of highest order unconditional interaction(s):
       R2-chng          F        df1        df2          p
X*W       .005      5.525      1.000    396.000       .019
----------
    Focal predict: I        (X)
          Mod var: W        (W)

Conditional effects of the focal predictor at values of the moderator(s):

          W     Effect         se          t          p       LLCI       ULCI
      1.296       .226       .038      5.970       .000       .151       .300
      3.473       .172       .026      6.553       .000       .120       .223
      5.649       .118       .032      3.709       .000       .055       .180
```

I(스트레스)가 M(우울)에 미치는 값을 확인한다.

비표준화 회귀계수 .258, p=.000(p<.001)이므로 통계적으로 유의미한 결과가 검증되었다.

W(명상)가 M(우울)에 미치는 값을 확인한다.

비표준화 회귀계수 −.074, p=.001(p<.01)이므로 통계적으로 유의미한 결과가 검증되었다.

I(스트레스) × W(명상)가 M(우울)에 미치는 값을 확인한다.

비표준화 회귀계수 −.025, p=.019(p<.05)이므로 통계적으로 유의미한 결과가 검증되었다.

W(명상)에 따른 I(스트레스)의 조건부효과를 확인한다.
W[(주당)명상시간]가 *M*−1*SD*(1.296)부터 *M*(3.473)과 *M*+1*SD*(5.649)의 수준에서 모두 통계적으로 유의미하였다. 즉, W[(주당)명상시간] 값이 *M*과 *M*±1*SD*인 영역에서 I(스트레스)가 M(우울)에 미치는 영향은 통계적으로 유의미하였다.
부트스트랩을 활용하여 검증한 결과 모두 부트스트랩의 상한값과 하한값에 0이 존재하지 않아 간접효과가 검증되었다.

※ 10,000회의 부트스트래핑
간접효과 비표준화 추정치 95% 신뢰구간의 하한값(Lower Limit Confidence Interval: *LLCI*)과 상한값(Upper Limit Confidence Interval: *ULCI*)의 부트스트랩 신뢰구간에는 0이 포함되지 않았다.

분석결과 1-2 센터링을 하였을 때

```
******************************************************************************
OUTCOME VARIABLE:
 M

Model Summary
          R       R-sq        MSE          F        df1        df2          p
       .815       .663       .046    260.222      3.000    396.000       .000

Model
              coeff         se          t          p       LLCI       ULCI
constant      2.033       .011    182.110       .000      2.011      2.055
I              .172       .026      6.553       .000       .120       .223
W             -.126       .005    -24.169       .000      -.136      -.116
Int_1         -.025       .011     -2.350       .019      -.046      -.004

Product terms key:
 Int_1    :        I        x        W

Test(s) of highest order unconditional interaction(s):
       R2-chng          F        df1        df2          p
X*W       .005      5.525      1.000    396.000       .019
----------
    Focal predict: I        (X)
          Mod var: W        (W)

Conditional effects of the focal predictor at values of the moderator(s):

          W     Effect         se          t          p       LLCI       ULCI
     -2.176       .226       .038      5.970       .000       .151       .300
       .000       .172       .026      6.553       .000       .120       .223
      2.176       .118       .032      3.709       .000       .055       .180
```

I(스트레스)가 M(우울)에 미치는 값을 확인한다.
비표준화 회귀계수 .172, $p=.000(p<.001)$이므로 통계적으로 유의미한 결과가 검증되었다.
W(명상)가 M(우울)에 미치는 값을 확인한다.
비표준화 회귀계수 $-.126$, $p=.000(p<.001)$이므로 통계적으로 유의미한 결과가 검증되었다.
I(스트레스) × W(명상)가 M(우울)에 미치는 값을 확인한다.
비표준화 회귀계수 $-.025$, $p=.019(p<.05)$이므로 통계적으로 유의미한 결과가 검증되었다.

W(명상)에 따른 I(스트레스)의 조건부효과를 확인한다.
W[(주당)명상시간]가 $M-1SD(-2.176)$부터 $M(.000)$과 $M+1SD(2.176)$의 수준에서 모두 통계적으로 유의미하였다. 즉, W[(주당)명상시간] 값이 M과 $M\pm1SD$인 영역에서 I(스트레스)가 M(우울)에 미치는 영향은 통계적으로 유의미하였다.
부트스트랩을 활용하여 검증한 결과 모두 부트스트랩의 상한값과 하한값에 0이 존재하지 않아 간접효과가 검증되었다.

※ 10,000회의 부트스트래핑
간접효과 비표준화 추정치 95% 신뢰구간의 하한값(Lower Limit Confidence Interval: *LLCI*)과 상한값(Upper Limit Confidence Interval: *ULCI*)의 부트스트랩 신뢰구간에는 0이 포함되지 않았다.

분석결과 2-1 센터링을 하지 않았을 때

```
Moderator value(s) defining Johnson-Neyman significance region(s):
     Value    % below    % above
     7.048     95.500      4.500
```

Conditional effect of focal predictor at values of the moderator:

W	Effect	se	t	p	LLCI	ULCI
1.000	.233	.040	5.804	.000	.154	.312
1.350	.225	.037	6.000	.000	.151	.298
1.700	.216	.035	6.197	.000	.147	.284
2.050	.207	.032	6.382	.000	.143	.271
2.400	.198	.030	6.538	.000	.139	.258
2.750	.190	.029	6.640	.000	.134	.246
3.100	.181	.027	6.659	.000	.128	.234
3.450	.172	.026	6.564	.000	.121	.224
3.800	.164	.026	6.336	.000	.113	.214
4.150	.155	.026	5.975	.000	.104	.206
4.500	.146	.027	5.507	.000	.094	.198
4.850	.137	.028	4.971	.000	.083	.192
5.200	.129	.029	4.410	.000	.071	.186
5.550	.120	.031	3.859	.000	.059	.181
5.900	.111	.033	3.341	.001	.046	.177
6.250	.103	.036	2.867	.004	.032	.173
6.600	.094	.038	2.442	.015	.018	.169
6.950	.085	.041	2.064	.040	.004	.166
7.048	.083	.042	1.966	.050	.000	.165
7.300	.076	.044	1.728	.085	-.010	.163
7.650	.068	.047	1.432	.153	-.025	.161
8.000	.059	.050	1.170	.243	-.040	.158

조명등분석법(floodlight analysis)인 Johnson-Neyman 방법(조절변수 값에 따른 조절효과가 어느 영역에서 유의미한지 파악할 수 있는 분석방법)을 확인한다.

I(스트레스)가 M(우울) 미치는 영향은 W[(주당)명상시간]가 7.048보다 낮은 영역에서 통계적으로 유의미하였다.

분석결과 2-2 센터링을 하였을 때

```
Moderator value(s) defining Johnson-Neyman significance region(s):
     Value    % below    % above
     3.575     95.500      4.500

Conditional effect of focal predictor at values of the moderator:
         W      Effect       se        t         p       LLCI      ULCI
    -2.473       .233      .040    5.804      .000      .154      .312
    -2.123       .225      .037    6.000      .000      .151      .298
    -1.773       .216      .035    6.197      .000      .147      .284
    -1.423       .207      .032    6.382      .000      .143      .271
    -1.073       .198      .030    6.538      .000      .139      .258
     -.723       .190      .029    6.640      .000      .134      .246
     -.373       .181      .027    6.659      .000      .128      .234
     -.023       .172      .026    6.564      .000      .121      .224
      .328       .164      .026    6.336      .000      .113      .214
      .678       .155      .026    5.975      .000      .104      .206
     1.028       .146      .027    5.507      .000      .094      .198
     1.378       .137      .028    4.971      .000      .083      .192
     1.728       .129      .029    4.410      .000      .071      .186
     2.078       .120      .031    3.859      .000      .059      .181
     2.428       .111      .033    3.341      .001      .046      .177
     2.778       .103      .036    2.867      .004      .032      .173
     3.128       .094      .038    2.442      .015      .018      .169
     3.478       .085      .041    2.064      .040      .004      .166
     3.575       .083      .042    1.966      .050      .000      .165
     3.828       .076      .044    1.728      .085     -.010      .163
     4.178       .068      .047    1.432      .153     -.025      .161
     4.528       .059      .050    1.170      .243     -.040      .158
```

조명등분석법(floodlight analysis)인 Johnson-Neyman 방법(조절변수 값에 따른 조절효과가 어느 영역에서 유의미한지 파악할 수 있는 분석방법)을 확인한다.

I(스트레스)가 M(우울)에 미치는 영향은 W[(주당)명상시간]가 3.575보다 낮은 영역에서 통계적으로 유의미하였다.

분석결과 3-1 센터링을 하지 않았을 때

```
DATA LIST FREE/
   I          W          M          .
BEGIN DATA.
      1.657      1.296      2.209
      2.094      1.296      2.307
      2.531      1.296      2.406
      1.657      3.473      1.958
      2.094      3.473      2.033
      2.531      3.473      2.108
      1.657      5.649      1.707
      2.094      5.649      1.758
      2.531      5.649      1.810
END DATA.
GRAPH/SCATTERPLOT=
 I         WITH      M         BY        W
```

조절된 매개효과의 결과를 확인하고 다음과 같이 상호작용에 대해 명령문(syntax)을 활용하여 분석한다.

상호작용 그림 그리기

• 출력결과에서 복사 → 명령문에 붙임 → 선택 실행하기

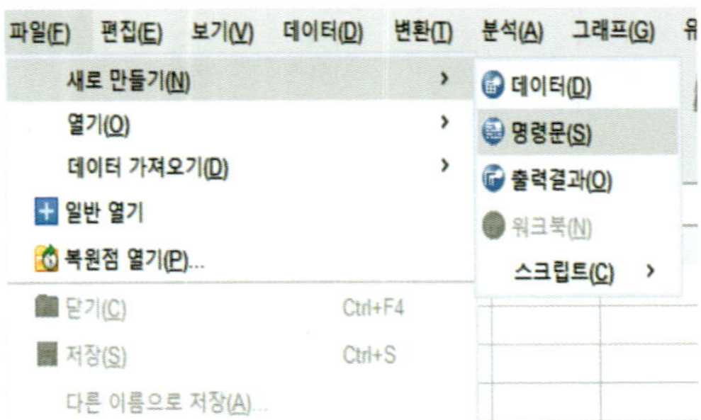

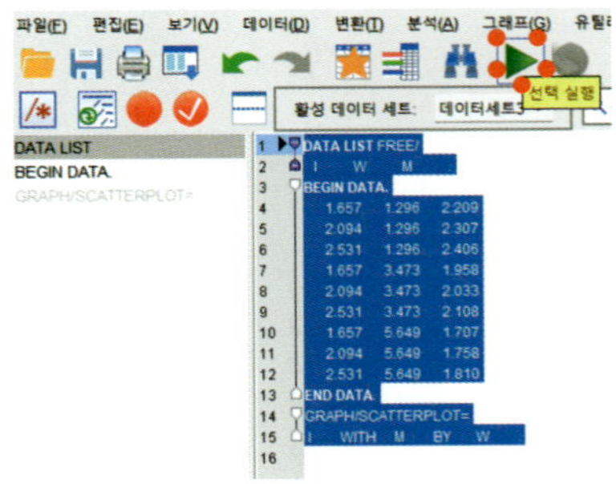

분석결과 3-2 센터링을 하였을 때

```
DATA LIST FREE/
   I          W          M          .
BEGIN DATA.
      -.437     -2.176      2.209
       .000     -2.176      2.307
       .437     -2.176      2.406
      -.437       .000      1.958
       .000       .000      2.033
       .437       .000      2.108
      -.437      2.176      1.707
       .000      2.176      1.758
       .437      2.176      1.810
END DATA.
GRAPH/SCATTERPLOT=
 I        WITH      M         BY        W
```

조절된 매개효과의 결과를 확인하고 다음과 같이 상호작용에 대해 명령문(syntax)을 활용하여 분석한다.

상호작용 그림 그리기

• 출력결과에서 복사 → 명령문에 붙임 → 선택 실행하기

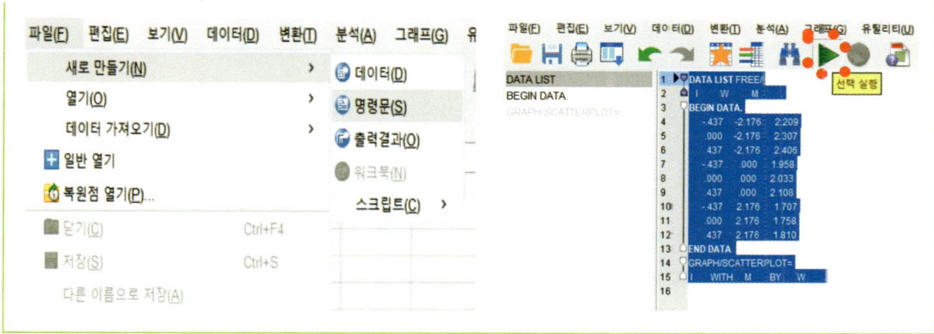

분석결과 4-1 센터링을 하지 않았을 때

```
**************************************************************************
OUTCOME VARIABLE:
 D

Model Summary
          R       R-sq       MSE         F       df1       df2         p
       .587       .345      .237   104.491     2.000   397.000      .000

Model
              coeff         se          t          p       LLCI       ULCI
constant      5.002       .152     32.807       .000      4.703      5.302
I             -.500       .061     -8.189       .000      -.620      -.380
M             -.544       .072     -7.530       .000      -.686      -.402

****************** DIRECT AND INDIRECT EFFECTS OF X ON Y *****************

Direct effect of X on Y
     Effect         se          t          p       LLCI       ULCI
      -.500       .061     -8.189       .000      -.620      -.380

Conditional indirect effects of X on Y:

INDIRECT EFFECT:
 I          ->    M          ->    D

          W     Effect    BootSE  BootLLCI  BootULCI
      1.296      -.123      .026     -.176     -.075
      3.473      -.093      .021     -.138     -.054
      5.649      -.064      .030     -.125     -.007

      Index of moderated mediation:
       Index    BootSE  BootLLCI  BootULCI
W       .014      .008     -.002      .030
```

I(스트레스)가 D(안녕감)에 미치는 값을 확인한다.

비표준화 회귀계수 $-.500$, $p=.000(p<.001)$이므로 통계적으로 유의미한 결과가 검증되

었다.
M(우울)이 D(안녕감)에 미치는 값을 확인한다.
비표준화 회귀계수 −.544, p =.000(p < .001)이므로 통계적으로 유의미한 결과가 검증되었다.

I(스트레스)가 D(안녕감)에 미치는 영향에서 M(우울)의 매개효과에 대한 W[(주당)명상시간]의 조절된 매개효과를 검증하였다.
W[(주당)명상시간]가 *M*−1*SD*(1.296)부터 *M*(3.473)과 *M*+1*SD*(5.649)의 수준에서 모두 통계적으로 유의미하였다. 즉, W[(주당)명상시간] 값이 *M*과 *M*±1*SD*인 영역에서 I(스트레스)가 M(우울)에 미치는 영향은 통계적으로 유의미하였다.
I(스트레스)가 D(안녕감)에 미치는 영향에서 M(우울)의 매개효과에 대한 W[(주당)명상시간]의 조절된 매개효과의 간접효과를 부트스트랩을 활용하여 검증한 결과 모두 부트스트랩의 상한값과 하한값에 0이 존재하지 않아 간접효과가 검증되었다.

※ 10,000회의 부트스트래핑
간접효과 비표준화 추정치 95% 신뢰구간의 하한값(Lower Limit Confidence Interval: *LLCI*)과 상한값(Upper Limit Confidence Interval: *ULCI*)의 부트스트랩 신뢰구간에는 0이 포함되지 않았다.

분석결과 4-2 센터링을 하였을 때

```
******************************************************************************
OUTCOME VARIABLE:
 D

Model Summary
          R       R-sq        MSE          F        df1        df2          p
       .587       .345       .237    104.491      2.000    397.000       .000

Model
              coeff         se          t          p       LLCI       ULCI
constant      3.956       .149     26.488       .000      3.663      4.250
I             -.500       .061     -8.189       .000      -.620      -.380
M             -.544       .072     -7.530       .000      -.686      -.402

****************** DIRECT AND INDIRECT EFFECTS OF X ON Y *****************

Direct effect of X on Y
     Effect         se          t          p       LLCI       ULCI
      -.500       .061     -8.189       .000      -.620      -.380

Conditional indirect effects of X on Y:

INDIRECT EFFECT:
 I          ->    M          ->    D

          W     Effect     BootSE   BootLLCI   BootULCI
     -2.176     -.123       .026      -.176      -.076
       .000     -.093       .021      -.138      -.055
      2.176     -.064       .030      -.125      -.008

      Index of moderated mediation:
       Index     BootSE   BootLLCI   BootULCI
W       .014       .008      -.003       .030
```

I(스트레스)가 D(안녕감)에 미치는 값을 확인한다.

비표준화 회귀계수 −.500, p =.000(p <.001)이므로 통계적으로 유의미한 결과가 검증되었다.

M(우울)이 D(안녕감)에 미치는 값을 확인한다.

비표준화 회귀계수 −.544, p =.000(p <.001)이므로 통계적으로 유의미한 결과가 검증되었다.

W[(주당)명상시간]가 $M-1SD$(−2.176)부터 M(.000)과 $M+1SD$(2.176)의 수준에서 모두 통계적으로 유의미하였다. 즉, W[(주당)명상시간] 값이 M과 $M\pm1SD$인 영역에서 I(스트레스)가 M(우울)에 미치는 영향은 통계적으로 유의미하였다.

I(스트레스)가 D(안녕감)에 미치는 영향에서 M(우울)의 매개효과에 대한 W[(주당)명상

시간)의 조절된 매개효과의 간접효과를 부트스트랩을 활용하여 검증한 결과 모두 부트스트랩의 상한값과 하한값에 0이 존재하지 않아 간접효과가 검증되었다.

※ 10,000회의 부트스트래핑
간접효과 비표준화 추정치 95% 신뢰구간의 하한값(Lower Limit Confidence Interval: *LLCI*)과 상한값(Upper Limit Confidence Interval: *ULCI*)의 부트스트랩 신뢰구간에는 0이 포함되지 않았다.

분석결과 5-1 센터링을 하지 않았을 때

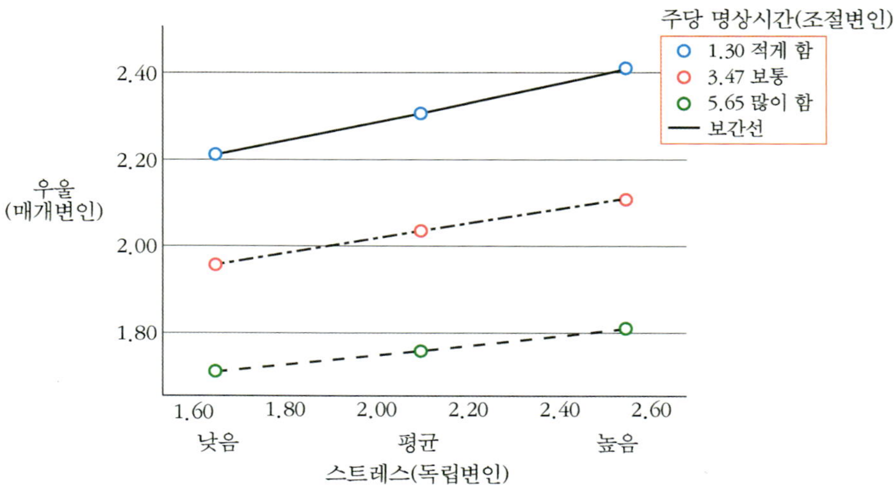

명상시간에 의한 조절효과에 대한 결과를 시각화한 그림을 확인한다.

분석결과 5-2 센터링을 하였을 때

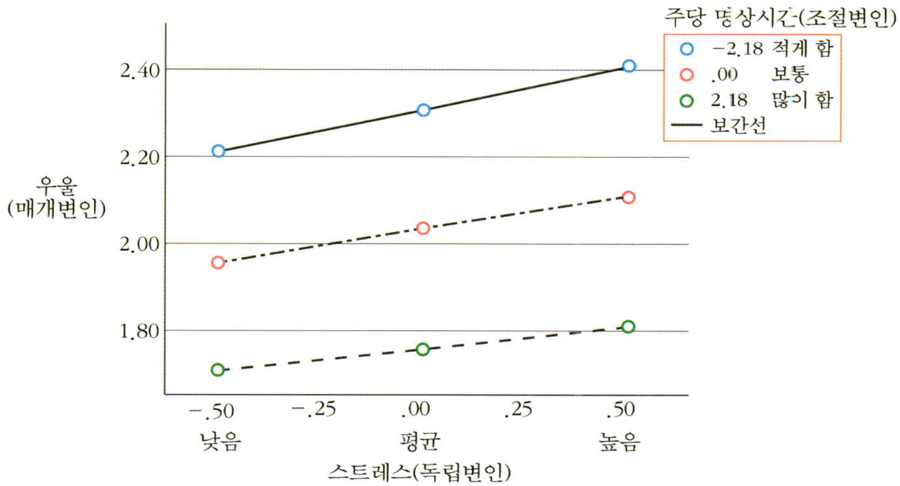

명상시간에 의한 조절효과에 대한 결과를 시각화한 그림을 확인한다.

결과 해석에 대한 통계 TIP 영가설과 대립가설의 진위판단

영가설	스트레스가 안녕감에 미치는 영향에서 우울의 매개효과, 그리고 명상은 우울을 조절하지 않을 것이다.	기각
대립가설	스트레스가 안녕감에 미치는 영향에서 우울의 매개효과, 그리고 명상은 우울을 조절할 것이다.	채택

⇒ '스트레스가 안녕감에 미치는 영향에서 우울의 매개효과, 그리고 명상은 우울을 조절한다.'라고 결론 내린다.

5) 보고서 작성(센터링하지 않았을 경우)

〈표 19-3〉 스트레스가 안녕감에 미치는 영향에서 우울의 매개효과와 (주당)명상시간의 조절된 매개효과

		B	*SE*	*t*	95% Boot. *LLCI*	95% Boot. *ULCI*
매개변수 모형(종속변수: 우울)						
상수		1.930	.108	17.923***	1.719	2.142
1)	3)	.258	.049	5.291***	.162	.354
2)	3)	−.074	.022	−3.337**	−.118	−.030
1) X 2)	3)	−.025	.011	−2.350*	−.046	−.004
종속변수 모형(종속변수: 안녕감)						
상수		5.002	.152	32.807***	4.703	5.302
1)	4)	−.500	.061	−8.189***	−.620	−.380
3)	4)	−.544	.072	−7.530***	−.686	−.402

*** $p < .001$

1) I 스트레스 2) W (주당)명상시간 3) M 우울 4) D 안녕감

LLCI 간접효과의 95% 신뢰구간 내에서의 하한값

ULCI 간접효과의 95% 신뢰구간 내에서의 상한값

〈표 19-4〉 명상에 따른 스트레스의 조건부효과

명상	Effect	SE	*t*	95% Boot. *LLCI*	95% Boot. *ULCI*
M−1*SD* (1.296)	.226	.038	5.970***	.151	.300
M (3.473)	.172	.026	6.553***	.120	.223
M+1*SD* (5.649)	.118	.032	3.709***	.055	.180

*** $p < .001$

LLCI 간접효과의 95% 신뢰구간 내에서의 하한값

ULCI 간접효과의 95% 신뢰구간 내에서의 상한값

〈표 19-5〉 스트레스가 우울을 경유하여 안녕감에 미치는 영향에서 명상에 따른 조절 영역

명상	*Effect*	*SE*	*t*	*p*	*LLCI*	*ULCI*
1.000	0.233	0.040	5.804	0.000	0.154	0.312
1.350	0.225	0.037	6.000	0.000	0.151	0.298
1.700	0.216	0.035	6.197	0.000	0.147	0.284
2.050	0.207	0.032	6.382	0.000	0.143	0.271
2.400	0.198	0.030	6.538	0.000	0.139	0.258
2.750	0.190	0.029	6.640	0.000	0.134	0.246
3.100	0.181	0.027	6.659	0.000	0.128	0.234
3.450	0.172	0.026	6.564	0.000	0.121	0.224
3.800	0.164	0.026	6.336	0.000	0.113	0.214
4.150	0.155	0.026	5.975	0.000	0.104	0.206
4.500	0.146	0.027	5.507	0.000	0.094	0.198
4.850	0.137	0.028	4.971	0.000	0.083	0.192
5.200	0.129	0.029	4.410	0.000	0.071	0.186
5.550	0.120	0.031	3.859	0.000	0.059	0.181
5.900	0.111	0.033	3.341	0.001	0.045	0.177
6.250	0.103	0.036	2.867	0.004	0.032	0.173
6.600	0.094	0.038	2.442	0.015	0.018	0.169
6.950	0.085	0.041	2.064	0.040	0.004	0.166
7.048	0.083	0.042	1.966	0.050	0.000	0.165
7.300	0.076	0.044	1.728	0.085	−0.010	0.163
7.650	0.068	0.047	1.432	0.153	−0.025	0.161
8.000	0.059	0.050	1.170	0.243	−0.040	0.158

〈표 19-6〉 스트레스가 안녕감에 미치는 영향에 대한 (주당)명상시간의 조건부 간접효과

조건부 간접효과	Effect	*SE*	95% Boot. *LLCI*	95% Boot. *ULCI*
M−1*SD*(1.296)	−.123	.026	−.176	−.075
M (3.473)	−.093	.021	−.138	−.054
M+1*SD*(5.649)	−.064	.030	−.125	−.007

LLCI 간접효과의 95% 신뢰구간 내에서의 하한값

ULCI 간접효과의 95% 신뢰구간 내에서의 상한값

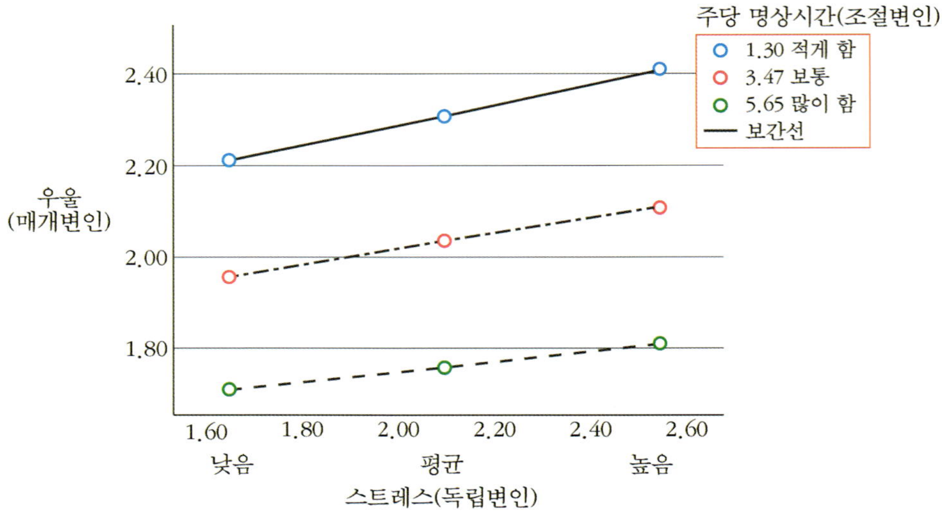

[그림 19-4] 스트레스가 우울에 미치는 영향에서 명상의 조절효과

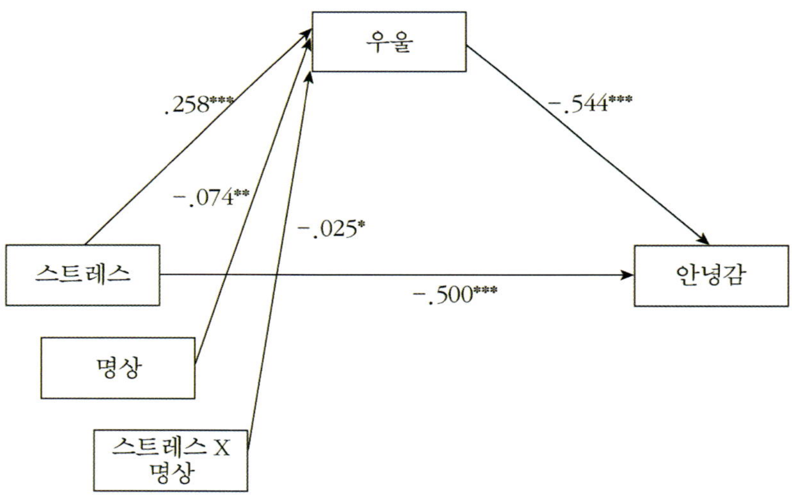

***$p<.001$

[그림 19-5] 스트레스가 안녕감에 미치는 영향에서 명상과 우울의 조절된 매개효과

〈표 19-3〉과 같이 스트레스가 안녕감에 미치는 영향에서 우울이 매개를, (주당) 명상시간이 조절된 매개를 하는지 검증한 결과, 스트레스는 우울에 정적 영향을 미쳤고($B=.258$, $p<.001$), 우울은 안녕감에 부적 영향을 미쳤으며($B=-.544$, $p<.001$), 각각 통계적으로 유의미하여 매개효과가 있었다. 그리고 스트레스와 (주

당)명상시간의 상호작용항은 우울에 통계적으로 유의미한 부적 영향을 미쳐($B=-.025$, $p<.05$) 조절효과가 있었다. 즉, 스트레스가 안녕감에 미치는 영향에서 우울이 매개하는데, (주당)명상시간은 스트레스가 안녕감에 미치는 영향을 감소시키는 역할을 하였다.

〈표 19-4〉와 같이 (주당)명상시간에 따른 스트레스의 조건부효과는 (주당)명상시간이 $M-1SD$(1.296)부터 M(3.473)과 $M+1SD$(5.649)의 수준에서 모두 통계적으로 유의미하였다. 즉, (주당)명상시간 값이 M과 $M\pm1SD$인 영역에서 스트레스가 우울에 미치는 영향은 통계적으로 유의미하였다.

〈표 19-5〉와 같이 조절변수의 전 범위에 대하여 조명등분석법(floodlight analysis)인 Johnson-Neyman 방법(조절변수값에 따른 조절효과가 어느 영역에서 유의미한지 파악할 수 있는 분석방법)에 의한 통계적 유의미성 영역을 보면, 스트레스가 우울에 미치는 영향은 (주당)명상시간이 7.048보다 낮은 영역에서 통계적으로 유의미하였다. 즉, (주당)명상시간이 7.048보다 낮은 영역에서 (주당)명상시간은 스트레스가 우울에 미치는 양의 영향에서 우울의 매개효과를 조절하는 역할을 하였다. 이러한 영향이 유의미한 비율은 연구대상의 95%이었고, 5%는 유의미하지 않았다. 즉, 스트레스가 지나치게 높아지면 우울을 거쳐 안녕감이 낮아지는데, 이러한 경향에서 (주당)명상시간이 늘어난다고 하더라도 효과가 약해진다는 것을 시사한다.

〈표 19-6〉과 같이 조절변수인 (주당)명상시간의 특정 값에서 독립변수가 매개변수를 경유하며 종속변수에 영향을 미치는 조건부 간접효과를 분석한 결과, 스트레스가 안녕감에 미치는 영향에서 단순 기울기는 (주당)명상시간 값이 $M-1SD$(1.296)부터 M(3.473), $M+1SD$(5.649)의 수준에서 모두 통계적으로 유의미하였다.

(주당)명상시간의 조절효과가 통계적으로 유의미하게 나타났으므로, 그 형태를 확인하기 위하여 조절효과를 [그림 19-4]로 시각화하였다. 통계적으로 유의미한 상호작용의 패턴을 확인하기 위하여 조절변수인 (주당)명상시간을 저집단-중집단-고집단으로 각각 나누어 평균의 변화량을 살펴보았다. (주당)명상시간이 늘어날수록 스트레스에 따른 우울의 증가율이 더욱 낮아지는 것으로 나타났다. 스트레스가 안녕감에 미치는 영향에서 명상과 우울의 조절된 매개효과는 [그림 19-5]로 시각화하였다.

2-2. 조절된 매개효과(PROCESS Macro 14번 모형)

1) 기본 모형

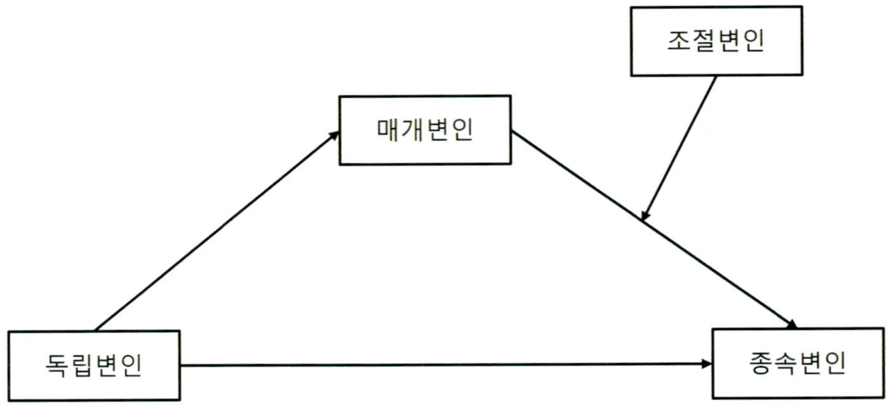

[그림 19-6] PROCESS Macro를 활용한 조절된 매개효과 기본 모형 14번

2) 연구문제와 가설설정

회귀분석에서의 조절된 매개효과에 관한 연구목적과 가설설정

1. 연구목적
   연구자는 스트레스가 절망에 미치는 영향에서 낙관성의 매개효과, 그리고 낙관성에 자기효능감이 조절된 매개효과가 있는지 연구하고자 한다. 이를 위해 다음과 같은 연구가설을 설정하였다.
2. 연구가설
   스트레스가 절망에 미치는 영향에서 낙관성의 매개효과, 그리고 낙관성에 자기효능감은 조절할 것이다.

   $H_{0(\text{영가설})}$: 스트레스가 절망에 미치는 영향에서 낙관성의 매개효과, 그리고 낙관성에 자기효능감은 조절하지 않을 것이다.

   $H_{1(\text{대립가설})}$: 스트레스가 절망에 미치는 영향에서 낙관성의 매개효과, 그리고 낙관성에 자기효능감은 조절할 것이다.

통계검증방법 : PROCESS Macro 14번 모형을 이용한 조절된 매개효과 분석
유의수준 : $p < .05$(양방 검증)
가설검증을 위한 진위판단을 실시

3. 연구모형

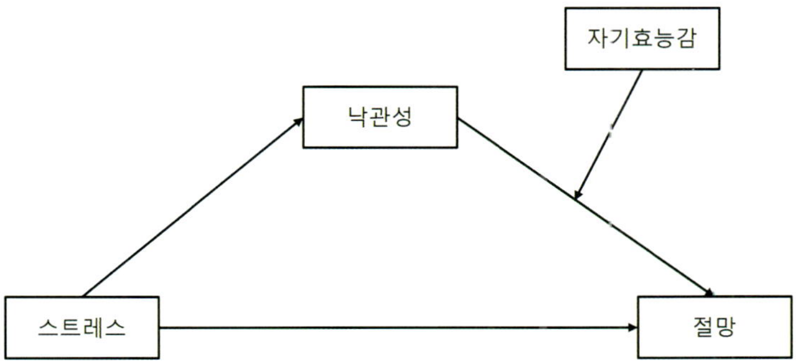

3) SPSS 실행

스트레스가 절망에 미치는 영향에서 낙관성의 매개효과, 그리고 낙관성에 자기효능감의 조절된 매개효과로서 통계적으로 유의미한지를 검증하기 위해 PROCESS Macro 14번 모형으로 조절된 매개효과분석을 실시한다.

SPSS 분석 1

분석과정
분석(A) → 회귀분석(R) → PROCESS v4.2 by Andrew F. Hayes
– 회귀분석에서 조절된 매개효과_14번 모형.sav

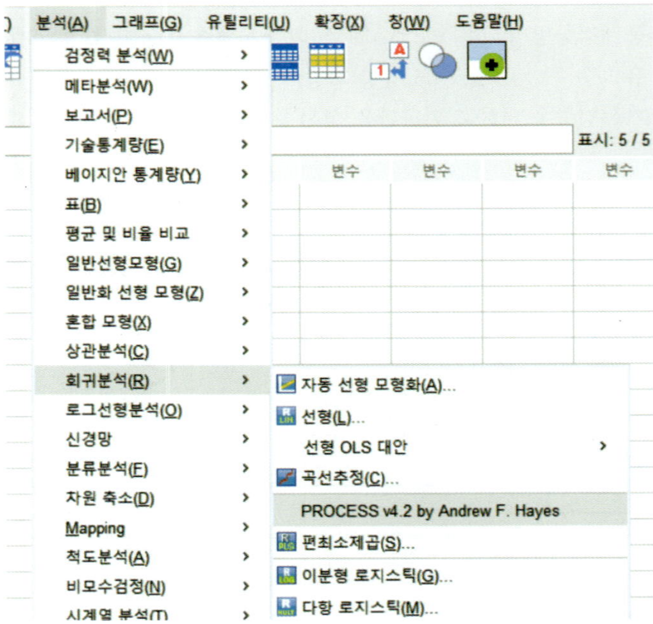

SPSS 분석 2

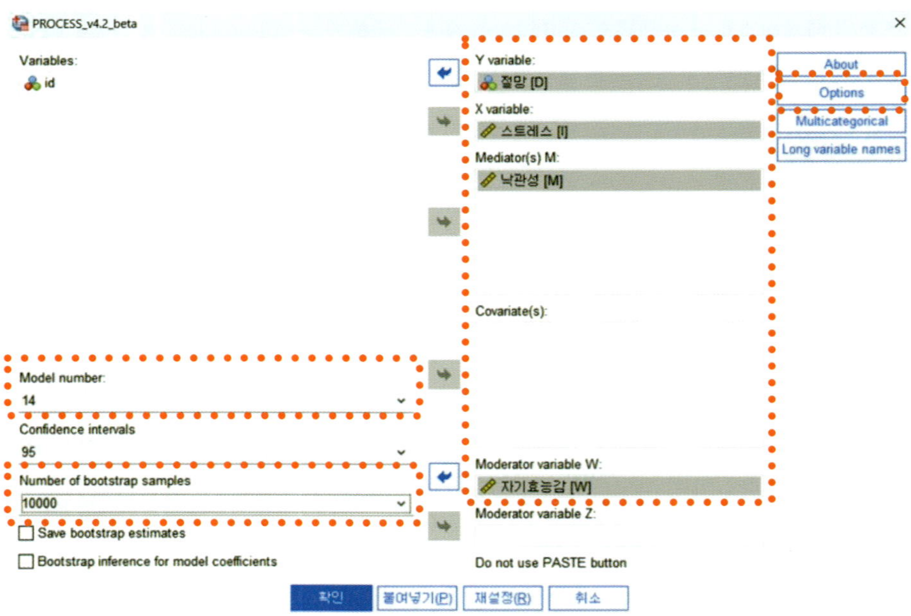

[X variable]에 '스트레스(I)'를 넣는다.
[Y variable]에 '절망(D)'을 넣는다.
[Mediator(s) M]에 '낙관성(M)'을 넣는다.
[Moderation variable W]에 '자기효능감(W)'을 넣는다.
[Model number]에서 '14'를 선택한다.
[Number of bootstrap samples]에서 '10000'을 선택한다.
[Options]를 클릭한다.

SPSS 분석 3-1 센터링을 하지 않았을 때

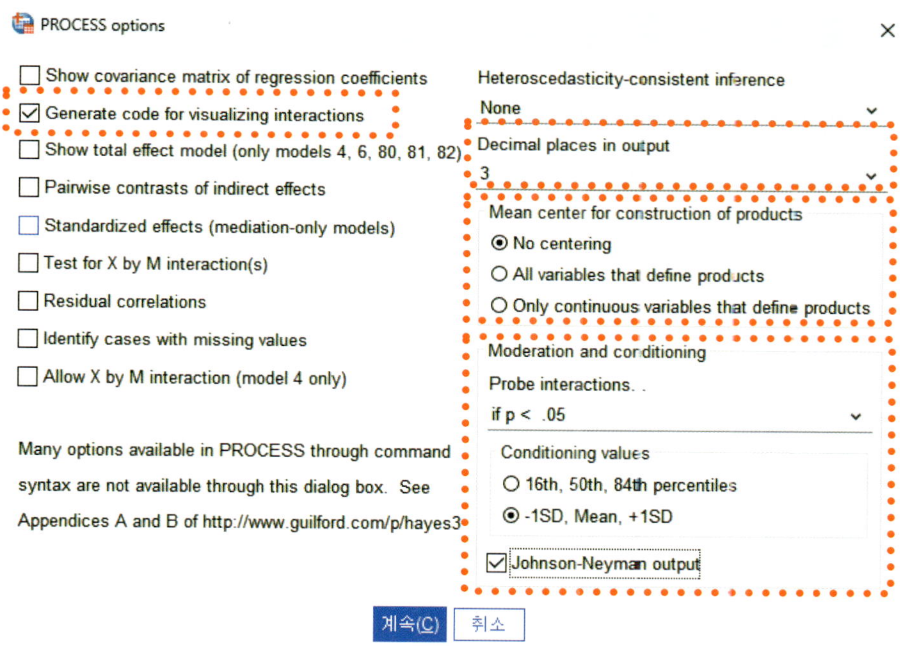

[options]에서 'Generate code for visualizing interactions'를 클릭한다.
[Decimal places in output]에서 '3'을 선택한다.
[Mean center for construction of products]에서 'No centering'을 선택한다.
[Moderation and conditioning]에서 Probe interactions는 'if $p < .05$'를, Conditioning values는 '−1SD, Mean, +1SD'를 선택한다.
'Johnson-Neyman output'을 클릭한다.

SPSS 분석 3-2 센터링을 하였을 때

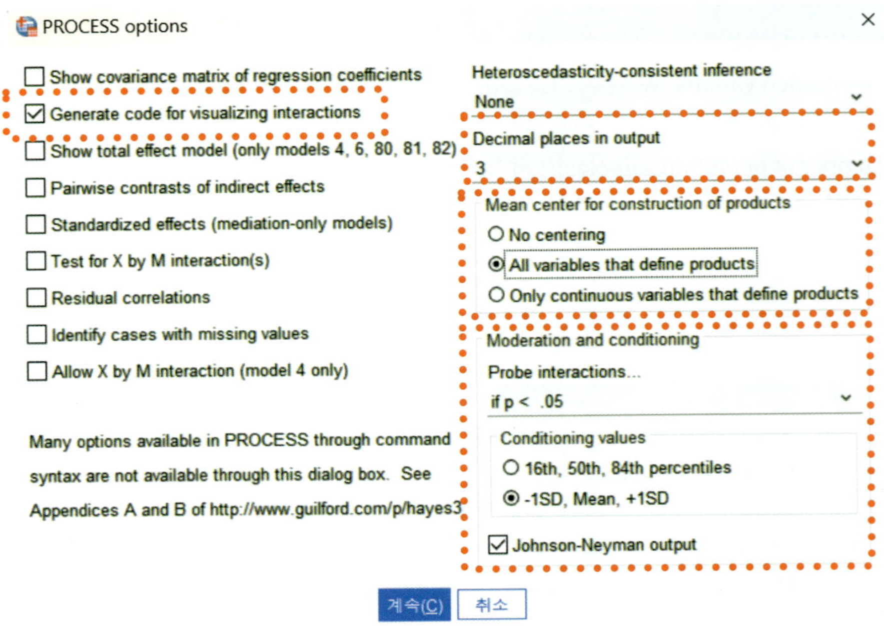

[options]에서 'Generate code for visualizing interactions'를 클릭한다.
[Decimal places in output]은 '3'을 선택한다.
[Mean center for construction of products]에서 'All variables that define products'를 선택한다.
[Moderation and conditioning]에서 Probe interactions는 'if $p<.05$'를, Conditioning values는 '−1SD, Mean, +1SD'를 선택한다.
'Johnson-Neyman output'을 클릭한다.

4) 분석 결과

분석결과 1-1 센터링을 하지 않았을 때

```
**************************************************************************
OUTCOME VARIABLE:
 M

Model Summary
          R       R-sq        MSE          F        df1        df2          p
       .339       .115       .744     55.445      1.000    428.000       .000

Model
              coeff         se          t          p       LLCI       ULCI
constant      5.891       .135     43.627       .000      5.626      6.157
I             -.291       .039     -7.446       .000      -.368      -.214
**************************************************************************
OUTCOME VARIABLE:
 D

Model Summary
          R       R-sq        MSE          F        df1        df2          p
       .769       .592       .290    154.075      4.000    425.000       .000

Model
              coeff         se          t          p       LLCI       ULCI
constant      8.429       .673     12.522       .000      7.106      9.752
I              .099       .026      3.791       .000       .048       .150
M             -.745       .141     -5.285       .000     -1.021      -.468
W             -.746       .139     -5.348       .000     -1.020      -.472
Int_1          .079       .027      2.920       .004       .026       .132

Product terms key:
 Int_1    :        M        x        W
```

I(스트레스)가 M(낙관성)에 미치는 값을 확인한다.
비표준화 회귀계수 −.291, p =.000(p <.001)이므로 통계적으로 유의미한 결과가 검증되었다.

I(스트레스)가 D(절망)에 미치는 값을 확인한다.
비표준화 회귀계수 .099, p =.000(p <.001)이므로 통계적으로 유의미한 결과가 검증되었다.
M(낙관성)이 D(절망)에 미치는 값을 확인한다.
비표준화 회귀계수 −.745, p =.000(p <.001)이므로 통계적으로 유의미한 결과가 검증되었다.
W(자기효능감)가 D(절망)에 미치는 값을 확인한다.
비표준화 회귀계수 −.746, p =.000(p <.001)이므로 통계적으로 유의미한 결과가 검증되었다.
M(낙관성) × W(자기효능감)가 D(절망)에 미치는 값을 확인한다.
비표준화 회귀계수 .079, p =.004(p <.01)이므로 통계적으로 유의미한 결과가 검증되었다.

분석결과 1-2 센터링을 하였을 때

```
**************************************************************************
OUTCOME VARIABLE:
 M

Model Summary
          R       R-sq        MSE          F        df1        df2          p
       .339       .115       .744     55.445      1.000    428.000       .000

Model
              coeff         se          t          p       LLCI       ULCI
constant       .957       .135      7.084       .000       .691      1.222
I             -.291       .039     -7.446       .000      -.368      -.214
**************************************************************************
OUTCOME VARIABLE:
 D

Model Summary
          R       R-sq        MSE          F        df1        df2          p
       .769       .592       .290    154.075      4.000    425.000       .000

Model
              coeff         se          t          p       LLCI       ULCI
constant      2.976       .092     32.302       .000      2.795      3.157
I              .099       .026      3.791       .000       .048       .150
M             -.348       .041     -8.394       .000      -.429      -.266
W             -.355       .041     -8.600       .000      -.436      -.274
Int_1          .079       .027      2.920       .004       .026       .132

Product terms key:
 Int_1    :        M        x        W
```

I(스트레스)가 M(낙관성)에 미치는 값을 확인한다.
비표준화 회귀계수 $-.291$, $p = .000$($p < .001$)이므로 통계적으로 유의미한 결과가 검증되었다.

I(스트레스)가 D(절망)에 미치는 값을 확인한다.
비표준화 회귀계수 .099, $p = .000$($p < .001$)이므로 통계적으로 유의미한 결과가 검증되었다.
M(낙관성)이 D(절망)에 미치는 값을 확인한다.
비표준화 회귀계수 $-.348$, $p = .000$($p < .001$)이므로 통계적으로 유의미한 결과가 검증되었다.
W(자기효능감)가 D(절망)에 미치는 값을 확인한다.
비표준화 회귀계수 $-.355$, $p = .000$($p < .001$)이므로 통계적으로 유의미한 결과가 검증되었다.
M(낙관성) × W(자기효능감)가 D(절망)에 미치는 값을 확인한다.
비표준화 회귀계수 .079, $p = .004$($p < .01$)이므로 통계적으로 유의미한 결과가 검증되었다.

분석결과 2-1 센터링을 하지 않았을 때

```
Test(s) of highest order unconditional interaction(s):
        R2-chng         F       df1       df2         p
M*W        .008     8.524     1.000   425.000      .004

    Focal predict: M        (M)
          Mod var: W        (W)

Conditional effects of the focal predictor at values of the moderator(s):

        W     Effect        se          t          p       LLCI       ULCI
    4.102      -.420      .048     -8.820       .000      -.513      -.326
    5.011      -.348      .041     -8.394       .000      -.429      -.266
    5.920      -.276      .049     -5.653       .000      -.372      -.180
```

M(낙관성) × W(자기효능감)의 상호작용에 따른 R^2 증가에 대한 값을 확인한다. R^2=.008, p=.004(p<.01)이었다.

W(자기효능감)에 따른 M(낙관성)의 조건부효과를 확인한다.
W(자기효능감)가 $M-1SD$(4.102)부터 M(5.011)과 $M+1SD$(5.920)의 수준에서 모두 통계적으로 유의미하였다. 즉, W(자기효능감)가 M과 $M\pm1SD$인 영역에서 I(스트레스)가 D(절망)에 미치는 영향은 통계적으로 유의미하였다.
부트스트랩을 활용하여 검증한 결과 모두 부트스트랩의 상한값과 하한값에 0이 존재하지 않아 간접효과가 검증되었다.

※ 10,000회의 부트스트래핑
간접효과 비표준화 추정치 95% 신뢰구간의 하한값(Lower Limit Confidence Interval: *LLCI*)과 상한값(Upper Limit Confidence Interval: *ULCI*)의 부트스트랩 신뢰구간에는 0이 포함되지 않았다.

분석결과 2-2 센터링을 하였을 때

Test(s) of highest order unconditional interaction(s):

	R2-chng	F	df1	df2	p
M*W	.008	8.524	1.000	425.000	.004

Focal predict: M (M)

Mod var: W (W)

Conditional effects of the focal predictor at values of the moderator(s):

W	Effect	se	t	p	LLCI	ULCI
-.909	-.420	.048	-8.820	.000	-.513	-.326
.000	-.348	.041	-8.394	.000	-.429	-.266
.909	-.276	.049	-5.653	.000	-.372	-.180

M(낙관성) × W(자기효능감)의 상호작용에 따른 R^2 증가에 대한 값을 확인한다. $R^2=.008$, $p=.004(p<.01)$이었다.

W(자기효능감)에 따른 M(낙관성)의 조건부효과를 확인한다. W(자기효능감)가 $M-1SD(-.909)$부터 $M(.000)$과 $M+1SD(.909)$의 수준에서 모두 통계적으로 유의미하였다. 즉, W(자기효능감)가 M과 $M\pm1SD$인 영역에서 I(스트레스)가 D(절망)에 미치는 영향은 통계적으로 유의미하였다. 부트스트랩을 활용하여 검증한 결과 모두 부트스트랩의 상한값과 하한값에 0이 존재하지 않아 간접효과가 검증되었다.

※ 10,000회의 부트스트래핑

간접효과 비표준화 추정치 95% 신뢰구간의 하한값(Lower Limit Confidence Interval: *LLCI*)과 상한값(Upper Limit Confidence Interval: *ULCI*)의 부트스트랩 신뢰구간에는 0이 포함되지 않았다.

분석결과 3-1 센터링을 하지 않았을 때

Conditional effect of focal predictor at values of the moderator:

W	Effect	se	t	p	LLCI	ULCI
2.167	-.573	.086	-6.627	.000	-.743	-.403
2.397	-.555	.081	-6.845	.000	-.714	-.396
2.627	-.537	.076	-7.083	.000	-.686	-.388
2.857	-.518	.071	-7.341	.000	-.657	-.380
3.087	-.500	.066	-7.617	.000	-.629	-.371
3.317	-.482	.061	-7.907	.000	-.602	-.362
3.548	-.464	.057	-8.202	.000	-.575	-.353
3.778	-.446	.052	-8.487	.000	-.549	-.342
4.008	-.427	.049	-8.737	.000	-.523	-.331
4.238	-.409	.046	-8.913	.000	-.499	-.319
4.468	-.391	.044	-8.969	.000	-.477	-.305
4.698	-.373	.042	-8.859	.000	-.455	-.290
4.929	-.354	.041	-8.552	.000	-.436	-.273
5.159	-.336	.042	-8.052	.000	-.418	-.254
5.389	-.318	.043	-7.399	.000	-.403	-.234
5.619	-.300	.045	-6.655	.000	-.388	-.211
5.849	-.282	.048	-5.886	.000	-.376	-.188
6.079	-.263	.051	-5.140	.000	-.364	-.163
6.310	-.245	.055	-4.446	.000	-.354	-.137
6.540	-.227	.059	-3.817	.000	-.344	-.110
6.770	-.209	.064	-3.258	.001	-.335	-.083
7.000	-.191	.069	-2.763	.006	-.326	-.055

조명등분석법(floodlight analysis)인 Johnson-Neyman 방법(조절변수 값에 따른 조절효과가 어느 영역에서 유의미한지 파악할 수 있는 분석방법)을 확인한다.
I(스트레스)가 M(낙관성)을 경유하여 D(절망)에 미치는 영향은 W(자기효능감)가 7.000 이하 영역에서 통계적으로 유의미하였다.

분석결과 3-2 센터링을 하였을 때

Conditional effect of focal predictor at values of the moderator:

W	Effect	se	t	p	LLCI	ULCI
-2.844	-.573	.086	-6.627	.000	-.743	-.403
-2.614	-.555	.081	-6.845	.000	-.714	-.396
-2.384	-.537	.076	-7.083	.000	-.686	-.388
-2.154	-.518	.071	-7.341	.000	-.657	-.380
-1.924	-.500	.066	-7.617	.000	-.629	-.371
-1.693	-.482	.061	-7.907	.000	-.602	-.362
-1.463	-.464	.057	-8.202	.000	-.575	-.353
-1.233	-.446	.052	-8.487	.000	-.549	-.342
-1.003	-.427	.049	-8.737	.000	-.523	-.331
-.773	-.409	.046	-8.913	.000	-.499	-.319
-.543	-.391	.044	-8.969	.000	-.477	-.305
-.312	-.373	.042	-8.859	.000	-.455	-.290
-.082	-.354	.041	-8.552	.000	-.436	-.273
.148	-.336	.042	-8.052	.000	-.418	-.254
.378	-.318	.043	-7.399	.000	-.403	-.234
.608	-.300	.045	-6.655	.000	-.388	-.211
.838	-.282	.048	-5.886	.000	-.376	-.188
1.069	-.263	.051	-5.140	.000	-.364	-.163
1.299	-.245	.055	-4.446	.000	-.354	-.137
1.529	-.227	.059	-3.817	.000	-.344	-.110
1.759	-.209	.064	-3.258	.001	-.335	-.083
1.989	-.191	.069	-2.763	.006	-.326	-.055

조명등분석법(floodlight analysis)인 Johnson-Neyman 방법(조절변수 값에 따른 조절효과가 어느 영역에서 유의미한지 파악할 수 있는 분석방법)을 확인한다.

I(스트레스)가 M(낙관성)을 경유하여 D(절망)에 미치는 영향은 W(자기효능감)가 1.989 이하 영역에서 통계적으로 유의미하였다.

분석결과 4-1 센터링을 하지 않았을 때

```
DATA LIST FREE/
   M          W          D
BEGIN DATA.
      4.019      4.102      4.009
      4.934      4.102      3.624
      5.850      4.102      3.240
      4.019      5.011      3.620
      4.934      5.011      3.302
      5.850      5.011      2.983
      4.019      5.920      3.232
      4.934      5.920      2.979
      5.850      5.920      2.726
END DATA.
GRAPH/SCATTERPLOT=
 M        WITH      D        BY        W
```

조절된 매개효과의 결과를 확인하고 다음과 같이 상호작용에 대해 명령문(syntax)을 활용하여 분석한다.

상호작용 그림 그리기

• 출력결과에서 복사 → 명령문에 붙임 → 선택 실행하기

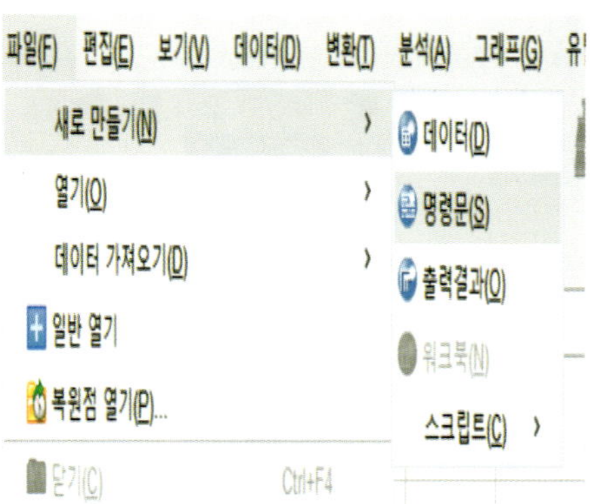

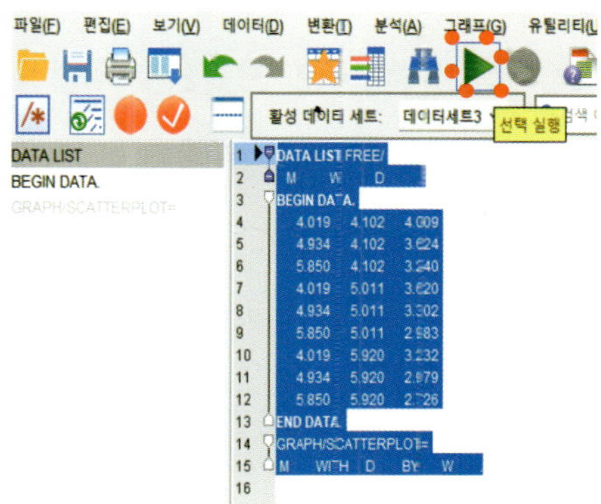

분석결과 4-2 센터링을 하였을 때

```
DATA LIST FREE/
   M          W          D          .
BEGIN DATA.
      -.916      -.909      4.009
       .000      -.909      3.624
       .916      -.909      3.240
      -.916       .000      3.620
       .000       .000      3.302
       .916       .000      2.983
      -.916       .909      3.232
       .000       .909      2.979
       .916       .909      2.726
END DATA.
GRAPH/SCATTERPLOT=
 M         WITH      D         BY        W
```

조절된 매개효과의 결과를 확인하고 다음과 같이 상호작용에 대해 명령문(syntax)을 활용하여 분석한다.

상호작용 그림 그리기

- 출력결과에서 복사 → 명령문에 붙임 → 선택 실행하기

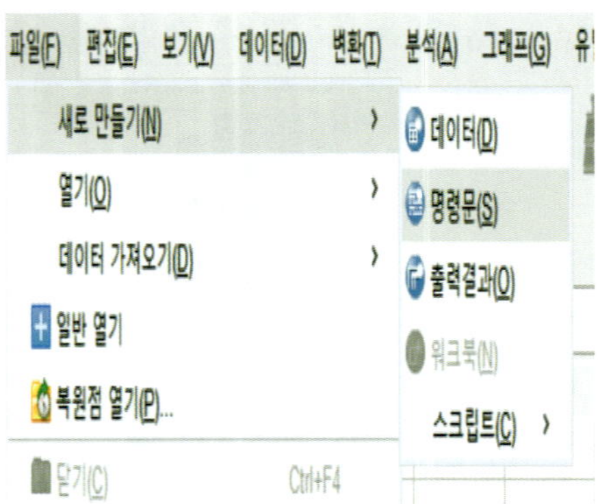

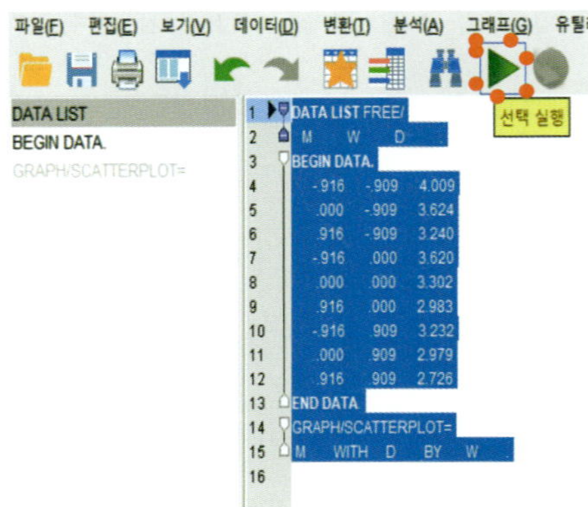

분석결과 5-1 센터링을 하지 않았을 때

```
****************** DIRECT AND INDIRECT EFFECTS OF X ON Y ******************

Direct effect of X on Y
     Effect         se          t          p       LLCI       ULCI
       .099       .026      3.791       .000       .048       .150

Conditional indirect effects of X on Y:

INDIRECT EFFECT:
 I          ->     M          ->     D

          W     Effect     BootSE   BootLLCI   BootULCI
      4.102       .122       .022       .082       .168
      5.011       .101       .019       .066       .140
      5.920       .080       .018       .045       .117

    Index of moderated mediation:
      Index     BootSE   BootLLCI   BootULCI
W     -.023       .008      -.039      -.008
```

I(스트레스)가 D(절망)에 미치는 영향에서 M(낙관성)의 매개효과에 대한 W(자기효능감)의 조절된 매개효과를 검증하였다.

W(자기효능감)가 *M*−1*SD*(4.102)부터 *M*(5.011)과 *M*+1*SD*(5.920)의 수준에서 모두 통계적으로 유의미하였다.

I(스트레스)가 D(절망)에 미치는 영향에서 M(낙관성)의 매개효과에 대한 W(자기효능감)의 조절된 매개효과의 간접효과를 부트스트랩을 활용하여 검증한 결과 도두 부트스트랩의 상한값과 하한값에 0이 존재하지 않아 간접효과가 검증되었다.

W(자기효능감)의 조절된 매개지수는 −.023이었고, 부트스트랩의 상한값과 하한값에 0이 존재하지 않아 조절된 매개효과가 검증되었다.

※ 10,000회의 부트스트래핑

간접효과 비표준화 추정치 95% 신뢰구간의 하한값(Lower Limit Confidence Interval: *LLCI*)과 상한값(Upper Limit Confidence Interval: *ULCI*)의 부트스트랩 신뢰구간에는 0이 포함되지 않았다.

분석결과 5-2 센터링을 하였을 때

```
******************* DIRECT AND INDIRECT EFFECTS OF X ON Y ******************

Direct effect of X on Y
     Effect         se          t          p       LLCI       ULCI
       .099       .026      3.791       .000       .048       .150

Conditional indirect effects of X on Y:

INDIRECT EFFECT:
 I          ->    M          ->    D

          W     Effect     BootSE   BootLLCI   BootULCI
      -.909       .122       .021       .083       .167
       .000       .101       .019       .067       .141
       .909       .080       .019       .046       .118

      Index of moderated mediation:
       Index     BootSE   BootLLCI   BootULCI
W      -.023       .008      -.038      -.008
```

I(스트레스)가 D(절망)에 미치는 영향에서 M(낙관성)의 매개효과에 대한 W(자기효능감)의 조절된 매개효과를 검증하였다.

W(자기효능감)가 $M-1SD(-.909)$부터 $M(.000)$과 $M+1SD(.909)$의 수준에서 모두 통계적으로 유의미하였다.

I(스트레스)가 D(절망)에 미치는 영향에서 M(낙관성)의 매개효과에 대한 W(자기효능감)의 조절된 매개효과의 간접효과를 부트스트랩을 활용하여 검증한 결과 모두 부트스트랩의 상한값과 하한값에 0이 존재하지 않아 간접효과가 검증되었다.

W(자기효능감)의 조절된 매개지수는 $-.023$이었고, 부트스트랩의 상한값과 하한값에 0이 존재하지 않아 조절된 매개효과가 검증되었다.

※ 10,000회의 부트스트래핑

간접효과 비표준화 추정치 95% 신뢰구간의 하한값(Lower Limit Confidence Interval: *LLCI*)과 상한값(Upper Limit Confidence Interval: *ULCI*)의 부트스트랩 신뢰구간에는 0이 포함되지 않았다.

분석결과 6-1 센터링을 하지 않았을 때

절망에 대한 그래프

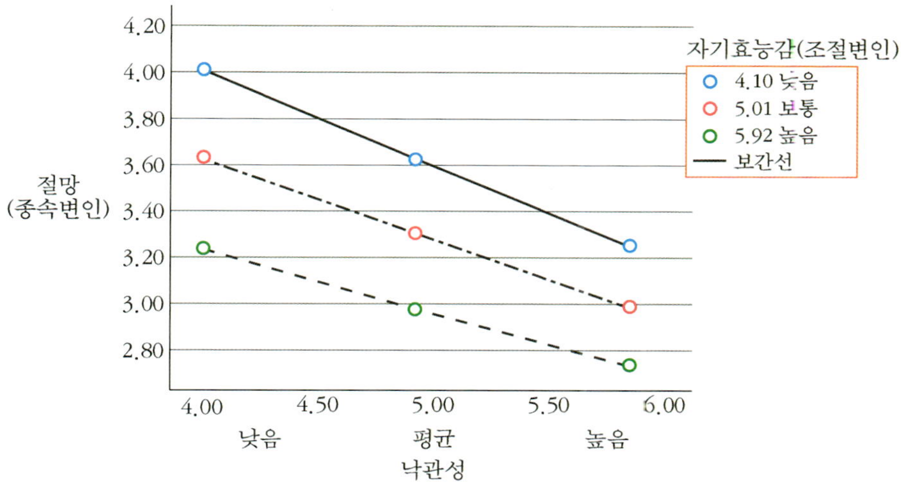

자기효능감에 의한 조절효과에 대한 결과를 시각화한 그림을 확인한다.

분석결과 6-2 센터링을 하였을 때

절망에 대한 그래프

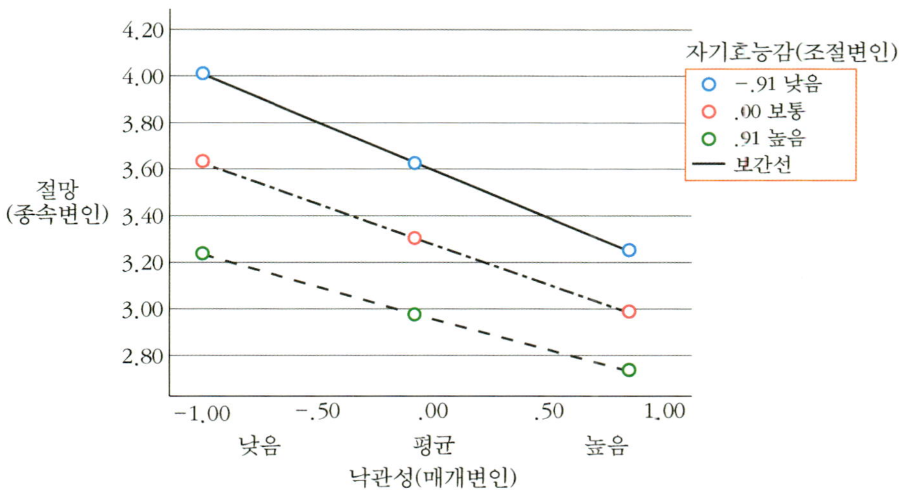

자기효능감에 의한 조절효과에 대한 결과를 시각화한 그림을 확인한다.

결과 해석에 대한 통계 TIP 영가설과 대립가설의 진위판단

영가설	스트레스가 절망에 미치는 영향에서 낙관성의 매개효과, 그리고 낙관성에 자기효능감은 조절하지 않을 것이다.	기각
대립가설	스트레스가 절망에 미치는 영향에서 낙관성의 매개효과, 그리고 낙관성에 자기효능감은 조절할 것이다.	채택

⇒ '스트레스가 절망에 미치는 영향에서 낙관성의 매개효과, 그리고 낙관성에 자기효능감은 조절한다.'라고 결론 내린다.

5) 보고서 작성

〈표 19-7〉 스트레스가 절망에 미치는 영향에서 낙관성의 매개효과와 자기효능감의 조절된 매개효과

		B	*SE*	*t*	95% Boot. *LLCI*	Boot. *ULCI*
매개변수 모형(종속변수: 낙관성)						
상수		5.891	.135	43.627***	5.626	6.157
1)	2)	−.291	.093	−7.446***	−.368	−.241
종속변수 모형(종속변수: 절망)						
상수		8.429	.673	12.572***	7.106	9.752
1	4)	.099	.026	3.791***	.048	.150
2)	4)	−.745	.141	−5.285***	−1.021	−.468
3)	4)	−.746	.139	−5.348***	−1.020	−.472
2) X 3)	4)	.079	.027	2.920**	.026	.132
상호작용에 따른 R^2 증가		R^2		*F*		*p*
		.008		8.524**		.004

**$p<.01$, ***$p<.001$

1) I 스트레스 2) M 낙관성 3) W 자기효능감 4) D 절망

LLCI 간접효과의 95% 신뢰구간 내에서의 하한값

ULCI 간접효과의 95% 신뢰구간 내에서의 상한값

〈표 19-8〉 자기효능감에 따른 낙관성의 조건부효과

낙관성	Effect	*SE*	*t*	95% Boot. *LLCI*	Boot. *ULCI*
$M-1SD$ (4.102)	−.420	.048	−8.820***	−.513	−.326
M (5.011)	−.348	.041	−8.394***	−.429	−.266
$M+1SD$ (5.920)	−.276	.049	−5.653***	−.372	−.180

***$p<.001$
LLCI 간접효과의 95% 신뢰구간 내에서의 하한값
ULCI 간접효과의 95% 신뢰구간 내에서의 상한값

〈표 19-9〉 스트레스가 낙관성을 경유하여 절망에 미치는 영향에서 자기효능감에 따른 조절 영역

W	*Effect*	*SE*	*t*	*p*	*LLCI*	*ULCI*
2.167	−0.573	0.086	−6.627	0.000	−0.743	−0.403
2.397	−0.555	0.081	−6.845	0.000	−0.714	−0.396
2.627	−0.537	0.076	−7.083	0.000	−0.686	−0.388
2.857	−0.518	0.071	−7.341	0.000	−0.657	−0.380
3.087	−0.500	0.066	−7.617	0.000	−0.629	−0.371
3.317	−0.482	0.061	−7.907	0.000	−0.602	−0.362
3.548	−0.464	0.057	−8.202	0.000	−0.575	−0.353
3.778	−0.446	0.052	−8.487	0.000	−0.549	−0.342
4.008	−0.427	0.049	−8.737	0.000	−0.523	−0.331
4.238	−0.409	0.046	−8.913	0.000	−0.499	−0.319
4.468	−0.391	0.044	−8.969	0.000	−0.477	−0.305
4.698	−0.373	0.042	−8.859	0.000	−0.455	−0.290
4.929	−0.354	0.041	−8.552	0.000	−0.436	−0.273
5.159	−0.336	0.042	−8.052	0.000	−0.418	−0.254
5.389	−0.318	0.043	−7.399	0.000	−0.403	−0.234
5.619	−0.300	0.045	−6.655	0.000	−0.388	−0.211
5.849	−0.282	0.048	−5.886	0.000	−0.376	−0.188
6.079	−0.263	0.051	−5.140	0.000	−0.364	−0.163
6.310	−0.245	0.055	−4.446	0.000	−0.354	−0.137
6.540	−0.227	0.059	−3.817	0.000	−0.344	−0.110
6.770	−0.209	0.064	−3.258	0.001	−0.335	−0.083
7.000	−0.191	0.069	−2.763	0.006	−0.326	−0.055

〈표 19-10〉 스트레스가 절망에 미치는 영향에 대한 자기효능감의 조건부 간접효과

조건부 간접효과	Effect	*SE*	95% Boot. *LLCI*	95% Boot. *ULCI*
M−1*SD* (4.102)	.122	.021	.083	.167
M (5.011)	.101	.019	.067	.139
M+1*SD* (5.920)	.080	.018	.046	.117

LLCI 간접효과의 95% 신뢰구간 내에서의 하한값
ULCI 간접효과의 95% 신뢰구간 내에서의 상한값

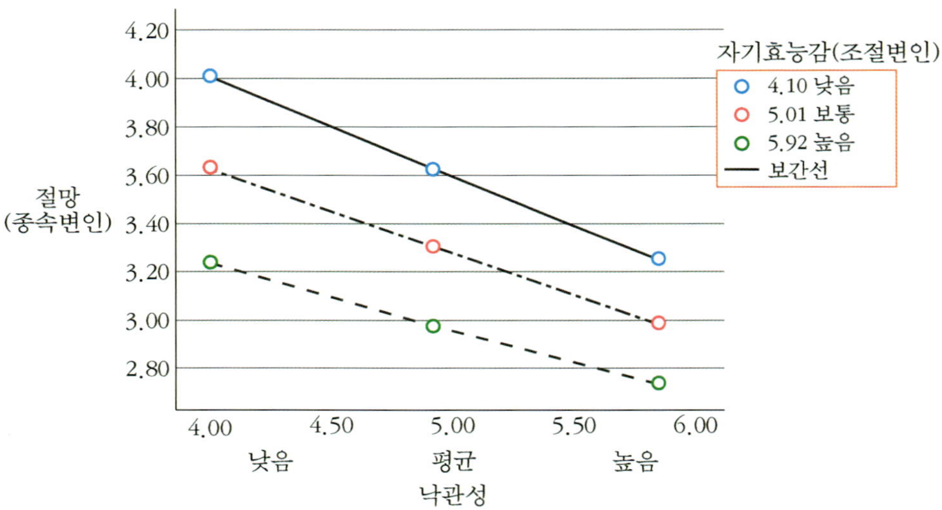

[그림 19-7] 낙관성이 절망에 미치는 영향에서 자기효능감의 조절효과

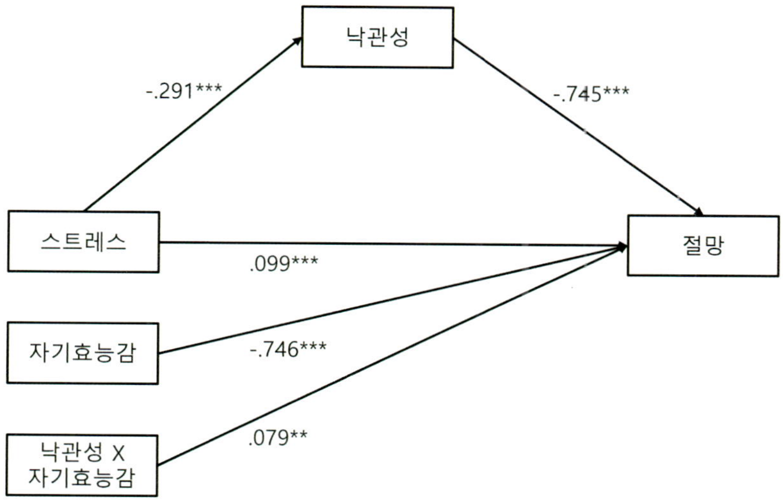

**$p<.01$, ***$p<.001$

[그림 19-8] 스트레스가 절망에 미치는 영향에서 낙관성과 자기효능감의 조절된 매개효과

〈표 19-7〉과 같이 스트레스가 절망에 미치는 영향에서 낙관성이 매개를, 자기효능감이 조절된 매개를 하는지 검증한 결과, 스트레스는 낙관성에 부적 영향을 미쳤고($B=-.291$, $p<.001$), 낙관성은 절망에 부적 영향을 미쳤으며($B=-.745$, $p<.001$), 각각 통계적으로 유의미하여 매개효과가 있었다. 그리고 스트레스는 절망에 정적 영향을 미쳤으나($B=.099$, $p<.001$), 조절변수인 자기효능감은 부적 영향을 미치고 있었다($B=-.746$, $p<.001$). 낙관성과 자기효능감의 상호작용항은 절망에 통계적으로 유의미한 영향($B=.079$, $p<.01$)을 미쳐 조절된 매개효과가 있었다. 즉, 스트레스가 낙관성을 경유하여 절망감에 미치는 영향에서 정적 영향을 미치고 있었고, 자기효능감은 낙관성의 매개효과를 조절하는 것으로 나타났다. 스트레스가 증가하면 낙관성은 감소하게 되고, 이는 절망을 증가시켜 결과적으로 스트레스는 절망에 정적 영향을 미치는데, 이때 자기효능감에 따라 달라짐을 시사한다.

또한 상호작용항이 추가됨에 따른 R^2 변화량은 .008($p<.01$)이었고, 이는 통계적으로 유의미하여 스트레스가 낙관성을 거쳐 절망에 가는 경로에서 자기효능감의 조절효과가 검증되었다.

〈표 19-8〉과 같이 자기효능감에 따른 낙관성의 조건부효과는 자기효능감이 $M-1SD$(4.102)부터 M(5.011)과 $M+1SD$(5.920)의 수준에서 모두 통계적으로 유

의미하였다. 즉, 자기효능감이 M과 $M \pm 1SD$인 영역에서 스트레스가 절망에 미치는 영향은 통계적으로 유의미하였다.

〈표 19-9〉와 같이 조절변수의 전 범위에 대하여 조명등분석법(floodlight analysis)인 Johnson-Neyman 방법(조절변수 값에 따른 조절효과가 어느 영역에서 유의미한지 파악할 수 있는 분석방법)에 의한 통계적 유의미성 영역을 보면, 스트레스가 낙관성을 경유하여 절망에 미치는 영향은 자기효능감이 7.000 이하 영역에서 통계적으로 유의미하였다. 즉, 자기효능감이 증가하면서 스트레스가 낙관성을 경유하여 절망에 미치는 영향이 점점 감소하였으며, 고 · 중 · 저 세 개 집단에서 모두 통계적으로 유의미하였다. 이는 스트레스가 낙관성을 경유하여 절망에 미치는 영향에서 자기효능감이 높아질수록 절망감의 증가율이 모든 영역에서 낮아진다는 사실을 시사한다.

〈표 19-10〉과 같이 스트레스가 절망에 미치는 영향에 대한 자기효능감의 조건부 간접효과(스트레스 → 낙관성 → 절망)는 자기효능감이 $M-1SD$(4.102)부터 M(5.011), $M+1SD$(5.920)의 수준에서 모두 통계적으로 유의미하였다. 즉, 자기효능감은 스트레스가 낙관성을 매개하여 절망에 미치는 영향에서 조절된 매개효과가 있었다. 또한 자기효능감의 조절된 매개지수는 −.023이었고, 95% 신뢰구간(CI)에서 하한값(−.039)과 상한값(−.009)에 0이 존재하지 않아 조절된 매개효과가 검증되었다. 스트레스가 절망에 미치는 영향에서 낙관성과 조절된 매개효과는 [그림 19-8]로 시각화하였다.

자기효능감의 조절효과가 통계적으로 유의미하게 나타났으므로, 그 형태를 확인하기 위하여 조절효과를 [그림 19-7]으로 시각화하였다. 통계적으로 유의미한 상호작용의 패턴을 확인하기 위하여 조절변수인 자기효능감을 저집단-중집단-고집단으로 각각 나누어 평균의 변화량을 살펴보았다. 즉, 스트레스가 낙관성을 거쳐 절망에 미치는 영향에서 낙관성이 높거나 낮을 경우 모두 자기효능감 저집단의 절망이 자기효능감 고집단보다 심하다는 것으로 나타났다.

연습문제

1 이중매개에 대한 경로가 타당한지 연구하고자 자아통합(A, 독립변수), 자기효능감(B, 매개변수1), 진로준비행동(C, 매개변수2), 진로결정(D, 종속변수)의 변수를 통해 이중매개효과를 실시하고, 그 결과를 알아본다.

(회귀분석에서 이중매개_6번모형_연습문제.sav 활용)

제**20**장

탐색적 요인분석

1. 기본 개념
2. 연구목적과 연구문제
3. SPSS 실행 및 분석결과
4. 보고서 작성

- 연습문제

탐색적 요인분석(Exploratory Factor Analysis: EFA)은 많은 측정변수를 공통적인 요인으로 묶어 자료의 복잡성을 줄이고 측정된 변수들이 동일한 구성개념을 측정하고 있는지 파악하기 위한 방법이다. 기존의 척도를 활용하여 자료를 수집한 후에 측정이 타당하게 되었는지 검토할 때 사용한다. 그리고 검사나 측정척도 개발 과정에서도 측정도구의 타당성을 파악하기 위해 사용한다. 공통요인으로 묶이지 않는 문항은 해당 요인을 측정하는 데 타당하지 않기 때문에 문항에서 제거하거나 수정할 수 있다.

1. 기본 개념

- 탐색적 요인분석을 통해 해석 가능한 잠재적인 요인 수를 파악할 수 있다.
- 문항들의 공통특성을 통해 잠재요인의 본질에 관한 파악이 가능하다.
- 산출된 요인들의 설명 분산을 통해 잠재요인의 상대적 중요도를 파악할 수 있다.
- 탐색적 요인분석은 인과관계를 설명하는 것이 아니기 때문에 독립변수와 종속변수를 구분하지 않는다.
- 탐색적 요인분석은 분석결과로부터 모집단의 특성을 추정하지 않는다.
- 변수 간의 상관관계가 요인분석의 토대가 된다.
- 결과적으로 요인분석은 추리통계법이 아닌 기술통계법이다.
- 행동과학 및 사회과학에서 요인(factor)이라고 하면 인간의 여러 행동에 효과를 미치는 공통요인을 말한다.
- 이러한 배경에는 Spearman(1904)[20-1]의 연구가 있다.
- 행동과학 및 사회과학에서의 요인분석은 측정치 간의 상관을 초래하는 잠재변수인 공통요인을 탐색하는 '탐색적 요인분석(Exploratory Factor Analysis: EFA)'을 연구한다.

20-1) Spearman, C. (1904). "General Intelligence," Objectively determined and measured. *The American Journal of Psychology, 15(2)*, 201–292.

• 표본의 수는 최소한 100~200개 이상의 사례를 사용할 것을 권장하고 있다. 변수와 표본 수의 비율은 10배 이상이 바람직하고 최소한 5배 이상이어야 한다.
• 무응답자 및 극단치가 있다면 확인하여 제거 및 정리가 필요하다.
• 변수 간의 상관관계가 중요하므로 선형성이 충족되어야 한다. 상관이 .30(보수적 기준은 .40)을 초과해야 요인분석의 가치가 있다.

2. 연구목적과 연구문제

탐색적 요인분석에 관한 연구목적과 연구문제

1. 연구목적
   연구자는 충만한 삶에 대한 측정도구에서 행복, 희망, 낙관, 감사의 네 가지 하위척도에 대해 타당한지를 검증하기 위해 요인분석을 계획하였다.
2. 연구문제
   충만한 삶에 대한 측정도구에서 행복, 희망, 낙관, 감사의 네 가지 하위척도가 타당한지를 알아본다.

통계검증방법: 탐색적 요인분석

3. SPSS 실행 및 분석결과

충만한 삶에 대한 측정도구에서 행복, 희망, 낙관, 감사의 네 가지 하위척도에 대해 타당한지를 검증하기 위해 요인분석을 실시한다.

1) SPSS 실행

SPSS 분석 1

분석과정
분석(A) → 차원 축소(D) → 요인분석(F)
– 탐색적 요인분석.sav

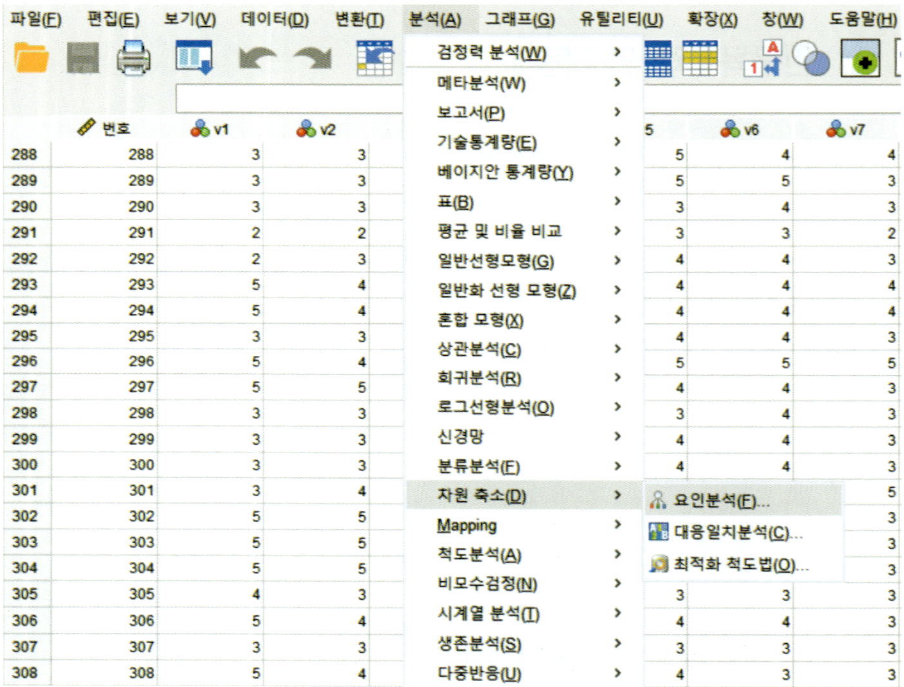

SPSS 분석 2

[변수(V)]에 'v1'에서부터 'v12'까지 넣는다.

[기술통계(D)]를 클릭한다.

SPSS 분석 3

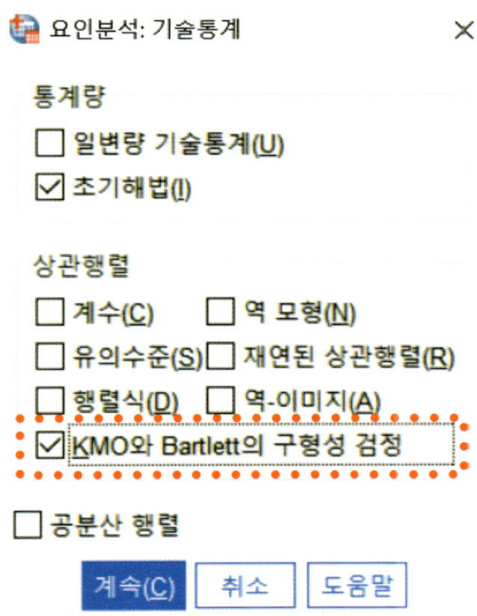

[통계량]에서 **[초기해법(I)]**을 확인한다.

[상관행렬]에서 **[KMO와 Bartlett의 구형성 검정]**을 클릭한다.

[계속(C)]을 클릭한다.

[요인추출(E)]을 클릭한다.

통계 TIP KMO와 Bartlett의 구형성 검정(KMO and Bartlett's test of sphericity)

KMO와 Bartlett의 구형성 검정은 상관행렬의 적합성을 검증한다. KMO의 값이 1에 가까울수록 요인분석을 실시하기에 적합하다. Kaiser(1974)[20-2]에 의하면 KMO 값이 .90 이상이면 매우 좋고 .80 정도면 양호하며 .50 이하면 적합하지 않다. Bartlett의 구형성 검정(test of sphericity)은 변수 간의 상관관계가 요인분석에 적합한지를 검증한다. Bartlett(1950)[20-3]에 의하면 구형성 검정 통계치의 값이 크고 유의확률이 $p < .05$이면 상관행렬이 0이라는 영가설을 기각하고 요인분석을 실시하기에 적합하다고 판단한다.

SPSS 분석 4-1

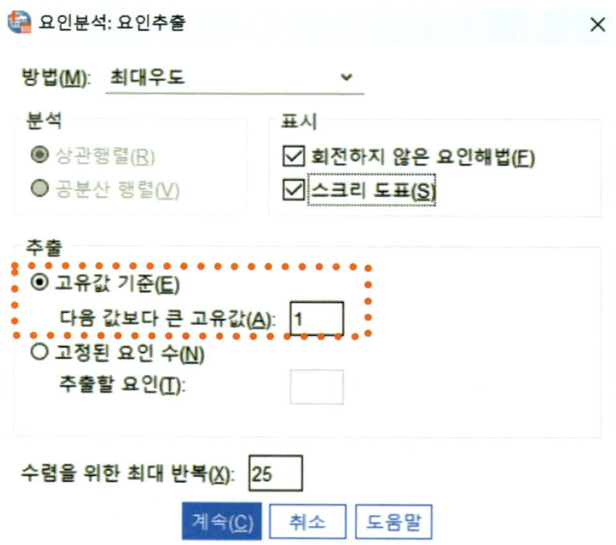

[방법(M)]에서 **[최대우도]**를 선택한다.

[표시]에서 **[회전하지 않은 요인해법(F)]**을 확인하고 **[스크리 도표(S)]**를 클릭한다.

20-2) Kaiser, H. F. (1974). An Index of factorial simplicity. *Psychometrika, 39*(1), 31-36.

20-3) Bartlett, M. S. (1950). Tests of significance in factor analysis. *British Journal of Mathematical and Statistical Psychology, 3*(2), 77-85.

※ 스크리 도표는 잠재적인 요인의 수를 알려 주는 도표이다. 연결된 선이 급경사를 보이면 각 성분이 하나의 요인이라고 판단한다.

[추출]에서 **[고유값 기준(E)]** '1'을 확인한다.
[계속(C)]을 클릭한다.
[요인회전(T)]을 클릭한다.

SPSS 분석 4-2

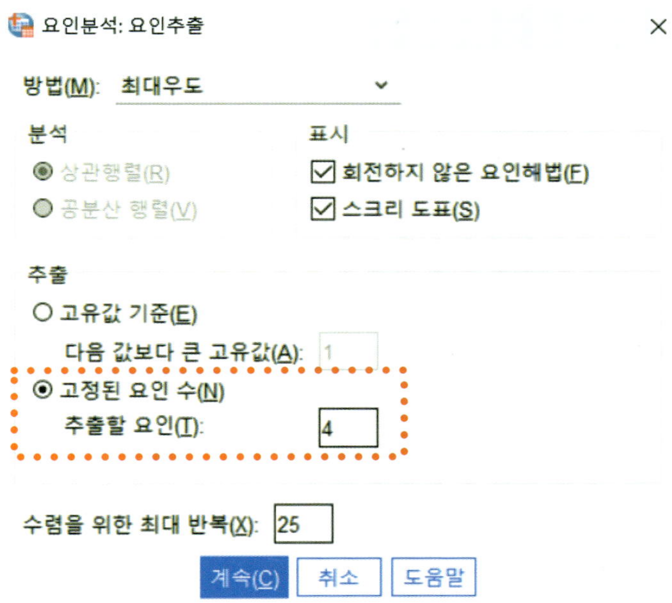

※ **[고유값 기준(E)]**을 활용하여 요인분석을 실시할 수 있고 **[고정된 요인 수(N)]**로 요인분석을 실시할 수도 있다.

※ **[고정된 요인 수(N)]**는 사용자가 요인의 수를 지정하여 추출하는 방법이다.

[추출]에서 **[고정된 요인 수(N)]**를 클릭한 후 **[추출할 요인(T)]**에 '4'를 입력한다.

[계속(C)]을 클릭한다.
[요인회전(T)]을 클릭한다.

SPSS 분석 5

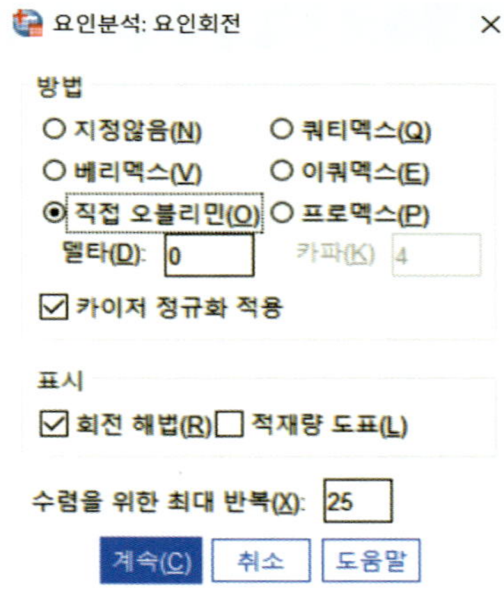

[방법]에서 **[직접 오블리민(O)]**을 클릭한다.

※ 요인분석 시, 직접 오블리민(Direct Oblimin)을 사용하여 요인 간의 구조를 찾아가는 분석을 하는 것이 필요하다.

[표시]에서 **[회전 해법(R)]**을 확인한다.
[계속(C)]을 클릭한다.
[옵션(O)]을 클릭한다.

통계 TIP 요인회전 방법

방법(Method)	
지정않음 (None)	추출된 요인을 회전시키지 않음
베리멕스 (Varimax)	각 요인의 성분행렬에서 부하량의 제곱화를 극대화하여 요인의 수를 단순화하는 직각회전 방법이다.
쿼티멕스 (Quartimax)	요인 중에 부하량이 큰 것은 더 극대화하고 부하량이 작은 것은 더욱 극소화하여 요인의 수를 단순화하는 직각회전 방법이다.
이쿼멕스 (Equamax)	베리멕스와 쿼티멕스 원리를 절충하여 요인의 수를 단순화하는 직각회전 방법이다.
직접 오블리민 (Direct Oblimin)	더 의미 있는 요인 간의 구조를 찾기 위해서 사용하는 사각회전 방법이다.
프로멕스 (Promax)	직각 요인을 사각회전 방법으로 요인의 수를 단순화하는 방법이다.

통계 TIP 직각회전 vs 사각회전

직각회전은 요인들이 서로 독립적이라고 가정할 때(요인 간에 상관이 없다) 진행하는 회전 방식이고, 사각회전은 요인들이 비독립적이라고 가정할 때(요인 간에 상관이 있다) 진행하는 회전 방식이다.
예로, 리커트 척도를 사용하여 측정한다면 변수들을 통해 추출된 요인들이 서로 관계가 없다고 말하기 어렵다. 그러므로 이때에는 요인 간 관계가 있다고 가정하는 사각회전을 선택하여 분석하는 것이 타당할 것이다.

SPSS 분석 6

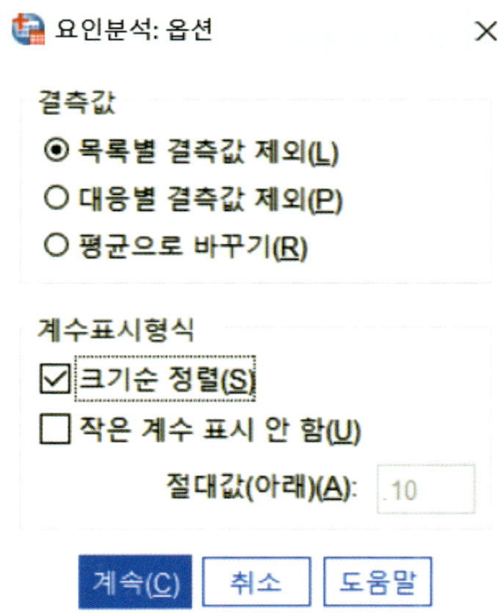

[계수표시형식]에서 **[크기순 정렬(S)]**을 클릭한다.

※ **[크기순 정렬(S)]**은 동일한 요인에 대해 높은 적재값을 가지는 변수로부터 내림차순으로 나타내 준다.

[계속(C)]을 클릭한다.
[확인]을 클릭한다.

2) 분석결과

분석결과 1

KMO와 Bartlett의 검정

표본 적절성의 Kaiser-Meyer-Olkin 측도.		.774
Bartlett의 구형성 검정	근사 카이제곱	2333.937
	자유도	66
	유의확률	<.001

KMO 값은 표본의 적절성을 측정하는 값으로 .774로 높고 변수 간의 상관관계를 검증하는 Bartlett의 구형성 검정 통계값은 2333.937(df =66, p <.001)으로 유의수준 .001에서 유의미하므로 요인분석을 하기에 적합하다고 할 수 있다.

분석결과 2

공통성

	초기	추출
행복1	.847	.910
행복2	.838	.890
행복3	.791	.832
희망1	.363	.483
희망2	.370	.538
희망3	.385	.502
낙관1	.629	.743
낙관2	.634	.742
낙관3	.540	.607
감사1	.591	.833
감사2	.500	.537
감사3	.452	.494

추출 방법: 최대우도.

공통성(Communality)은 한 변수의 분산이 추출된 요인들에 의해 설명되는 분산의 양이다.

※ 주성분 분석에서는 초기값이 1로 지정이 되지만, 공통요인분석의 최대우도법에서는 초기값이 1로 지정되지 않는다.

분석결과 3

설명된 총분산

요인	초기 고유값			추출 제곱합 적재량			회전 제곱합 적재량[a]
	전체	% 분산	누적 %	전체	% 분산	누적 %	전체
1	4.044	33.700	33.700	3.337	27.810	27.810	2.987
2	2.110	17.585	51.285	2.281	19.006	46.816	2.450
3	1.995	16.622	67.907	1.469	12.240	59.056	2.713
4	1.221	10.179	78.086	1.025	8.542	67.598	1.906
5	.573	4.776	82.862				
6	.510	4.252	87.114				
7	.459	3.827	90.941				
8	.344	2.868	93.809				
9	.282	2.347	96.156				
10	.221	1.839	97.995				
11	.143	1.194	99.189				
12	.097	.811	100.000				

추출 방법: 최대우도.

a. 요인이 상관된 경우 전체 분산을 구할 때 제곱합 적재량이 추가될 수 없습니다.

요인 수를 결정할 때는 보통 고유값(eigen value)이 1 이상인 요인이 요인 수에 포함되므로 이 표에서 4개의 요인이 존재한다고 해석할 수 있다. 추출 제곱합 적재량에서 고유값(eigen value)은 요인1=3.337, 요인2=2.281, 요인3=1.469, 요인4=1.025이다.

요인1은 전체 분산의 27.810%를, 요인2는 전체 분산의 19.006%를, 요인3은 전체 분산의 12.240%를, 요인4는 전체 분산의 8.542%를 설명하고 있으며 4개 요인은 전체 분산의 67.598%를 설명하고 있다.

통계 TIP 누적분산 %의 기준

누적분산 %의 기준은 절대적인 기준은 아니지만, 사회과학에서는 60% 이상 설명할 수 있어야 한다.

단, 요인구조를 정의하기 위해서는 최소 40%의 설명변량을 넘어야 한다(Gorsuch, 1983). 20-4)

20-4) Gorsuch, R. L. (1997). Exploratory factor analysis: Its role in item analysis. *Journal of Personality Assessment, 68*(3), 532–560. https://doi.org/10.1207/s15327752jpa6803_5

분석결과 4

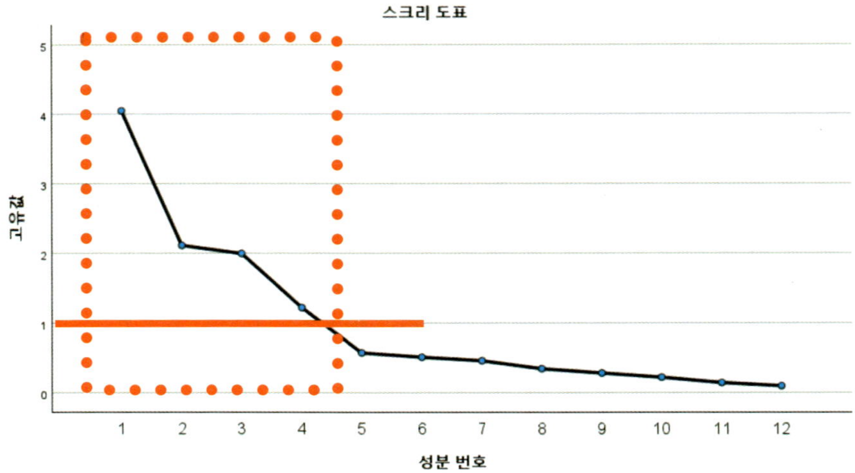

스크리 도표는 잠재적인 요인의 수를 알려 주는 것으로 4번째 지점 이후부터 경사가 완만해지는 것을 볼 수 있다. 뿐만 아니라 (초기)고유값(eigen value)이 1 이상인 요인들이 요인 수에 포함되므로 이 표에서 4개의 요인이 존재한다고 해석할 수 있다. 따라서 요인의 수는 4개라고 잠정적으로 판단할 수 있다.

분석결과 5

패턴 행렬[a]

	요인			
	1	2	3	4
행복1	.957	.018	-.018	.001
행복2	.931	-.016	.048	-.012
행복3	.919	.000	-.024	.010
낙관2	-.041	.865	-.026	.091
낙관1	.007	.861	.005	-.021
낙관3	.040	.756	.048	-.059
감사1	-.042	.000	.937	-.027
감사2	.003	.048	.727	-.039
감사3	.062	-.022	.635	.113
희망2	.007	.050	-.073	.753
희망3	.018	.012	.040	.687
희망1	-.019	-.058	.070	.673

추출 방법: 최대우도.
회전 방법: 카이저 정규화가 있는 오블리민.
a. 6 반복계산에서 요인회전이 수렴되었습니다.

이 표에서는 요인행렬의 요인부하량(factor loading)을 볼 수 있다. 요인부하량이란 각 문항 또는 변수의 요인에 대한 가중치를 보여 준다. 보통 ±.3 이상이면 해당 요인과의 상관이 높다고 해석한다.
행복1, 행복2, 행복3, 3개의 문항이 요인1과 상관이 높으므로 요인1을 구성한다고 해석한다.
낙관1, 낙관2, 낙관3, 3개의 문항이 요인2와 상관이 높으므로 요인2를 구성한다고 해석한다.
감사1, 감사2, 감사3, 3개의 문항이 요인3과 상관이 높으므로 요인3을 구성한다고 해석한다.
희망1, 희망2, 희망3, 3개의 문항이 요인4와 상관이 높으므로 요인4를 구성한다고 해석한다.

3) 신뢰도 분석 - SPSS 실행

요인별 하위 문항들의 신뢰도 분석을 실시한다.

SPSS 분석 1

분석과정
분석(A) → 척도분석(A) → 신뢰도 분석(R)
– 요인분석.sav

SPSS 분석 2

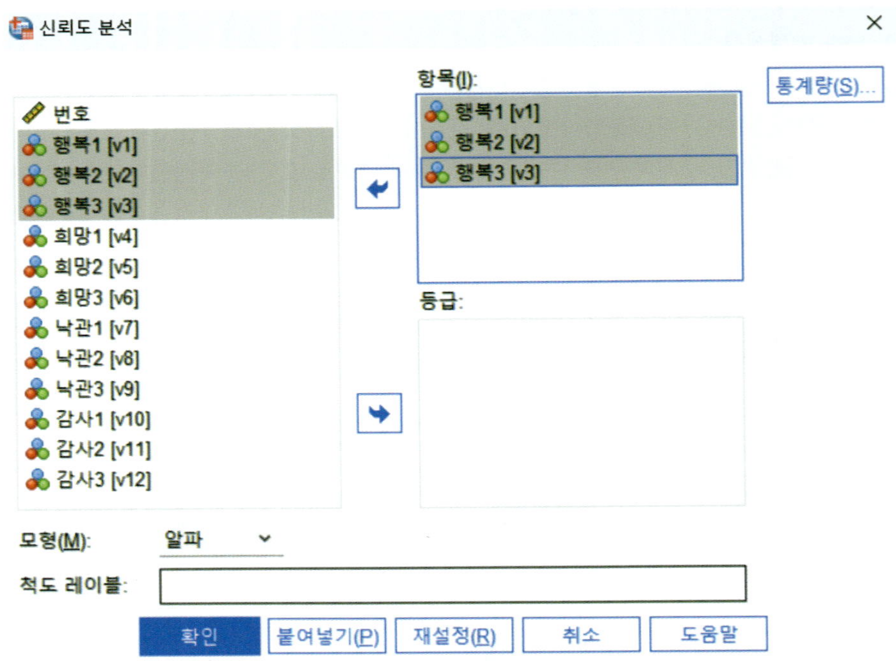

[항목(I)]에 '행복1'에서 '행복3'까지 넣는다.
[확인]을 클릭한다.

이와 같은 방법으로 '희망1'에서 '희망3' '낙관1'에서 '낙관3' '감사1'에서 '감사3'까지 실시한다.

※ 구체적인 방법은 제6장 신뢰도와 타당도에서 신뢰도 통계 검증을 참고한다.

4) 신뢰도 분석 - 분석결과

분석결과 1

〈행복〉
신뢰도 통계량

Cronbach의 알파	항목 수
.954	3

〈낙관〉
신뢰도 통계량

Cronbach의 알파	항목 수
.868	3

〈감사〉
신뢰도 통계량

Cronbach의 알파	항목 수
.810	3

〈희망〉
신뢰도 통계량

Cronbach의 알파	항목 수
.750	3

행복-신뢰도 통계량에서 Cronbach의 $\alpha = .954$를 확인한다.

낙관-신뢰도 통계량에서 Cronbach의 α =.868을 확인한다.
감사-신뢰도 통계량에서 Cronbach의 α =.810을 확인한다.
희망-신뢰도 통계량에서 Cronbach의 α =.750을 확인한다.

4. 보고서 작성

〈표 20-1〉 충만한 삶에 대한 요인분석 결과

항 목 (구 분)		요인 적재량			
		요인1	요인2	요인3	요인4
		행복	낙관	감사	희망
1)	행복1	.957			
2)	행복2	.931			
3)	행복3	.919			
1)	낙관2		.865		
2)	낙관1		.861		
3)	낙관3		.756		
1)	감사1			.937	
2)	감사2			.727	
3)	감사3			.635	
1)	희망2				.753
2)	희망1				.687
3)	희망3				.673
Eigen value		3.337	2.281	1.469	1.025
분산율(%)		27.810	19.006	12.240	8.542
누적 분산율(%)		27.810	46.816	59.056	67.598
Cronbach's α		.954	.868	.810	.750

〈표 20-1〉은 최대우도법과 직접 오블리민(Direct Oblimin) 회전법을 이용하여 Eigen value 1.0을 기준으로 산출된 요인의 구조를 나타낸 요인분석표이다. 그 결과 총 4개의 요인을 확인하였다. 4개 요인 모델의 전체 설명변량은 67.598%이었다.

요인1은 행복에 대한 3개의 문항으로 구성되어 있고 Eigen value=3.337, 분산율 27.810%, Cronbach's α =.954이었다. 요인2는 낙관에 대한 3개의 문항으로 구성되어 있고 Eigen value=2.281, 분산율 19.006%, Cronbach's α =.868이었다. 요인3은 감사에 대한 3개의 문항으로 구성되어 있고 Eigen value=1.469, 분산율 12.240%, Cronbach's α =.810이었다. 요인4는 희망에 대한 3개의 문항으로 구성되어 있고 Eigen value=1.025, 분산율 8.542%, Cronbach's α =.750이었다.

연습문제

1 이상심리에 대한 측정도구에서 우울, 불안의 두 가지 하위척도가 타당한가를 알아보기 위해 탐색적 요인분석을 실시하고, 그 결과를 알아본다.
(탐색적 요인분석-연습문제.sav 활용)

제21장

확인적 요인분석

1. 기본 개념
2. 연구목적과 연구문제
3. AMOS 실행 및 분석결과
4. 결과 해석
- 연습문제

확인적 요인분석(Confirmatory Factor Analysis: CFA)은 공통요인 모형을 확인할 목적으로 사용하는 방법이다.

1. 기본 개념

- 확인적 요인분석(CFA)은 확정된 이론으로부터 현실의 데이터가 이론적 구성개념에 부합되는지를 확인하는 절차이다.
- 일반적으로, 검사나 척도개발을 목적으로 하는 연구에서는 탐색적 요인분석(EFA)을 통해 초기 척도 문항을 개발하고, 확인적 요인분석(CFA)을 통해 타당화하는 절차를 거치게 된다.

통계 TIP 요인분석의 구분

구분	탐색적 요인분석(EFA)	확인적 요인분석(CFA)
통계 프로그램	SPSS	AMOS
이론과의 관계	이론을 만들 때 사용한다.	이론을 확인할 때 사용한다.
분석의 성격	각 문항에 대한 요인을 찾기 위함이다(탐색적).	각 요인에 해당하는 문항을 확인하기 위함이다(확인적).

2. 연구목적과 연구문제

확인적 요인분석에 관한 연구목적과 연구문제

1. 연구목적

   연구자는 충만한 삶에 대한 측정도구에서 행복, 희망, 낙관, 감사의 네 가지 하위척도에 대해 타당한지를 검증하기 위해 확인적 요인분석을 계획하였다.

2. 연구가설

충만한 삶에 대한 측정도구에서 행복, 희망, 낙관, 감사의 네 가지 하위척도가 타당한지를 알아본다.

통계검증방법 : 확인적 요인분석

3. AMOS 실행 및 분석결과

충만한 삶에 대한 측정도구에서 행복, 희망, 낙관, 감사의 네 가지 하위척도에 대해 타당한지를 검증하기 위해 확인적 요인분석을 실시한다.

1) AMOS 실행

AMOS 분석 1

분석과정

AMOS Graphics 프로그램 실행

– 확인적 요인분석.sav

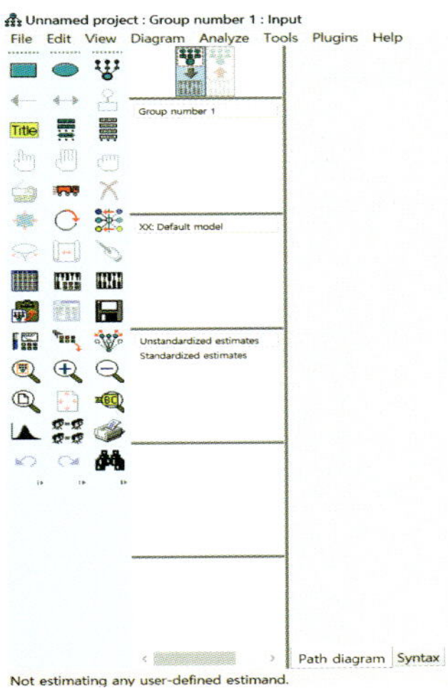

AMOS 분석 2

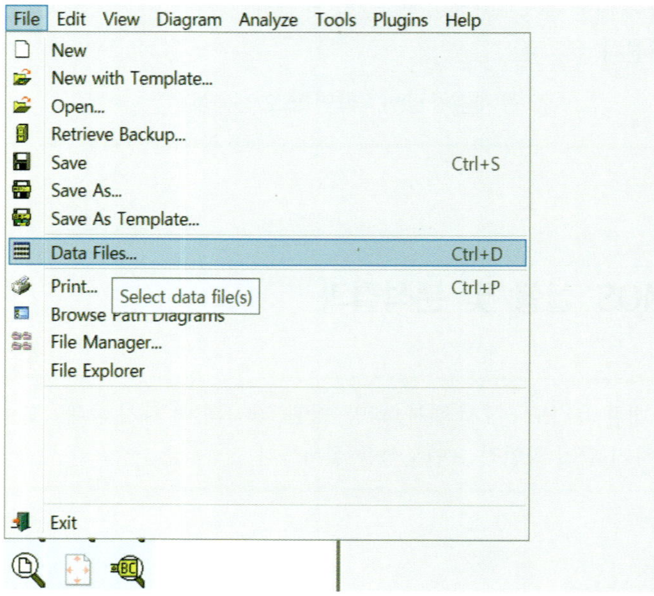

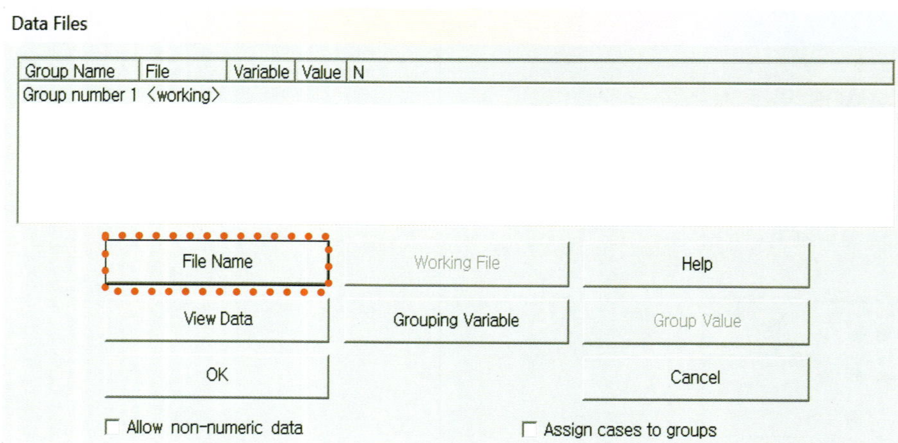

[File]에서 [Data Files]를 클릭한다.

[Data Files]에서 [File Name]을 클릭한다.

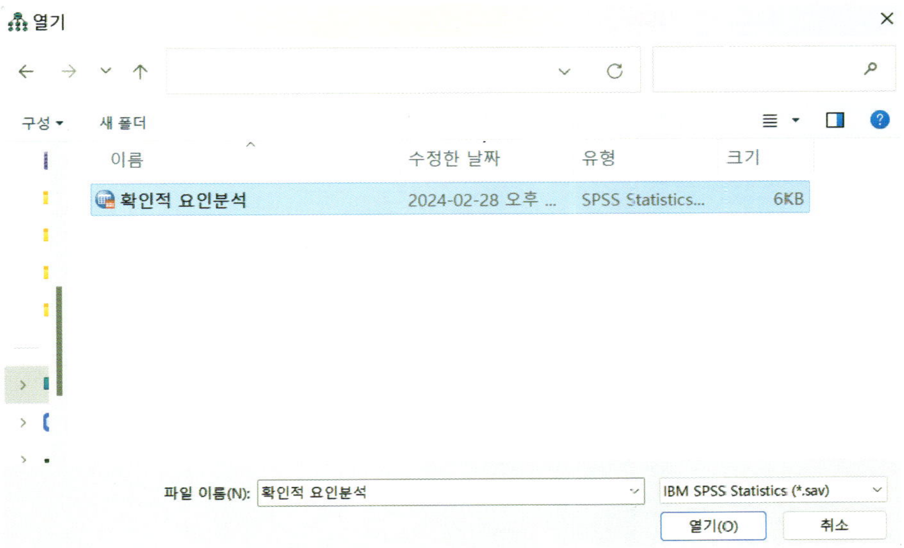

'확인적 요인분석' 파일을 선택하고 **[열기]**를 클릭한다.

AMOS 분석 3

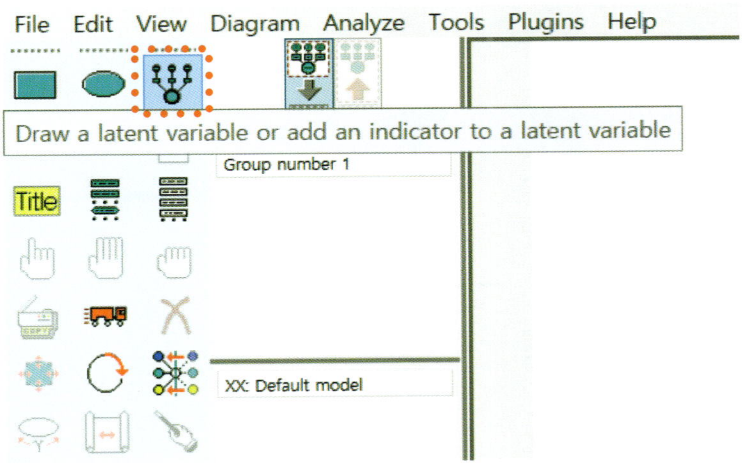

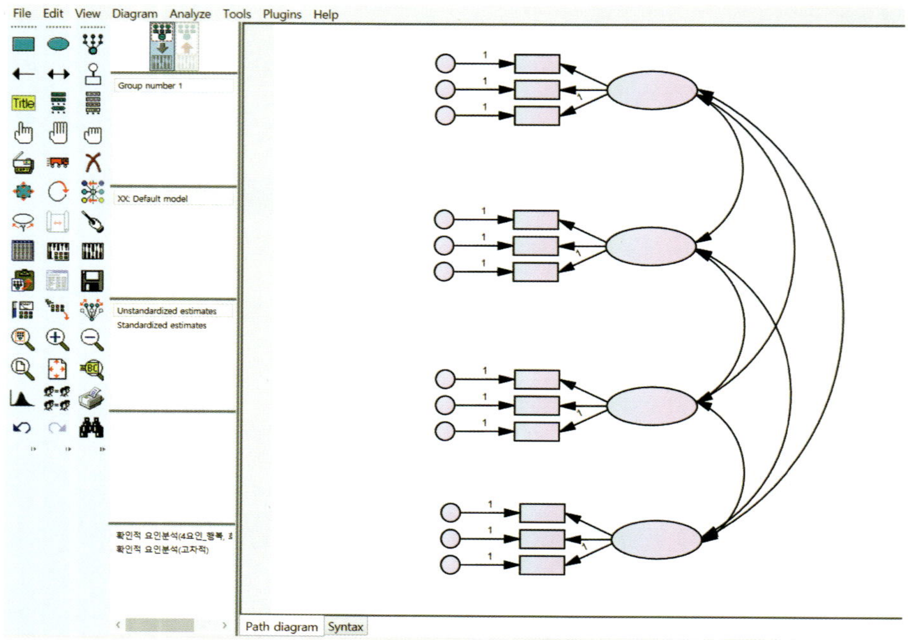

를 클릭하여 연구모형을 그린다.

※ 연구모형 그리는 방법은 제22장을 참고한다.

AMOS 분석 4

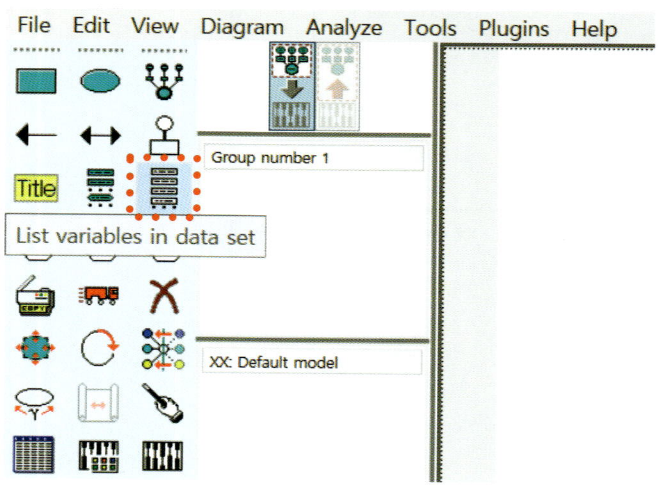

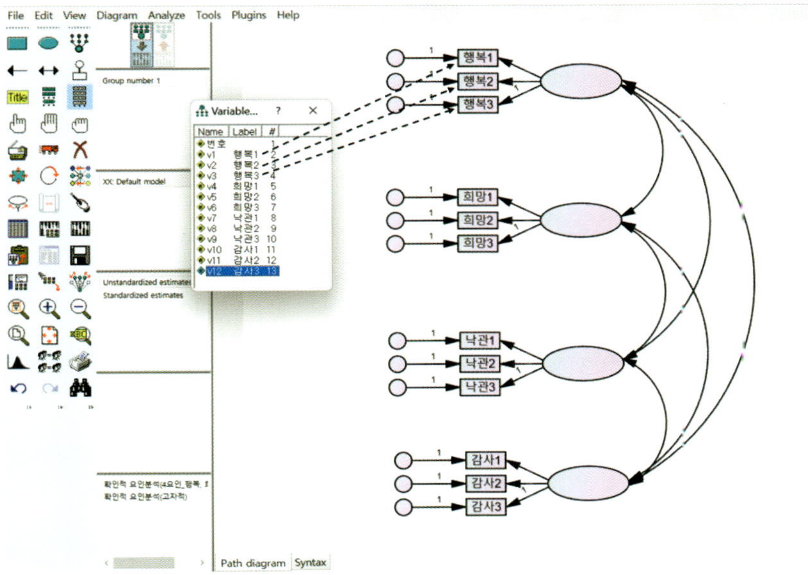

을 클릭한 후, 활성화된 창에 있는 각 변수를 관측변수에 드래그하여 넣는다.

AMOS 분석 5

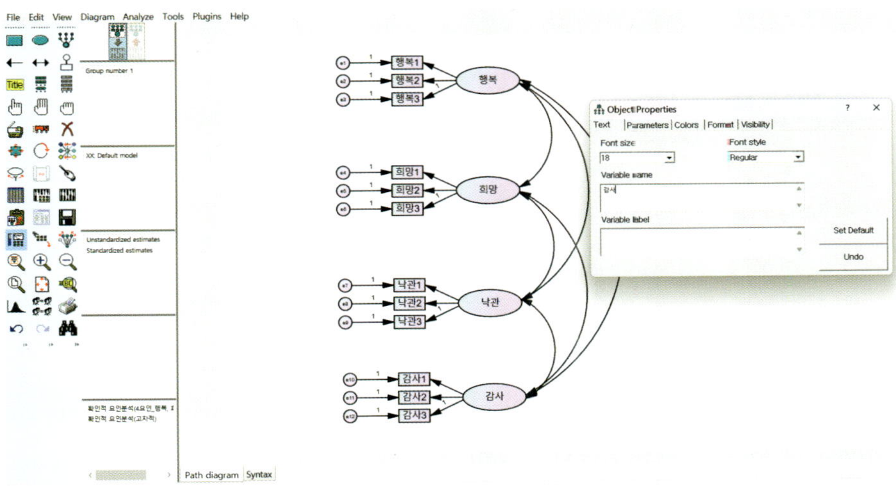

각 잠재변수를 더블클릭하여 활성화되는 [Object Properties] 창에서 [Variable name]에 변수명을 입력한다.

을 클릭한다.

AMOS 분석 6

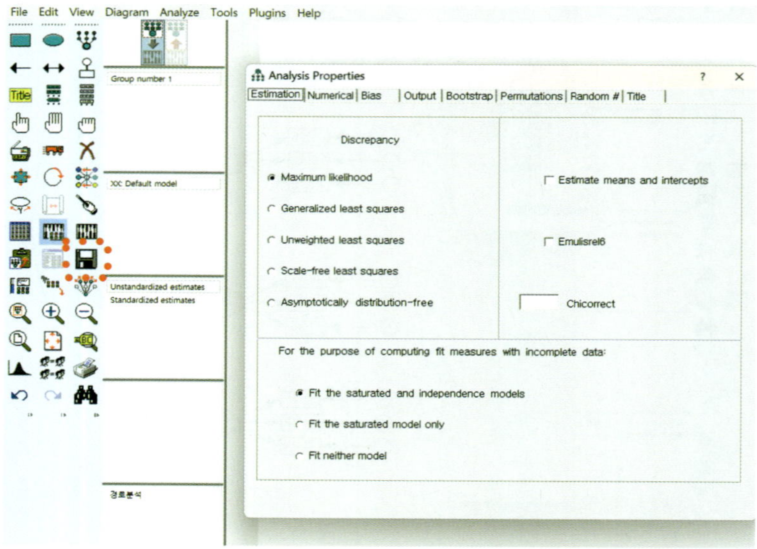

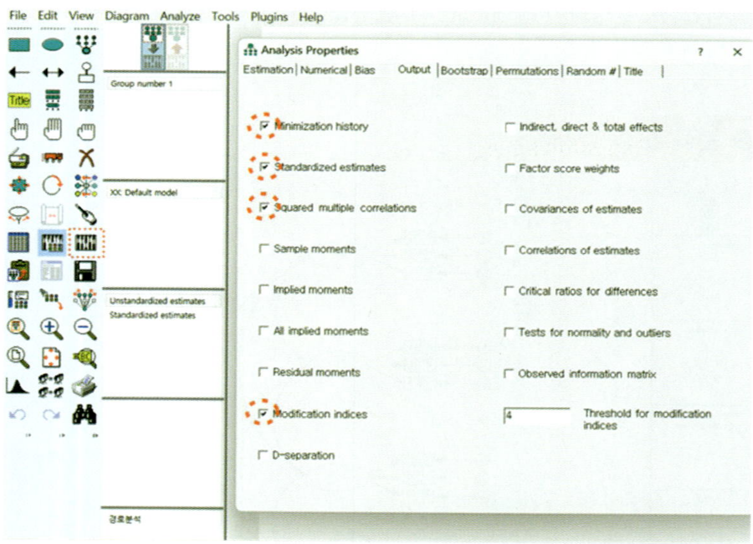

를 클릭하고, [Estimation]에서 [Discrepancy]는 [Maximum likelihood]가, [For the purpose of computing fit measure with incomplete data]는 [Fit the saturated and independence models]가 클릭되어 있는지 확인한다.

[Output]에서 [Minimization history], [Standardized estimates], [Squared multiple correlation], [Modification indices]를 클릭한다.

를 클릭한다.

AMOS 분석 7

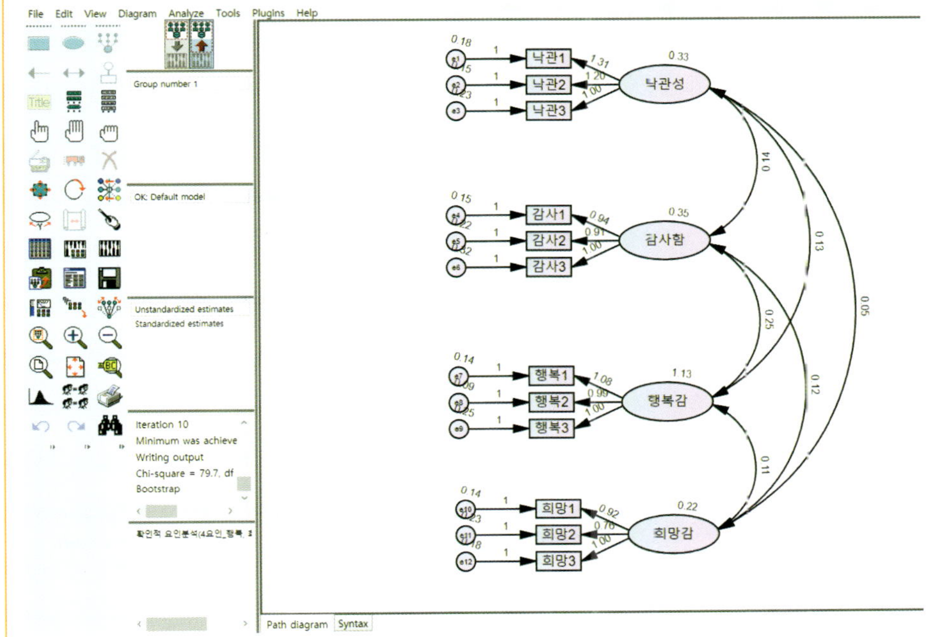

 →  → [Standardized estimates] 순으로 클릭한다.

2) 분석결과

분석결과 1

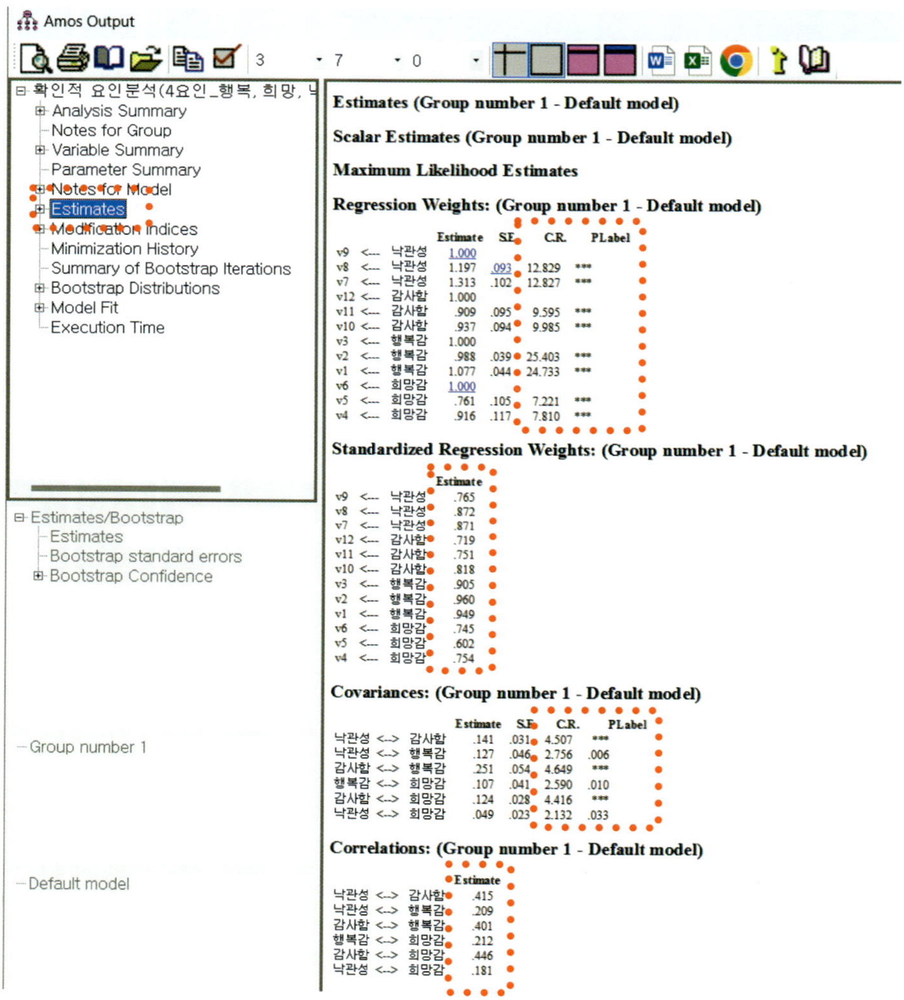

Estimates (Group number 1 - Default model)

Scalar Estimates (Group number 1 - Default model)

Maximum Likelihood Estimates

Regression Weights: (Group number 1 - Default model)

			Estimate	S.E.	C.R.	P	Label
v9	<---	낙관성	1.000				
v8	<---	낙관성	1.197	.093	12.829	***	
v7	<---	낙관성	1.313	.102	12.827	***	
v12	<---	감사함	1.000				
v11	<---	감사함	.909	.095	9.595	***	
v10	<---	감사함	.937	.094	9.985	***	
v3	<---	행복감	1.000				
v2	<---	행복감	.988	.039	25.403	***	
v1	<---	행복감	1.077	.044	24.733	***	
v6	<---	희망감	1.000				
v5	<---	희망감	.761	.105	7.221	***	
v4	<---	희망감	.916	.117	7.810	***	

Standardized Regression Weights: (Group number 1 - Default model)

			Estimate
v9	<---	낙관성	.765
v8	<---	낙관성	.872
v7	<---	낙관성	.871
v12	<---	감사함	.719
v11	<---	감사함	.751
v10	<---	감사함	.818
v3	<---	행복감	.905
v2	<---	행복감	.960
v1	<---	행복감	.949
v6	<---	희망감	.745
v5	<---	희망감	.602
v4	<---	희망감	.754

Covariances: (Group number 1 - Default model)

			Estimate	S.E.	C.R.	P	Label
낙관성	<-->	감사함	.141	.031	4.507	***	
낙관성	<-->	행복감	.127	.046	2.756	.006	
감사함	<-->	행복감	.251	.054	4.649	***	
행복감	<-->	희망감	.107	.041	2.590	.010	
감사함	<-->	희망감	.124	.028	4.416	***	
낙관성	<-->	희망감	.049	.023	2.132	.033	

Correlations: (Group number 1 - Default model)

			Estimate
낙관성	<-->	감사함	.415
낙관성	<-->	행복감	.209
감사함	<-->	행복감	.401
행복감	<-->	희망감	.212
감사함	<-->	희망감	.446
낙관성	<-->	희망감	.181

[Estimates]

Regression Weights에서 C.R.(t값)과 유의확률 값(p)을 확인한다.

Standardized Regression Weights에서 Estimate값을 확인한다.

Covariances에서 C.R.(t값)과 유의확률 값(p)을 확인한다.

Correlations에서 Estimate값을 확인한다.

분석결과 2

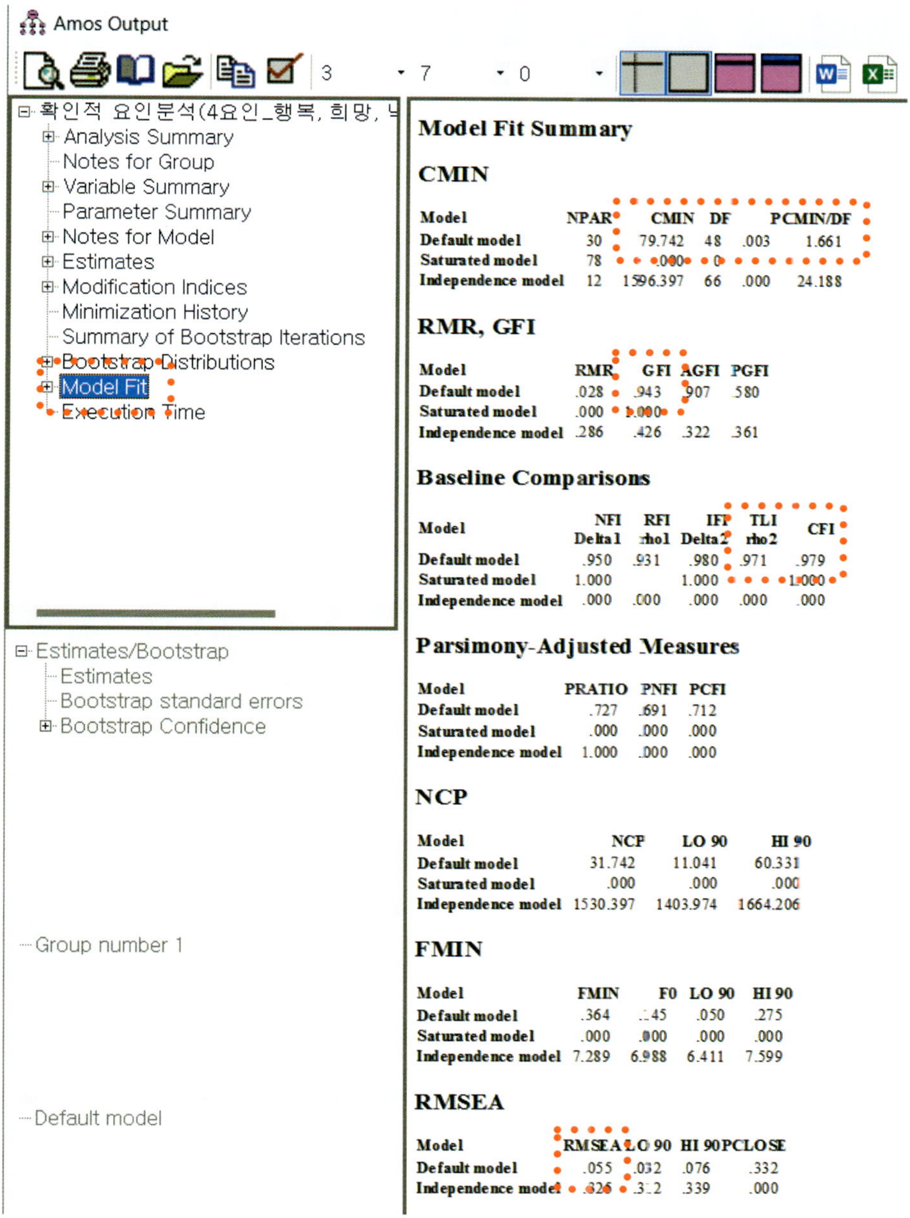

Model Fit Summary

CMIN

Model	NPAR	CMIN	DF	P	CMIN/DF
Default model	30	79.742	48	.003	1.661
Saturated model	78	.000	0		
Independence model	12	1596.397	66	.000	24.188

RMR, GFI

Model	RMR	GFI	AGFI	PGFI
Default model	.028	.943	.907	.580
Saturated model	.000	1.000		
Independence model	.286	.426	.322	.361

Baseline Comparisons

Model	NFI Delta1	RFI rho1	IFI Delta2	TLI rho2	CFI
Default model	.950	.931	.980	.971	.979
Saturated model	1.000		1.000		1.000
Independence model	.000	.000	.000	.000	.000

Parsimony-Adjusted Measures

Model	PRATIO	PNFI	PCFI
Default model	.727	.691	.712
Saturated model	.000	.000	.000
Independence model	1.000	.000	.000

NCP

Model	NCP	LO 90	HI 90
Default model	31.742	11.041	60.331
Saturated model	.000	.000	.000
Independence model	1530.397	1403.974	1664.206

FMIN

Model	FMIN	F0	LO 90	HI 90
Default model	.364	.145	.050	.275
Saturated model	.000	.000	.000	.000
Independence model	7.289	6.988	6.411	7.599

RMSEA

Model	RMSEA	LO 90	HI 90	PCLOSE
Default model	.055	.032	.076	.332
Independence model	.326	.312	.339	.000

[Model Fit]

CMIN에서 CMIN, DF, P, CMIN/DF값을 확인한다.

GFI, TLI, CFI값을 확인한다.

RMSEA값을 확인한다.

통계 TIP AMOS에서 카이제곱(χ^2)과 CMIN/DF에 대한 이해

카이제곱(χ^2)에 대한 해석

- 적합도 평가에서 카이제곱값이 $p \geq .05$이면 모형이 적합한 것으로 평가한다.
- 카이제곱값이 $p < .05$이면 모형이 적합하지 않다고 판단한다.
- 만약, $p < .05$으로 검증되었을 때에는 다음의 CMIN/DF에 대한 결과를 참고하여 해석한다.

CMIN/DF에 대한 해석

- CMIN(카이제곱값)/DF(자유도): 그 값이 5.0 아래이면 수용 가능한 수준이고, 3.0 아래이면 좋은 모형으로 평가한다.

통계 TIP 적합도 지수에 대한 이해

	적합도 지수	개발자	기준값	표본크기	간명도
상대 적합도 지수	TLI(Non Normed Fit Index: NNFI) 투커-루이스 지수	Bentler & Bonett, 1980	>.90	덜 민감	고려
	CFI(Comparative Fit Index) 비교 적합도 지수	Bentler, 1990	>.90	덜 민감	비고려
절대 적합도 지수	GFI(Goodness of Fit Index) 일반 적합도 지수	Joreskog & Sorbom, 1984	>.90	민감	고려
	RMSEA(Root Mean Square Error of Approximation) 오차평균 근사치	Steiger & Lind, 1980	<.05	덜 민감	고려

※ 이 외에도 AMOS 분석 시 여러 지수의 수치를 고려한다.

4. 보고서 작성

〈표 21-1〉 충만한 삶에 대한 확인적 요인분석

	$\chi^2(p)$	df	χ^2/df	$RMSEA$	TLI	GFI	CFI
연구모형	79.742(.003)	48	1.661	.055	.971	.943	.979
수용기준	$p \geq .05$		3 미만	.05 미만	.9 초과	.9 초과	.9 초과

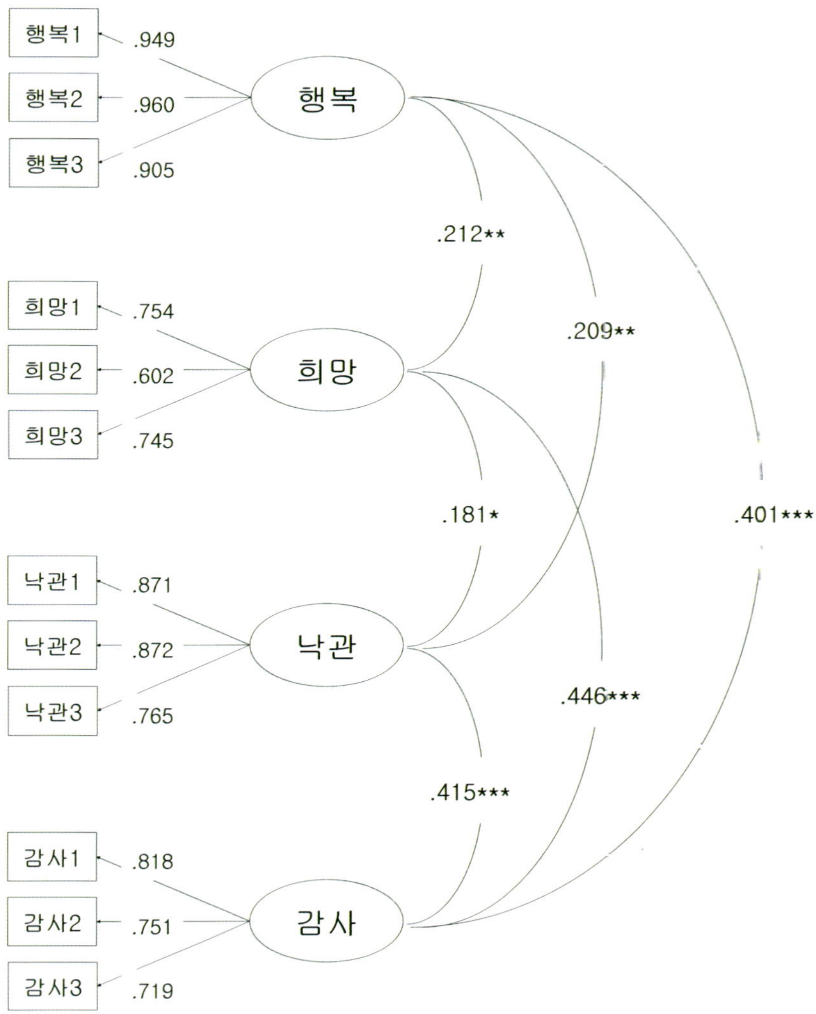

*p <.05, **p <.01, ***p <.001

[그림 21-1] 충만한 삶에 대한 확인적 요인분석

충만한 삶의 요인 모형을 〈표 21-1〉, [그림 21-1]과 같이 제시하였다. 문항들에 대한 측정도구에서 행복, 희망, 낙관, 감사 4요인을 잠재변수로 구성하였다. 그 결과는 다음과 같다.

모형이 자료를 얼마나 잘 설명하는지를 나타내는 다양한 지수가 〈표 21-1〉에 제시되어 있다. 연구모형에서 $\chi^2 = 79.742$, $p = .003$, $\chi^2/df = 1.661$, $RMSEA = .055$, $TLI = .971$, $GFI = .943$, $CFI = .979$ 등이었다. 여러 지수를 통해 종합적으로 판단하여 볼 때 본 모형은 자료를 양호하게 설명하는 모형이라 할 수 있다. 본 모형은 각 잠재변수 간의 상관이 .181～.446까지이었다. 이 결과수치는 .85를 넘지 않았으므로 수학적으로 동일한 요인으로 취급할 만큼의 상관을 보이지 않는 것을 알 수 있었다[모형 속에 설정된 잠재변수들은 동일한 구성개념을 측정하는 것이기 때문에 상관($r > .85$)이 지나치게 높지 않아야 한다].

연습문제

1 이상심리에 대한 측정도구에서 우울, 불안의 두 가지 하위척도가 타당한가를 알아보기 위해 확인적 요인분석을 실시하고, 그 결과를 알아본다.

(확인적 요인분석-연습문제.sav 활용)

제22장

경로분석

1. 기본 개념
2. 연구목적과 연구문제
3. AMOS 실행 및 분석결과
4. 보고서 작성

■ 연습문제

경로분석(path analysis)은 측정변수로 구성된 여러 변수 간의 인과관계를 분석하기 위한 통계적 방법으로서 회귀분석과 달리 종속변수 간의 인과관계를 분석할 수 있는 장점을 지니고 있다. 즉, 경로분석에서는 다수의 회귀모형을 동시에 검정할 수 있다. 또한 연구자가 변수 사이에 구조적 관계를 상정해서 만든 인과모형에 따라 분석하고 의미 있게 해석하는 통계방법이다.

1. 기본 개념

- 경로분석에서는 직접효과뿐 아니라 간접효과도 분석할 수 있다.
- 독립변수와 종속변수의 관계는 선형적(linear)이고 합산적(additive)이다.
- 경로모형 내에서 변수 간의 관계는 인과적 관계를 가지고 있다.
- 변수의 측정은 완벽하므로 측정의 오차가 없다.
- 잔차 간의 상관은 0이다.
- 변수들은 최소한 등간척도 이상의 척도에서 측정되어야 한다.

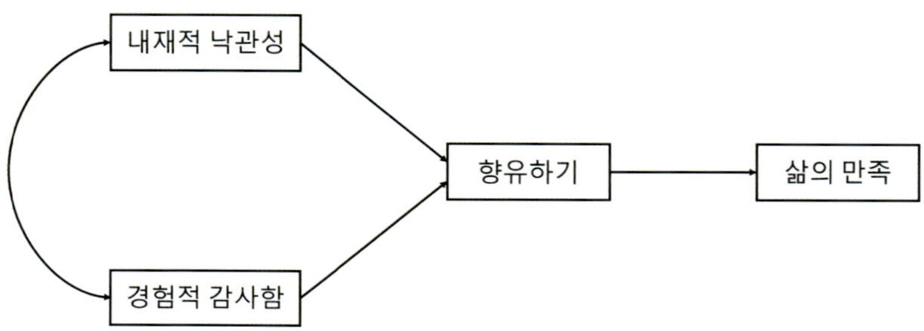

[그림 22-1] 경로분석에 대한 연구모형 샘플

- [그림 22-1]과 같이 연구의 관심이 되는 변수 간의 인과관계를 가정하여 모형을 설정한다.
- 변수들을 타당하고 신뢰할 수 있도록 측정한다.
- 변수 간의 상관계수를 추정한다.

- 수집한 자료가 설정한 모형과 일치하는지를 분석한다.
- 수집한 자료와 모형이 일치하지 않으면 인과관계 모형을 수정한다.
- 수집한 자료와 수정한 모형이 일치하는지를 검정한다.

2. 연구목적과 연구문제

경로분석에 관한 연구목적과 연구문제

1. 연구목적

   연구자는 내재적 낙관성과 경험적 감사함이 향유하기와 삶의 만족에 미치는 영향을 연구하고자 한다. 이를 위해 다음과 같은 연구가설을 설정하였다.

2. 연구가설

   내재적 낙관성과 경험적 감사함이 향유하기와 삶의 만족에 영향을 미칠 것이다.

   $H_{0(\text{영가설})}$: 내재적 낙관성과 경험적 감사함이 향유하기와 삶의 만족에 영향을 미치지 않을 것이다.

   $H_{1(\text{대립가설})}$: 내재적 낙관성과 경험적 감사함이 향유하기와 삶의 만족에 영향을 미칠 것이다.

   통계검증방법 : 경로분석
   유의수준 : $p < .05$(양방 검증)
   가설검증을 위한 진위판단을 실시

3. 연구모형

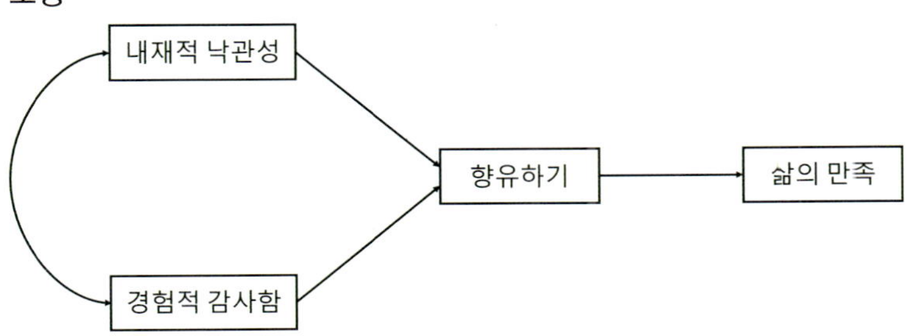

3. AMOS 실행 및 분석결과

내재적 낙관성과 경험적 감사함이 향유하기와 삶의 만족에 영향을 미치는지에 대해 통계적으로 유의미한지를 검증하기 위해 경로분석을 실시한다.

1) AMOS 실행

AMOS 분석 1

분석과정
AMOS Graphics 프로그램 실행
– 경로분석.sav

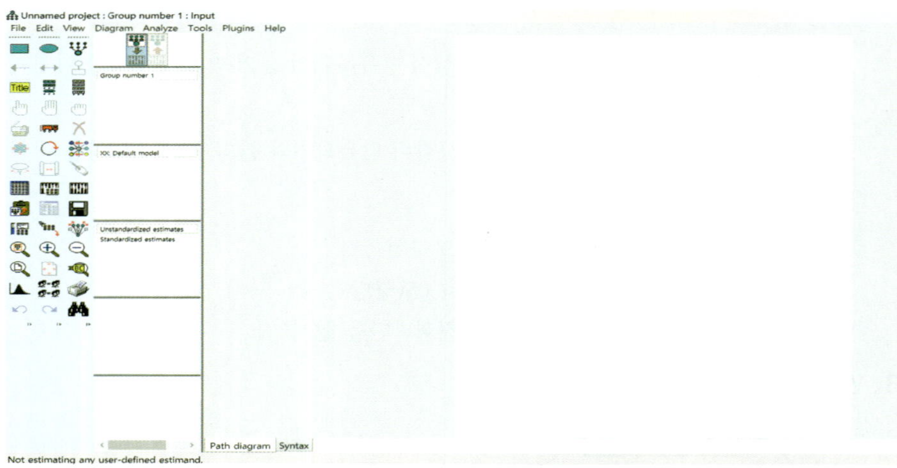

AMOS 분석 2

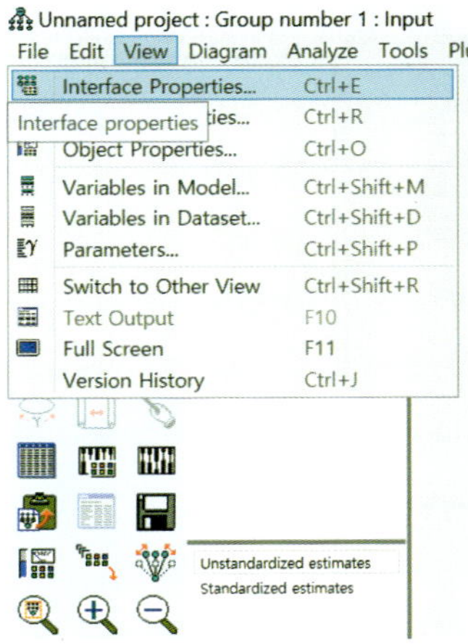

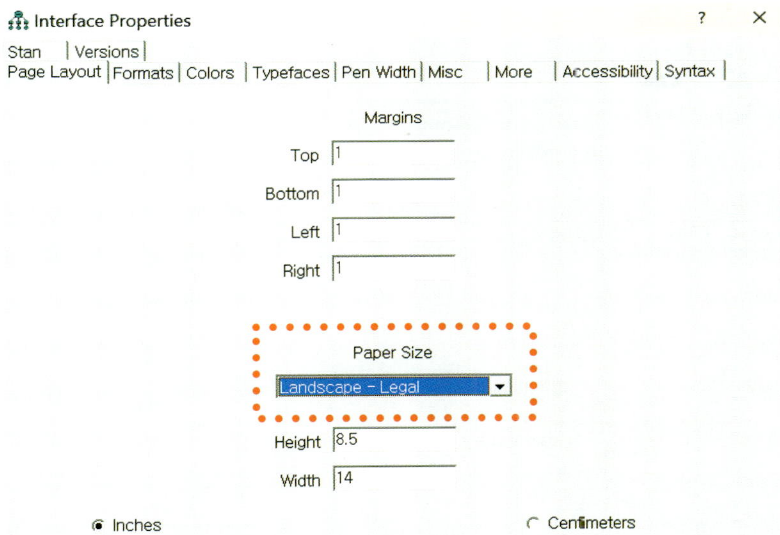

[View]에서 [Interface Properties]를 클릭한다.

[Paper Layout]에서 [Paper Size]를 'Landscape-Legal'로 변경한다.

AMOS 분석 3

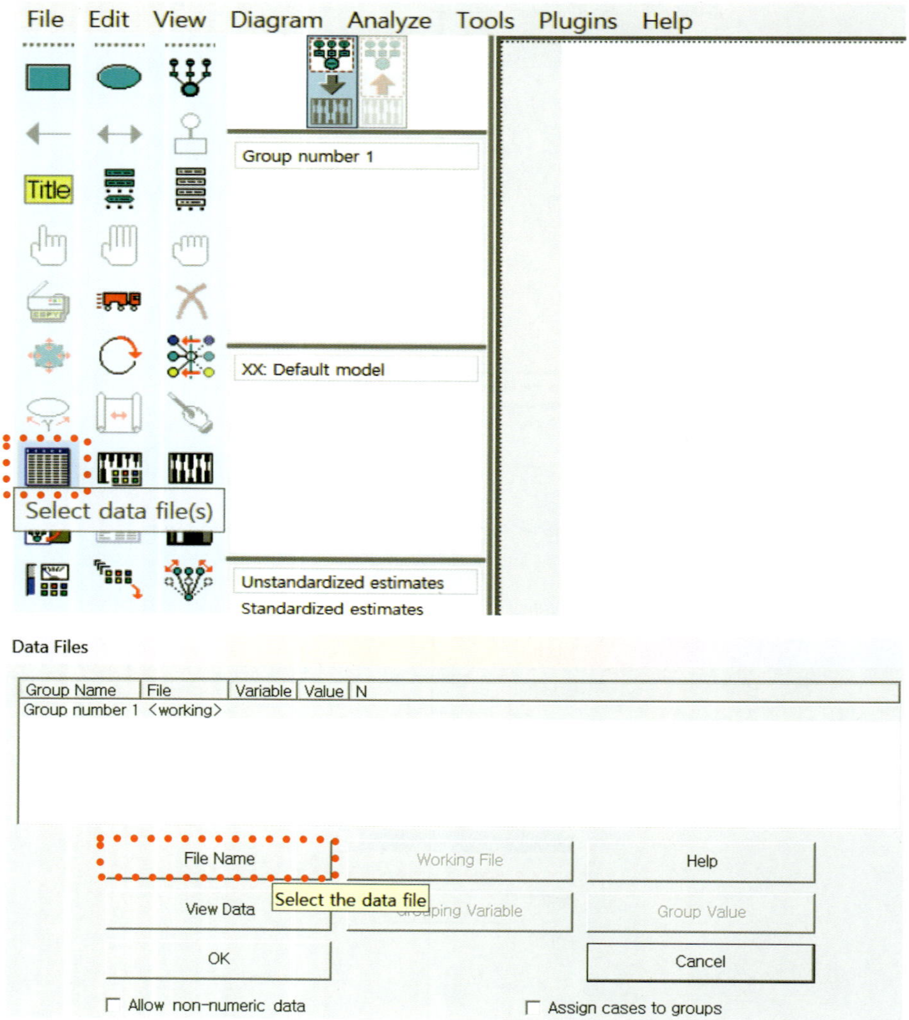

를 클릭한다.

[Data Files]에서 [File Name]을 클릭한다.

AMOS 분석 4

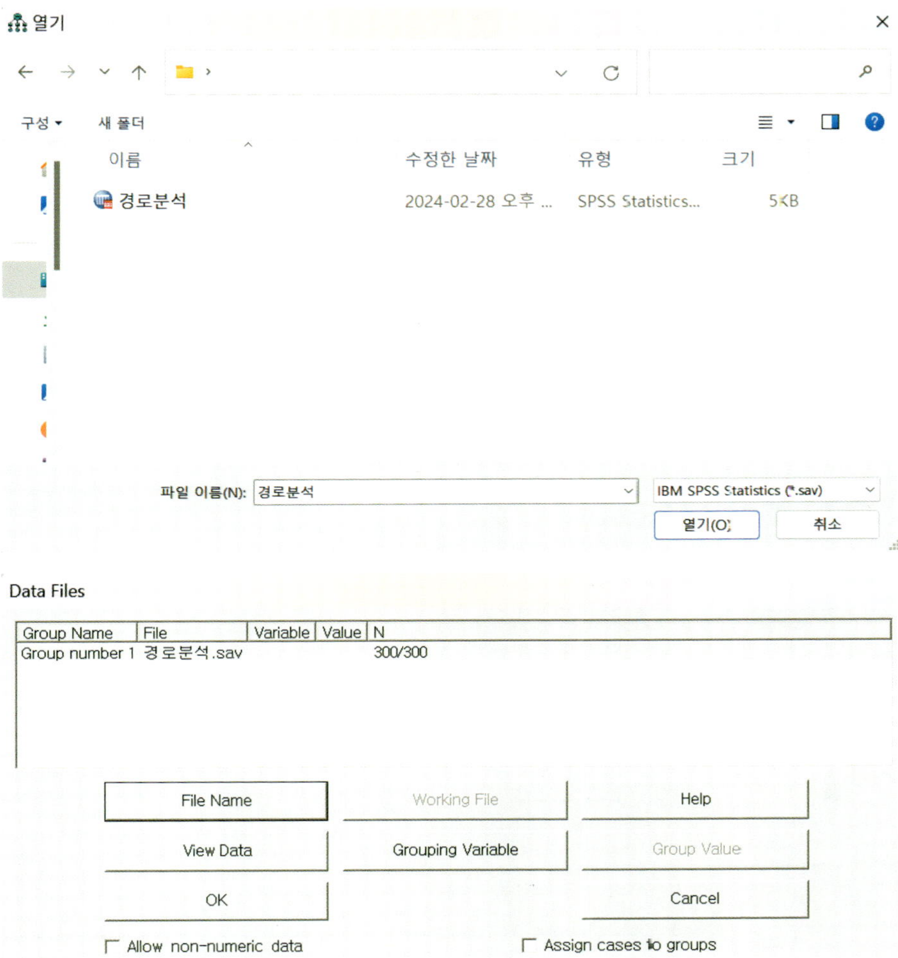

'경로분석' 파일을 선택하고, **[열기]**를 클릭한다.

[OK]를 클릭한다.

AMOS 분석 5

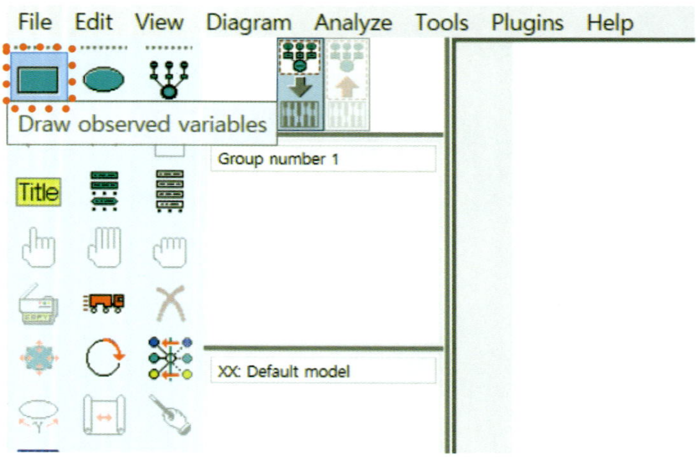

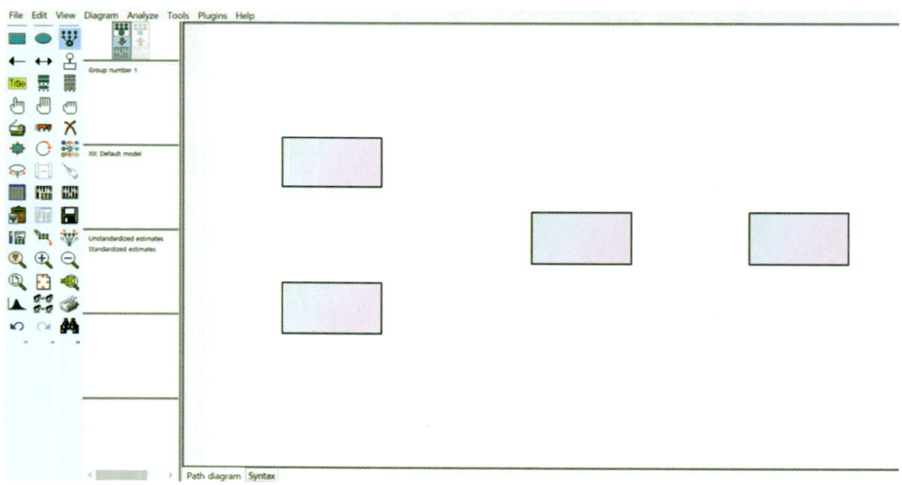

를 클릭하여 관측변수를 그린다.

AMOS 분석 6

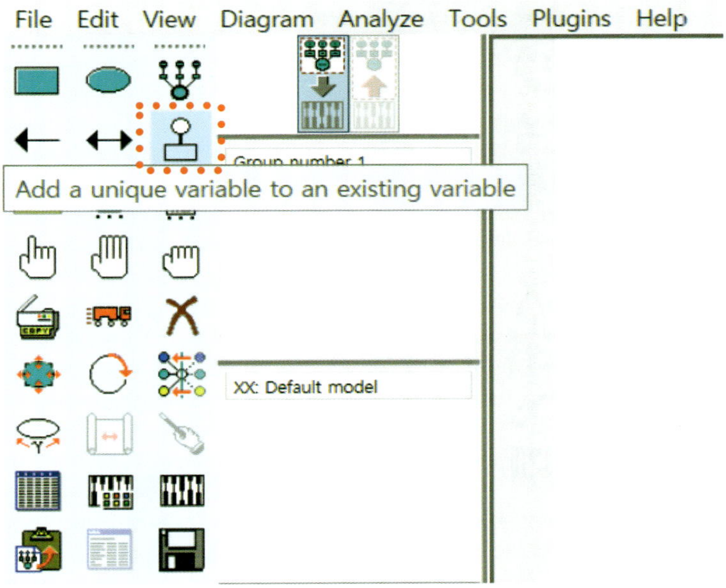

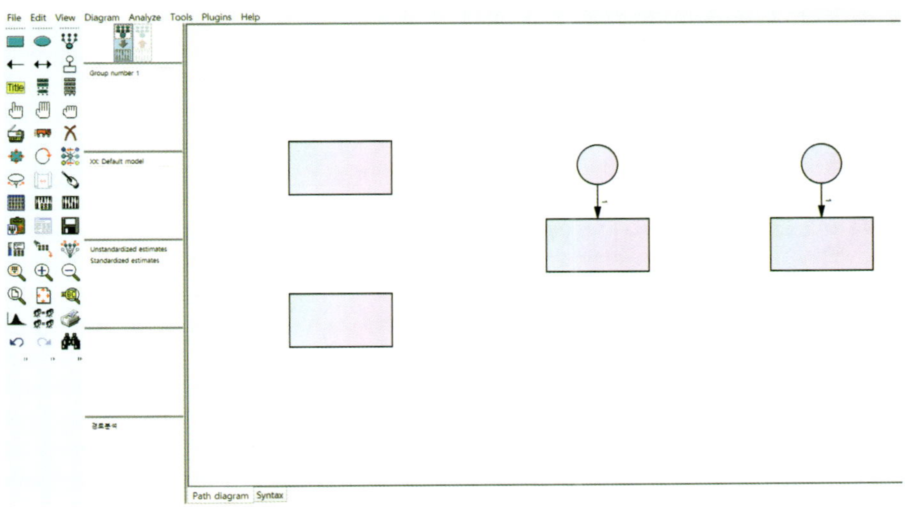

를 클릭하여 오차항을 그린다.

AMOS 분석 7

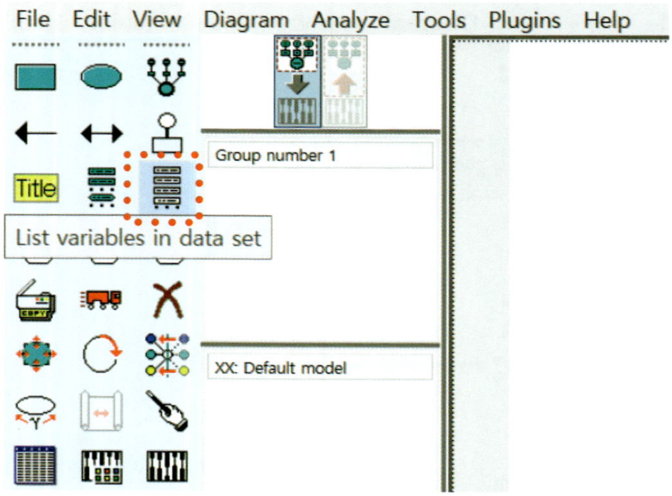

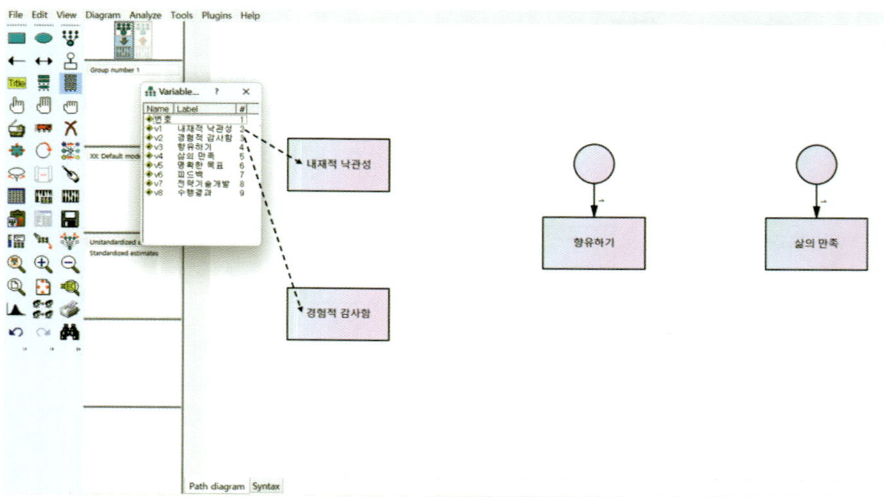

을 클릭한 후, 활성화된 창에 있는 각 변수를 관측변수에 드래그하여 넣는다.

AMOS 분석 8

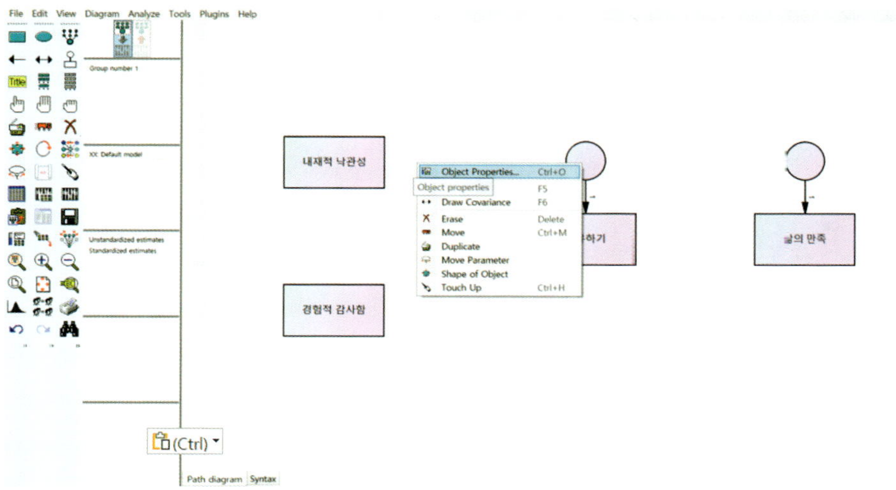

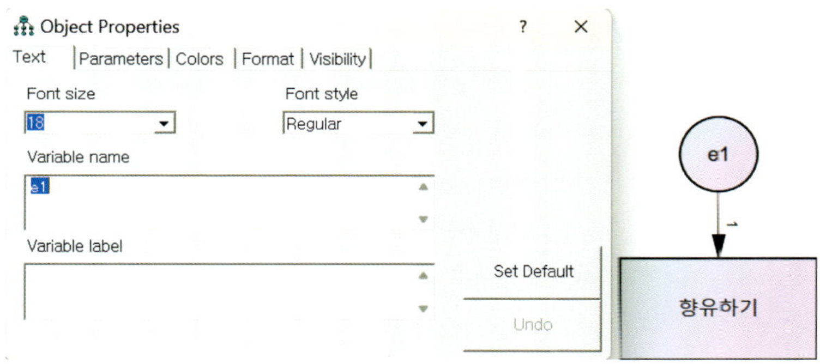

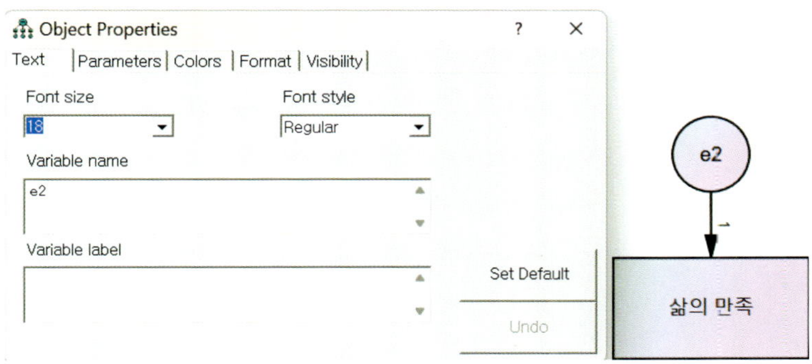

각 오차항을 더블클릭하여 활성화되는 **[Object Properties]** 창에서 **[Variable name]**에 변수명을 입력한다.

을 클릭한다.

AMOS 분석 9

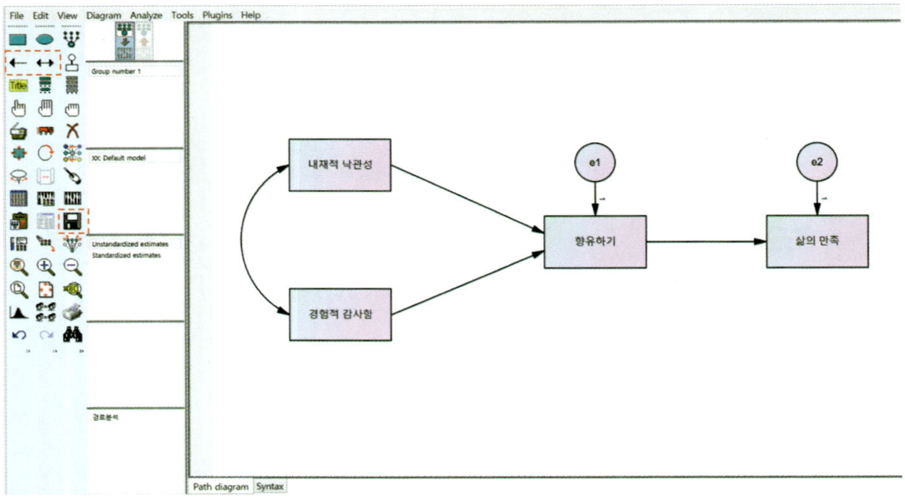

와 로 각 변수를 연결한다.

을 클릭한다.

AMOS 분석 10

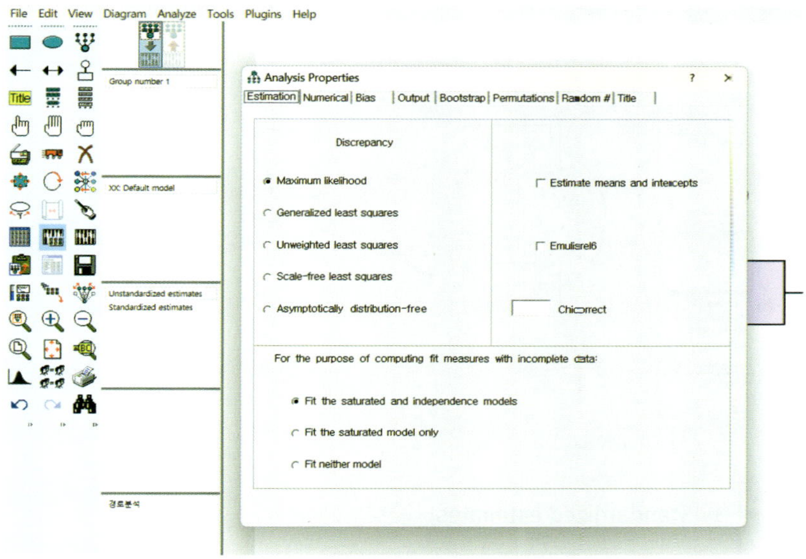

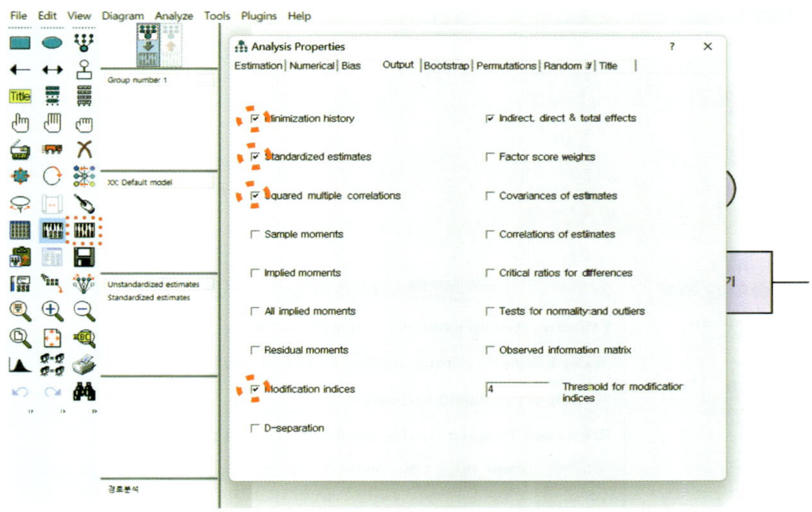

를 클릭하고, [Estimation]에서 [Discrepancy]는 [Maximum likelihood]가, [For the purpose of computing fit measure with incomplete data]는 [Fit the saturated and independence models]가 클릭되어 있는지 확인한다.

[Output]에서 [Minimization history], [Standardized estimates], [Squared multiple correlations], [Modification indices]를 클릭한다.

를 클릭한다.

AMOS 분석 11

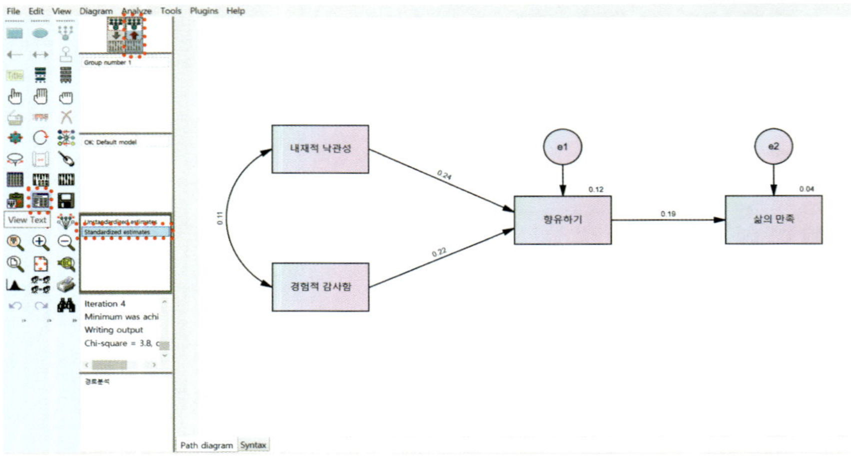

→ → [Standardized estimates] 순으로 클릭한다.

2) 분석결과

분석결과 1

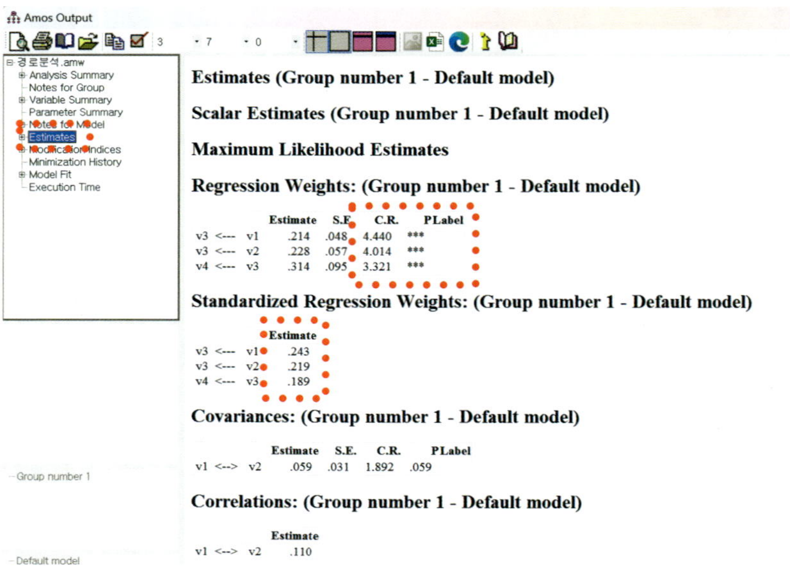

Amos Output

- 경로분석.amw
  - Analysis Summary
  - Notes for Group
  - Variable Summary
  - Parameter Summary
  - Notes for Model
  - Estimates
  - Modification Indices
  - Minimization History
  - Model Fit
  - Execution Time

Group number 1

Default model

Estimates (Group number 1 - Default model)

Scalar Estimates (Group number 1 - Default model)

Maximum Likelihood Estimates

Regression Weights: (Group number 1 - Default model)

			Estimate	S.E.	C.R.	P	Label
v3	<---	v1	.214	.048	4.440	***	
v3	<---	v2	.228	.057	4.014	***	
v4	<---	v3	.314	.095	3.321	***	

Standardized Regression Weights: (Group number 1 - Default model)

			Estimate
v3	<---	v1	.243
v3	<---	v2	.219
v4	<---	v3	.189

Covariances: (Group number 1 - Default model)

			Estimate	S.E.	C.R.	P	Label
v1	<-->	v2	.059	.031	1.892	.059	

Correlations: (Group number 1 - Default model)

			Estimate
v1	<-->	v2	.110

[Estimates]

Regression Weights에서 C.R.(t값)과 유의확률 값(p)을 확인한다.

Standardized Regression Weights에서 Estimate값을 확인한다.

분석결과 2

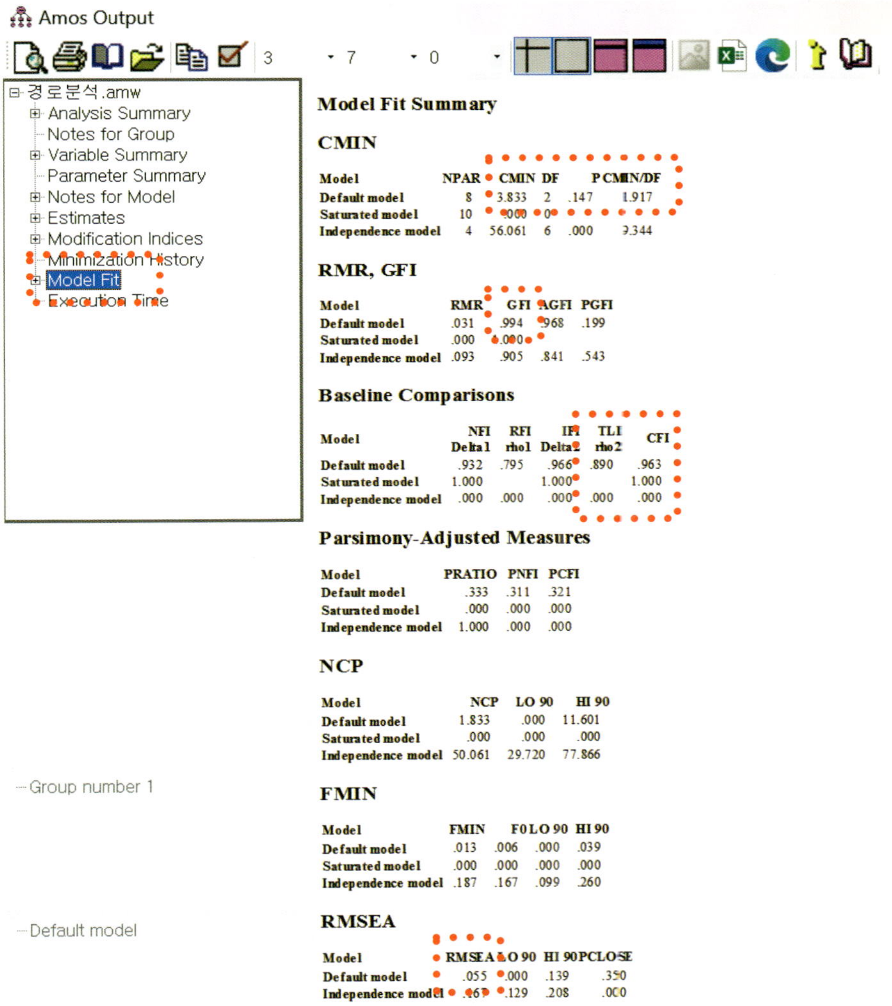

Model Fit Summary

CMIN

Model	NPAR	CMIN	DF	P	CMIN/DF
Default model	8	3.833	2	.147	1.917
Saturated model	10	.000	0		
Independence model	4	56.061	6	.000	9.344

RMR, GFI

Model	RMR	GFI	AGFI	PGFI
Default model	.031	.994	.968	.199
Saturated model	.000	1.000		
Independence model	.093	.905	.841	.543

Baseline Comparisons

Model	NFI Delta1	RFI rho1	IFI Delta2	TLI rho2	CFI
Default model	.932	.795	.966	.890	.963
Saturated model	1.000		1.000		1.000
Independence model	.000	.000	.000	.000	.000

Parsimony-Adjusted Measures

Model	PRATIO	PNFI	PCFI
Default model	.333	.311	.321
Saturated model	.000	.000	.000
Independence model	1.000	.000	.000

NCP

Model	NCP	LO 90	HI 90
Default model	1.833	.000	11.601
Saturated model	.000	.000	.000
Independence model	50.061	29.720	77.866

FMIN

Model	FMIN	F0	LO 90	HI 90
Default model	.013	.006	.000	.039
Saturated model	.000	.000	.000	.000
Independence model	.187	.167	.099	.260

RMSEA

Model	RMSEA	LO 90	HI 90	PCLOSE
Default model	.055	.000	.139	.350
Independence model	.167	.129	.208	.000

[Model Fit]

CMIN에서 CMIN, DF, P, CMIN/DF값을 확인한다.

GFI, TLI, CFI값을 확인한다.

RMSEA값을 확인한다.

※ 해당 값들에 대한 이해를 도모하기 위해 제21장 확인적 요인분석에 제시된 통계 Tip을 활용한다.

결과 해석에 대한 통계 TIP 영가설과 대립가설의 진위판단

영가설	내재적 낙관성과 경험적 감사함이 향유하기와 삶의 만족에 영향을 미치지 않을 것이다.	기각
대립가설	내재적 낙관성과 경험적 감사함이 향유하기와 삶의 만족에 영향을 미칠 것이다.	채택

⇒ '내재적 낙관성과 경험적 감사함이 향유하기와 삶의 만족에 영향을 미친다.'라고 결론 내린다.

4. 보고서 작성

〈표 22-1〉 변수 간의 상관행렬표

	1)	2)	3)	4)
1) 내재적 낙관성	–			
2) 경험적 감사함	.110	–		
3) 향유하기	.267***	.246***	–	
4) 삶의 만족	.145*	.101	.189**	–

$^*p<.05$, $^{**}p<.01$, $^{***}p<.001$

변수 간의 상관분석을 알아본 결과, 〈표 22-1〉과 같이 가장 높은 상관을 보인 변수는 내재적 낙관성과 향유하기였다($r=.267$, $p<.001$). 경험적 감사함과 삶의 만족은 통계적으로 유의미하지 않았다.[22-1]

22-1) 경로분석에 대한 검증을 하기 위해서 1차적으로 상관분석을 실시해야 하므로 제15장 상관분석에 따라 분석을 실행한다.

〈표 22-2〉 모형적합도

	$\chi^2(p)$	df	χ^2/df	$RMSEA$	TLI	GFI	CFI
연구모형	3.833(.147)	2	1.197	.055	.899	.994	.963
수용기준	$p \geq .05$		3 미만	.05 미만	.9 초과	.9 초과	.9 초과

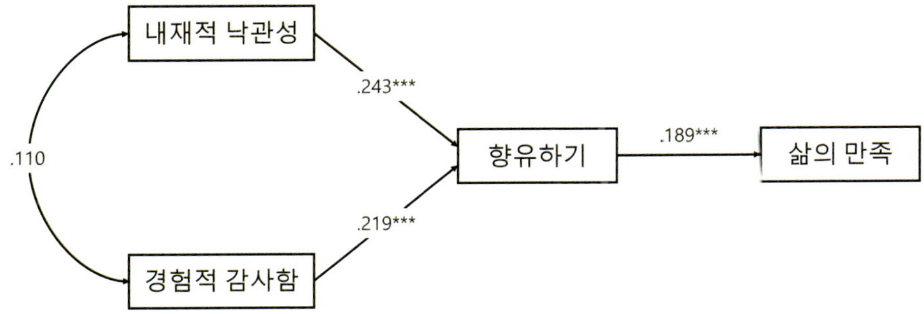

***$p < .001$

[그림 22-2] 삶의 만족에 대한 경로모형

모형이 자료를 얼마나 잘 설명하는지를 나타내는 다양한 지수가 〈표 22-2〉에 제시되어 있다. 연구모형에서 $\chi^2 = 3.833$, $p = .147$, $\chi^2/df = 1.197$, $RMSEA = .055$, $TLI = .899$, $GFI = .994$, $CFI = .963$ 등이었다. 여러 지수를 통해 종합적으로 판단하여 볼 때 본 모형은 자료를 양호하게 설명하는 모형이라 할 수 있다.

연구모형에서 추정된 경로계수의 값을 살펴보면, [그림 22-2]와 같이 내재적 낙관성에서 향유하기의 경로계수는 .243, 경험적 감사함에서 향유하기의 경로계수는 .219, 향유하기에서 삶의 만족의 경로계수는 .189로서 모두 유의수준 .001에서 통계적으로 유의미한 값을 나타내고 있다. 내재적 낙관성과 경험적 감사학 간의 상관관계는 .110이었다.

연습문제

1 명확한 목표와 피드백이 전략기술개발과 수행결과에 미치는 영향을 알아보기 위해 경로분석을 실시하고, 그 결과를 알아본다.
(경로분석.sav 활용)

제23장

구조방정식

1. 기본 개념
2. 연구목적과 연구문제
3. AMOS 실행 및 분석결과
4. 보고서 작성

■ 연습문제

구조방정식(Structural Equation Modeling: SEM)은 잠재요인의 구조를 파악하고 잠재요인 간의 구조적 관계(영향력)를 단계적으로 검증할 수 있는 통계방법이다. 요인분석과 회귀분석이 결합된 형태이면서 중다회귀분석과 달리 여러 독립변수와 여러 종속변수의 사용이 가능하여 본격적 의미에서 다중변수의 영향력 관계를 검증하는 방법이다.

1. 기본 개념

구조방정식 모형을 적용하기 위해서는 다음과 같은 가정을 충족하여야 한다.

- 표본크기는 최소한 200 이상이어야 한다.
- 측정치들이 다변량 정규성을 따라야 한다.
- 잔차와 잠재변수 간의 상관은 0이다.

2. 연구목적과 연구문제

구조방정식에 관한 연구목적과 연구문제

1. 연구목적
   연구자는 구체적인 목표설정이 유능감과 수행성과에 미치는 영향을 연구하고자 한다. 이를 위해 다음과 같은 연구가설을 설정하였다.
2. 연구가설
   구체적인 목표설정이 유능감과 수행성과에 영향을 미칠 것이다.

   $H_{0(\text{영가설})}$: 구체적인 목표설정이 유능감과 수행성과에 영향을 미치지 않을 것이다.
   $H_{1(\text{대립가설})}$: 구체적인 목표설정이 유능감과 수행성과에 영향을 미칠 것이다.

통계검증방법 : 구조방정식
유의수준 : $p < .05$(양방 검증)
가설검증을 위한 진위판단을 실시

3. 연구모형

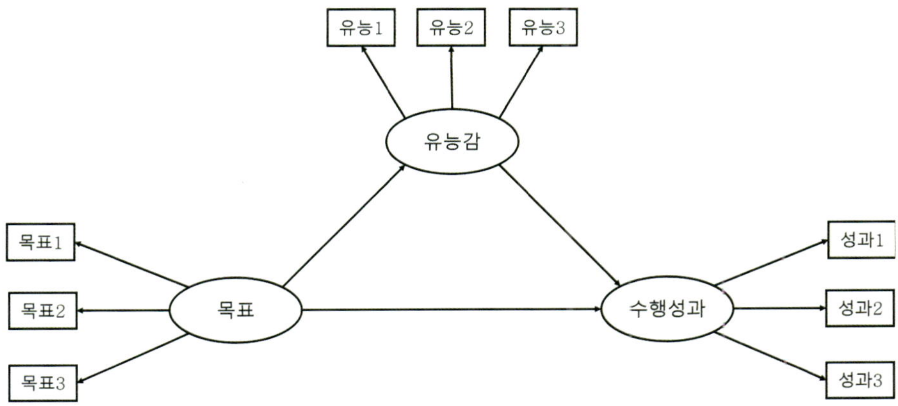

3. AMOS 실행 및 분석결과

구체적인 목표설정이 유능감과 수행성과에 미치는 영향이 통계적으로 유의미한지를 검증하기 위해 구조방정식을 실시한다.

통계 TIP AMOS를 이용한 구조방정식의 분석 단계

- 이론에 근거하여 측정모형(이론모형)을 설정하고 잠재변수 간의 구조적 관계를 설정한다.
- AMOS Graphics의 실행: 관측변수는 직사각형으로, 잠재변수는 원으로 표시한다. 외생변수(ξ) 간에는 양방향 화살표, 내생변수(η) 간에는 일방향 화살표로 표시한다.

↓

- 관측변수와 잠재변수의 관계(λ_X, λ_Y)에서 하나의 경로를 1.0으로 고정, 간명고형으로 만든다.

↓

• 표본크기, 다변량 정규성, 잔차와 잠재변수 간을 검토한다.

↓

• 모형을 평가한다.
• 적합도(goodness-of-fit) 지수의 해석, 추정계수를 해석한다.

↓

• 필요에 따라 모형을 수정하고, 최종모형을 검토한다.
• 이론검토 및 수정지표(modification index)를 활용한다.

※ AMOS Graphics에서는 각 변수의 명칭과 행렬기호는 표시하지 않고, 변수로만 표시한다. 그러나 해석과정에서는 행렬개념이 적용되어 있음을 알 수 있다.

1) AMOS 실행

AMOS 분석 1

분석과정
AMOS Graphics 실행
– 구조방정식.sav

AMOS 분석 2

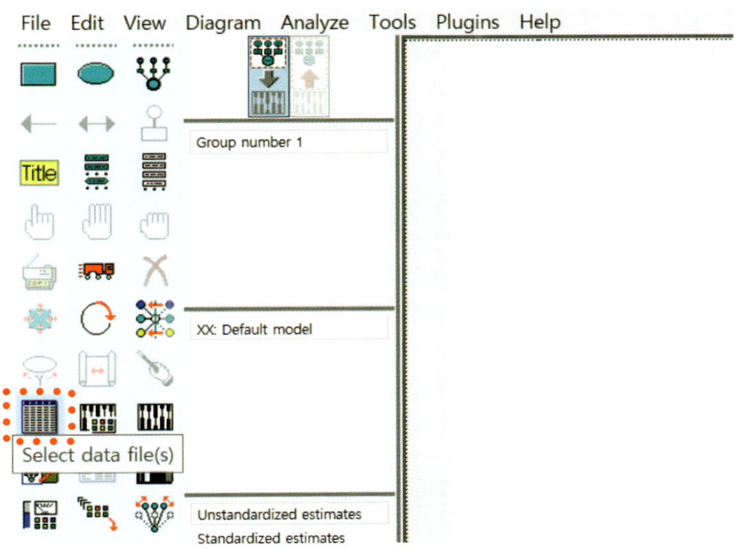

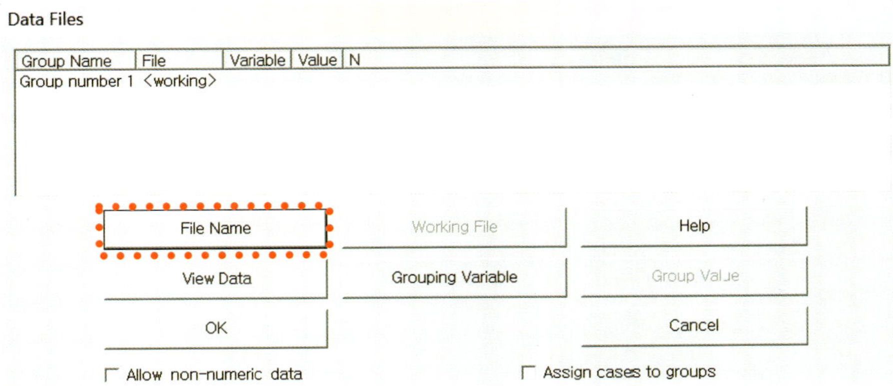

를 클릭한다.

[Data Files]에서 [File Name]을 클릭한다.

AMOS 분석 3

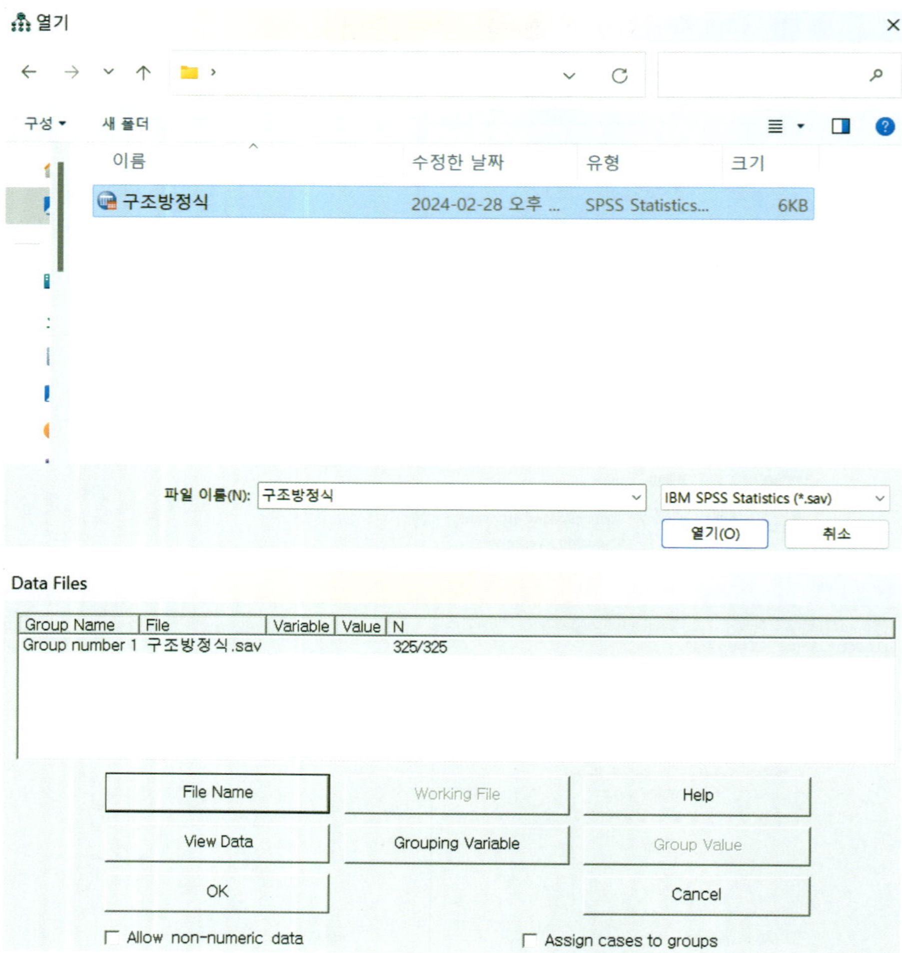

'구조방정식' 파일을 선택하고 **[열기]**를 클릭한다.
[OK]를 클릭한다.

AMOS 분석 4

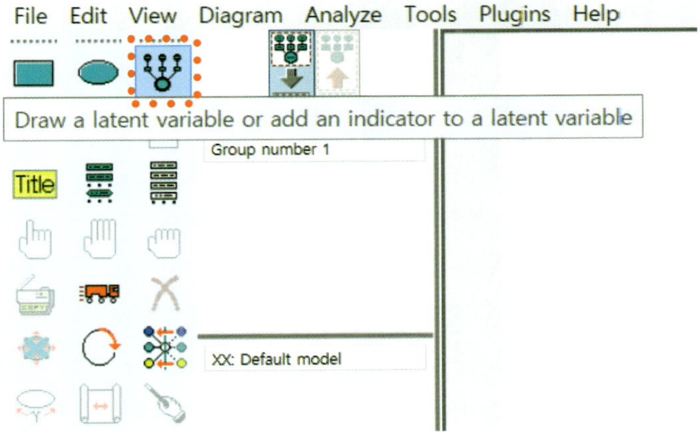

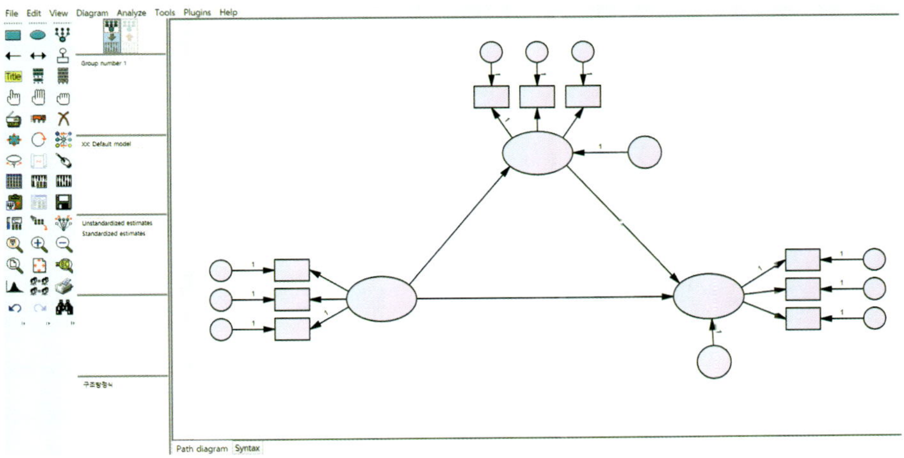

를 클릭하여 연구모형을 그린다.

AMOS 분석 5

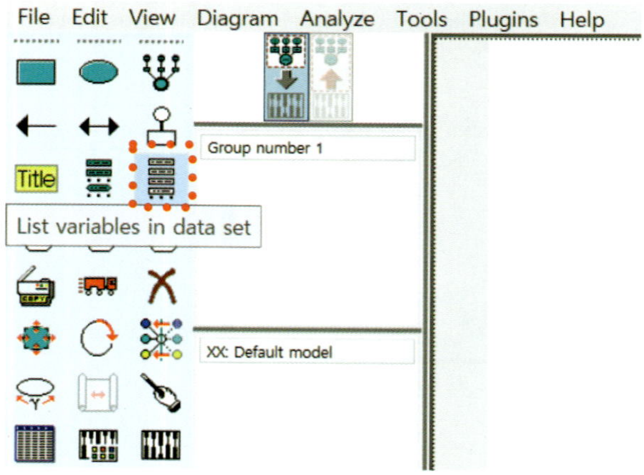

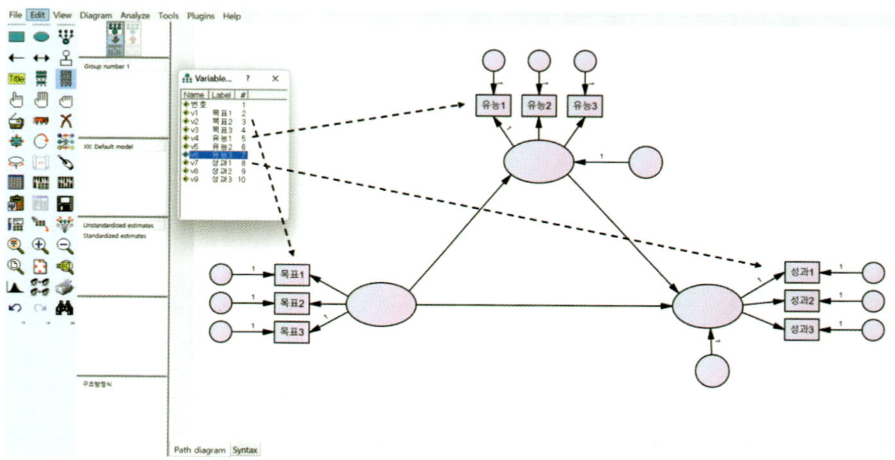

을 클릭한 후, 활성화된 창에 있는 각 변수를 관측변수에 드래그하여 넣는다.

AMOS 분석 6

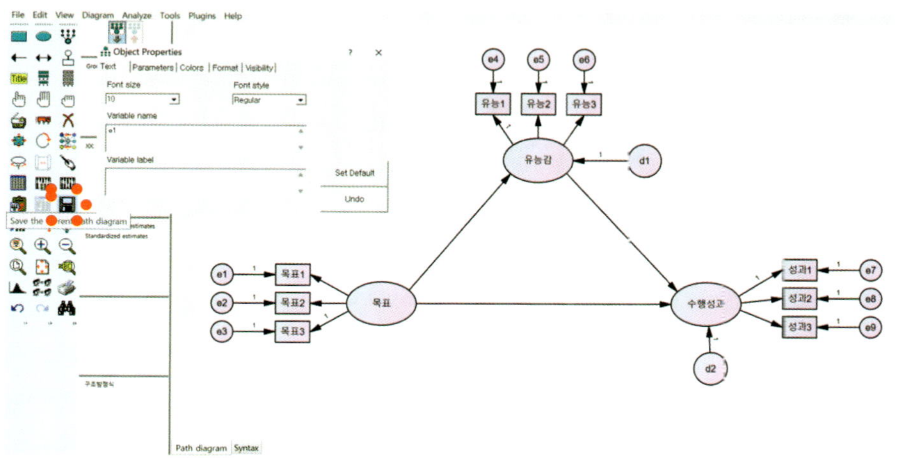

각 잠재변수와 오차항을 더블클릭하여 활성화되는 **[Object Properties]** 창에서 **[Variable name]**에 변수명을 입력한다.

을 클릭한다.

AMOS 분석 7

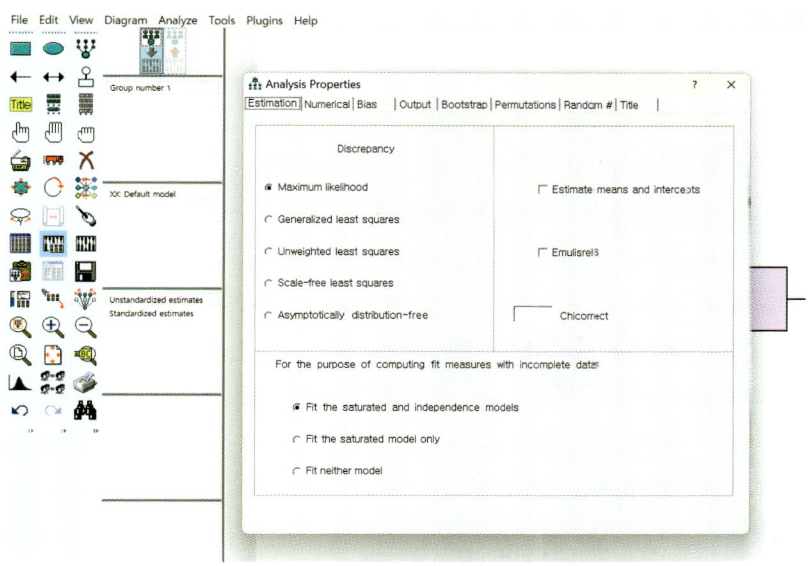

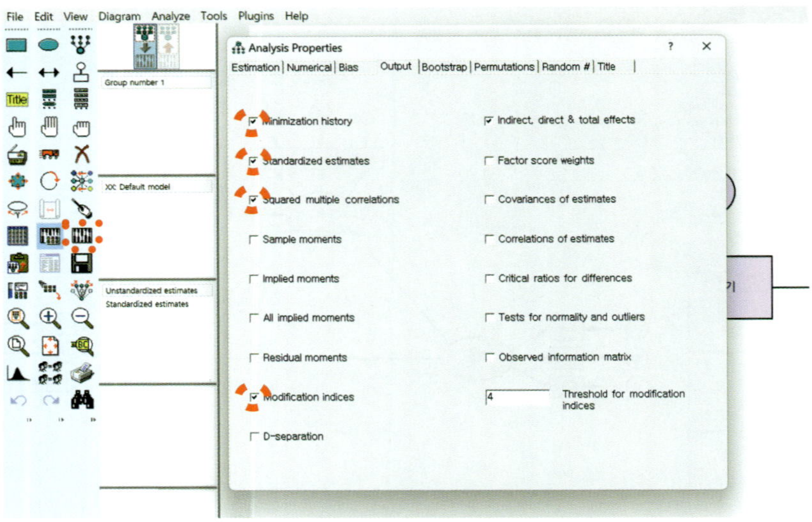

를 클릭하고, [Estimation]에서 [Discrepancy]는 [Maximum likelihood]가, [For the purpose of computing fit measure with incomplete data]는 [Fit the saturated and independence models]가 클릭되어 있는지 확인한다.

[Output]에서 [Minimization history], [Standardized estimates], [Squared multiple correlations], [Modification indices]를 클릭한다.

를 클릭한다.

AMOS 분석 8

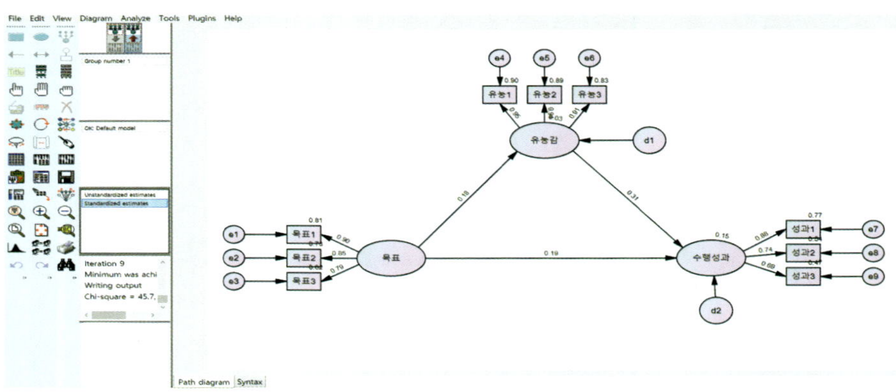

→ → [Standardized estimates] 순으로 클릭한다.

2) 분석결과

분석결과 1

Amos Output

- 구조방정식.amw
  - Analysis Summary
  - Notes for Group
  - Variable Summary
  - Parameter Summary
  - Notes for Model
  - Estimates
  - Modification Indices
  - Minimization History
  - Model Fit
  - Execution Time

Group number 1

Default model

Estimates (Group number 1 - Default model)

Scalar Estimates (Group number 1 - Default model)

Maximum Likelihood Estimates

Regression Weights: (Group number 1 - Default model)

			Estimate	S.E.	C.R.	P	Label
유능감	<---	목표	.286	.097	2.937	.0[illegible]3	
수행성과	<---	목표	.164	.053	3.075	.0[illegible]2	
수행성과	<---	유능감	.160	.033	4.910	***	
v3	<---	목표	1.000				
v2	<---	목표	1.202	.073	16.375	***	
v1	<---	목표	1.211	.072	16.790	***	
v9	<---	수행성과	1.000				
v8	<---	수행성과	.959	.085	11.324	***	
v7	<---	수행성과	1.080	.093	11.569	***	
v4	<---	유능감	1.000				
v5	<---	유능감	.904	.026	34.153	***	
v6	<---	유능감	.936	.031	30.193	***	

Standardized Regression Weights: (Group number 1 - Default model)

			Estimate
유능감	<---	목표	.176
수행성과	<---	목표	.193
수행성과	<---	유능감	.307
v3	<---	목표	.789
v2	<---	목표	.854
v1	<---	목표	.899
v9	<---	수행성과	.687
v8	<---	수행성과	.736
v7	<---	수행성과	.877
v4	<---	유능감	.951
v5	<---	유능감	.943
v6	<---	유능감	.909

Variances: (Group number 1 - Default model)

	Estimate	S.E.	C.R.	P	Label
목표	.485	.060	8.147	***	
d1	1.247	.110	11.378	***	
d2	.297	.047	6.365	***	
e3	.295	.029	10.028	***	
e2	.261	.033	7.894	***	
e1	.168	.029	5.732	***	
e7	.392	.038	10.224	***	
e8	.272	.030	9.168	***	
e9	.123	.027	4.504	***	
e4	.135	.021	6.580	***	
e5	.132	.018	7.435	***	
e6	.238	.024	9.806	***	

[Estimates]

Regression Weights에서 C.R.(t값)과 유의확률 값(p)을 확인한다.

Standardized Regression Weights에서 Estimate값을 확인한다.

분석결과 2

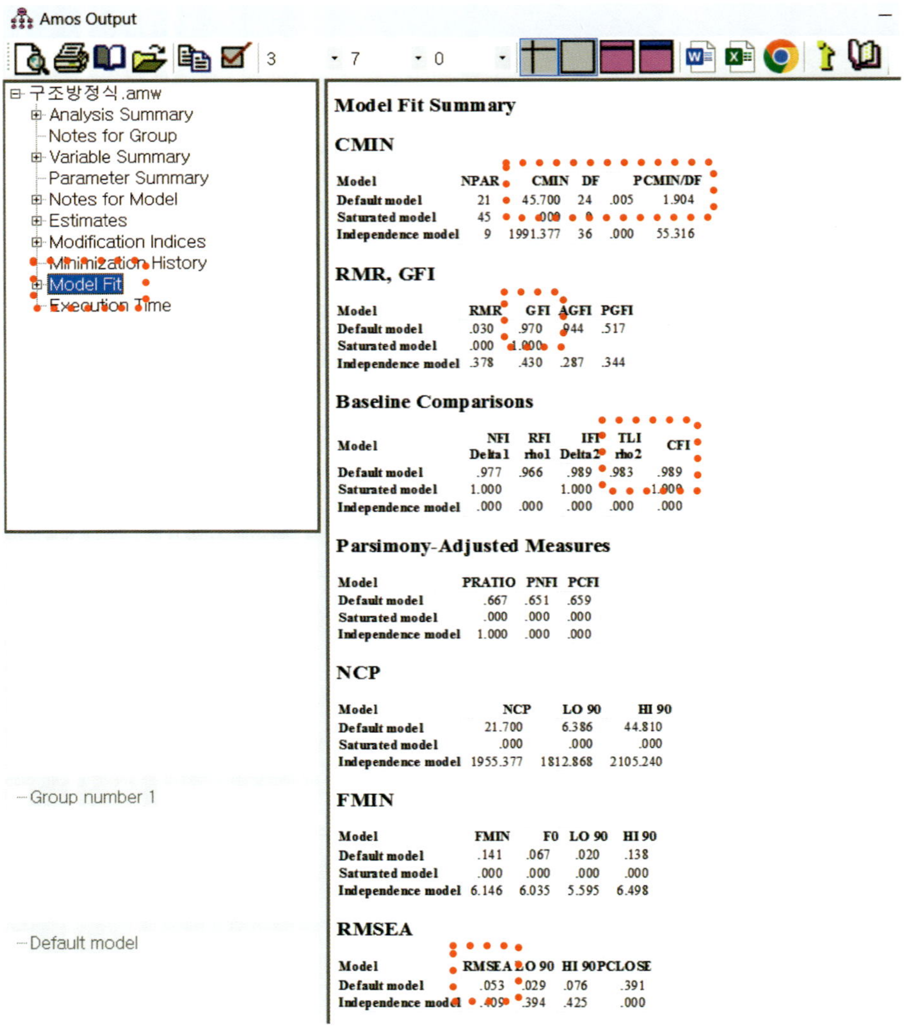

Model Fit Summary

CMIN

Model	NPAR	CMIN	DF	P	CMIN/DF
Default model	21	45.700	24	.005	1.904
Saturated model	45	.000	0		
Independence model	9	1991.377	36	.000	55.316

RMR, GFI

Model	RMR	GFI	AGFI	PGFI
Default model	.030	.970	.944	.517
Saturated model	.000	1.000		
Independence model	.378	.430	.287	.344

Baseline Comparisons

Model	NFI Delta1	RFI rho1	IFI Delta2	TLI rho2	CFI
Default model	.977	.966	.989	.983	.989
Saturated model	1.000		1.000		1.000
Independence model	.000	.000	.000	.000	.000

Parsimony-Adjusted Measures

Model	PRATIO	PNFI	PCFI
Default model	.667	.651	.659
Saturated model	.000	.000	.000
Independence model	1.000	.000	.000

NCP

Model	NCP	LO 90	HI 90
Default model	21.700	6.386	44.810
Saturated model	.000	.000	.000
Independence model	1955.377	1812.868	2105.240

FMIN

Model	FMIN	F0	LO 90	HI 90
Default model	.141	.067	.020	.138
Saturated model	.000	.000	.000	.000
Independence model	6.146	6.035	5.595	6.498

RMSEA

Model	RMSEA	LO 90	HI 90	PCLOSE
Default model	.053	.029	.076	.391
Independence model	.409	.394	.425	.000

[Model Fit]

CMIN에서 CMIN, DF, P, CMIN/DF값을 확인한다.

GFI, TLI, CFI값을 확인한다.

RMSEA값을 확인한다.

※ 해당 값들에 대한 이해를 도모하기 위해 제21장 확인적 요인분석에 제시된 통계 Tip을 활용한다.

분석결과 3

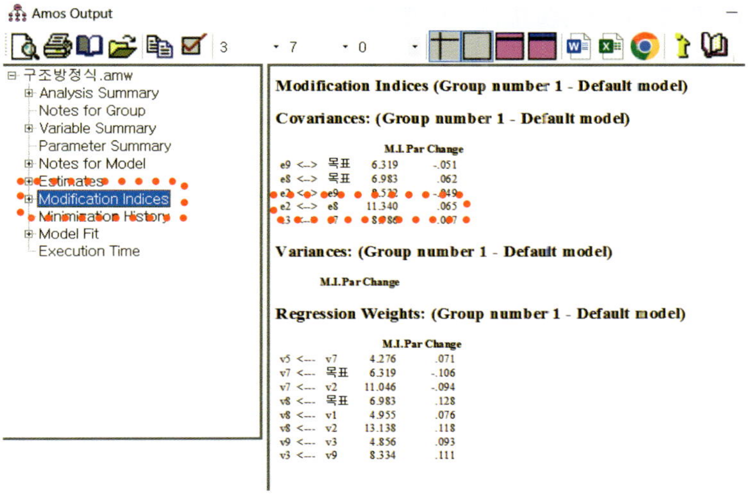

[Modification Indices]

Covariances에서 MI(변수 간 수정지수)와 Par change(모수의 변화)를 확인하여 모델 적합도를 높인다.

3) 수정모형분석

(1) AMOS 실행

AMOS 분석 9

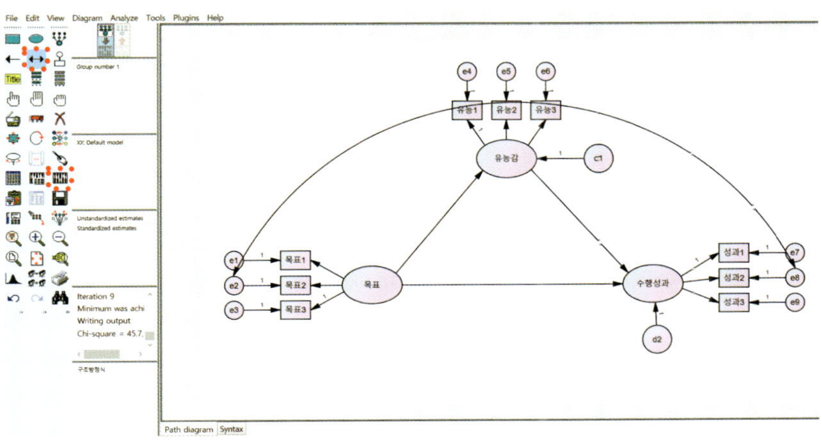

↔ 를 클릭하고 'e2 ↔ e8'를 연결한다.

를 클릭한다.

(2) 분석 결과

분석결과 3

Amos Output

- 구조방정식.amw
  - Analysis Summary
  - Notes for Group
  - Variable Summary
  - Parameter Summary
  - Notes for Model
  - Estimates
  - Modification Indices
  - Minimization History
  - Model Fit
  - Execution Time

Group number 1

Default model

Estimates (Group number 1 - Default model)

Scalar Estimates (Group number 1 - Default model)

Maximum Likelihood Estimates

Regression Weights: (Group number 1 - Default model)

			Estimate	S.E.	C.R.	P	Label
유능감	<---	목표	.286	.097	2.951	.003	
수행성과	<---	목표	.153	.053	2.904	.004	
수행성과	<---	유능감	.159	.032	4.898	***	
v3	<---	목표	1.000				
v2	<---	목표	1.177	.072	16.436	***	
v1	<---	목표	1.202	.071	16.834	***	
v9	<---	수행성과	1.000				
v8	<---	수행성과	.974	.085	11.466	***	
v7	<---	수행성과	1.096	.094	11.642	***	
v4	<---	유능감	1.000				
v5	<---	유능감	.904	.026	34.151	***	
v6	<---	유능감	.936	.031	30.192	***	

Standardized Regression Weights: (Group number 1 - Default model)

			Estimate
유능감	<---	목표	.176
수행성과	<---	목표	.182
수행성과	<---	유능감	.306
v3	<---	목표	.792
v2	<---	목표	.848
v1	<---	목표	.896
v9	<---	수행성과	.683
v8	<---	수행성과	.738
v7	<---	수행성과	.885
v4	<---	유능감	.951
v5	<---	유능감	.943
v6	<---	유능감	.909

Covariances: (Group number 1 - Default model)

			Estimate	S.E.	C.R.	P	Label
e2	<-->	e8	.067	.020	3.386	***	

Correlations: (Group number 1 - Default model)

			Estimate
e2	<-->	e8	.248

[Estimates]

Regression Weights에서 C.R.(t값)과 유의확률 값(p)을 확인한다.

Standardized Regression Weights에서 Estimate값을 확인한다.

분석결과 4

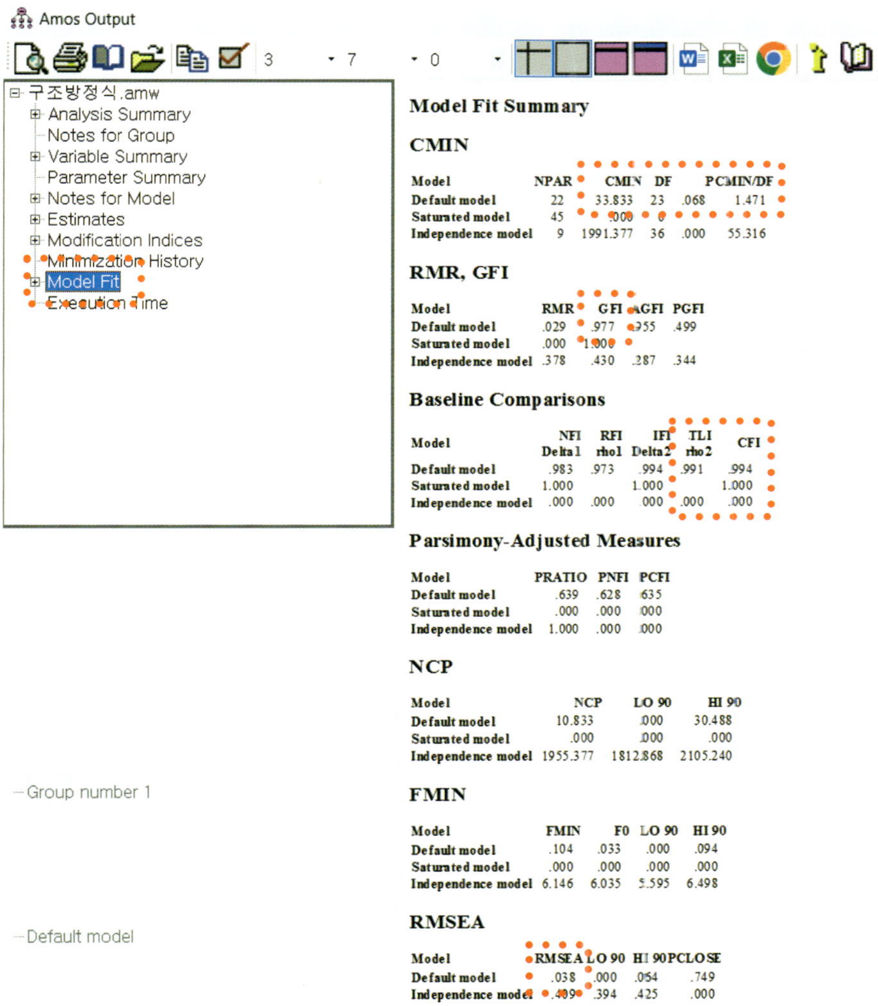

Model Fit Summary

CMIN

Model	NPAR	CMIN	DF	P	CMIN/DF
Default model	22	33.833	23	.068	1.471
Saturated model	45	.000	0		
Independence model	9	1991.377	36	.000	55.316

RMR, GFI

Model	RMR	GFI	AGFI	PGFI
Default model	.029	.977	.955	.499
Saturated model	.000	1.000		
Independence model	.378	.430	.287	.344

Baseline Comparisons

Model	NFI Delta1	RFI rho1	IFI Delta2	TLI rho2	CFI
Default model	.983	.973	.994	.991	.994
Saturated model	1.000		1.000		1.000
Independence model	.000	.000	.000	.000	.000

Parsimony-Adjusted Measures

Model	PRATIO	PNFI	PCFI
Default model	.639	.628	.635
Saturated model	.000	.000	.000
Independence model	1.000	.000	.000

NCP

Model	NCP	LO 90	HI 90
Default model	10.833	.000	30.488
Saturated model	.000	.000	.000
Independence model	1955.377	1812.868	2105.240

FMIN

Model	FMIN	F0	LO 90	HI 90
Default model	.104	.033	.000	.094
Saturated model	.000	.000	.000	.000
Independence model	6.146	6.035	5.595	6.498

RMSEA

Model	RMSEA	LO 90	HI 90	PCLOSE
Default model	.038	.000	.054	.749
Independence model	.409	.394	.425	.000

[Model Fit]

CMIN에서 CMIN, DF, P, CMIN/DF값을 확인한다.

GFI, TLI, CFI값을 확인한다.

RMSEA값을 확인한다.

※ 해당 값들에 대한 이해를 도모하기 위해 제21장 확인적 요인분석에 제시된 통계 Tip을 활용한다.

결과 해석에 대한 통계 TIP 영가설과 대립가설의 진위판단

영가설	구체적인 목표설정이 유능감과 수행성과에 영향을 미치지 않을 것이다.	기각
대립가설	구체적인 목표설정이 유능감과 수행성과에 영향을 미칠 것이다.	채택

⇒ '구체적인 목표설정이 유능감과 수행성과에 영향을 미친다.'라고 결론 내린다.

4. 보고서 작성

〈표 23-1〉 구체적인 목표설정, 유능감, 수행성과 간의 상관행렬

	1)	2)	3)
1) 구체적인 목표설정	–		
2) 유능감	.170**	–	
3) 수행성과	.246***	.315***	–

$^{**}p<.01$, $^{***}p<.001$

구조방정식 모형에 대한 검증을 하기 위해서 상관분석을 실시한 결과, 〈표 23-1〉과 같이 구체적인 목표설정과 유능감은 $r=.170$, $p<.01$, 구체적인 목표설정과 수행성과는 $r=.246$, $p<.001$, 유능감과 수행성과는 $r=.315$, $p<.001$로 모든 변수 간의 상관은 통계적으로 유의미하였다.[23-1)]

23-1) 구조방정식에 대한 검증을 하기 위해서 1차적으로 상관분석을 실시해야 하므로 제15장 상관분석에 따라 분석을 실행한다.

〈표 23-2〉 연구모형과 수정모형의 적합도

	$\chi^2(p)$	df	χ^2/df	$RMSEA$	TLI	GFI	CFI
1차모형 (연구모형)	45.700(.005)	24	1.904	.053	.983	.970	.989
수정모형	33.833(.068)	23	1.471	.038	.991	.977	.994
수용기준	$p \geq .05$		3 미만	.05 미만	.9 초과	.9 초과	.9 초과

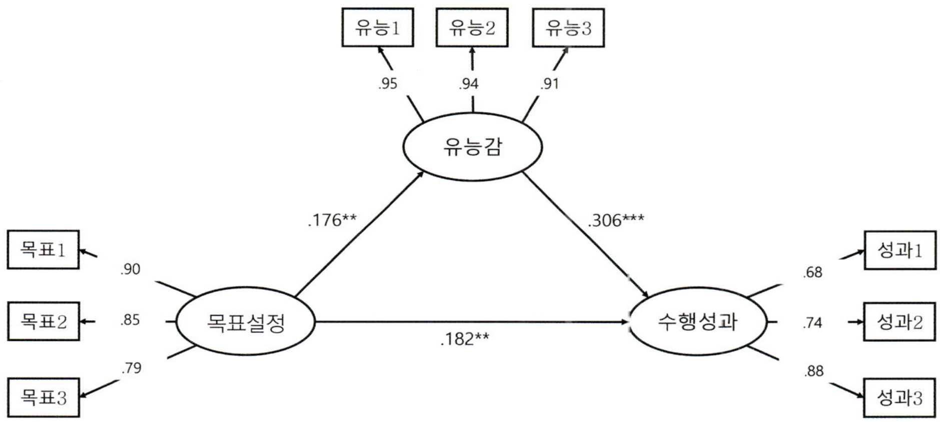

**$p<.01$, ***$p<.001$

[그림 23-1] 수행성과에 대한 구조방정식 검증

모형이 자료를 얼마나 잘 설명하는지를 나타내는 다양한 지수가 〈표 23-2〉에 제시되어 있다. 1차모형(연구모형)에서 $\chi^2=45.700$, $p=.005$, $\chi^2/df=1.904$, $RMSEA=.053$, $TLI=.983$, $GFI=.970$, $CFI=.989$ 등이었다. 이 결과를 토대로 수정모형을 검증한 결과, $\chi^2=33.833$, $p=.068$, $\chi^2/df=1.471$, $RMSEA=.038$, $TLI=.991$, $GFI=.977$, $CFI=.994$ 등이었다. 여러 지수를 통해 종합적으로 판단하여 볼 때 수정모형은 자료를 양호하게 설명하는 모형이라 할 수 있다.

연구에서 추정된 경로계수의 값을 살펴보면, [그림 23-1]과 같이 구체적인 목표설정에서 유능감의 경로계수는 .176, $t=2.951$, $p<.01$, 유능감에서 수행성과의 경로계수는 .306, $t=4.898$, $p<.001$, 구체적인 목표설정에서 수행성과의 경로계수는 .182, $t=2.904$, $p<.01$로서 모든 경로에서 통계적으로 유의미한 값을 나타내고 있었다.

연습문제

1 지속적인 부모의 정서적 학대가 자녀의 우울과 신체증상에 미치는 영향을 알아보기 위해 구조방정식을 실시하고, 그 결과를 알아본다.

(구조방정식_연습문제.sav 활용)

부록

부록 1

SPSS 기초 활용법

1. SPSS 실행
2. 데이터 불러오기
3. 데이터 다루기
4. 데이터 변환
5. 백분위수, 사분위수
6. 중심경향값

1. SPSS 실행

• 컴퓨터에서 SPSS 프로그램을 활성화하기 위하여 IBM SPSS Statistics 29를 실행한다.

SPSS 실행 1

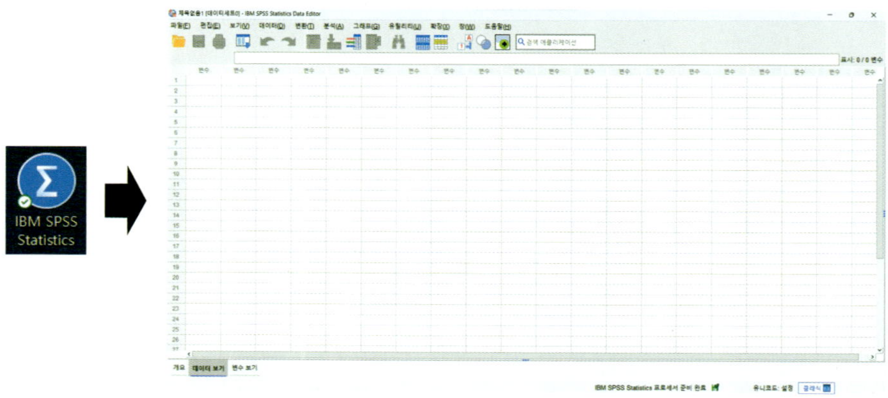

1) 메인 메뉴 설명

• SPSS를 활용하기 위해 기본적으로 알아야 할 SPSS 메인 메뉴에 대한 설명이다.
• 메인 메뉴에 있는 파일(F)에서 시작하여 도움말(H)까지 사용할 수 있다. 이에 대한 세부적인 설명은 다음과 같다.

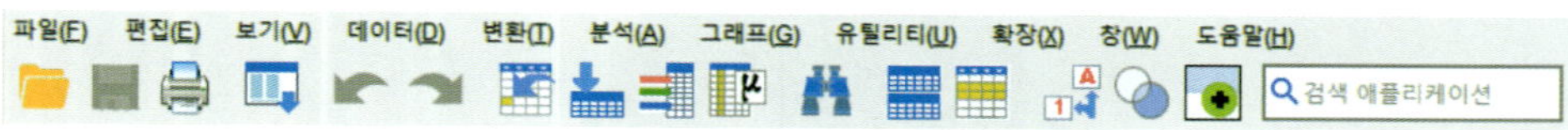

파일(F)	데이터의 입력과 출력, 저장, 인쇄 그리고 종료와 같은 파일관리를 위한 메뉴이다.
편집(E)	복사, 지우기, 찾기, 변수삽입, 실행취소 그리고 SPSS의 옵션을 포함하고 있다.
보기(V)	창에 보이는 상태 표시줄, 메뉴편집기 등을 선택할 수 있다.

데이터(D)	변수특성 정의, 케이스 정렬, 변수 정렬 그리고 케이스 선택 등을 실행할 수 있다.
변환(T)	데이터의 변환을 위해 변수 계산, 코딩변경 등을 할 수 있다.
분석(A)	SPSS를 활용하여 데이터 분석을 실행할 수 있다.
그래프(G)	데이터에 대한 다양한 그래프와 차트를 그릴 수 있다.
유틸리티(U)	추가적인 분석을 위한 활용 도구이다.
확장(X)	프로그램 확장을 위한 도구이다.
창(W)	사용 중인 현재 창에 대한 정보를 제시해 준다.
도움말(H)	SPSS 정보 등을 제공 받을 수 있다.

아이콘	제목	아이콘 사용용도
	데이터 문서 열기	기존의 데이터 파일을 열 때 사용
	이 문서 저장	파일을 저장할 때 사용
	인쇄	인쇄할 때 사용
	최근 사용한 대화상자 다시 호출	가장 최근에 사용한 대화상자를 다시 불러올 때 사용
	사용자 작업 실행취소	이전에 했던 작업을 취소할 때 사용
	사용자 작업 다시 실행	취소했던 작업을 다시 실행할 때 사용
	케이스로 이동	해당 검색 케이스로 이동할 때 사용
	변수로 이동	해당 검색 변수로 이동할 때 사용
	변수	변수와 관련된 정보를 확인할 때 사용
	기술통계량 실행	선택한 변수의 기술통계분석을 실시할 때 사용
	찾기	특정 조건의 데이터를 찾을 때 사용

	파일분할	특정 변수를 기준으로 파일을 분할할 때 사용
	케이스 선택	특정 기준을 사용하여 케이스 세트(case set)를 찾을 때 사용
	값 레이블	데이터에 변수값 설명을 나타내거나 나타내지 않을 때 사용
	변수군 사용	Data Editor 창에 숨기거나 표시할 변수를 선택할 때 사용
	도구모음사용자정의	필요한 아이콘 생성 및 제거 시 사용
	검색 어플리케이션	검색어를 포함하는 도움말 항목, 대화 상자 및 케이스 연구 시 사용

2) 데이터 입력하기

(1) 데이터 보기

- 데이터 보기 창에서는 숫자 입력이 가능하다.
- 데이터 입력은 가로 방향으로 입력한다(한 사람의 데이터일 경우).

SPSS 실행 1

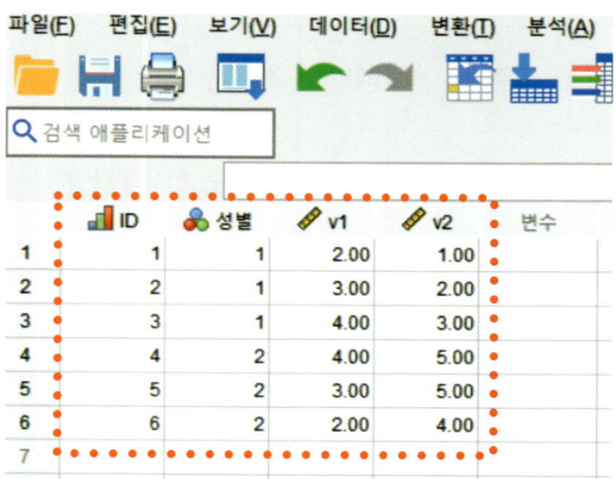

(2) 변수 보기

- 변수 보기 창에서는 변수의 이름, 변수에 해당하는 세부적인 설명들을 입력하고 지정할 수 있다.

SPSS 실행 1

- 변수 보기에서 활용할 수 있는 기본 사항들을 다음과 같이 표로 제시하였다.

이름	변수의 이름을 입력할 수 있다(변수의 이름 입력 시 문자와 숫자 중 문자부터 입력을 해야 한다).
유형	변수의 유형을 지정할 수 있다.
너비	변수가 차지하는 자릿수를 지정할 수 있다.
소수점이하자리	변수의 소수점 자리를 지정할 수 있다.

레이블	변수 이름에 대해 추가적인 설명을 입력할 수 있다.
값	변수에서 사용된 숫자의 의미를 입력할 수 있다.
결측값	작성되지 않은 값에 대해 숫자를 기입하여 제외할 수 있다.
열	데이터 보기 창에서 변수가 차지하는 column의 수를 지정할 수 있다.
맞춤	데이터 보기 창에서 변수를 정렬할 수 있다(왼쪽, 가운데, 오른쪽 정렬).
측도	변수의 특성을 소개할 수 있다[명목(N)은 명명척도, 순서(O)는 서열척도, 척도(S)는 등간 및 비율척도].
역할	사전에 정의된 역할을 지원할 수 있다.

2. 데이터 불러오기

1) 데이터 새로 입력하기

• 데이터를 새로 입력하기 위해 사용하는 방법이다.

SPSS 실행 1

분석과정
파일(F) → 새 파일(N) → 데이터(D)

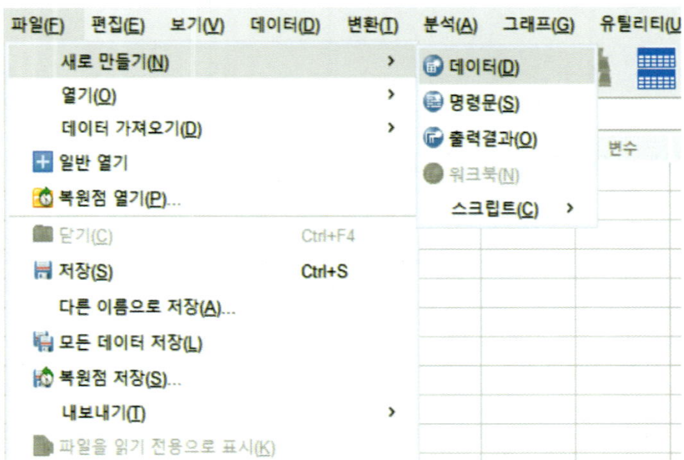

2) SPSS 데이터 불러오기

• 데이터를 새로 불러오기 위해 사용하는 방법이다.

SPSS 실행 1

분석과정
파일(F) → 열기(O) → 데이터(D)

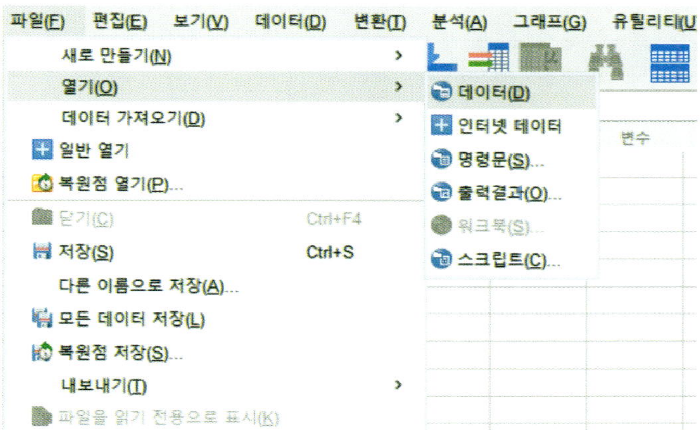

3) 엑셀파일 데이터 불러오기

• 엑셀 형식으로 코딩한 데이터를 불러오기 위해 사용하는 방법이다.

SPSS 실행 1

분석과정
파일(F) → 열기(O) → 데이터(D)
– 엑셀파일열기.xlsx

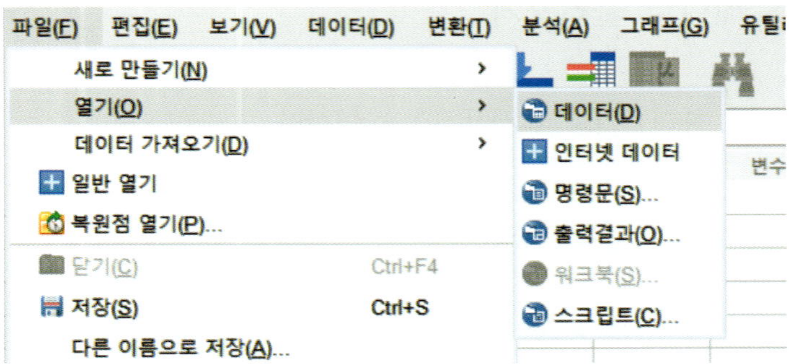

SPSS 실행 2

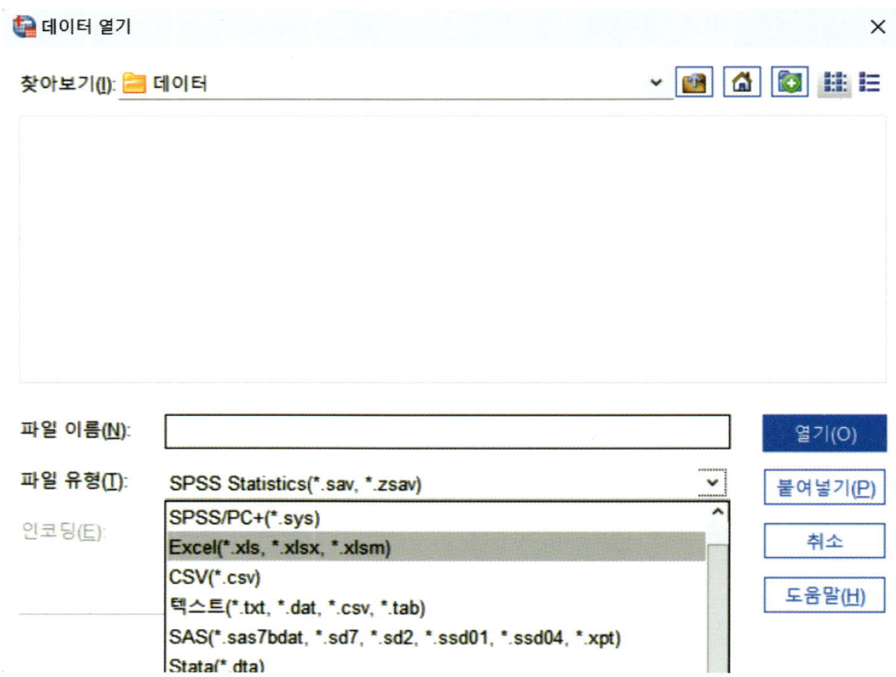

[파일 유형(T)]의 버튼을 클릭하여 'Excel (*.xls, *.xlsx, *.xlsm)'을 선택한다.

SPSS 실행 3

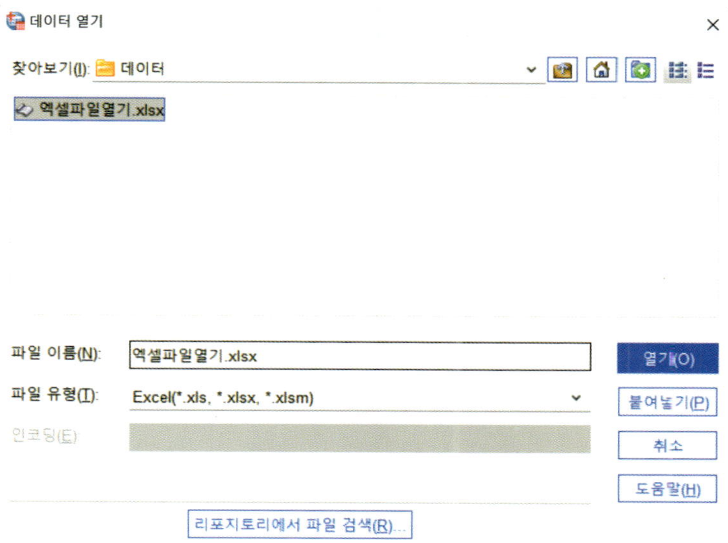

'엑셀파일열기.xlsx' 파일을 클릭한 후 **[열기(O)]**를 클릭한다.

SPSS 실행 4

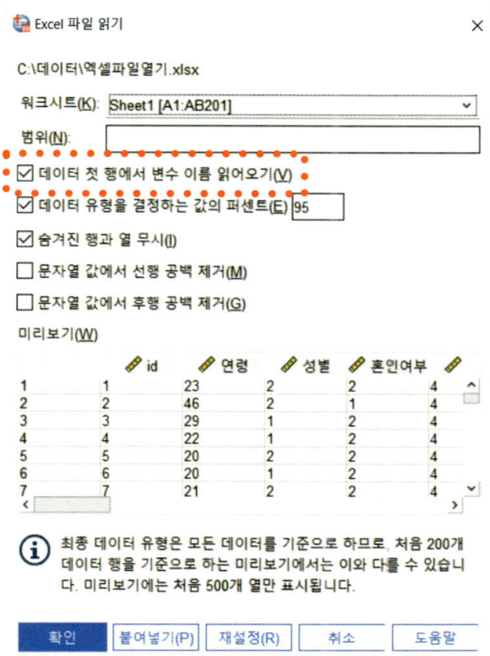

[데이터 첫 행에서 변수 이름 읽어오기(V)]에서 체크를 확인한다.

※ 엑셀 파일의 첫 행에 변수 이름이 없는 경우에는 **[데이터 첫 행에서 변수 이름 읽어오기]**의 체크를 해제한다.

[확인]을 클릭한다.

SPSS 실행결과

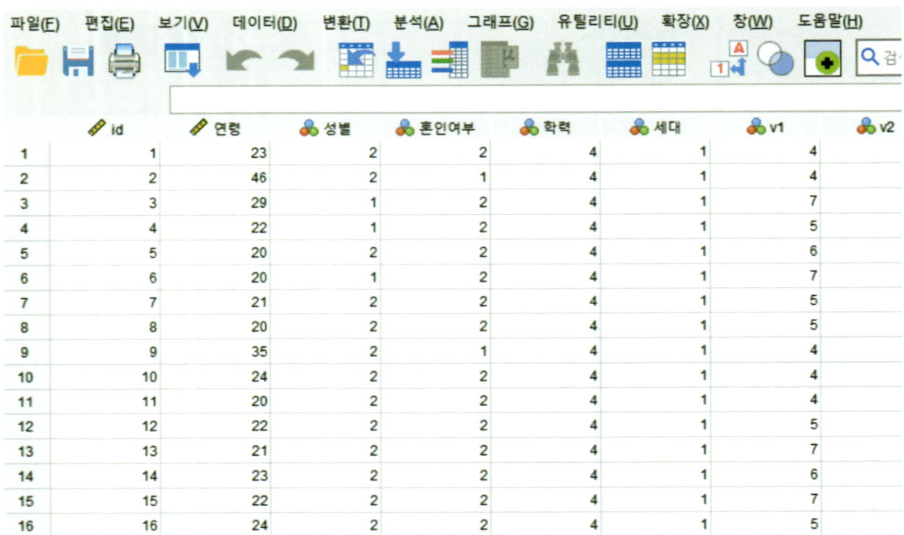

	id	연령	성별	혼인여부	학력	세대	v1	v2
1	1	23	2	2	4	1	4	
2	2	46	2	1	4	1	4	
3	3	29	1	2	4	1	7	
4	4	22	1	2	4	1	5	
5	5	20	2	2	4	1	6	
6	6	20	1	2	4	1	7	
7	7	21	2	2	4	1	5	
8	8	20	2	2	4	1	5	
9	9	35	2	1	4	1	4	
10	10	24	2	2	4	1	4	
11	11	20	2	2	4	1	4	
12	12	22	2	2	4	1	5	
13	13	21	2	2	4	1	7	
14	14	23	2	2	4	1	6	
15	15	22	2	2	4	1	7	
16	16	24	2	2	4	1	5	

엑셀파일의 데이터를 불러와 SPSS 형식으로 변환한 파일이다.

3. 데이터 다루기

1) 데이터 합치기

- 두 개 이상의 파일로 나누어져 있는 데이터를 하나의 파일로 합칠 때 사용하는 방법이다.
- 케이스 추가와 변수 추가 두 가지 방법이 있다.

(1) 케이스 추가

- 두 개 이상의 파일을 결합하여 케이스의 수를 늘릴 수 있다.
- 합치려는 파일(파일합치기_케이스추가1.sav와 파일합치기_케이스추가2.sav)을 열어놓고 파일합치기_케이스추가1.sav에서 파일합치기_케이스추가2.sav를 합친다.

SPSS 실행 1

실행과정
데이터(D) → 파일 합치기(G) → 케이스 추가(C)
– 파일합치기_케이스추가1.sav
– 파일합치기_케이스추가2.sav

SPSS 실행 2

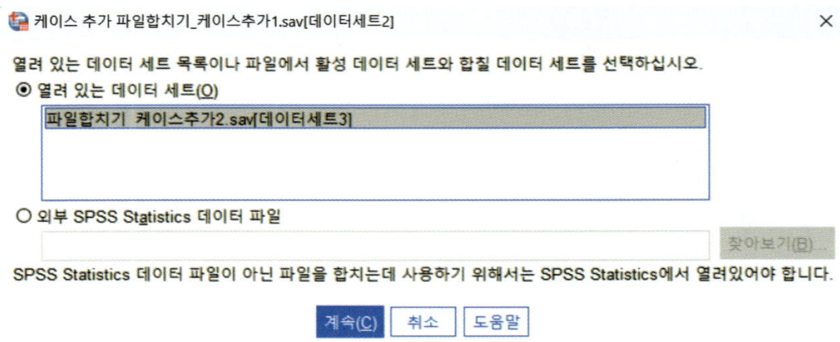

[열려 있는 데이터 세트(O)]에서 합치려는 파일을 클릭한다.

[계속(C)]을 클릭한다.

SPSS 실행 3

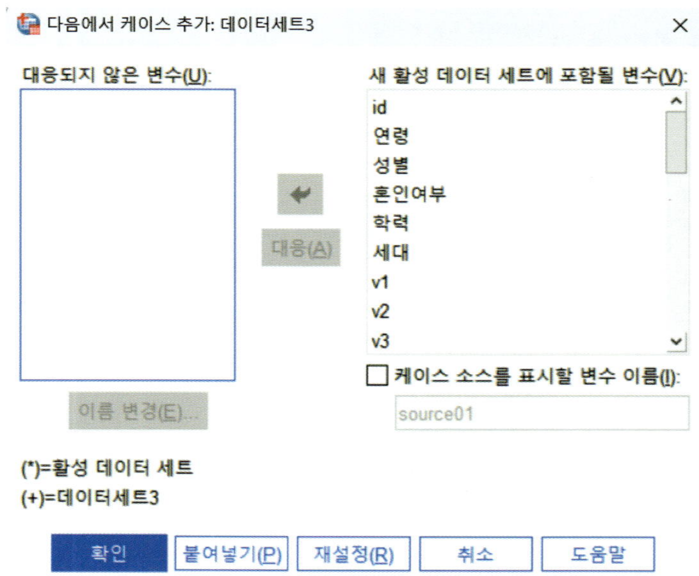

[새 활성 데이터 세트에 포함될 변수(V)]를 확인한다.

[확인]을 클릭한다.

※ 케이스 추가로 생성된 데이터 자료와 '기초통계분석, 신뢰도.sav' 파일을 열어 그 값이 일치하는지를 확인한다.

(2) 변수 추가

- 두 개 이상의 파일을 결합하여 변수의 수를 늘린다.
- 추가하려는 변수파일(파일합치기_변수추가1.sav와 파일합치기_변수추가2.sav)을 열어놓고 파일합치기_변수추가1.sav에서 파일합치기_변수추가2.sav를 추가한다.

SPSS 실행 1

분석과정
데이터(D) → 파일 합치기(G) → 변수 추가(V)
– 파일합치기_변수추가1.sav
– 파일합치기_변수추가2.sav

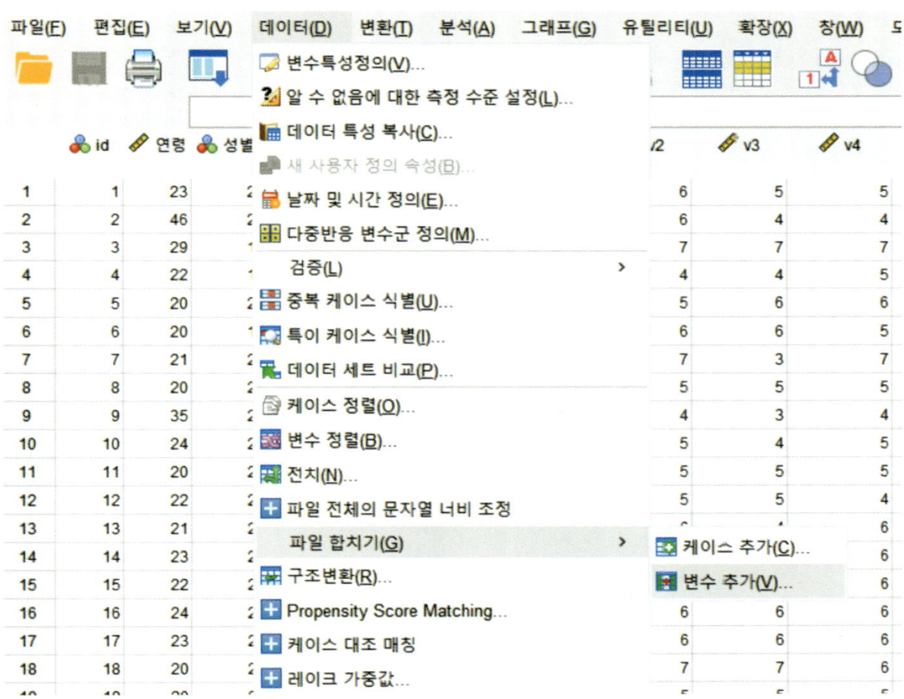

SPSS 실행 2

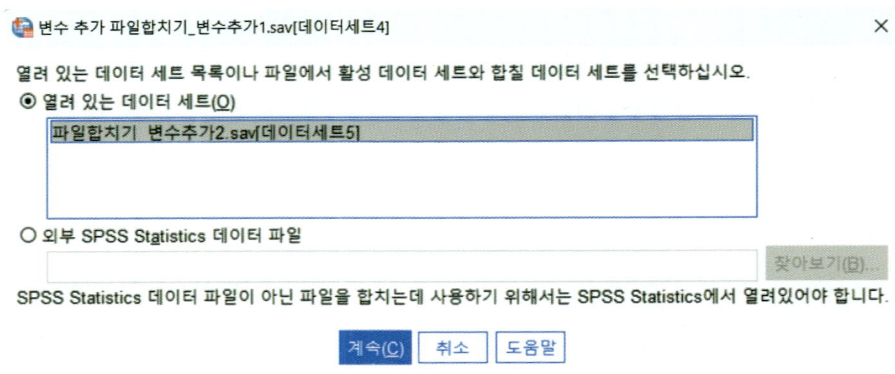

[**열려 있는 데이터 세트(O)**]에서 합치려는 파일을 클릭한다.

[**계속(C)**]을 클릭한다.

SPSS 실행 3

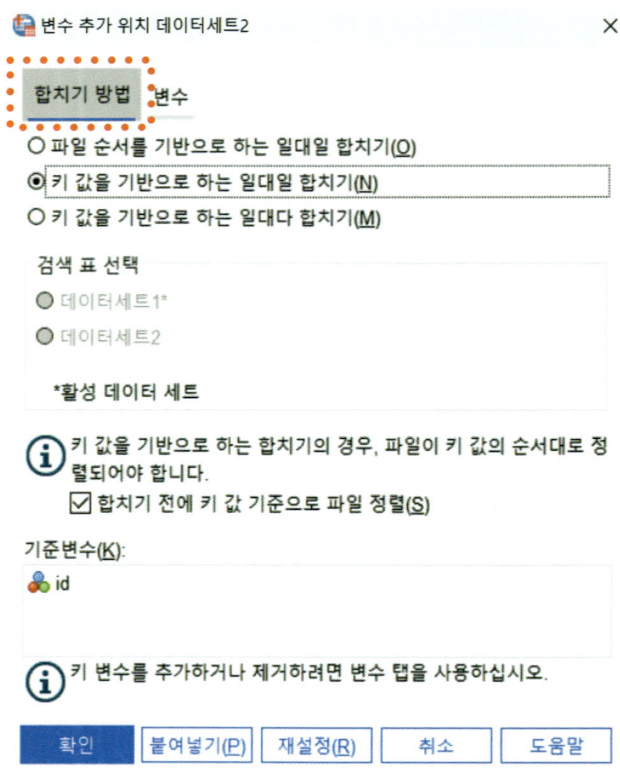

[합치기 방법]에서 **[키 값을 기반으로 하는 일대일 합치기(N)]**를 확인한다.
[합치기 전에 키 값을 기준으로 파일 정렬(S)]의 체크를 확인한다.
[기준변수(K)]에서 기준이 되는 id가 입력되어 있는지 확인한다.

SPSS 실행 4

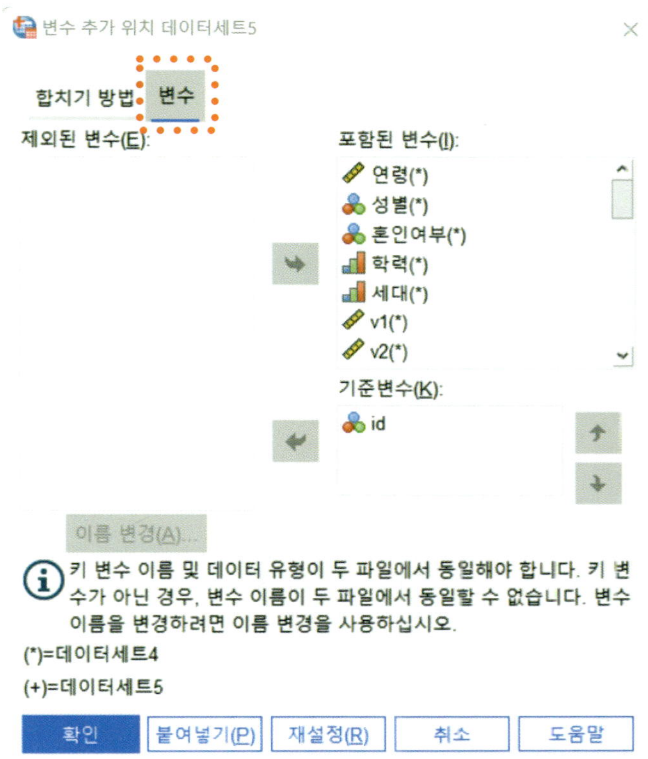

[포함된 변수(I)]에 들어가야 할 변수들이 들어가 있는지 확인한다.
[기준변수(V)]에 'id'가 들어가 있는지 확인한다.
[확인]을 클릭한다.

※ 변수 추가로 생성된 데이터 자료와 '기초통계분석, 신뢰도.sav' 파일을 열어 그 값이 일치하는지를 확인한다.

2) 케이스 선택

- 전체 데이터 중 연구자가 필요에 따라 특정한 조건, 케이스의 무작위 표본 추출, 시간 또는 케이스 범위를 기준으로 케이스를 선택할 수 있다.
- '기초통계분석, 신뢰도.sav' 데이터에서 세대가 성인초기인 케이스만을 선택한다.

※ 세대 변수에서 성인초기는 1, 중년기이상은 2로 코딩되어 있다.

(1) 조건을 만족하는 케이스 선택하기

SPSS 실행 1

실행과정
데이터(D) → 케이스 선택(S)
– 기초통계분석, 신뢰도.sav

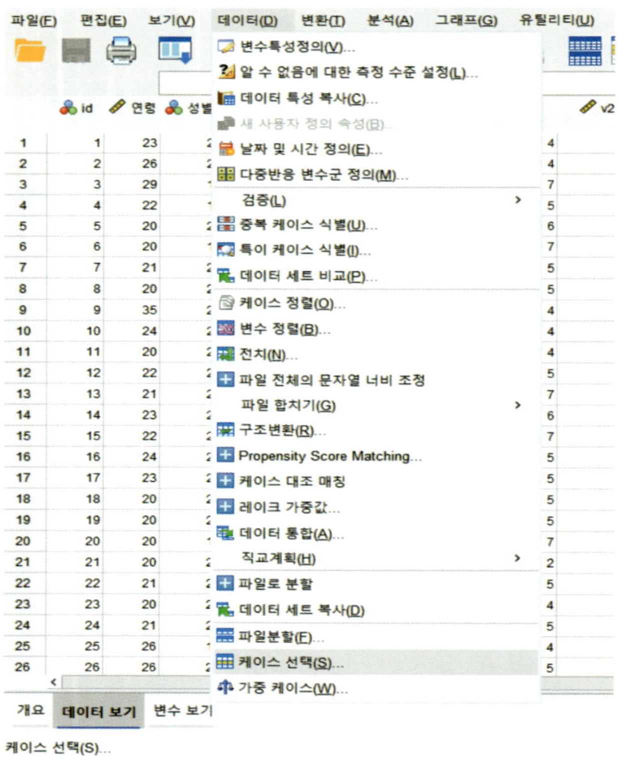

SPSS 실행 2

[선택]에서 **[조건을 만족하는 케이스(C)]**를 클릭한다.
[조건(I)]을 클릭한다.

통계 TIP 케이스 선택의 종류

[모든 케이스(A)]: 모든 케이스를 선택할 때 사용한다.
[조건을 만족하는 케이스(C)]: 조건에 맞게 선택해야 할 대 사용한다.
[조건(I)]을 클릭하여 선택 조건을 지정할 수 있다.
[케이스의 무작위 표본 추출(D)]: 전체 케이스 중 일정 비율 또는 일정 수만큼을 지정할 때 사용한다.
[표본(S)]을 클릭하여 무작위 표본 추출을 지정할 수 있다.
[시간 또는 케이스 범위를 기준으로(B)]: 전체 케이스에서 필요한 범위를 지정할 때 사용한다.
[범위(N)]를 클릭하여 필요한 범위를 지정할 수 있다.

SPSS 실행 3

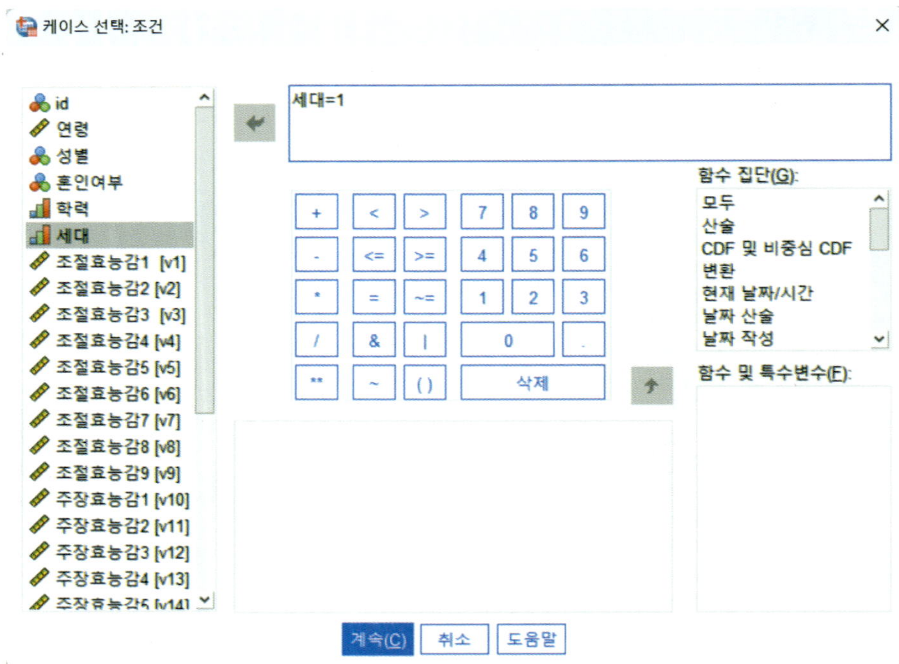

'세대'를 옮기고 '=1'을 입력한다.

[계속(C)]을 클릭한다.

[확인]을 클릭한다.

SPSS 실행결과

파일(F) 편집(E) 보기(V) 데이터(D) 변환(T) 분석(A) 그래프(G) 유틸리

	id	연령	성별	혼인여부	학력	세대	v1
97	97	20	2	2	4	1	6
98	98	21	1	2	4	1	3
99	99	19	1	2	3	1	4
100	100	21	2	2	4	1	5
101	101	22	2	2	4	1	6
102	102	22	2	2	4	1	6
103	103	20	2	2	4	1	6
104	104	22	2	2	4	1	4
105	105	21	1	2	4	1	6
106	106	20	1	2	4	1	6
107	107	38	2	2	4	1	7
108	108	36	2	2	4	1	3
109	109	52	1	1	5	2	6
110	110	48	2	1	4	2	4
111	111	49	2	1	3	2	4
112	112	54	1	1	5	2	5
113	113	50	2	1	4	2	5
114	114	50	1	1	4	2	4
115	115	43	2	1	4	2	4
116	116	54	1	1	2	2	5
117	117	44	1	1	4	2	4
118	118	56	1	1	5	2	6
119	119	50	2	1	3	2	4
120	120	46	2	1	4	2	4
121	121	52	1	1	3	2	6
122	122	52	1	1	5	2	7

※ '세대' 변수에서 '성인초기 1'이 선택된 것을 데이터 보기 창에서 확인할 수 있다.

3) 케이스 정렬

• 변수들을 오름차순으로 또는 내림차순으로 정렬할 때 사용하는 방법이다.

(1) 오름차순

SPSS 실행 1

실행과정
정렬하고자 하는 변수 위에 마우스 커서를 놓고 오른쪽 버튼을 클릭
– 기초통계분석, 신뢰도.sav

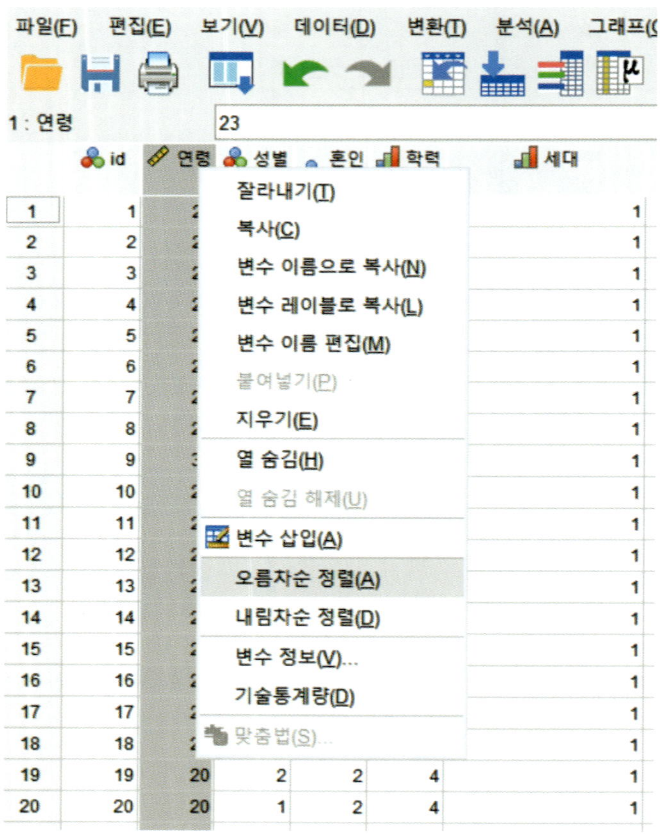

[오름차순 정렬(A)]을 클릭한다.
연령이 가장 낮은 값부터 오름차순으로 정렬된 것을 확인할 수 있다.

(2) 내림차순

SPSS 실행 1

실행과정
정렬하고자 하는 변수 위에 마우스 커서를 놓고 오른쪽 버튼을 클릭
– 기초통계분석, 신뢰도.sav

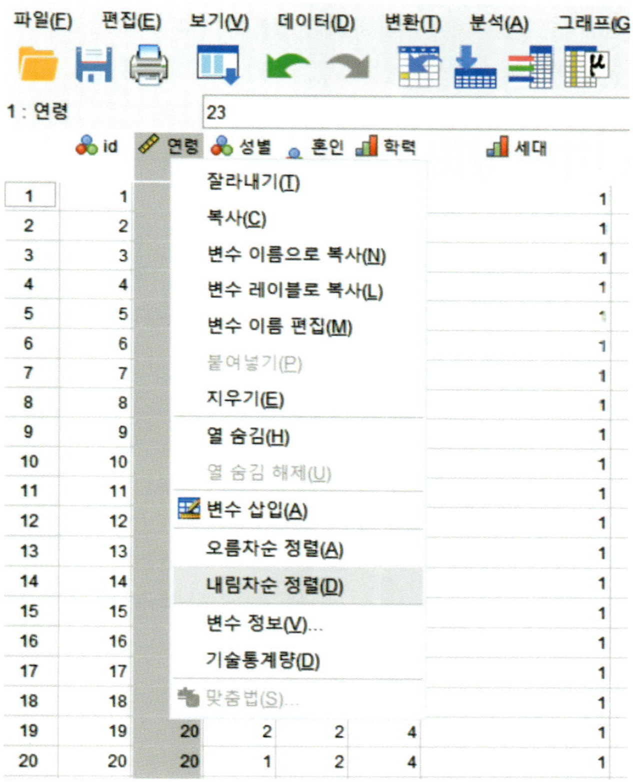

[내림차순 정렬(D)]을 클릭한다.
연령이 가장 높은 값부터 내림차순으로 정렬된 것을 확인할 수 있다.

4. 데이터 변환

1) 변수 계산하기

(1) SPSS 실행

데이터에 있는 v1에서 v22까지를 활용하여 조절효능감_평균, 주장효능감_평균, 극복효능감_평균 변수를 새롭게 만드시오.

SPSS 실행 1

실행과정
변환(T) → 변수 계산(C)
– 기초통계분석, 신뢰도.sav

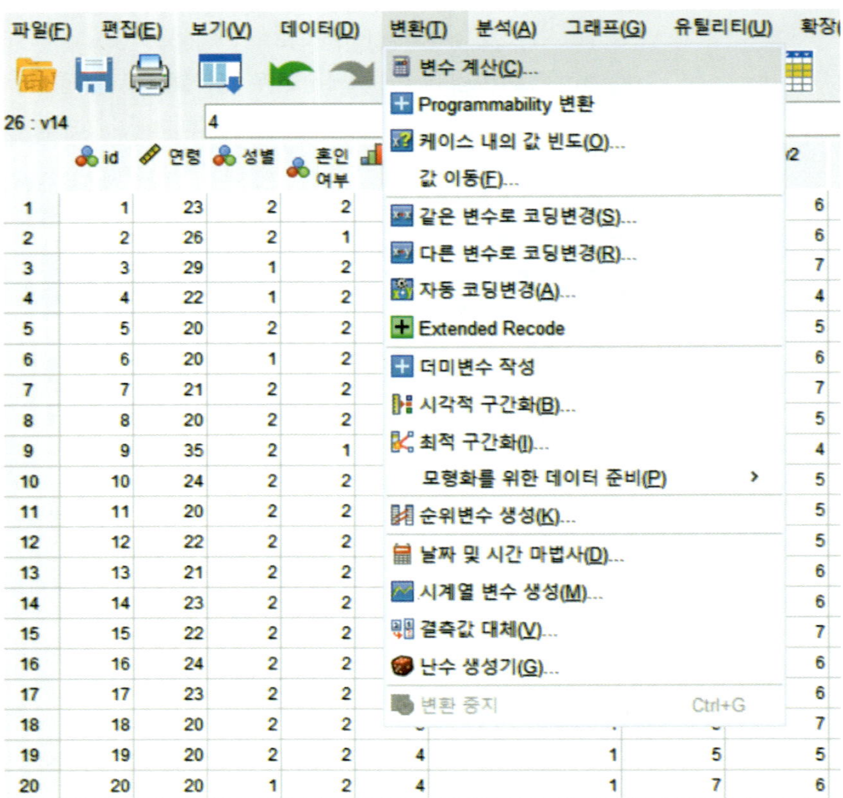

SPSS 실행 2

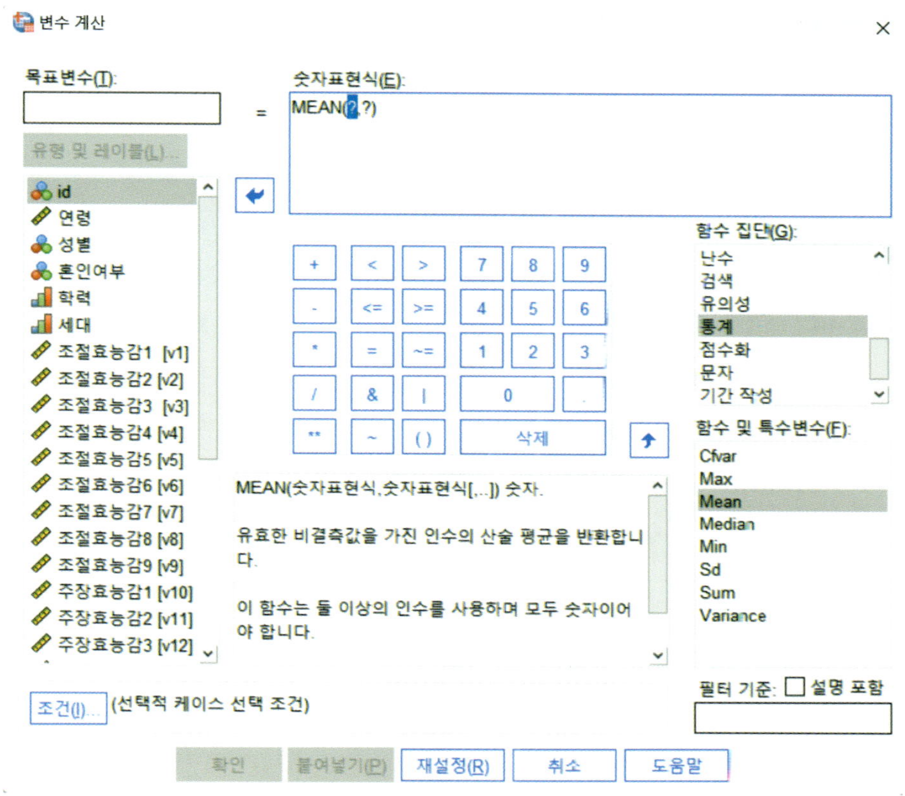

[함수 집단(G)]에서 **[통계]**를 클릭한다.

[함수 및 특수변수(F)]에서 **[Mean]**을 클릭한다.

SPSS 실행 3

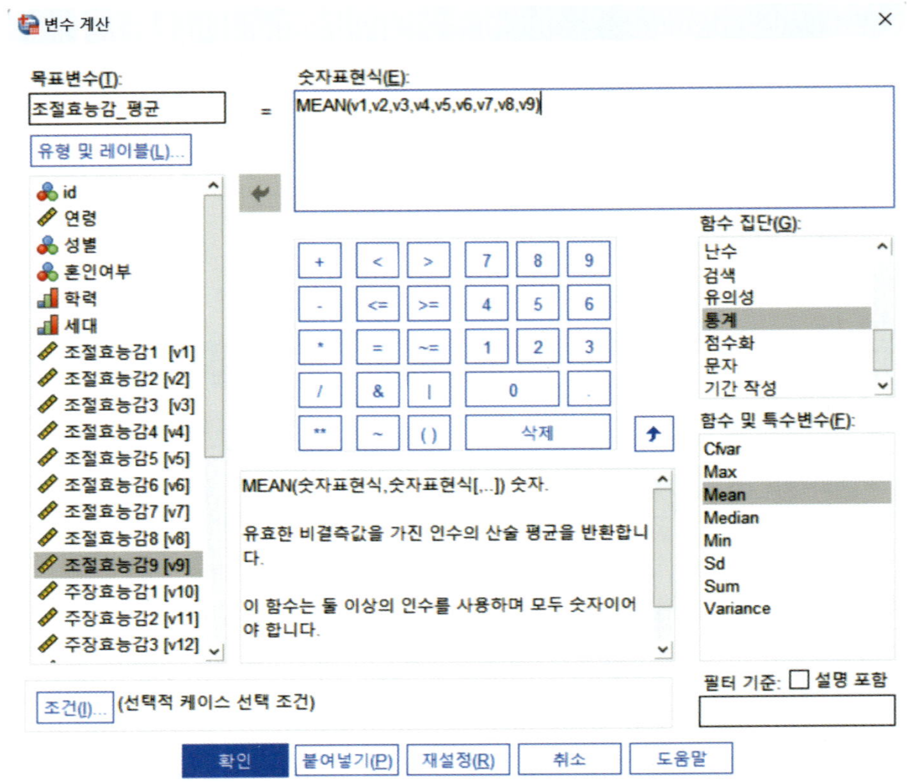

[목표변수(T)]에 '조절효능감_평균'을 입력한다.

[숫자표현식(E)]에 'MEAN(v1, v2, v3, v4, v5, v6, v7, v8, v9)'을 입력한다.

[확인]을 클릭한다.

SPSS 실행결과

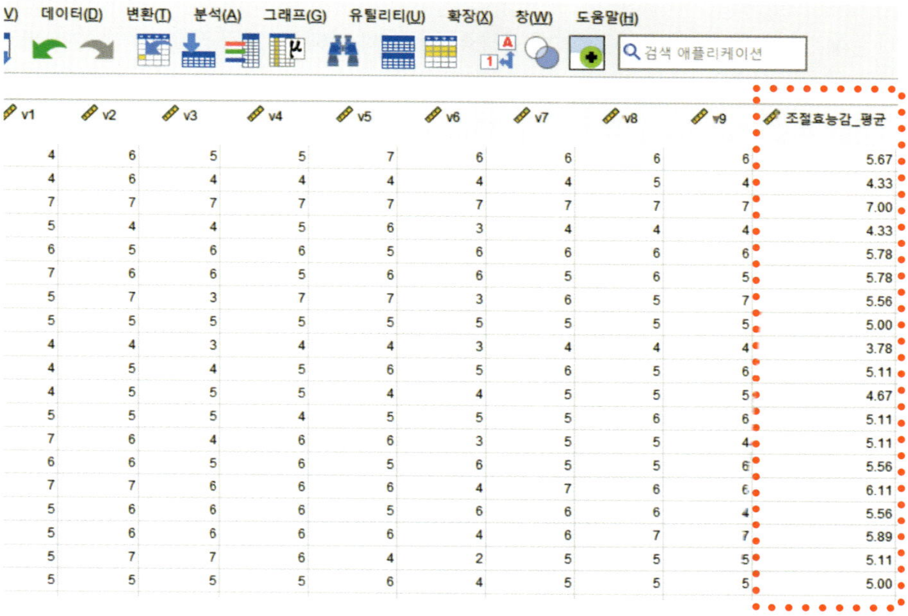

v1	v2	v3	v4	v5	v6	v7	v8	v9	조절효능감_평균
4	6	5	5	7	6	6	6	6	5.67
4	6	4	4	4	4	4	5	4	4.33
7	7	7	7	7	7	7	7	7	7.00
5	4	4	5	6	3	4	4	4	4.33
6	5	6	6	5	6	6	6	6	5.78
7	6	6	5	6	6	5	6	5	5.78
5	7	3	7	7	3	6	5	7	5.56
5	5	5	5	5	5	5	5	5	5.00
4	4	3	4	4	3	4	4	4	3.78
4	5	4	5	6	5	6	5	6	5.11
4	5	5	5	4	4	5	5	5	4.67
5	5	5	4	5	5	5	6	6	5.11
7	6	4	6	6	3	5	5	4	5.11
6	6	5	6	5	6	5	5	6	5.56
7	7	6	6	6	4	7	6	6	6.11
5	6	6	6	5	6	6	6	4	5.56
5	6	6	6	6	4	6	7	7	5.89
5	7	7	6	4	2	5	5	5	5.11
5	5	5	5	6	4	5	5	5	5.00

'조절효능감_평균' 변수가 데이터 창에 새롭게 생긴 것을 확인할 수 있다. 기존의 '조절효능감' 변수와 값을 비교하여 결과를 확인할 수 있다.

[목표변수(T)]에 '주장효능감_평균'을 입력한다.
[숫자표현식(E)]에 'MEAN(v10, v11, v12, v13, v14, v15)'을 입력한다.
[확인]을 클릭한다.

[목표변수(T)]에 '극복효능감_평균'을 입력한다.
[숫자표현식(E)]에 'MEAN(v16, v17, v18, v19, v20, v21, v22)'을 입력한다.
[확인]을 클릭한다.

※ '주장효능감_평균' '극복효능감_평균' 변수가 데이터 창에 새롭게 생긴 것 또한 확인할 수 있다.

2) 코딩변경하기

- 기존에 입력되어 있는 자료를 대체하여 다른 데이터를 일괄적으로 입력할 때 사용하는 방법이다.
- 코딩변경은 같은 변수로 코딩변경과 다른 변수로 코딩변경 두 가지 방법이 있다.

(1) SPSS 실행

데이터에 있는 v1을 역코딩하여 역코딩_v1 변수를 새롭게 만드시오.

SPSS 실행 1

실행과정

1. 변경된 코딩값을 원래의 변수에 저장하려면
   변환(T) → 같은 변수로 코딩변경(S)
2. 변경된 코딩값을 다른 변수에 저장하려면
   변환(T) → 다른 변수로 코딩변경(R)
   – 기초통계분석, 신뢰도.sav

SPSS 실행 2

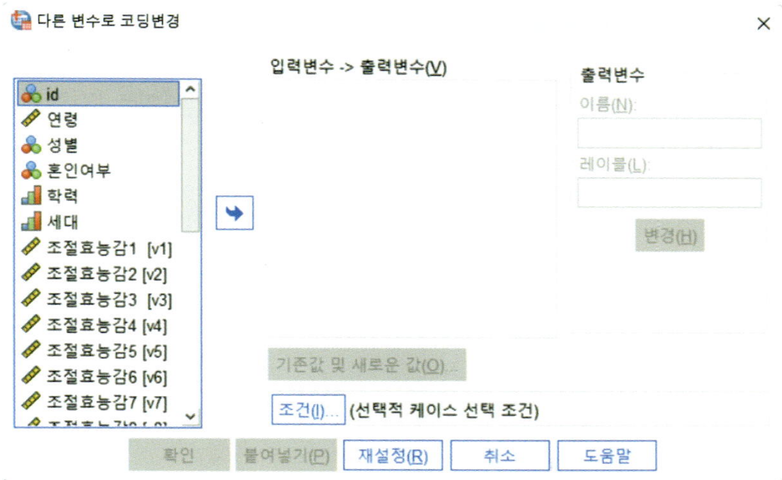

[다른 변수로 코딩변경] 창에서 'v1'을 **[입력변수 → 출력변수(V)]**에 넣는다.

SPSS 실행 3

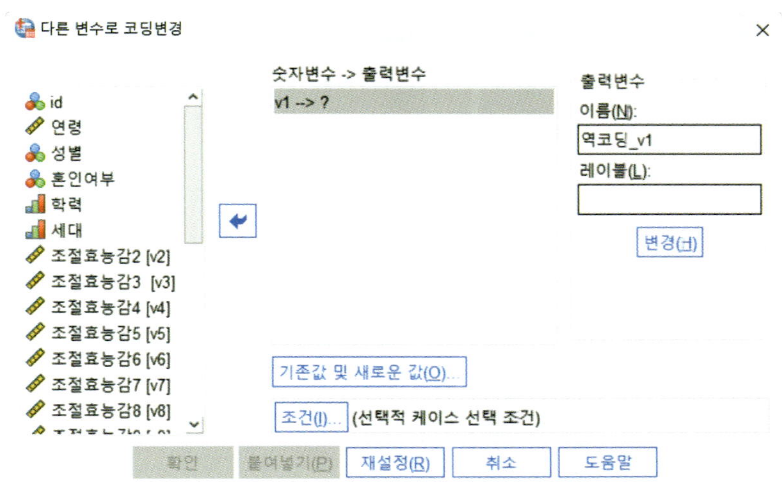

[출력변수]의 **[이름(N)]**에 '역코딩_v1'을 입력한다.

[변경(H)]을 클릭한다.

[기존값 및 새로운 값(O)]을 클릭한다.

SPSS 실행 4

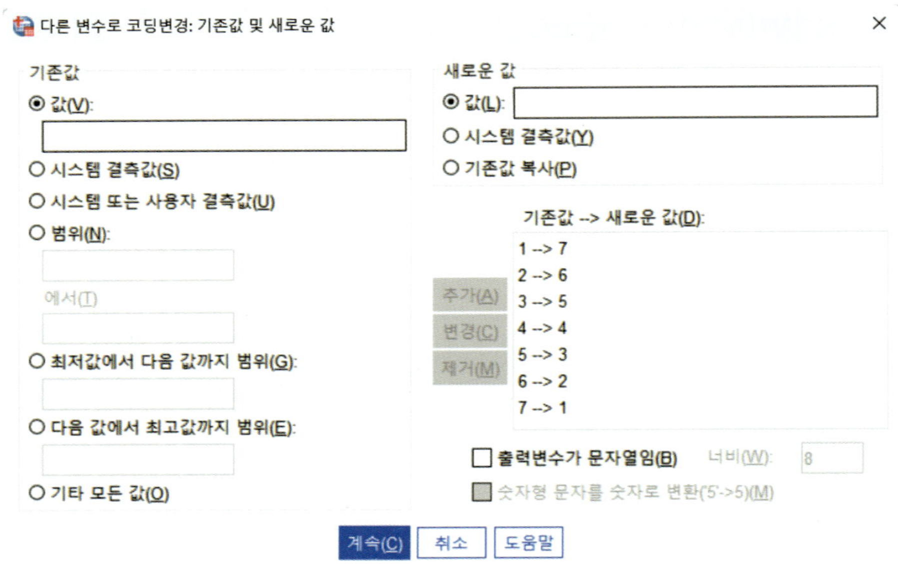

[기존값]과 **[새로운 값]**에 변경하고자 하는 수를 입력해 변경한다.
[기존값]에서 **[값(V)]**을 클릭한 후 '1'을 입력한다.
[새로운 값]에서 **[값(L)]**을 클릭한 후 '7'을 입력한다.
[추가(A)]를 클릭한다.

※ 입력하고자 하는 수를 추가적으로 입력한다.

[계속(C)]을 클릭한다.
[확인]을 클릭한다.

통계 TIP 역코딩이 필요한 이유?

문장의 방향, 즉 긍정과 부정 문항이 섞여 있는 경우, 한 방향으로 통일하여 분석해야 하기 때문이다.

SPSS 실행결과

	18	v19	v20	v21	v22	조절효능감_평균	주장효능감_평균	극복효능감_평균	역코딩_v1
1	7	6	5	6	6	5.67	5.50	6.00	4.00
2	6	4	6	4	6	4.33	4.83	5.00	4.00
3	4	7	6	4	5	7.00	4.50	5.29	1.00
4	6	5	6	5	4	4.33	4.33	5.14	3.00
5	5	5	6	5	6	5.78	5.50	5.43	2.00
6	6	6	6	6	6	5.78	5.83	6.00	1.00
7	7	7	7	5	3	5.56	4.50	5.71	3.00
8	5	5	5	4	5	5.00	4.83	4.71	3.00
9	4	4	3	4	4	3.78	3.67	3.71	4.00
10	5	4	5	5	6	5.11	5.50	4.86	4.00
11	3	2	4	5	4	4.67	3.33	3.57	4.00
12	5	5	5	6	4	5.11	5.50	5.00	3.00
13	5	5	6	3	4	5.11	5.67	4.43	1.00
14	6	6	6	4	5	5.56	4.50	5.43	2.00
15	5	6	5	5	4	6.11	5.00	5.00	1.00
16	6	6	6	6	5	5.56	5.67	5.57	3.00
17	6	6	6	4	7	5.89	5.50	5.57	3.00
18	4	6	6	4	4	5.11	5.17	4.86	3.00
19	6	6	6	5	4	5.00	5.00	5.43	3.00
20	6	4	4	5	6	5.22	4.33	5.43	1.00

데이터 보기 창에서 새롭게 만들어진 '역코딩_v1' 변수를 확인할 수 있다.

5. 백분위수, 사분위수

1) SPSS 실행

데이터에 있는 조절효능감_평균, 주장효능감_평균, 극복효능감_평균의 백분위수와 사분위수를 구하시오.

SPSS 분석 1

실행과정
분석(A) → 기술통계량(E) → 빈도분석(F)
– 기초통계분석, 신뢰도.sav

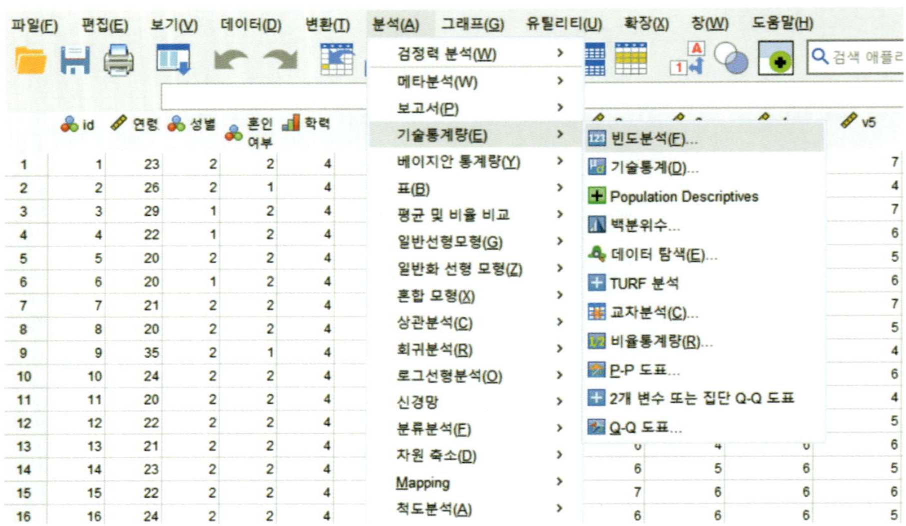

SPSS 분석 2

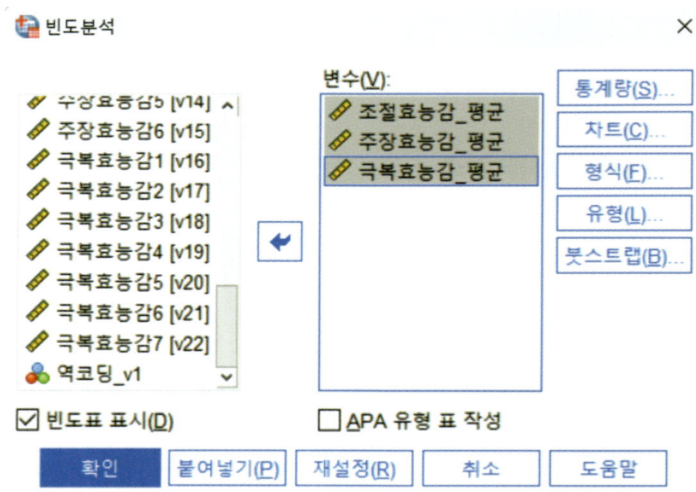

[변수(V)]에 '조절효능감_평균' '주장효능감_평균' '극복효능감_평균'을 넣는다.
[통계량(S)]을 클릭한다.

SPSS 분석 3

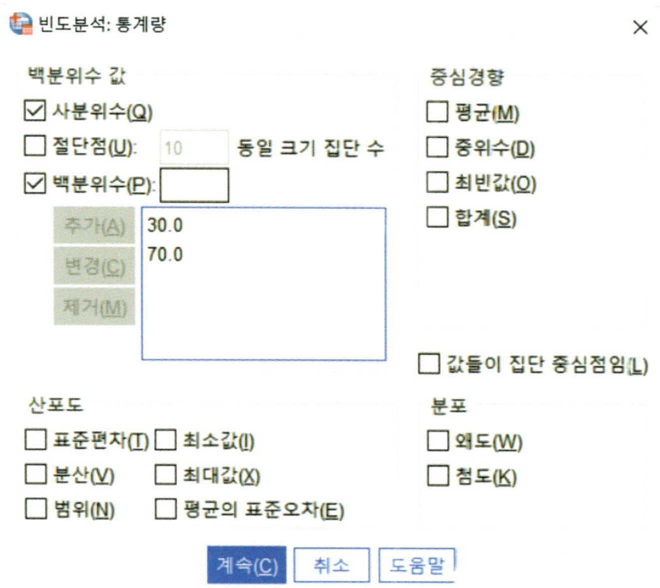

[백분위수 값]에서 **[사분위수(Q)]**를 클릭한다.

[백분위수 값]에서 **[백분위수(P)]**에 '30'을 입력하고 **[추가(A)]**를 클릭한 다음 '70'을 입력하고 **[추가(A)]**를 클릭한다.

[계속(C)]을 클릭한다.

[확인]을 클릭한다.

2) 분석결과

분석결과 1

통계량

		조절효능감_평균	주장효능감_평균	극복효능감_평균
N	유효	200	200	200
	결측	0	0	0
백분위수	30	4.5556	4.3333	4.4286
	70	5.5556	5.3333	5.4286

백분위수는 전체 1점에서 7점 사이에서 찾고자 하는 퍼센트(%)의 수를 찾아 확인할 수 있다. 예로, 30%와 70%에 해당하는 점수를 지정하여 찾을 수 있다.

분석결과 2

조절효능감_평균

		빈도	퍼센트	유효 퍼센트	누적 퍼센트
유효	2.00	1	.5	.5	.5
	2.33	1	.5	.5	1.0
	2.89	2	1.0	1.0	2.0
	3.44	1	.5	.5	2.5
	3.56	2	1.0	1.0	3.5
	⋮				
	6.44	1	.5	.5	95.5
	6.56	2	1.0	1.0	96.5
	6.67	3	1.5	1.5	98.0
	6.89	1	.5	.5	98.5
	7.00	3	1.5	1.5	100.0
	전체	200	100.0	100.0	

조절효능감의 백분위수 전체를 확인할 수 있다.

분석결과 3

주장효능감_평균

		빈도	퍼센트	유효 퍼센트	누적 퍼센트
유효	2.50	2	1.0	1.0	1.0
	2.67	1	.5	.5	1.5
	2.83	1	.5	.5	2.0
	3.17	1	.5	.5	2.5
	3.33	4	2.0	2.0	4.5
	⋮				
	6.17	6	3.0	3.0	95.0
	6.33	2	1.0	1.0	96.0
	6.67	3	1.5	1.5	97.5
	6.83	2	1.0	1.0	98.5
	7.00	3	1.5	1.5	100.0
	전체	200	100.0	100.0	

주장효능감의 백분위수 전체를 확인할 수 있다.

분석결과 4

극복효능감_평균

		빈도	퍼센트	유효 퍼센트	누적 퍼센트
유효	1.86	1	.5	.5	.5
	3.00	1	.5	.5	1.0
	3.14	2	1.0	1.0	2.0
	3.29	3	1.5	1.5	3.5
	3.43	3	1.5	1.5	5.0
	⋮				
	6.43	1	.5	.5	96.0
	6.57	1	.5	.5	96.5
	6.71	4	2.0	2.0	98.5
	6.86	2	1.0	1.0	99.5
	7.00	1	.5	.5	100.0
	전체	200	100.0	100.0	

극복효능감의 백분위수 전체를 확인할 수 있다.

분석결과 5

통계량

		조절효능감_평균	주장효능감_평균	극복효능감_평균
N	유효	200	200	200
	결측	0	0	0
백분위수	25	4.3611	4.3333	4.2857
	50	5.0000	4.8333	4.8571
	75	5.6667	5.5000	5.5714

사분위수는 전체 1점부터 7점 사이에서 25%, 50%, 75%에 해당하는 수를 가리킨다.

통계 TIP 사분위수(Quartiles)

자료를 서열화하여 퍼센트(%)로 환산하였을 때 25%, 50%, 75%에 해당하는 값이다.

6. 중심경향값

1) SPSS 실행

1. 데이터의 조절효능감 v1에서 v9까지를 활용하여 필요한 값을 구하시오.
   1-1. 중심경향값(평균값, 중위수, 최빈값)을 구하고 그래프를 그리시오.
   1-2. 가장 심한 편포를 보이는 변수를 찾아 제시하시오.

SPSS 분석 1

실행과정
분석(A) → 기술통계량(E) → 빈도분석(F)
– 기초통계분석, 신뢰도.sav

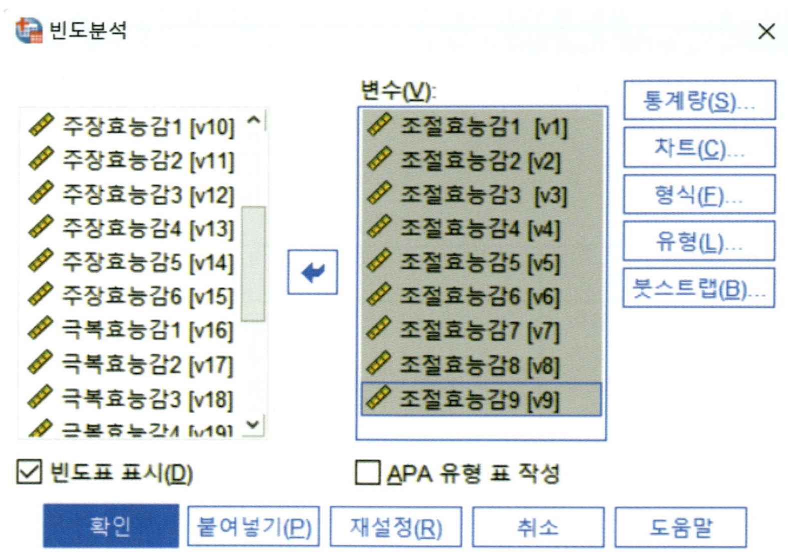

[변수(V)]에 'v1'에서 'v9'까지를 넣는다.
[통계량(S)]을 클릭한다.

SPSS 분석 2

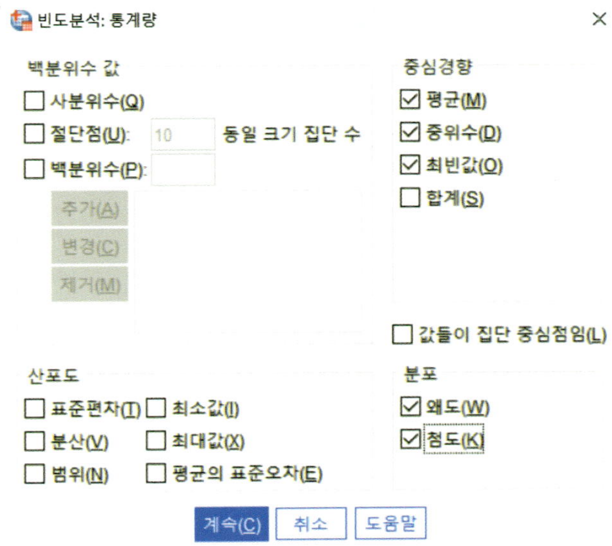

[중심경향]의 **[평균(M)]**, **[중위수(D)]**, **[최빈값(O)]**을 클릭한다.

[분포]의 **[왜도(W)]**와 **[첨도(K)]**를 클릭한다.

[계속(C)]을 클릭한다.

[차트(C)]를 클릭한다.

SPSS 분석 3

[차트 유형]에서 **[히스토그램(H)]**을 클릭하고 **[히스토그램에 정규곡선 표시(S)]**를 클릭한다.

[계속(C)]을 클릭한다.

[확인]을 클릭한다.

2) 분석결과

분석결과 1

통계량

		조절효능감1	조절효능감2	조절효능감3	조절효능감4	조절효능감5	조절효능감6	조절효능감7	조절효능감8	조절효능감9
N	유효	200	200	200	200	200	200	200	200	200
	결측	0	0	0	0	0	0	0	0	0
평균		4.92	5.04	4.82	5.11	5.17	4.79	5.05	5.12	5.23
중위수		5.00	5.00	5.00	5.00	5.00	5.00	5.00	5.00	5.00
최빈값		4	5	5	5	5	5	5	5	6
왜도		-.103	-.584	-.368	-.257	-.400	-.297	-.465	-.509	-.448
표준화 왜도 오차		.172	.172	.172	.172	.172	.172	.172	.172	.172
첨도		-.448	.950	.990	-.197	.373	-.214	.363	.464	-.127
표준화 첨도 오차		.342	.342	.342	.342	.342	.342	.342	.342	.342

조절효능감1에서 조절효능감9까지의 평균, 중위수, 최빈값, 왜도, 첨도의 값을 확인한다.

분석결과 2

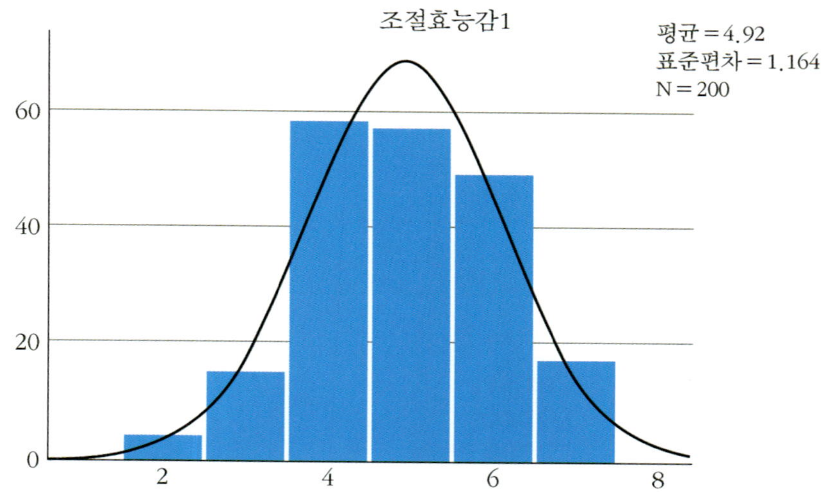

조절효능감1의 히스토그램을 확인한다.

조절효능감2에서 조절효능감9까지도 히스토그램을 확인할 수 있다.

3) 보고서 작성

〈표 1〉 조절효능감1에서 9까지의 평균, 중위수, 최빈값, 왜도, 첨도의 결과표

	조절효능감1	조절효능감2	조절효능감3		조절효능감8	조절효능감9
평균	4.915	5.040	4.815		5.115	5.225
중위수	5	5	5	…	5	5
최빈값	4	5	5		5	6
왜도	−.103	−.584	−.368		−.509	−.448
첨도	−.448	.950	.990		.464	−.127

〈표 1〉과 같이 조절효능감1에서 9까지의 평균은 4.79에서 5.23이었다. 중위수는 5이었다. 최빈값은 4에서 6까지였다. 왜도에서 편포가 가장 심한 변수는 조절효능감2로 −.584인 부적 편포를 보였다. 첨도가 가장 심한 변수는 조절효능감3으로 .990을 보였다.

부록 2

SPSS에서 PROCESS Macro 기초 활용법

1. PROCESS Macro 다운로드
2. PROCESS Macro 설치 및 실행

1. PROCESS Macro 다운로드

• SPSS에서 PROCESS Macro를 설치하여 사용하고자 하면, Web에서 다음과 같은 경로로 접속한다.

https://haskayne.ucalgary.ca/CCRAM/resource-hub

• 접속한 해당 홈페이지에서 PROCESS Macro 프로그램을 다운받기 위해서 [Download PROCESS v4.3]을 클릭한다.

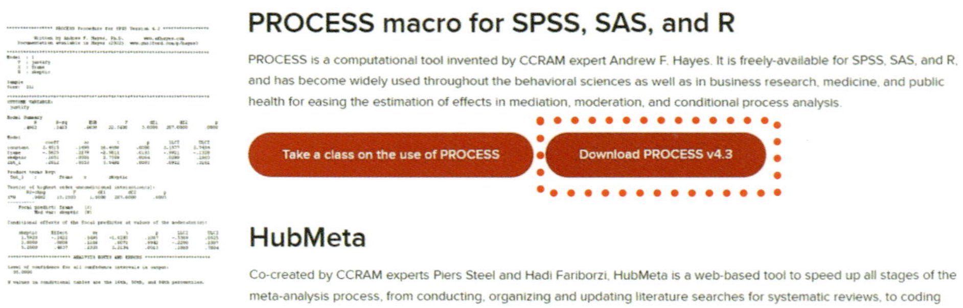

※ PROCESS Macro 프로그램은 계속해서 버전 업그레이드가 진행되고 있는 프로그램이므로 다운받을 시점에 있는 버전을 확인하고 해당 버전을 다운받아서 설치하면 된다.

2. PROCESS Macro 설치 및 실행

PROCESS Macro 설치 및 실행 1

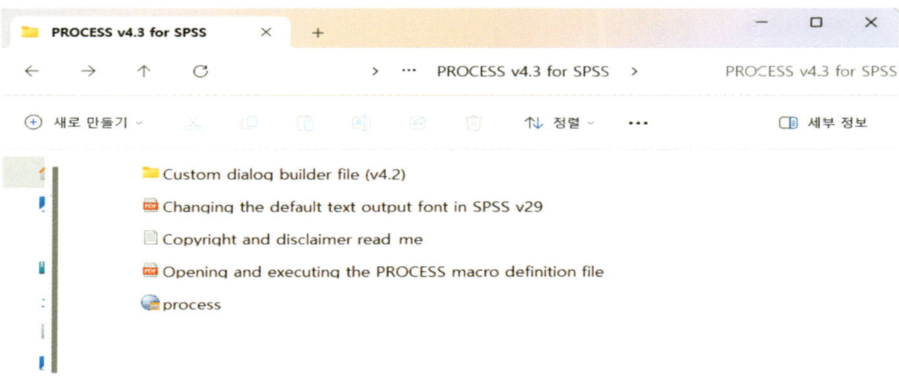

PROCESS Macro 프로그램을 다운받은 폴더를 찾아 프로그램이 잘 다운받아졌는지 확인한다.

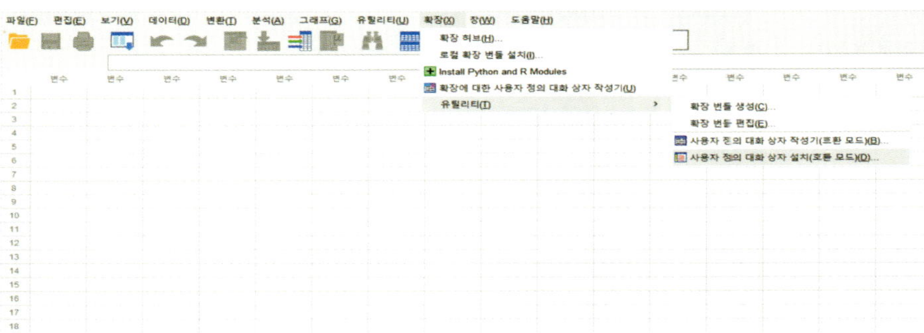

SPSS에서 **[확장(X)]** → **[유틸리티(T)]** → **[사용자 정의 대화 상자 설치(호환 모드(D))]**를 클릭한다.

PROCESS Macro 설치 및 실행 2

Step 1	Step 2
대화 상자 지정사항 열기 찾아보기(I): processv43 PROCESS v4.3 for R PROCESS v4.3 for SAS PROCESS v4.3 for SPSS	대화 상자 지정사항 열기 찾아보기(I): PROCESS v4.3 for SPSS Custom dialog builder file (v4 2)

[대화 상자 지정사항 열기]에서 **[PROCESS v4.3 for SPSS]**를 클릭한다.

[Custom dialog builder file (v4.2)]를 클릭한다.

PROCESS Macro 설치 및 실행 3

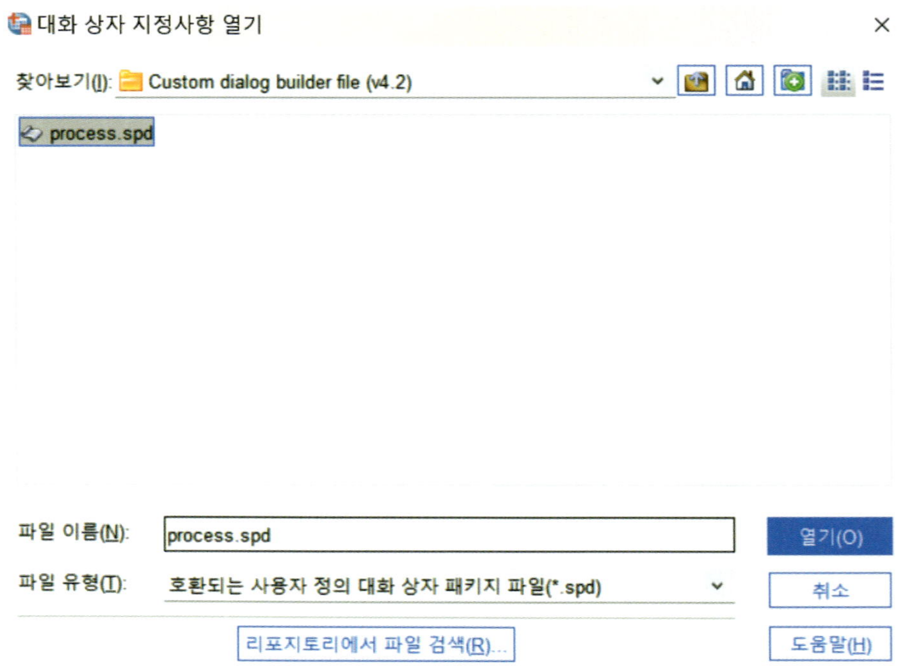

[파일 이름(N)]에 process.spd를 투입하고, **[열기(O)]**를 클릭한다.

PROCESS Macro 설치 및 실행 4

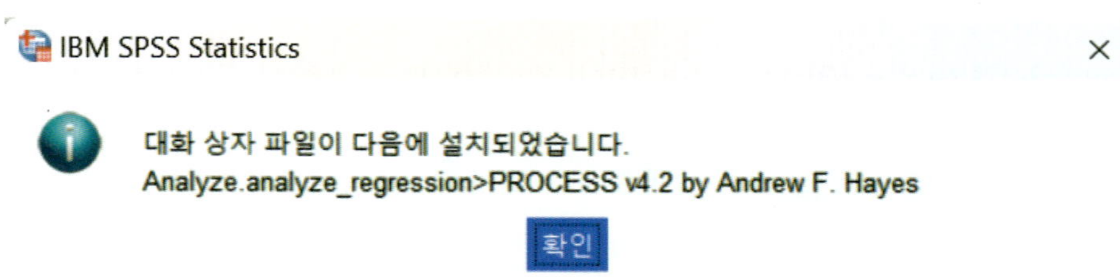

다음과 같은 메시지가 확인되면 설치가 완료된 것이다.

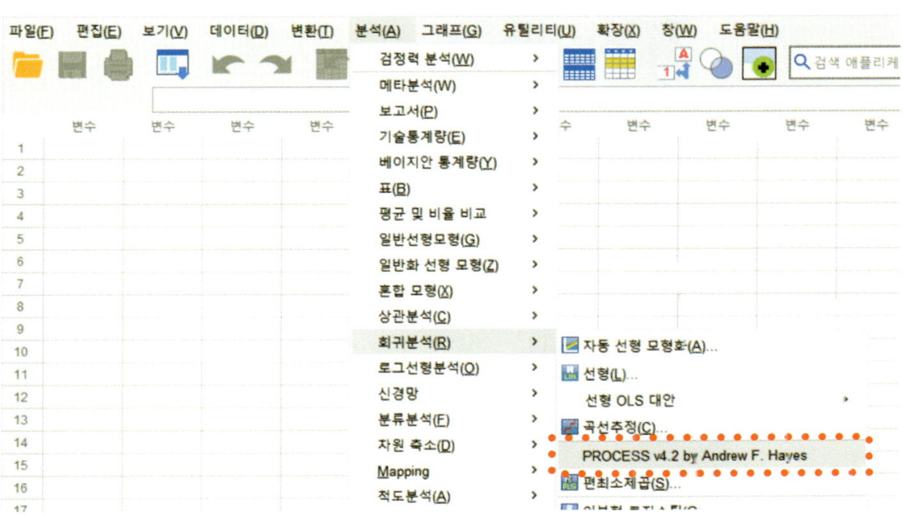

PROCESS Macro를 실행하기 위해서 **[분석(A)]** → **[회귀분석(R)]** → **[PROCESS v4.2 by Andrew F. Hayes]**를 클릭한다.

부록 3

AMOS 기초 활용법

1. AMOS 실행
2. AMOS 메인 메뉴 설명

1. AMOS 실행

• 컴퓨터에서 AMOS 프로그램을 활성화하기 위하여 IBM SPSS AMOS 29 Graphics를 실행한다.

SPSS 실행 1

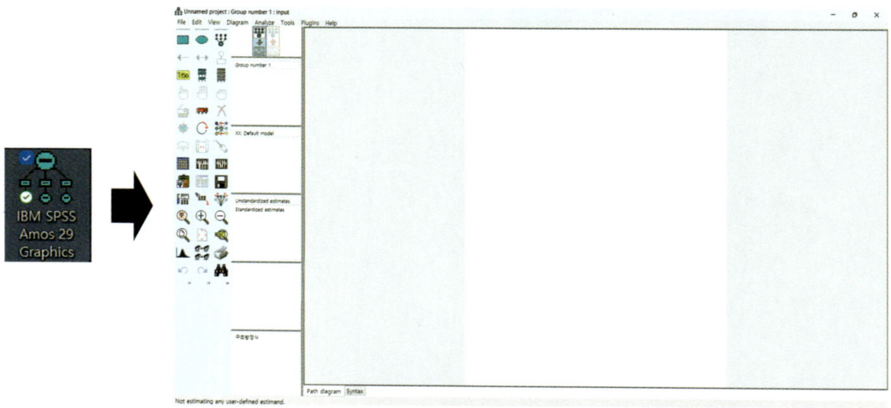

2. AMOS 메인 메뉴 설명

1) 메뉴 설명

• AMOS를 활용하기 위해 기본적으로 알아야 할 AMOS 메뉴에 대한 설명이다.
• 메뉴에 있는 파일(F)에서 시작하여 도움말(H)까지 사용할 수 있다. 이에 대한 세부적인 설명은 다음과 같다.

File Edit View Diagram Analyze Tools Plugins Help

File	AMOS를 구동한 후, 새로운 모델을 그리거나 작업한 내용을 불러오는 등의 파일 생성 및 저장하는 기능을 모아놓은 메뉴이다.
Edit	AMOS를 사용하면서 모델의 수정, 이동, 삭제 등과 같은 수정 작업을 할 수 있는 기능들을 모아놓은 메뉴이다.
View	AMOS를 사용할 때 사용자가 프로그램에서 출력되는 내용이나 데이터의 출력에 관한 내용 등 화면에 보이는 사항들을 설정할 수 있는 메뉴이다.
Diagram	AMOS로 연구모델을 그릴 때 사용하는 메뉴이다.
Analyze	AMOS로 모델을 분석할 때 사용하는 메뉴이다.
Tools	AMOS에서 지원하는 특수기능을 모아놓은 메뉴이다.
Plugins	AMOS에서 제공하는 특정기능을 자동으로 실행하도록 하는 메뉴이다.
Help	AMOS에서 목차, 색인, version 정보 등이 제시되어 있는 메뉴이다.

2) 실행 아이콘 설명

- AMOS를 활용하기 위해 기본적으로 알아야 할 AMOS의 실행 아이콘에 대한 설명이다.
- 실행 아이콘에 있는 각각의 아이콘과 이에 대한 세부적인 설명은 다음과 같다.

아이콘	아이콘 사용용도
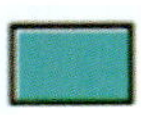	관측변수(observed variable)를 그릴 때 사용
	잠재변수(latent variable)를 그릴 때 사용
	측정변수(indicator variable)를 그릴 때 사용
	경로(path)를 그릴 때 사용
	공분산(covariance)을 그릴 때 사용
	오차(unique variable)를 그릴 때 사용
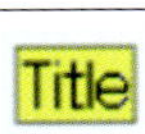	모형의 제목을 입력할 때 사용

	모형 내의 변수들을 확인할 때 사용
	데이터 셋의 변수들을 확인할 때 사용
	특정도형을 선택할 때 사용
	모든 도형을 선택할 때 사용
	선택한 도형을 해제할 때 사용
	도형을 복사할 때 사용
	도형을 이동할 때 사용
	도형을 삭제할 때 사용
	도형의 크기를 변화시킬 때 사용
	도형을 회전시킬 때 사용
	잠재변수에 연결된 측정변수를 상하 또는 좌우로 대칭이동할 때 사용하며, 한 번 클릭할 때마다 측정변수들이 180도씩 회전함
	모수의 위치를 이동시킬 때 사용
	작업시트의 위치를 이동시킬 때 사용
	경로나 공분산 표시선의 위치를 변수의 중간으로 조정할 때 사용
	분석에 사용할 데이터를 확인할 때 사용
	분석옵션을 선택할 때 사용
	분석을 실시할 때 사용
	모형을 clipboard에 복사할 때 사용

	분석결과를 확인할 때 사용
	저장할 때 사용
	대상의 속성을 지정할 때 사용
	특정 대상의 속성을 다른 대상에 복사할 때 사용
	모형 내 도형을 대칭정렬시킬 때 사용
	모형 내 원하는 부분만을 확대해서 볼 때 사용
	모형을 전체적으로 확대할 때 사용
	모형을 전체적으로 축소할 때 사용
	작업시트 전체가 한 화면에 나타나는 상태로 만들 때 사용
	모형의 전체적인 사항이 한 페이지에 나타나도록 조정할 때 사용
	복잡한 결과들을 확대하여 볼 때 사용
	베이지안 추정(Bayesian Estimation)을 할 때 사용
	다집단 분석(multi-group analysis)을 할 때 사용
	출력할 때 사용
	실행을 취소할 때 사용
	실행취소한 것을 재실행할 때 사용
	모형설정의 옵션들을 지정할 때 사용

※ AMOS Graphics를 실행하기 위해 [제21장 확인적 요인분석], [제22장 경로분석], [제23장 구조방정식]을 참고한다.

부록 4

연습문제 풀이

- 제7장 빈도분석과 다중응답분석
- 제8장 χ^2 검증
- 제9장 t-검증
- 제10장 일원분산분석
- 제11장 이원분산분석
- 제12장 공분산분석
- 제13장 반복측정
- 제14장 혼합설계 분산분석
- 제15장 상관분석
- 제16장 회귀분석
- 제17장 회귀분석에서의 매개효과
- 제18장 회귀분석에서의 조절효과
- 제19장 회귀분석에서의 PROCESS Macro 활용
- 제20장 탐색적 요인분석
- 제21장 확인적 요인분석
- 제22장 경로분석
- 제23장 구조방정식

각 장에서 제시된 연습문제의 풀이

제7장 빈도분석과 다중응답분석 〈연습문제〉

1. 학력, 세대 변수를 활용하여 빈도분석을 실시하고, 그 결과를 알아본다.

〈표 1〉 학력에 대한 빈도분석

빈도분석								N = 200
학력	중학교		고등학교		대학교		대학원	
	n	%	n	%	n	%	n	%
	2	1.0	33	16.5	146	73.0	19	9.5

〈표 1〉과 같이 학력에 대한 빈도는 200명 중, 중학교는 2명(1.0%), 고등학교는 33명(16.5%), 대학교는 146명(73.0%) 그리고 대학원은 19명(9.5%)이었다.

〈표 2〉 세대에 대한 빈도분석

빈도분석				N = 200
세대	성인초기		중년기	
	n	%	n	%
	108	54.0	92	46.0

〈표 2〉와 같이 세대에 대한 빈도는 200명 중, 성인초기는 108명(54.0%) 그리고 중·노년기는 92명(46.0%)이었다.

2. 성별에 따른 다양한 운동종목에 대한 선호도를 연구하고자 다중응답분석-빈도분석과 교차분석을 실시하고, 그 결과를 알아본다.

1) 다중응답분석 빈도분석

〈표 3〉 선호하는 운동종목($N = 20$)

선호하는 운동종목	빈도	%	케이스 중 %
걷기	20	40.0	100.0
축구	10	20.0	50.0
필라테스	11	22.0	55.0
골프	9	18.0	45.0
전체	50	100.0	250.0

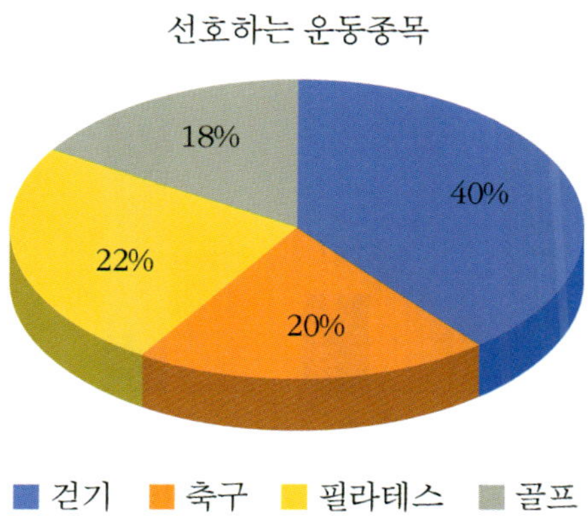

[그림 1] 선호하는 운동종목에 대한 원도표

〈표 3〉과 같이 연구대상은 20명이었으나, 중복응답을 허용하고 있으므로 전체 응답빈도는 50으로 나타나며, 각 항목에 대한 응답 비율의 합은 250%이었다. 전체 응답빈도 중 걷기(40.0%)와 필라테스(22.0%)가 가장 많은 응답 비중을 차지하였다.

[그림 1]과 같이 선호하는 운동종목을 원도표로 제시하였다.

2) 다중응답분석 교차분석

〈표 4〉 성별에 따른 선호하는 운동종목($N = 20$)

	걷기 빈도 (%)	축구 빈도 (%)	필라테스 빈도 (%)	골프 빈도 (%)	전체 빈도 (%)
남자	10 (50.0)	8 (40.0)	3 (15.0)	6 (30.0)	10 (50.0)
여자	10 (50.0)	2 (10.0)	8 (40.0)	3 (15.0)	10 (50.0)
전체	20 (100.0)	10 (50.0)	11 (55.0)	9 (45.0)	20 (100.0)

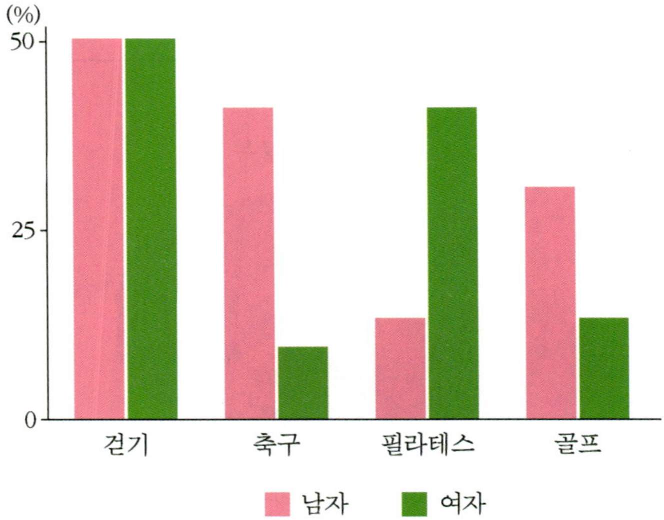

[그림 2] 성별에 따른 선호하는 운동종목에 대한 막대그래프

〈표 4〉와 같이 선호하는 운동종목을 성별별로 보면 남자는 걷기(50.0%)와 축구(40.0%)를, 여자는 걷기(50.0%)와 필라테스(40.0%)를 많이 선호하였다.

[그림 2]와 같이 선호하는 운동종목을 막대그래프로 제시하였다.

제8장 χ^2 검증 〈연습문제〉

1. 직장에 재직 중인 성인 남성과 여성에게 각각 자신의 인생에서 이직의 중요도를 알아보고자 설문을 하였다. χ^2 분석을 실시하고, 그 결과를 알아본다.

〈표 5〉 직장에 재직 중인 성인 남성과 여성이 응답한 이직의 중요도

	그룹		전체
	남성	여성	
모르겠다	12 (15.0%)	14 (17.5%)	26 (32.5%)
중요하다	28 (35.0%)	26 (32.5%)	54 (67.5%)
전체	40 (50.0%)	40 (50.0%)	80 (100.0%)

$\chi^2 = .228,\ p \geq .05$

〈표 5〉와 같이 직장에 재직 중인 성인 남성과 여성 80명을 대상으로 그들이 응답한 이직의 중요도에 대한 χ^2 분석을 실시한 결과 $\chi^2 = .228$, $p \geq .05$에서 통계적으로 유의미하게 차이가 검증되지 않았다. 중요도 인식 중 '모르겠다'에서는 여성이 응답을 많이 하였다(17.5%). 반대로 '중요하다'에서는 남성의 응답이 많았다(35.0%).

직장에 재직 중인 성인 남성과 성인 여성의 이직에 대한 중요도에는 차이가 없다고 보고하였다.

제9장 t-검증 〈연습문제〉

1. 세대[성인초기(20~39세)-중 · 노년기(40세 이상)]에 따라 시민정신에 통계적으로 유의미한 차이가 있는지 독립표본 t-검증을 실시하고, 그 결과를 알아본다.

〈표 6〉 세대(성인초기-중 · 노년기)에 따른 시민정신에 대한 독립표본 t-검증 결과

집단 / 종속변수	전체	성인초기 (n = 100)	중년기 (n = 100)	t	p (유의확률)
	M (SD)	M (SD)	M (SD)		
시민정신	4.718 (.842)	4.588 (.760)	4.847 (.902)	−2.190*	.030

*p <.05

〈표 6〉과 같이 세대에 따라 시민정신의 차이를 검증한 결과 성인초기 시민정신은 M=4.588, SD=.760, 중 · 노년기 시민정신은 M=4.847, SD=.902이었고 t=−2.190, p < .05에서 통계적으로 유의미하게 검증되었다. 즉, 결과적으로 중년기 이상의 사람들이 성인초기보다 높은 시민정신을 보였다.

2. 다이어트를 위한 헬스 프로그램에 참가한 사람들의 체중이 통계적으로 유의미한 차이가 있는지 대응표본 t-검증을 실시하고, 그 결과를 알아본다.

〈표 7〉 체중 변화에 대한 헬스 프로그램의 대응표본 t-검증 결과

	한 달 전 M (SD)	현재 M (SD)	t	p (유의확률)
체중(kg)	92.200 (10.326)	86.200 (9.247)	6.286***	.000

***p <.001

〈표 7〉은 다이어트를 위한 헬스 프로그램 효과를 검증하기 위하여 대응표본 t-검증에 의해 한 달 전과 현재의 차이를 비교한 분석결과이다.

한 달 전 체중과 현재의 체중에 대한 평균과 표준편차 및 t 통계값과 p 값을 제시하였다. 한 달 전 체중은 M=92.200, SD=10.326이었고, 현재 체중은 M=86.200, SD=9.247이었다. 한 달 전 체중과 현재 체중의 차이에 대한 통계적 유의미성을 살펴본 결과, t=6.286, p < .001에서 유의미하게 검증되어 한 달 전 체중과 현재 체중은 차이가 있음을 알 수 있었다. 즉, 다이어트를 위한 헬스 프로그램의 효과를 검증하였다.

제10장 일원분산분석 〈연습문제〉

1. 개인의 경제력 수준이 브랜드충성도에 대해 통계적으로 유의미한 차이가 있는지 일원분산분석을 실시하고, 그 결과를 알아본다.

〈표 8〉 개인경제력 수준에 따른 브랜드충성도 점수에 대한 기술통계

	낮은 수준 (n = 243)	중간 수준 (n = 425)	높은 수준 (n = 212)	합계 (N = 880)
M (SD)	4.323 (.934)[a]	4.362 (.836)[a]	4.584 (.848)[b]	4.405 (.872)

Scheffé 사후분석 결과, $a < b$

〈표 9〉 개인경제력 수준에 따른 브랜드충성도 점수에 대한 차이검증

	SS	df	MS	F	p (유의확률)
개인경제력	9.235	2	4.618	6.140**	.002
오차	659.524	877	.752		
합계	668.760	879			

**$p < .01$

〈표 8〉과 〈표 9〉는 개인경제력 수준에 따라 브랜드충성도 점수에 차이가 있는지를 검증한 일원분산분석표이다. 880명을 대상으로 개인경제력 수준에 따른 브랜드충성도 점수에 대한 차이검증을 실시한 결과 $F_{(2, 877)}=6.140$, $p < .01$에서 통계적으로 유의미하게 검증되었다.

사후분석 결과, 개인경제력 높은 집단이 낮은 집단과 중간 집단에 비해 통계적으로 유의미하게 높은 브랜드충성도를 보였다.

제11장 이원분산분석 〈연습문제〉

1. 소비성향과 개인관여도에 따라 브랜드충성도에 대해 통계적으로 유의미한 차이가 있는지 이원분산분석을 실시하고, 그 결과를 알아본다.

〈표 10〉 소비성향과 개인관여도에 따라 브랜드충성도에 대한 기술통계

	저관여	고관여	합계
	M (*SD*)	*M* (*SD*)	*M* (*SD*)
낮은 수준	4.104 (.912)	4.228 (.886)	4.152 (.902)
높은 수준	4.094 (.874)	4.619 (.718)	4.426 (.818)
합계	4.101 (.896)	4.472 (.806)	4.290 (.871)

〈표 11〉 소비성향과 개인관여도에 따라 브랜드충성도에 대한 분산분석 결과

	SS	*df*	*MS*	*F*	*p* (유의확률)
소비성향	4.989	1	4.989	7.035**	.008
개인관여도	14.424	1	14.424	20.340***	.000
소비성향 × 개인관여도	5.534	1	5.534	7.804**	.005
오차	412.010	581	.709		
합계	442.916	584			

**$p < .01$, ***$p < .001$

〈표 12〉 소비성향과 개인관여도에 따른 사후분석 결과

분산원	SS	*df*	*MS*	*F*	*p* (유의확률)
소비성향	4.989	1	4.989	7.035**	.008
개인관여도 in 소비성향					
개인관여도 in 낮은 수준	1.049	1	1.049	1.479	.224
개인관여도 in 높은 수준	18.835	1	18.835	26.561***	.000
집단 내	412.010	581	.709		
총	442.916	584			

**$p < .01$, ***$p < .001$

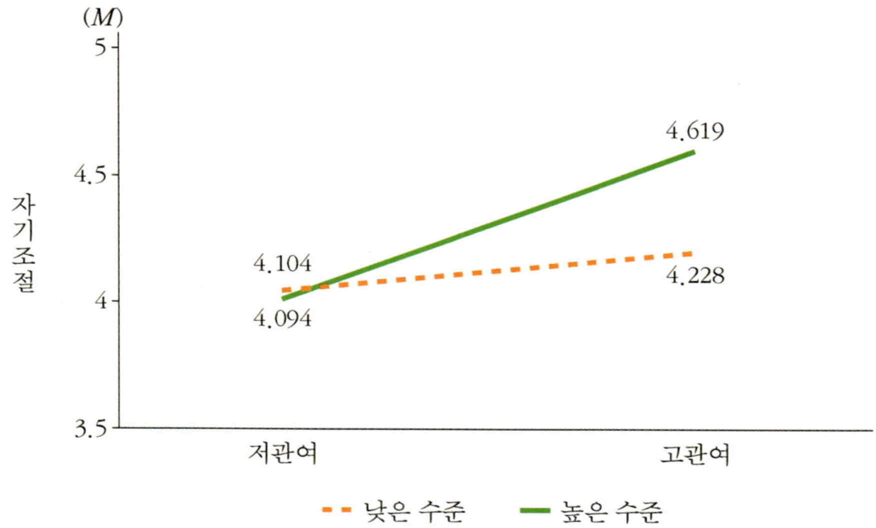

[그림 3] 소비성향과 개인관여도에 따른 브랜드충성도의 차이 그래프

〈표 10〉과 〈표 11〉은 소비성향과 개인관여도에 따라 브랜드충성도에 차이가 있는지를 검증한 이원분산분석 결과이다. 585명을 대상으로 소비성향과 개인관여도에 따라 브랜드충성도에 대한 차이검증을 실시하여 소비성향에 의한 주효과를 분석한 결과 $F_{(1, 581)}=7.035$, $p<.01$에서 통계적으로 유의미하였다. 개인관여도에 따라 주효과를 분석한 결과 $F_{(1, 581)}=20.340$, $p<.001$에서 통계적으로 유의미하였다. 소비성향과 개인관여도에 따른 상호작용을 분석한 결과 $F_{(1, 581)}=7.804$, $p<.01$에서 통계적으로 유의미하였다.

〈표 12〉와 같이 사후분석 결과, 소비성향이 낮은 수준에서 개인관여도 간의 차이에 대한 결과는 $F_{(1, 581)}=1.479$, $p\geq.05$에서 통계적으로 유의미하지 않았고 소비성향이 높은 수준에서 개인관여도 간의 차이에 대한 결과는 $F_{(1, 581)}=26.561$, $p<.001$에서 통계적으로 유의미하여 개인관여도 저관여와 고관여 모두 소비성향이 높은수준에서 브랜드충성도가 높았다. 이를 구체적으로 알아보기 위해 [그림 3]과 같이 소비성향과 개인관여도에 따라 자기조절의 차이를 그래프로 제시하였다.

제12장 공분산분석 〈연습문제〉

1. 일에 대한 직무스트레스를 감소시키기 위해 코칭 프로그램을 실시하였다. 코칭 프로그램 참여 유무에 따라 직무스트레스의 차이를 정확하게 비교하기 위해 코칭 프로그램을 시작하기 전에 직무스트레스를 측정하였다. 사전에 측정된 직무스트레스를 배제하고, 코칭 유무에 따라 일에 대한 직무스트레스에 통계적으로 유의미한 차이가 있는지 공분산분석을 실시하고, 그 결과를 알아본다.

〈표 13〉 코칭 프로그램 참여에 따른 사전, 사후, 교정된 직무스트레스 수준 비교

		코칭 프로그램 참여 유무	
		통제집단 (n=100)	실험집단 (n=100)
사전	M (SD)	5.055 (.814)	5.082 (.864)
사후	M (SD)	4.678 (.667)	4.388 (.751)
교정 사후	M (SE)	4.677 (.071)^{b}	4.390 (.071)^{a}

Bonferroni 사후분석 결과, $^{a} < ^{b}$

〈표 14〉 코칭 프로그램 참여에 따른 교정된 사후 직무스트레스 수준에 대한 결과

	SS	df	MS	F	p (유의확률)
공분산	2.079	1	2.079	4.183*	.042
코칭프로그램 참여	4.113	1	4.113	8.274**	.004
오차	97.919	197	.497		
합계	104.111	199			

*p < .05, **p < .01

〈표 13〉과 〈표 14〉와 같이 200명을 대상으로 일에 대한 직무스트레스를 감소시키기 위해 코칭 프로그램을 실시하였다. 사전의 직무스트레스 수준을 통제한 후 고

정된 직무스트레스 수준의 차이를 검증한 결과 $F=8.274$, $p<.01$에서 통계적으로 유의미하게 검증되었다.

코칭 프로그램 참여 유무에 따라 통제집단의 교정 평균 4.677(SE=.071)에 비해 실험집단의 교정 평균 4.390(SE=.071)이 낮았다. 즉, 코칭 프로그램 참여 유무에 따라 직무스트레스 수준이 차이가 있었음을 알 수 있었다.

제13장 반복측정 〈연습문제〉

1. 이타성 증진을 위한 집단상담 프로그램에 참가한 사람들의 이타성_사전, 이타성_사후, 이타성_추수 점수의 차이가 통계적으로 유의미한지 반복측정을 실시하고, 그 결과를 알아본다.

〈표 15〉 이타성_사전, 이타성_사후, 이타성_추수에 대한 기술통계

	이타성_사전	이타성_사후	이타성_추수	합계
M (*SD*)	3.593 (.333)[a]	3.809 (.300)[b]	3.761 (.307)[b]	3.721 (.304)

Bonferroni 사후분석 결과, a〈b

〈표 16〉 이타성_사전, 이타성_사후, 이타성_추수에 대한 반복측정 분산분석 결과

	SS	*df*	*MS*	*F*	*p* (유의확률)
집단 간	3.870	14	.276		
집단 내	.639	30			
측정 시점	.385	2	.193	21.188***	<.001
오차	.254	28	.009		
전체	4.509	44			

$^{***}p<.001$

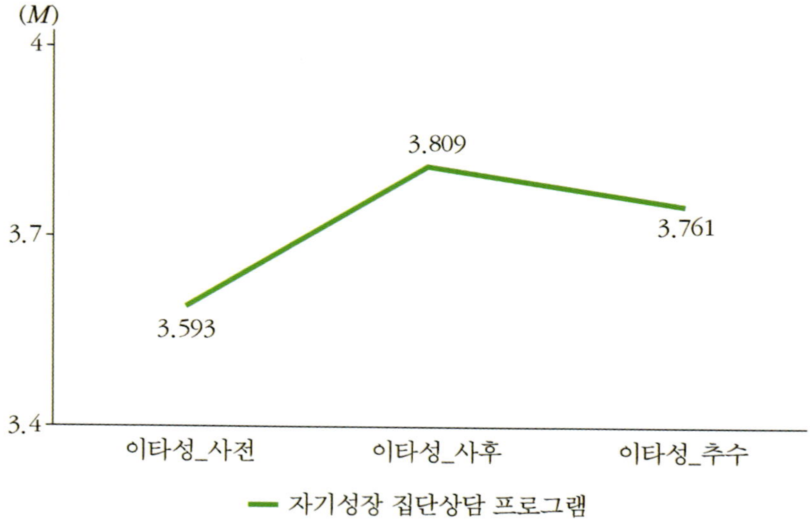

[그림 4] 이타성에 대한 자기성장 집단상담 프로그램의 효과 그래프

〈표 15〉와 〈표 16〉은 이타성에 대한 자기성장 집단상담 프로그램에 효과의 차이를 알아보기 위하여 반복설계에 의한 분산분석을 실시한 결과이다. 15명을 대상으로 이타성에 대한 자기성장 집단상담 프로그램 효과의 차이를 검증한 결과, 집단 내 측정 시점에서 $F=21.188$, $p<.001$로 통계적으로 유의미한 차이가 있었다.

사후분석 결과, 이타성에 대한 자기성장 집단상담 프로그램 효과의 차이는 첫째, 이타성_사전보다 이타성_사후가 통계적으로 유의미하게 높으므로 자기성장 집단상담 프로그램의 효과를 검증하였다. 둘째, 이타성_사전보다 이타성_추수가 통계적으로 유의미하게 높으므로 자기성장 집단상담 프로그램의 추수효과를 검증하였다. 이와 관련하여 [그림 4]에서 이타성에 대한 자기성장 집단상담 프로그램의 효과를 그래프로 제시하였다.

따라서 자기성장 집단상담 프로그램에 참여한 사람들의 이타성 변화에 효과가 있었음을 알 수 있었다.

제14장 혼합설계 분산분석 〈연습문제〉

1. 실험집단과 통제집단을 나누어 감사에 대한 성격강점 프로그램의 효과를 검증하기 위해 이 프로그램에 참가한 사람들의 감사_사전, 감사_사후, 감사_추수 점수에 대한 차이가 통계적으로 유의미한지 혼합설계 분산분석을 실시하고, 그 결과를 알아본다.

〈표 17〉 집단 간 감사_사전, 감사_사후, 감사_추수에 대한 기술통계

		감사_사전	감사_사후	감사_추수	합계
실험집단	*M* (*SD*)	3.488 (.222)[a]	3.790 (.191)[c]	3.639 (.150)[b]	3.639 (.166)
통제집단	*M* (*SD*)	3.484 (.277)[c]	3.349 (.265)[b]	3.261 (.317)[a]	3.365 (.267)

사후분석 결과, a〈b〈c

〈표 18〉 감사_사전, 감사_사후, 감사_추수에 대한 혼합설계 분산분석 결과

	SS	*df*	*MS*	*F*	*p* (유의확률)
집단 간	1103.620	29			
집단	1.692	1	1.692	11.400**	.002
오차	4.156	28	.148		
집단 내	1.886	49.891			
측정 시점	.227	1.663	.137	7.726**	.002
측정 시점 × 집단	.836	1.663	.503	28.433***	.000
오차	.823	46.565	.018		
전체	1105.506	78.891			

$^{**}p<.01$, $^{***}p<.001$

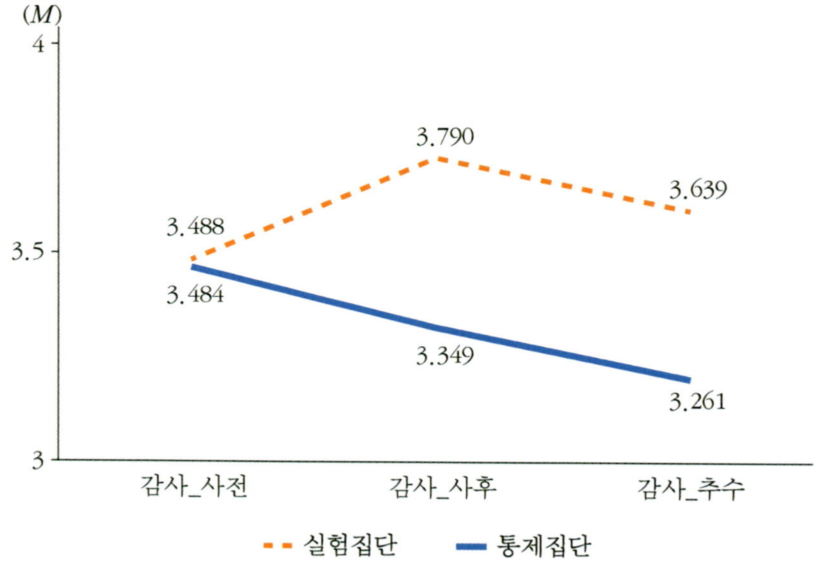

[그림 5] 감사에 대한 성격강점 프로그램의 효과 그래프

〈표 18〉은 감사에 대한 성격강점 프로그램 효과의 집단 간 차이를 알아보기 위하여 실험집단과 통제집단으로 구분한 혼합설계 분산분석을 실시한 결과이다. 30명을 대상으로 감사에 대한 성격강점 프로그램 효과의 집단 간 차이를 검증한 결과, 집단 간에서는 $F=11.400$, $p<.01$에서 통계적으로 유의미한 차이가 있었다. 집단 내 측정 시점에서는 $F=7.726$, $p<.01$에서 통계적으로 유의미한 차이가 있었다. 측정 시점과 집단의 상호작용 효과에서는 $F=28.433$, $p<.001$에서 통계적으로 유의미한 차이가 있었다.

사후분석 결과, 감사에 대한 성격강점 프로그램 효과의 집단 간 차이는 〈표 17〉과 같이 실험집단에서 감사_사전보다 감사_사후가 통계적으로 유의미하게 높으므로 성격강점 프로그램의 효과가 검증되었다. 감사_사전보다 감사_추수가 여전히 통계적으로 유의미하게 높으므로 성격강점 프로그램의 추수효과에 대한 사후분석이 검증되었다. 이와 관련하여 [그림 5]에서 감사에 대한 성격강점 프로그램의 효과를 그래프로 제시하였다. 따라서 실험집단에 적용된 성격강점 프로그램은 감사에 변화를 가져올 수 있다고 결론 내릴 수 있다.

제15장 상관분석 〈연습문제〉

1. 효능감 변수인 극복, 주장, 조절 간에 통계적으로 유의미한 상관이 있는지 검증하기 위해 상관분석을 실시하고, 그 결과를 알아본다.

〈표 19〉 효능감 변수 간의 상관행렬

	1	2	3
1. 극복	–		
2. 주장	.734***	–	
3. 조절	.791***	.683***	–

$^{***}p < .001$

〈표 19〉는 효능감 변수 간의 상관행렬표이다. 태도 변수 간의 상관은 유의미한 정적 상관관계를 보였다. 이들의 상관계수는 전체적으로 .683에서 .791로 유의수준 $p < .001$에서 통계적으로 검증되었다. 가장 높은 정적 상관을 보인 변수는 극복과 조절로 상관계수는 .791($p < .001$)이었다. 다음으로는 극복과 주장으로 상관계수는 .734($p < .001$)이었다. 가장 낮은 정적 상관을 보인 변수는 주장과 조절로 상관계수는 .683($p < .001$)이었다.

제16장 회귀분석 〈연습문제〉

1. 효능감_주장이 행복에 유의미하게 미치는 영향을 통계적으로 분석하기 위해 단순회귀분석을 실시하고, 그 결과를 알아본다.

〈표 20〉 행복에 대한 단순회귀분석 결과

독립변수	비표준화 계수		β (표준화 계수)	t	p (유의확률)
	B	SE			
효능감_주장	.434	.050	.450	8.704***	.000

$^{***}p<.001$

〈표 20〉은 효능감_주장이 행복에 미치는 영향을 알아보기 위하여 단순회귀분석을 실시한 결과이다.

효능감_주장은 행복에 $t=8.704$, $p<.001$에서 통계적으로 유의미하게 영향을 미치고 있었다. 효능감_주장이 행복에 20.3% 영향을 미치고 있었다.

2. 연령, 성별, 학력, 효능감_극복의 영향을 통제한 상태에서 태도_낙관성이 행복에 유의미하게 미치는 영향을 통계적으로 분석하기 위해 위계적 중다회귀분석을 실시하고, 그 결과를 알아본다.

〈표 21〉 행복에 대한 위계적 중다회귀분석 결과

단계	독립변수	비표준화 계수		표준화 계수	t	p (유의확률)
		B	SE	β		
1	연령	.005	.003	.087	1.464	.144
	성별	.127	.095	.075	1.335	.183
	학력	.363	.074	.291	4.896***	.000
2	연령	.003	.003	.046	.970	.333
	성별	.242	.076	.142	3.178**	.002
	학력	.281	.059	.225	4.735***	.000
	효능감_극복	.565	.043	.593	13.205***	.000
3	연령	−.001	.002	−.015	−.377	.706
	성별	.161	.062	.095	2.608*	.010
	학력	.215	.048	.172	4.464***	.000
	효능감_극복	.252	.043	.265	5.939***	.000
	태도_낙관성	.501	.040	.563	12.582***	.000

*$p<.05$, **$p<.01$, ***$p<.001$

〈표 21〉은 연령, 성별, 학력, 효능감_극복이 통제된 상태에서 태도_낙관성이 행복에 미치는 영향을 알아보기 위하여 위계적 중다회귀분석을 실시한 결과이다.

연령($t=1.464$, $p=.144$), 성별($t=1.335$, $p=.183$)은 행복에 통계적으로 유의미하게 영향을 미치고 있지 않았다. 학력($t=4.896$, $p<.001$)은 행복에 통계적으로 유의미하게 영향을 미치고 있었다. 연령, 성별, 학력이 행복에 7.8% 영향을 미치고 있었다.

효능감_극복이 추가적으로 투입된 모형에서는 연령($t=.970$, $p=.333$)은 행복에 통계적으로 유의미하게 영향을 미치고 있지 않았다. 성별($t=3.178$, $p<.01$), 학력($t=4.735$, $p<.001$), 효능감_극복($t=13.205$, $p<.001$)은 행복에 통계적으로 유의미하게 영향을 미치고 있었다. 연령, 성별, 학력, 효능감_극복은 행복에 42.1% 영향을

미치고 있었다.

태도_낙관성이 추가적으로 투입된 모형에서는 연령(t=−.377, p=.706)은 행복에 통계적으로 유의미하게 영향을 미치고 있지 않았다. 성별(t=2.608, p<.05), 학력(t=4.464, p<.001), 효능감_극복(t=5.939, p<.001), 태도_낙관성(t=12.582, p<.001)은 행복에 통계적으로 유의미하게 영향을 미치고 있었다. 연령, 성별, 학력, 효능감_극복, 태도_낙관성은 행복에 62.3% 영향을 미치고 있었다. 태도_낙관성은 20.3% 영향을 미치고 있음을 알 수 있었다.

3. 태도 변수인 감사, 낙관성, 용서가 행복에 유의미하게 미치는 영향을 통계적으로 분석하기 위해 단계적 중다회귀분석을 실시하고, 그 결과를 알아본다.

〈표 22〉 행복에 대한 단계적 중다회귀분석 결과

독립변수	비표준화 계수		β (표준화 계수)	t	p (유의확률)
	B	SE			
태도_감사	.375	.046	.415	8.131***	.000
태도_낙관성	.312	.046	.351	6.824***	.000
태도_용서	.126	.033	.156	3.779***	.000

***p<.001

〈표 22〉는 태도 변수인 감사, 낙관성, 용서가 행복에 미치는 영향을 알아보기 위하여 단계적 중다회귀분석을 실시한 결과이다.

감사(t=8.131, p<.001), 낙관성(t=6.824, p<.001), 용서(t=3.779, p<.001)가 통계적으로 유의미하게 영향을 미치고 있었다. 태도 변수인 감사, 낙관성, 용서가 행복에 65.7% 영향을 미치고 있었다.

제17장 회귀분석에서의 매개효과 〈연습문제〉

1. 봉사활동이 삶의 의미에 미치는 영향에서 자기효능감의 매개효과를 통계적으로 분석하기 위해 위계적 중다회귀분석을 실시하고, 그 결과를 알아본다.

〈표 23〉 봉사활동, 자기효능감, 삶의 의미의 상관행렬

	1	2	3
1. 봉사활동	–		
2. 자기효능감	.607***	–	
3. 삶의 의미	.639***	.706***	–

***$p<.001$

〈표 24〉 봉사활동이 삶의 의미에 미치는 영향에서 자기효능감의 매개효과 검증

단계		R	R^2	$adjR^2$	β	t	p (유의확률)
1단계							
봉사활동	→ 삶의 의미	.639	.408	.405	.639	11.685***	.000
2단계							
봉사활동	→ 자기효능감	.607	.369	.366	.607	10.757***	.000
3단계							
봉사활동	→ 삶의 의미	.754	.569	.564	.333	5.648***	.000
자기효능감					.504	8.556***	.000

***$p<.001$

〈표 23〉과 같이 변수 간의 상관은 모두 유의미한 정적 상관관계를 보였다. 가장 높은 정적 상관을 보인 변수는 자기효능감과 삶의 의미로 상관계수는 .706($p<.001$)이었다. 다음으로는 봉사활동과 삶의 의미로 상관계수는 .639($p<.001$)이었다. 가장 낮은 정적 상관을 보인 변수는 봉사활동과 자기효능감으로 상관계수는 .607($p<.001$)이었다.

〈표 24〉와 같이 봉사활동이 삶의 의미에 미치는 영향에서 자기효능감이 매개하는지를 알아보기 위하여 위계적 중다회귀분석을 실시하였다.

첫 번째 단계, 봉사활동이 삶의 의미에 통계적으로 유의미한 결과가 검증되었다($\beta=.639$, $p<.001$). 두 번째 단계, 봉사활동이 자기효능감에 통계적으로 유의미한 결과가 검증되었다($\beta=.607$, $p<.001$). 세 번째 단계, 봉사활동이 삶의 의미에 미치는 영향에서 자기효능감이 통계적으로 유의미하게 영향을 미쳤다($\beta=.333$, $p<.001$). 이때 봉사활동의 영향력이 여전히 유의미하여($\beta=.504$, $p<.001$) 이 모형은 부분매개효과 모형으로 검증되었다.

매개효과의 효과성은 Sobel $Z=6.729$, $p<.001$로 통계적으로 유의미하였다.

제18장 회귀분석에서의 조절효과 〈연습문제〉

1. 스트레스가 행복에 미치는 영향에서 사회적지지에 대한 조절효과를 통계적으로 분석하기 위해 위계적 중다회귀분석을 실시하고, 그 결과를 알아본다.

〈표 25〉 스트레스, 사회적지지, 행복의 상관행렬

	1	2	3
1. 스트레스	–		
2. 사회적지지	–.014	–	
3. 행복	–.181*	.507***	–

*p <.05, ***p <.001

〈표 26〉 스트레스가 행복에 미치는 영향에서 사회적지지의 조절효과 검증

단계	독립변수	R	R^2	$adjR^2$	β	t	p (유의확률)
1단계	스트레스	.181	.033	.026	–.181	–2.242*	.026
2단계	스트레스	.536	.287	.278	–.174	–2.500*	.014
	사회적지지				.505	7.247***	.000
3단계	스트레스(A)	.569	.324	.310	–.231	–3.252**	.001
	사회적지지(B)				.465	6.702***	.000
	(A)×(B)				.204	2.820**	.005

*p <.05, **p <.01, ***p <.001

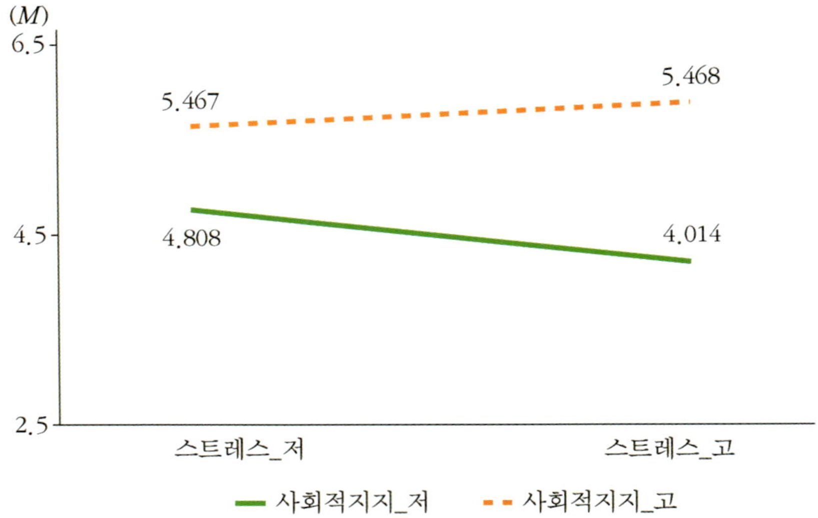

[그림 6] 행복에 대한 스트레스와 사회적지지의 상호작용 효과

〈표 25〉와 같이 변수 간의 상관에서 정적 상관을 보인 변수는 사회적지지와 행복으로 상관계수는 .507($p<.001$)이었다. 다음으로 스트레스와 행복은 부적 상관으로 이들의 상관계수는 −.181($p<.05$)이었다. 스트레스와 사회적지지는 통계적으로 유의미한 상관을 보이지 않았다.

〈표 26〉과 같이 스트레스가 행복에 미치는 영향에서 사회적지지가 조절하는지를 알아보기 위하여 위계적 중다회귀분석을 실시하였다.

스트레스가 행복에 미치는 영향에서 사회적지지가 조절하는지를 검증한 결과 첫 번째 단계, 스트레스가 행복에 미치는 영향에서 통계적으로 유의미한 결과가 검증되었다($\beta=-.181$, $p<.05$). 두 번째 단계, 스트레스가 행복에 미치는 영향에서 통계적으로 유의미한 결과가 검증되었다($\beta=-.174$, $p<.05$). 사회적지지가 행복에 미치는 영향에서 통계적으로 유의미한 결과가 검증되었다($\beta=.505$, $p<.001$). 세 번째 단계, 스트레스가 행복에 미치는 영향에서 통계적으로 유의미한 결과가 검증되었다($\beta=-.231$, $p<.01$). 사회적지지가 행복에 미치는 영향에서 통계적으로 유의미한 결과가 검증되었다($\beta=.465$, $p<.001$). 상호작용항이 행복에 미치는 영향에서 통계적으로 유의미한 결과가 검증되었다($\beta=.204$, $p<.01$).

[그림 6]과 같이 스트레스가 행복에 미치는 영향에서 사회적지지의 조절효과가 있었음을 알 수 있었다.

제19장 회귀분석에서의 PROCESS Macro 활용 〈연습문제〉

1. 이중매개에 대한 경로가 타당한지 연구하고자 자아통합(A, 독립변수), 자기효능감(B, 매개변수1), 진로준비행동(C, 매개변수2), 진로결정(D, 종속변수)의 변수를 통해 이중매개효과를 실시하고, 그 결과를 알아본다. (회귀분석에서 이중매개_6번모형_연습문제.sav 활용)

〈표 27〉 자기효능감과 진로준비행동의 순차적 이중매개효과

IV	DV	*B*	*SE*	*β*	*t*	95% Boot. *LLCI*	95% Boot. *ULCI*
1)	2)	.849	.092	.680	9.184***	.665	1.032
1)	3)	.215	.166	.163	1.292	−.115	.545
2)		.292	.133	.133	2.193*	.028	.557
1)	4)	.036	.146	.029	.242	−.255	.326
2)		.327	.119	.332	2.746**	.091	.564
3)		.265	.089	.283	2.986**	.089	.441

*$p<.05$, **$p<.01$, ***$p<.001$

1) 자아통합 2) 자기효능감 3) 진로준비행동 4) 진로결정

LLCI 간접효과의 95% 신뢰구간 내에서의 하한값

ULCI 간접효과의 95% 신뢰구간 내에서의 상한값

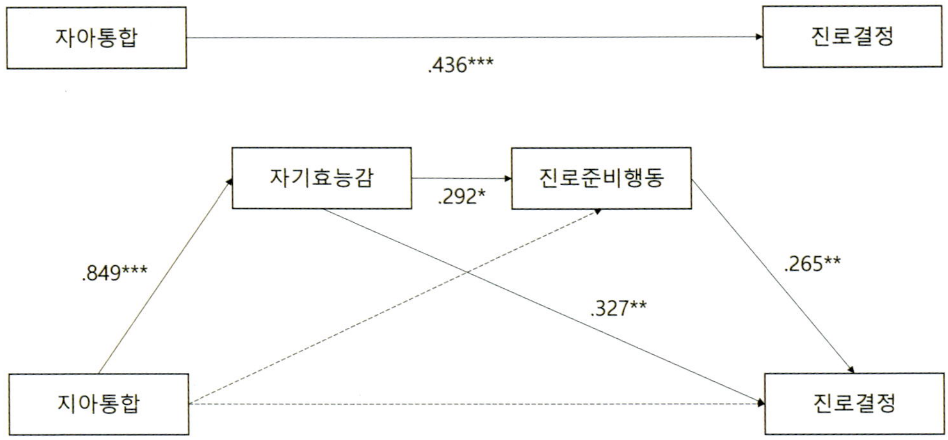

*p<.05, **p<.01, ***p<.001

[그림 7] 진로결정에 대한 이중매개효과 검증

〈표 28〉 총 간접효과와 간접효과

경로		Effect	Boot. *SE*	95% Boot. *LLCI*	95% Boot. *ULCI*
총 간접효과	1) → 4)	.325	.082	.177	.500
간접효과 1st 경로	1) → 2) → 4)	.226	.072	.098	.381
간접효과 2nd 경로	1) → 3) → 4)	.046	.049	-.034	.161
간접효과 3rd 경로	1) → 2) → 3) → 4)	.053	.027	.006	.110

1) 자아통합 2) 자기효능감 3) 진로준비행동 4) 진로결정
LLCI 간접효과의 95% 신뢰구간 내에서의 하한값
ULCI 간접효과의 95% 신뢰구간 내에서의 상한값

본 연구의 모형에 포함된 직접효과를 보면, 자아통합은 자기효능감을 통계적으로 유의미하게 예측하였고(B=.849, p<.001), 아울러 자아통합은 진로준비행동에 통계적으로 유의미하지 않았다(B=.215). 자기효능감은 진로준비행동을 통계적으로 유의미하게 예측하였다(B=.292, p<.05).

마지막으로 자아통합은 진로결정에 통계적으로 유의미하지 않았지만(B=.036), 자기효능감과 진로준비행동은 진로결정에 통계적으로 유의미하게 예측하였다(B=.327, p<.01, B=265, p<.01). 이와 같은 결과를 종합하여 연구 모델 효과 [그림 7]에 제시

하였다.

본 연구에서의 간접효과에 관한 분석 결과를 보면, 첫째, 자아통합이 진로결정에 미치는 총 간접효과의 비표준화 추정치는 .325였으며, 간접효과 비표준화 추정치 95% 신뢰구간의 하한값과 상한값이 각각 .177과 .500으로 부트스트랩 신뢰구간에는 0이 포함되지 않았다. 이는 자아통합이 진로결정에 미치는 총 간접효과가 유의미함을 시사한다.

둘째, 자아통합이 자기효능감을 거쳐서 진로결정에 미치는 간접효과(1st path)의 비표준화 추정치는 .226이었으며, 간접효과 비표준화 추정치 95% 신뢰구간의 하한값과 상한값이 각각 .098과 .381로 부트스트랩 신뢰구간에는 0이 포함되지 않았다. 이는 자아통합이 자기효능감을 거쳐서 진로결정에 미치는 간접효과가 유의미함을 시사한다.

셋째, 자아통합이 진로준비행동을 거쳐서 진로결정에 미치는 간접효과(2nd path)의 비표준화 추정치는 .046이었으며, 간접효과 비표준화 추정치 95% 신뢰구간의 하한값과 상한값이 각각 −.034와 .161로 부트스트랩 신뢰구간에는 0이 포함되어 있었다. 이는 자아통합이 진로준비행동을 거쳐서 진로결정에 미치는 간접효과가 유의미하지 않음을 시사한다.

넷째, 자아통합이 자기효능감과 진로준비행동을 순차적으로 경유하여 진로결정에 미치는 간접효과(3rd path)의 비표준화 추정치는 .053이었으며, 간접효과 비표준화 추정치 95% 신뢰구간의 하한값과 상한값이 각각 .006과 .110으로 부트스트랩 신뢰구간에는 0이 포함되지 않았다. 이는 자아통합이 자기효능감과 진로준비행동을 순차적으로 경유하여 진로결정에 미치는 간접효과가 유의미함을 시사한다.

제20장 탐색적 요인분석 〈연습문제〉

1. 이상심리에 대한 측정도구에서 우울, 불안의 두 가지 하위척도가 타당한가를 알아보기 위해 탐색적 요인분석을 실시하고, 그 결과를 알아본다.

〈표 29〉 이상심리에 대한 요인분석 결과

항 목 \ 구 분	요인 적재량	
	요인1	요인2
	우울	불안
1) 우울1 (이상심리1)	.949	
2) 우울5 (이상심리5)	.920	
3) 우울3 (이상심리3)	.854	
4) 우울2 (이상심리2)	.846	
5) 우울4 (이상심리4)	.817	
6) 우울6 (이상심리6)	.575	
1) 불안1 (이상심리7)		.867
2) 불안3 (이상심리9)		.841
3) 불안4 (이상심리10)		.838
4) 불안2 (이상심리8)		.792
5) 불안5 (이상심리11)		.778
6) 불안6 (이상심리12)		.641
Eigen value	6.087	2.055
분산율(%)	50.727	17.121
누적 분산율(%)	50.727	67.849
Cronbach's α	.933	.914

〈표 29〉는 최대우도법과 직접 오블리민 회전법을 이용하여 Eigen 값 1.0을 기준으로 산출된 요인의 구조를 나타낸 요인분석표이다. 그 결과 총 2개의 요인을 확인하였다. 2개 요인 모델의 전체 설명변량은 67.849%이었다.

요인1은 우울에 대한 6개의 문항으로 구성되어 있고 Eigen value=6.087, 분산율

50.727%, Cronbach's α =.933이었다. 우울1의 요인부하량은 .949, 우울5의 요인부하량은 .920, 우울3의 요인부하량은 .854, 우울2의 요인부하량은 .846, 우울4의 요인부하량은 .817, 우울6의 요인부하량은 .575이었다.

요인2는 불안에 대한 6개의 문항으로 구성되어 있고 Eigen value=2.055, 분산율 17.121%, Cronbach's α =.914이었다. 불안1의 요인부하량은 .867, 불안3의 요인부하량은 .841, 불안4의 요인부하량은 .838, 불안2의 요인부하량은 .792, 불안5의 요인부하량은 .778, 불안6의 요인부하량은 .641이었다.

제21장 확인적 요인분석 〈연습문제〉

1. 이상심리에 대한 측정도구에서 우울, 불안의 두 가지 하위척도가 타당한가를 알아보기 위해 확인적 요인분석을 실시하고, 그 결과를 알아본다.

이상심리에 대한 요인 모형을 〈표 30〉과 [그림 8]에 제시하였다. 문항들에 대한 측정도구에서 우울과 불안으로 2요인을 잠재변수로 구성하였다. 그 결과는 다음과 같다.

모형이 자료를 얼마나 잘 설명하는지를 나타내는 다양한 지수가 〈표 30〉에 제시되어 있다. 연구모형에서 $\chi^2=158.267$, $p=.000$, $\chi^2/df=2.986$, $RMSEA=.094$, $TLI=.942$, $GFI=.893$, $CFI=.954$ 등이었다. 여러 지수를 통해 종합적으로 판단하여 볼 때 본 모형은 자료를 양호하게 설명하는 모형이라 할 수 있다. 본 모형은 각 잠재변수 간의 상관이 .496이었다. 이 결과수치는 .85를 넘지 않았으므로 수학적으로 동일한 요인으로 취급할 만큼의 상관을 보이지 않는 것을 알 수 있었다[모형 속에 설정된 잠재변수들은 동일한 구성개념을 측정하는 것이기 때문에 상관($r>.85$)이 지나치게 높지 않아야 한다].

〈표 30〉 이상심리에 대한 확인적 요인분석

	$\chi^2(p)$	df	χ^2/df	$RMSEA$	TLI	GFI	CFI
연구모형	158.267(.000)	53	2.986	.094	.942	.893	.954
수용기준	$p\geq.05$		3 미만	.05 미만	.9 초과	.9 초과	.9 초과

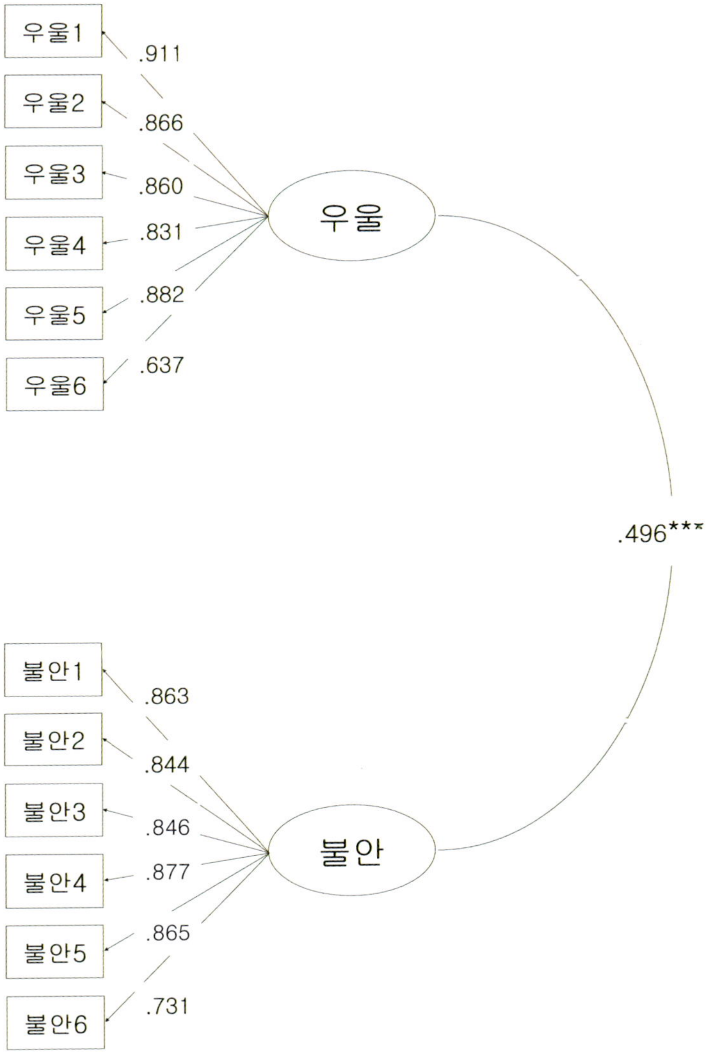

***$p < .001$

[그림 8] 이상심리에 대한 확인적 요인분석

제22장 경로분석 〈연습문제〉

1. 명확한 목표와 피드백이 전략기술개발과 수행결과에 미치는 영향을 알아보기 위해 경로분석을 실시하고, 그 결과를 알아본다.

〈표 31〉 변수 간의 상관행렬표

	1)	2)	3)	4)
1) 명확한 목표	–			
2) 피드백	.143*	–		
3) 전략기술개발	.182**	.853***	–	
4) 수행성과	.190**	.867***	.890***	–

*$p<.05$, **$p<.01$, ***$p<.001$

〈표 31〉과 같이 변수 간의 상관분석을 알아본 결과 가장 높은 상관을 보인 변수는 전략기술개발과 수행성과였다($r=.890$, $p<.001$). 가장 낮은 상관을 보인 변수는 명확한 목표와 피드백이었다($r=.143$, $p<.05$).

〈표 32〉 모형적합도

	$\chi^2(p)$	df	χ^2/df	$RMSEA$	TLI	GFI	CFI
연구모형	2.094(.148)	1	2.094	.060	.993	.997	.999
수용기준	$p\geq.05$		3 미만	.05 미만	.9 초과	.9 초과	.9 초과

모형이 자료를 얼마나 잘 설명하는지를 나타내는 다양한 지수가 〈표 32〉에 제시되어 있다. 연구모형에서 $\chi^2=2.094$, $p=.148$, $\chi^2/df=2.094$, $RMSEA=.060$, $TLI=.993$, $GFI=.997$, $CFI=.999$ 등이었다. 여러 지수를 통해 종합적으로 판단하여 볼 때 본 모형은 자료를 양호하게 설명하는 모형이라 할 수 있다.

연구모형에서 추정된 경로계수의 값을 살펴보면, 명확한 목표에서 피드백의 경로계수는 .143(p <.05), 명확한 목표에서 전략기술개발의 경로계수는 .061(p <.05), 피드백에서 전략기술개발의 경로계수는 .844(p <.001), 피드백에서 수행결과의 경로계수는 .395(p <.05), 전략기술개발에서 수행결과의 경로계수는 .553(p <.05)으로서 모두 통계적으로 유의미한 값을 나타내고 있다.

제23장 구조방정식 〈연습문제〉

1. 지속적인 부모의 정서적 학대가 자녀의 우울과 신체증상에 미치는 영향을 알아보기 위해 구조방정식을 실시하고, 그 결과를 알아본다.

〈표 33〉 지속적인 부모의 정서적 학대, 우울, 신체증상 간의 상관행렬

	1)	2)	3)
1) 지속적인 부모학대	–		
2) 우울	.174*	–	
3) 신체증상	.226**	.281***	–

$^{*}p<.05$, $^{**}p<.01$, $^{***}p<.001$

〈표 33〉과 같이 구조방정식 모형에 대한 검증을 하기 위해서 상관분석을 실시한 결과, 지속적인 부모학대와 우울은 $r=.174$, $p<.05$, 지속적인 부모학대와 신체증상은 $r=.226$, $p<.01$, 우울과 신체증상은 $r=.281$, $p<.001$로 모든 변수 간의 상관은 통계적으로 유의미하였다.

〈표 34〉 연구모형과 수정모형의 적합도

	$\chi^2(p)$	df	χ^2/df	$RMSEA$	TLI	GFI	CFI
1차모형 (연구모형)	16.718(.116)	11	1.520	.051	.986	.976	.993
수정모형	11.350(.331)	10	1.135	.026	.996	.983	.998
수용기준	$p\geq.05$		3 미만	.05 미만	.9 초과	.9 초과	.9 초과

모형이 자료를 얼마나 잘 설명하는지를 나타내는 다양한 지수가 〈표 34〉에 제시되어 있다. 1차모형(연구모형)에서는 $\chi^2=16.718$, $p=.116$, $\chi^2/df=1.520$, $RMSEA=.051$, $TLI=.986$, $GFI=.976$, $CFI=.993$ 등이었다. 이 결과를 토대로 수정모형을 검증한 결과, $\chi^2=11.350$, $p=.331$, $\chi^2/df=1.135$, $RMSEA=.026$, $TLI=.996$,

$GFI=.983$, $CFI=.998$ 등이었다. 여러 지수를 통해 종합적으로 판단하여 볼 때 본 모형은 자료를 양호하게 설명하는 모형이라 할 수 있다.

연구에서 추정된 경로계수의 값을 살펴보면, 지속적인 부모의 정서적 학대에서 우울의 경로계수는 .164, $t=2.022$, $p<.05$, 우울에서 신체증상의 경로계수는 .276, $t=3.694$, $p<.001$, 지속적인 부모의 정서적 학대에서 신체증상의 경로계수는 .206, $t=2.378$, $p<.05$로서 모든 경로에서 통계적으로 유의미한 값을 나타내고 있다.

부록 5

표준정규분포의 수표

표준정규분포 수표 Ⅰ ($Z \le 0$)

※ 이 수표는 표준정규분포에서 작은 부분의 비율을 나타낸다.
예를 들어, 다음 표에서 $Z=1.96$의 발생 비율은 0.02500이다.

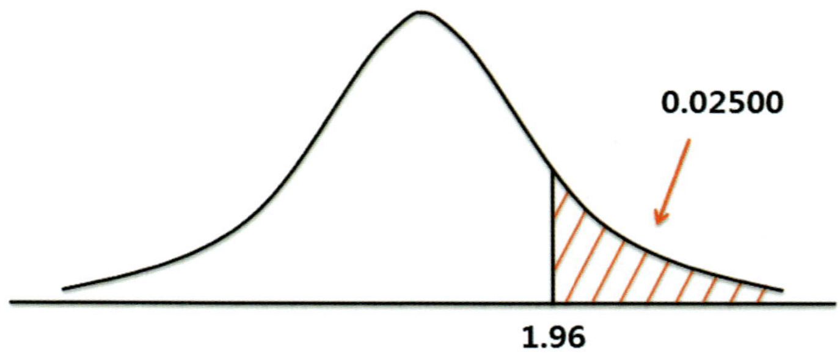

$-Z$	0.00	0.01	0.02	0.03	0.04	0.05	0.06	0.07	0.08	0.09
0.0	0.50000	0.49601	0.49202	0.48803	0.48405	0.48006	0.47608	0.47210	0.46812	0.46414
0.1	0.46017	0.45621	0.45224	0.44828	0.44433	0.44038	0.43644	0.43251	0.42858	0.42466
0.2	0.42074	0.41683	0.41294	0.40905	0.40517	0.40129	0.39743	0.39358	0.38974	0.38591
0.3	0.38209	0.37828	0.37448	0.37070	0.36693	0.36317	0.35942	0.35569	0.35197	0.34827
0.4	0.34458	0.34090	0.33724	0.33360	0.32997	0.32636	0.32276	0.31918	0.31561	0.31207
0.5	0.30854	0.30503	0.30153	0.29806	0.29460	0.29116	0.28774	0.28434	0.28096	0.27760
0.6	0.27425	0.27093	0.26763	0.26435	0.26109	0.25785	0.25463	0.25143	0.24825	0.24510
0.7	0.24196	0.23885	0.23576	0.23270	0.22965	0.22663	0.22363	0.22065	0.21770	0.21476
0.8	0.21186	0.20897	0.20611	0.20327	0.20045	0.19766	0.19489	0.19215	0.18943	0.18673
0.9	0.18406	0.18141	0.17879	0.17619	0.17361	0.17106	0.16853	0.16602	0.16354	0.16109
1.0	0.15866	0.15625	0.15386	0.15151	0.14917	0.14686	0.14457	0.14231	0.14007	0.13786
1.1	0.13567	0.13350	0.13136	0.12924	0.12714	0.12507	0.12302	0.12100	0.11900	0.11702
1.2	0.11507	0.11314	0.11123	0.10935	0.10749	0.10565	0.10384	0.10204	0.10027	0.09853
1.3	0.09680	0.09510	0.09342	0.09176	0.09012	0.08851	0.08692	0.08534	0.08379	0.08226
1.4	0.08076	0.07927	0.07780	0.07636	0.07493	0.07353	0.07215	0.07078	0.06944	0.06811
1.5	0.06681	0.06552	0.06426	0.06301	0.06178	0.06057	0.05938	0.05821	0.05705	0.05592
1.6	0.05480	0.05370	0.05262	0.05155	0.05050	0.04947	0.04846	0.04746	0.04648	0.04551
1.7	0.04457	0.04363	0.04272	0.04182	0.04093	0.04006	0.03920	0.03836	0.03754	0.03673
1.8	0.03593	0.03515	0.03438	0.03363	0.03288	0.03216	0.03144	0.03074	0.03005	0.02938

$-Z$	0.00	0.01	0.02	0.03	0.04	0.05	0.06	0.07	0.08	0.09
1.9	0.02872	0.02807	0.02743	0.02680	0.02619	0.02559	0.02500	0.02442	0.02385	0.02330
2.0	0.02275	0.02222	0.02169	0.02118	0.02068	0.02018	0.01970	0.01923	0.01876	0.01831
2.1	0.01786	0.01743	0.01700	0.01659	0.01618	0.01578	0.01539	0.01500	0.01463	0.01426
2.2	0.01390	0.01355	0.01321	0.01287	0.01255	0.01222	0.01191	0.01160	0.01130	0.01101
2.3	0.01072	0.01044	0.01017	0.00990	0.00964	0.00939	0.00914	0.00889	0.00866	0.00842
2.4	0.00820	0.00798	0.00776	0.00755	0.00734	0.00714	0.00695	0.00676	0.00657	0.00639
2.5	0.00621	0.00604	0.00587	0.00570	0.00554	0.00539	0.00523	0.00509	0.00494	0.00480
2.6	0.00466	0.00453	0.00440	0.00427	0.00415	0.00403	0.00391	0.00379	0.00368	0.00357
2.7	0.00347	0.00336	0.00326	0.00317	0.00307	0.00298	0.00289	0.00280	0.00272	0.00264
2.8	0.00256	0.00248	0.00240	0.00233	0.00226	0.00219	0.00212	0.00205	0.00199	0.00193
2.9	0.00187	0.00181	0.00175	0.00170	0.00164	0.00159	0.00154	0.00149	0.00144	0.00140
3.0	0.00135	0.00131	0.00126	0.00122	0.00118	0.00114	0.00111	0.00107	0.00104	0.00100
3.1	0.00097	0.00094	0.00090	0.00087	0.00085	0.00082	0.00079	0.00076	0.00074	0.00071
3.2	0.00069	0.00066	0.00064	0.00062	0.00060	0.00058	0.00056	0.00054	0.00052	0.00050
3.3	0.00048	0.00047	0.00045	0.00043	0.00042	0.00040	0.00039	0.00038	0.00036	0.00035
3.4	0.00034	0.00033	0.00031	0.00030	0.00029	0.00028	0.00027	0.00026	0.00025	0.00024
3.5	0.00023	0.00022	0.00022	0.00021	0.00020	0.00019	0.00019	0.00018	0.00017	0.00017

표준정규분포 수표 Ⅱ ($Z \geq 0$)

※ 이 수표는 표준정규분포에서 큰 부분의 비율을 나타낸다.
예를 들어, 다음 표에서 $Z=1.96$의 발생 비율은 0.97500이다.

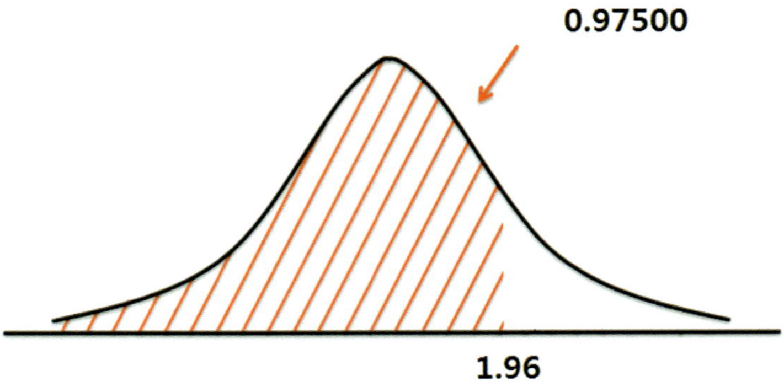

Z	0.00	0.01	0.02	0.03	0.04	0.05	0.06	0.07	0.08	0.09
0.0	0.50000	0.50399	0.50798	0.51197	0.51595	0.51994	0.52392	0.52790	0.53188	0.53586
0.1	0.53983	0.54380	0.54776	0.55172	0.55567	0.55962	0.56356	0.56749	0.57142	0.57535
0.2	0.57926	0.58317	0.58706	0.59095	0.59483	0.59871	0.60257	0.60642	0.61026	0.61409
0.3	0.61791	0.62172	0.62552	0.62930	0.63307	0.63683	0.64058	0.64431	0.64803	0.65173
0.4	0.65542	0.65910	0.66276	0.66640	0.67003	0.67364	0.67724	0.68082	0.68439	0.68793
0.5	0.69146	0.69497	0.69847	0.70194	0.70540	0.70884	0.71226	0.71566	0.71904	0.72240
0.6	0.72575	0.72907	0.73237	0.73565	0.73891	0.74215	0.74537	0.74857	0.75175	0.75490
0.7	0.75804	0.76115	0.76424	0.76730	0.77035	0.77337	0.77637	0.77935	0.78230	0.78524
0.8	0.78814	0.79103	0.79389	0.79673	0.79955	0.80234	0.80511	0.80785	0.81057	0.81327
0.9	0.81594	0.81859	0.82121	0.82381	0.82639	0.82894	0.83147	0.83398	0.83646	0.83891
1.0	0.84134	0.84375	0.84614	0.84849	0.85083	0.85314	0.85543	0.85769	0.85993	0.86214
1.1	0.86433	0.86650	0.86864	0.87076	0.87286	0.87493	0.87698	0.87900	0.88100	0.88298
1.2	0.88493	0.88686	0.88877	0.89065	0.89251	0.89435	0.89617	0.89796	0.89973	0.90147
1.3	0.90320	0.90490	0.90658	0.90824	0.90988	0.91149	0.91308	0.91466	0.91621	0.91774
1.4	0.91924	0.92073	0.92220	0.92364	0.92507	0.92647	0.92785	0.92922	0.93056	0.93189
1.5	0.93319	0.93448	0.93574	0.93699	0.93822	0.93943	0.94062	0.94179	0.94295	0.94408
1.6	0.94520	0.94630	0.94738	0.94845	0.94950	0.95053	0.95154	0.95254	0.95352	0.95449

Z	0.00	0.01	0.02	0.03	0.04	0.05	0.06	0.07	0.08	0.09
1.7	0.95543	0.95637	0.95728	0.95818	0.95907	0.95994	0.96080	0.96164	0.96246	0.96327
1.8	0.96407	0.96485	0.96562	0.96638	0.96712	0.96784	0.96856	0.96926	0.96995	0.97062
1.9	0.97128	0.97193	0.97257	0.97320	0.97381	0.97441	0.97500	0.97558	0.97615	0.97670
2.0	0.97725	0.97778	0.97831	0.97882	0.97932	0.97982	0.98030	0.98077	0.98124	0.98169
2.1	0.98214	0.98257	0.98300	0.98341	0.98382	0.98422	0.98461	0.98500	0.98537	0.98574
2.2	0.98610	0.98645	0.98679	0.98713	0.98745	0.98778	0.98809	0.98840	0.98870	0.98899
2.3	0.98928	0.98956	0.98983	0.99010	0.99036	0.99061	0.99086	0.99111	0.99134	0.99158
2.4	0.99180	0.99202	0.99224	0.99245	0.99266	0.99286	0.99305	0.99324	0.99343	0.99361
2.5	0.99379	0.99396	0.99413	0.99430	0.99446	0.99461	0.99477	0.99492	0.99506	0.99520
2.6	0.99534	0.99547	0.99560	0.99573	0.99585	0.99598	0.99609	0.99621	0.99632	0.99643
2.7	0.99653	0.99664	0.99674	0.99683	0.99693	0.99702	0.99711	0.99720	0.99728	0.99736
2.8	0.99744	0.99752	0.99760	0.99767	0.99774	0.99781	0.99788	0.99795	0.99801	0.99807
2.9	0.99813	0.99819	0.99825	0.99831	0.99836	0.99841	0.99846	0.99851	0.99856	0.99861
3.0	0.99865	0.99869	0.99874	0.99878	0.99882	0.99886	0.99889	0.99893	0.99896	0.99900
3.1	0.99903	0.99906	0.99910	0.99913	0.99916	0.99918	0.99921	0.99924	0.99926	0.99929
3.2	0.99931	0.99934	0.99936	0.99938	0.99940	0.99942	0.99944	0.99946	0.99948	0.99950
3.3	0.99952	0.99953	0.99955	0.99957	0.99958	0.99960	0.99961	0.99962	0.99964	0.99965
3.4	0.99966	0.99968	0.99969	0.99970	0.99971	0.99972	0.99973	0.99974	0.99975	0.99976
3.5	0.99977	0.99978	0.99978	0.99979	0.99980	0.99981	0.99981	0.99982	0.99983	0.99983

찾아보기

저자 소개

박준성(Junseong, Park)

중앙대학교 심리학과 사회및문화심리학 전공, 박사
중앙대학교 심리학과 비교문화심리학 전공, 석사
현 중앙대학교 미래교육원 심리학 전공 주임교수

〈대표 검사〉
K-CCDI 한국형 커리어 & 역량 개발 검사(기업·성인용)(인싸이트, 2024)

〈대표 저서 및 역서〉
코칭 핸드북(3판, 공역, 학지사, 2024)
사회심리학(2판, 공저, 학지사, 2024)
심리학개론(공저, 북앤정, 2024)
설득 커뮤니케이션(원서 10판, 공역, 학지사, 2021)
우리는 변화를 원한다: 변화를 위해 용기를 전하는 아들러 심리학
(공저, 휴먼북스, 2021)
내 생애 첫 심리학(저, 메이트북스, 2021)
행동과학을 위한 통계의 핵심(9판, 공역, 박학사, 2020)
현대심리학개론(공저, 솔과학, 2019)
용어로 읽는 심리학(2판, 공저, 교육과학사, 2017)

소용준(Yong Joon, So)

중앙대학교 심리학과 산업및조직심리학 전공, 박사 수료
중앙대학교 심리학과 산업및조직심리학 전공, 석사
전 나인스텝컨설팅(주) 선발평가센터장
현 중앙대학교 심리학과 강사
중앙대학교 미래교육원 심리학 전공 강사
한국정신건강 및 행동분석연구원 수석연구위원

〈대표 검사〉
K-CCDI 한국형 커리어 & 역량 개발 검사(기업·성인용)(인싸이트, 2024)

〈대표 저서 및 역서〉
코칭 핸드북(3판, 공역, 학지사, 2024)
설득 커뮤니케이션(원서 10판, 공역, 학지사, 2021)
우리는 변화를 원한다: 변화를 위해 용기를 전하는 아들러 심리학
(공저, 휴먼북스, 2021)
용어로 읽는 심리학(2판, 공저, 교육과학사, 2017)

사회과학 연구를 위한

통계분석의 개념과 실제(2판)

SPSS & AMOS 29.0 ver.

Theory and Practice of Statistical Analysis for Social Science Research (2nd ed.)

SPSS & AMOS 29.0 ver.

2017년 8월 30일 1판 1쇄 발행
2023년 1월 20일 1판 4쇄 발행
2024년 8월 30일 2판 1쇄 발행

지은이 • 박준성 · 소용준
펴낸이 • 김진환
펴낸곳 • (주) 학지사
04031 서울특별시 마포구 양화로 15길 20 마인드월드빌딩 4층
대 표 전 화 • 02)330-5114 팩스 • 02)324-2345
등 록 번 호 • 제313-2006-000265호

홈 페 이 지 • http://www.hakjisa.co.kr
인스타그램 • https://www.instagram.com/hakjisabook

ISBN 978-89-997-3213-3 93310

정가 26,000원